人工智能新

主　编　张自力

副主编　王　峻　高　超

　　　　邓　勇　李　莉

科学出版社

北　京

内 容 简 介

　　人工智能是计算机科学中应用最为广泛的分支之一。作为21世纪三大尖端技术之一，已有大量关于人工智能的研究论著产生。有别于其他主流人工智能专著和教材，本书以一种全新的视野与思路，以受生物启发的人工智能研究作为主要关注领域，以理论与实践相结合的手法，详细解析其核心理论，深入探讨了人工智能领域中与其相关的经典模型、算法及其具体实现方法；对近30年来全球人工智能界杰出的年轻研究者的工作进行了整理汇总，并结合作者在人工智能相关领域的多年研究工作，展现了人工智能的前沿研究问题和相关应用实例，试图将经典理论和前沿研究紧密结合，真实地反映当代人工智能领域的新思路和新进展。

　　本书适合作为大学高年级或者研究生的人工智能课程教材和参考书籍，也适合作为想真正了解人工智能前沿研究和发展的科研人员的自修读物和参考资料。

图书在版编目(CIP)数据

人工智能新视野/张自力主编. —北京：科学出版社，2016.11
ISBN 978-7-03-048810-7

Ⅰ. ①人…　Ⅱ. ①张…　Ⅲ. ①人工智能-研究　Ⅳ. ①TP18

中国版本图书馆 CIP 数据核字（2016）第 132738 号

责任编辑：余　江　于海云 / 责任校对：郭瑞芝
责任印制：张　伟 / 封面设计：迷底书装

科 学 出 版 社 出版
北京东黄城根北街 16 号
邮政编码：100717
http://www.sciencep.com

北京凌奇印刷有限责任公司 印刷
科学出版社发行　　各地新华书店经销

*

2016 年 11 月第 一 版　　开本：787×1092　1/16
2022 年 8 月第四次印刷　　印张：20 1/2
字数：487 600

定价：79.00 元
（如有印装质量问题，我社负责调换）

前　言

　　1956 年夏季，以麦卡赛、明斯基、罗切斯特和申农等为首的一批有远见卓识的年轻科学家在达特茅斯会议上首次提出了"人工智能"（Artificial Intelligence，AI）这一概念，断言"学习或者智能的任何其他特性的每一个方面都应能被精确地加以描述，使得机器可以对其进行模拟"。它标志着"人工智能"这门新兴学科的正式诞生。近 60 年来，人工智能作为研究、开发用于模拟、延伸和扩展人的智能的理论、方法、技术及应用系统的一门新的技术科学，已经经历了诞生、发展、停滞、重兴到目前的实用化五个阶段，取得了长足的发展，成为一门广泛的交叉和前沿科学。

　　人工智能被认为是 21 世纪三大尖端技术（基因工程、纳米科学、人工智能）之一。它研究人类智能活动的规律，企图了解智能的实质，并构造出一种新的能以人类智能相似的方式做出反应的智能机器，从而能够使用机器去完成以往需要人的智力才能胜任的工作，也就是研究如何应用智能机器的软硬件来模拟人类某些智能行为的基本理论、方法和技术。

　　人工智能从诞生以来，理论和技术日益成熟，应用领域也不断扩大，其研究领域包括知识表示、自动推理和搜索方法、机器学习和知识获取、知识处理系统、自然语言理解、计算机视觉、智能机器人、自动程序设计等方面。人工智能作为一个包罗万象、应用广泛的理论和应用研究领域，其本身十分复杂，难以使用单一的理论来进行描述，也没有统一的原理或范式指导其研究过程。在人工智能的许多问题上研究者都存在争论，因此，产生了一系列的理论和具体实践方法从不同的抽象层次刻画这个主题。

　　在这一大背景下，区别于已有主流人工智能专著和教材着重于介绍人工智能理论的发展及各种算法的原理，本书以一种全新的视野和思路，从人工智能近 60 年的进展以及人脑与机器的融合出发，将理论和实践相结合，重点介绍生物启发的人工智能（Bio-Inspired Artificial Intelligence）的核心理论、模型与算法，对相关模型和算法的具体实现过程和应用实例进行详细描述。本书期望能够从人工智能研究中受生物启发产生的理论和算法作为着眼点，对人工智能这一大领域研究进行"以点至面"的探讨。在此基础上，本书不只局限于人工智能领域的经典问题，而是希望能够对人工智能研究领域的发展趋势进行探讨和阐述，因此使用较大篇幅对人工智能领域的新方向和前沿研究进展进行探索和讨论。

　　本书的主要特点如下。

　　（1）视角新颖，与传统基础人工智能理论书籍不同，从研究者角度出发，将 AI 领域的研究与作者自身的实践研究相结合，为读者提供真实的研究经验和研究感受。

　　（2）逻辑性强，彻底和全面阐述受生物启发的人工智能的基础理论和模型。

　　（3）讨论具体，将理论模型和具体实践相结合，详述了求解智能问题的具体实现算法。

　　（4）内容独特，整合探讨了 AI 领域 10 年来的研究新进展和新思路，帮助读者在各自的领域找到合适的应用和研究方向。

　　本书包括三大部分、15 章节内容，具体如下。

　　第一部分：生物启发的人工智能，从人工智能近 60 年的进展以及人脑与机器的融合出发，重点介绍生物启发的人工智能的核心理论、模型与算法，并给出具体的算法实现。

第 1 章：人工智能发展简况，对中外 AI 50 年主要研究成就进行回顾总结；以图灵诞辰 100 周年纪念活动为引，解析人工智能的发展历程，从中获取计算智能发展的启示；探讨人脑与机器融合的理念；并对受生物启发的人工智能各个里程碑式成果进行标记和展现。

第 2～第 6 章从人工智能研究者的角度对生物启发的人工智能关键模型和算法进行了理论、模型和算法的详细解析，给出了具体的算法实现以及在相关领域的应用实例，主要包括：进化计算、遗传算法与人工生命，神经计算，群体智能，变形虫模型与应用，智能 Agent 与多 Agent 系统。

第二部分：人工智能热门研究问题，以 IEEE Intelligent Systems 从 2006 年开始的"AI's 10 to watch"（AI 10 大亮点）为出发点，通过对全球 30 多位在人工智能领域作出突出贡献的年轻科学家的相关研究领域和研究成果进行深入挖掘，对他们的团队工作进行较深入的介绍，并提供相关网站资源，结合图灵诞辰 100 周年纪念文集中关于人工智能的综合论述，揭示人工智能发展新趋势，以期让拟从事人工智能研究的人员尤其是研究生能够尽快找到适合自己的研究方向。其中第 7 章分别介绍 2006 年、2008 年、2010 年、2013 年四年的 AI 十大亮点人物研究工作，第 8 章介绍图灵诞辰 100 周年纪念文集中关于 AI 方面的论述工作。

第三部分：建模、模拟与应用，结合本书作者在人工智能领域多年的研究工作，选择性地介绍作者的一些研究成果与相关领域的关键理论和算法，并给出具体的应用实例，期望给予读者一些关于人工智能领域的前沿研究示例，传递一些研究经验。

第 9 章：社会网络分析，本章从实际应用需求出发，主要对当前社会网络研究热点问题，如信息挖掘分析、推荐与预测的相关概念和模型进行了综合介绍和分析。

第 10 章：语义网技术及其应用，主要介绍语义集成技术的主要构成要素和基本原理，介绍如何使用语义集成技术定量刻画复杂网络及其进化趋势，并对语义集成在资源整合、复杂网络、生物信息学中的应用进行详细阐述，对其在社区发现、社区结构、热点信息发现、舆情分析等方面的实际应用也进行了分析。

第 11 章：信息融合，主要介绍多源信息融合及其相关技术，并对 Dempster-Shafer 证据理论的推广和应用如多属性多目标决策、模式识别等进行了分析。

第 12 章：人工智能技术在生物信息学中的应用，在基于人工智能技术的生物信息学研究理论背景综合论述的基础上，对人工智能技术在基因组序列分析与功能预测、基因表达与调控信息分析、分子进化（系统发育分析）、蛋白质结构和功能预测问题中的应用进行了详细的阐述。

本书适合作为高等院校计算机、电子信息、生物信息等专业高年级本科生和研究生的人工智能教材。同时，也是人工智能领域的研究者或想了解和应用当前人工智能技术的工程技术人员的一本有意义的参考资料。

本书的编著工作由西南大学人工智能实验室张自力教授主持，张自力教授完成了本书的前言、第一部分多个章节以及本书的全部审校工作，王峻、高超、邓勇和李莉为主要编著人员，完成了本书的其他章节的编著，在此对参与完成本书的全部作者表示由衷的感谢。

编　者

2016 年 5 月

目　录

第一部分　生物启发的人工智能

第二部分　人工智能热门研究问题

第一部分　生物启发的人工智能

第1章　人工智能发展简况

人工智能（Artificial Intelligence，AI）是研究、开发用于模拟、延伸和扩展人的智能的理论、方法、技术及应用系统的一门新的技术科学，是计算机科学的一个重要分支，被认为是 21 世纪（基因工程、纳米科学、人工智能）三大尖端技术之一。自从"人工智能"一词于 1956 年在美国达特茅斯提出以来，人工智能发展迅速，取得了惊人的成就，对我们的日常生活产生了深远的影响，许多专有的 AI 系统在我们日常使用的汽车、笔记本电脑、智能手机等中均存在。它的诞生与发展是 20 世纪最伟大的科学成就之一，也是新世纪中引领未来发展的主导学科之一。随着 21 世纪人类全面进入信息社会，信息成为最关键的战略物资之一，人类对智能化的追求将导致"智能革命"，即人的自然智能通过人工智能的模仿和扩展。毫无疑问，未来 AI 对我们生活的影响将进一步增加，并使人与机器之间已经模糊的边界更加模糊。

人工智能在机器人、模式识别、自然语言处理、智能规划、博弈、搜索、自动定理证明和专家系统等领域具有非常广泛的应用。本章简要概述在人工智能诞生近 60 年来，在该领域国内外取得的突出成就。在此基础上，通过对 IBM、谷歌等国际大公司在 AI 领域的发展战略介绍，让读者对人工智能的实际应用有一个概貌性的认识。由于本书的重点在于介绍生物启发的人工智能（Bio-Inspired AI），因此在 1.3 节，对生物启发的人工智能的发展里程碑予以必要的点击。最后，作为本章的小结，也是对 AI 的展望，对斯坦福大学新近发布的"AI100 研究计划"进行了简要的介绍。

1.1　人工智能领域主要研究成就回顾

人工智能在过去近 60 年里，有许多事件令人称道。其一，AI 被普遍认为是信息技术创新的最大驱动力量。最初计算机被人们看作只会计算的机器，是 AI 将其边界拓展，提出可能的愿景并开发相应的技术予以实现。其二，关于 AI 的应用，知识系统在 20 世纪 70 年代末还很稀少，而如今以 Web 方式无处不在。知识系统已能够例行处理金融与法律问题、诊断与维护电力系统、进行调度等。像谷歌这样的搜索引擎，其创新之处极大地依赖于信息提取、数据挖掘、语义网络及机器学习等在 AI 中率先发展起来的技术，复杂的语言处理能力现已嵌入像微软 Word 这样的文字处理系统中。上千万的人每天都在使用 AI 技术，尽管大家不一定知道或者不太明白为何这些信息系统如此聪明。人工智能领域过去近 60 年的研究与发展，成果卓著，试图在有限的篇幅进行全面的回顾是不太现实的，作者的能力也难以企及。为给读者尤其是准备涉足 AI 领域的读者一个概貌性的了解，本节从 AI 发展的几个时段进行简要回顾，并对我国学者在这一领域的主要成就做一简介。1.1.1～1.1.5 节主要根据文献[1]第 1 章和文献[2]综合编译而成，1.1.6 节主要参考陆汝钤院士等在 IEEE 智能系统杂志上的文章[3]。

1.1.1 1956 年：人工智能的信息处理观

在 1956 年达特茅斯的 AI 奠基会议上[4]，人们就清楚地理解并阐述了一个观点：大脑可以看作一部信息处理器。这一简单而强大的想法应该说是 AI 的开端。计算机即信息处理器的例子，当然，信息处理的概念是非常宽泛的。我们可以通过一个由很多状态构成的物理系统为例：在这一系统中，这些'状态'可以系统地对应到'信息状态'，而'加工'则是将这些状态系统地转换为其他状态的同时，保持或实现某些（数学）功能。从生物学的角度来看，神经元是在一个更大网络中生长并生存的细胞，生物学家研究这些神经元如何工作及如何保持其自身，类似于他们研究肝脏细胞或免疫系统的方法。而信息处理观则引入了对大脑全新的认识，神经元或神经元网络被看成能够保持并转换信息的设备，相应的问题就变为：神经元保存了什么样的信息，而对这些信息又进行什么样的转换。从生化、电子观到信息处理观的转换，与生物学的其他领域，尤其是遗传、分子和发育生物学对信息产生重视，发生在同一时期，这是非常耐人寻味的。进入 21 世纪，信息处理观已占主导地位[5]。

AI 并未直接回答神经信息处理的问题，而是从设计的角度切入：大脑到底需要什么样的信息处理才能展示出我们从生命有机体实际观察到的，令人惊叹的智能行为？例如，要从几分之一秒长的一段视频流中认出某一个人到底需要什么样的信息结构和加工过程？对充满歧义且具有复杂句法结构的自然语言句子进行分析，并依据特定情景进行解释，又需要什么样的信息处理？如何形成一个规划以实现复杂的协同行为，该规划又如何被执行、监督和调整？从原理上研究智能需要什么样的处理加工，具有两个方面的重要意义。其一，如果没有强大的工具来帮助我们理解神经网络系统可能是如何工作的，仅靠（Nuclear Magnetic Resonance Tmaging）（核磁共振成像）或正电子发射计算机断层扫描（Positron Emission Computed Tomography，PET），很难想象我们将能够真正理解数以亿计的神经元及其相互连接构成的复杂神经系统的工作原理。这就像我们在没有其他深入的知识，而仅有大致统计信息的情况下，试图理解每秒能执行几百万条指令的计算机以及由上千万计算机互联起来构成的互联网巨系统的结构和操作，是极其困难的。其二，神经与心理学观察，如脑成像、神经错乱、衰老的影响等，能够告诉我们大脑的某一部分参与了特定的认知活动，但却不能告诉我们为什么某种类型的加工处理是必须的。为了找到问题的答案，我们必须探寻其他的机制并研究其对性能的影响，即使有些机制并不出现在自然界中。

信息处理是一种观点而非一个系统固有的性质。因此，计算机很适合用于研究自然信息处理系统的行为，用于测试一种理论是否有效也很直截了当。如果我们有一种想法，认为对某一项任务，某种特定的信息处理是必须的，则我们就可以建造一个人工系统来执行这一任务，任何人都能够观测此人工系统是否展现出所需的性能。

信息处理观在研究大脑方面带来了一场真正的革命，在 1956 年达特茅斯 AI 奠基会议之后迅速传播开来，最初主要是对心理学和语言学带来了冲击，这一时期的代表人物有杰罗姆·布鲁纳（Jerome Bruner）、乔治·米勒（George Miller）、阿伦·纽厄尔（Alan Newell）和希尔伯特·西蒙（Herbert Simon）。信息处理观一经接受，下一步便是更加艰辛的工作以及找出更加详尽的具体的实例。最初，人们认为，或许可以找到像牛顿定律这样通用且简单的原理，可以解释所有的智能行为。于是，纽厄尔和西蒙提出了通用问题求解器，罗森布拉特（Rosenblatt）提出了感知器等。但逐渐地，随着人们试图解决越来越多的问题，人们清楚地认识到，智能需要海量的高度复杂的信息以及自适应程度很高的信息处理。明斯基（Minsky）很快就认识到，人的大脑是一台巨大的、分支复杂但运转灵活的组装电脑，而非人们一般认为的井井有条的通用机器，当然，这在生命系统中并非罕见，毕竟人体本身也是一台巨大的、分支复杂但运转灵活的组装电脑，含有无数交错的生化过程，且出故障的概率很高。实际上，令人惊叹的是，我们的身体很多时候运转得很好。

绝大多数 AI 局外人（包括许多哲学家、神经科学家和心理学家）仍不太相信，要实现智能竟如此复杂。他们仍然希望存在某种捷径，能够使今天的视觉系统（对输入视频流进行过滤、分割与聚合并将其与复杂的自顶向下的期望刺激进行匹配）显得多余。他们或许也认为，自然语言处理不会太复杂，因为我们人脑能够快速且轻松地进行处理。这也折射出 20 世纪生物学家曾面临的困惑：他们难于接受所有生命最终都是由化学物质实现的。最初他们并不相信，人体具有高度复杂的高分子，具有高度复杂的新陈代谢周期，且这些周期很多是自组织的，并由其他分子所控制。几百年过去了，人们才接受分子生物学作为生命的物理基础。或许在信息处理的复杂性被完全接受以前，也需要更多的时间。与此同时，人们专注于信息处理观到底能干什么，而非争论其是否适合于用来研究智能。

1.1.2 20 世纪 60 年代：启发式搜索与知识表示

类似于万有引力定律这样的"通用智能"机制，或许永远都难以找到，其原因在于几乎所有的非平凡问题都隐含着组合爆炸。实际上，这也是人们从早期博弈类程序所汲取的教训。我们常常会碰到这样的情况：难以立即确定如何求解一个问题，从而需要搜索众多的途径。例如，一个句子中的每一个单词几乎都有多重含义，按句法就可以有多种划分。因此，适合一个完整句子的词法分析只有在仔细推敲不同的组合（搜索路径）之后才能找到，而有些搜索路径可能是死胡同。在自然语言处理中，可能的搜索路径增长极快，从而导致可能路径的组合爆炸，使我们不再能够考虑所有的可能。这样的组合爆炸见诸于视觉感知、路径规划、推理、专家问题求解、存储器存取等。实际上，在智能起作用的每一个领域都会出现。利用更强大的计算能力，可以在一定程度上对付组合爆炸问题，但在 AI 发展的最初 10 年（20 世纪 60 年代）的关键洞察之一，就是组合爆炸的大数据迟早让人束手无策。因此，搜索必须配以知识的运用：特定领域和与任务相关的经验（启发式）规则可以快速减小搜索空间，指导问题求解程序尽可能快地找到一个合理的解。在 20 世纪 60 年代，AI 的主要目标便是开发用于组织搜索过程的技术，在评估函数或规则中表达启发性信息，并在问题求解过程中试图学习启发式规则。AI 的研究领域曾一度称为启发式搜索（Heuristic Search）。

到 20 世纪 60 年代末期，人们已清楚地看到：启发式及有关问题领域信息的表示方式，对缩小搜索空间及应对现实世界的无限可变和噪声，起着非常关键的作用。这诱发了另一个突破性想法的出现：表示方式的改变意味着找到解或陷入搜索泥潭的根本不同，许多新的搜索问题应运而生，用来探索知识表示和知识处理的各种不同的架构。许多源自逻辑的思想注入到 AI 中，同时，AI 也给逻辑提出了诸如非单调推理问题这样的新的挑战。与此同时，在专家问题求解或自然语言理解中可能需要的各种概念也得到深入研究，使用这些概念的系统也被建造出来以测试这些概念。最初，人们期望找出核心的概念原语，罗杰·尚克（Roger Schank）的 14 个原语通用概念集便是一例[6]。但这样的想法并不实际，于是一些如道格拉斯·莱纳特（Doug Lenat）领导的 CYC 等大型项目开始启动。CYC 项目的目的是对人类所用的概念进行大规模分析，并以机器可用的形式保存起来，即构建一个巨大的人类常识库[7]。

进入 20 世纪 70 年代，用于处理启发式搜索和知识表示的想法与技术已足够强大，可以用来建造实际应用系统。于是 AI 领域迎来了专家系统的第一次浪潮，著名的系统有 MYCIN、DENDRAL 和 PROSPECTOR。这些系统在医学或工程领域，设计成可以模仿专家求解问题，进而催生了根据知识层级模型对问题求解的更深入的分析[8]。大型会议、风险投资、创业公司、工业展览开始进入这一领域，从而彻底改变了 AI。从 80 年代初开始，各种应用已成为 AI 不可分割的一部分。以应用为重点得以验证 AI 理论研究方向的正确性，但同时也意味着基础研究的步伐放缓。最初以理解智能为研究重点让位于更加实用化的研究计划，并追求有意义的实际应用，这一趋势至今仍在继续。

1.1.3 20 世纪 80 年代：人工神经网络

AI 的早期努力（包括达特茅斯奠基会议上讨论的）具有双重性质。一方面，我们很清楚 AI 需要应对"符号"处理，世界各地的 AI 实验室在这方面作出了主要贡献，使计算机和程序设计语言具有了强大的符号处理能力并建造了大型复杂的符号处理系统。另一方面，感知与模式识别则需要将符号结构与现实世界关联起来，似乎需要"次级符号"处理。符号世界与物理世界之间的鸿沟，需要以某种方式予以沟通。早期的神经网络（如罗森布拉特的感知器）已经表现出在两个世界间进行沟通的优势：通过连续信号以不同权重与阈值在网络中传播而非符号表达式之间的变换，对实现智能的某些方面显得更好些。当然，这并不意味着我们要抛弃信息处理观。神经网络只是如同启发式搜索或合一（逻辑推理系统的核心步骤）一样的"计算"机制。

AI 总是具有两面性，且两者并行推进。符号处理研究与早期的成功，在 AI 研究与应用的前 20 年占主导地位。进入 20 世纪 80 年代，重心开始转移，人们重新对神经网络和其他如遗传算法等受生物启发的计算产生了浓厚的兴趣。整个 80 年代，对带有"隐含"层或反馈的更加复杂的神经网络的研究，取得了重大进展，使其可以用于处理时态结构[9]。这些进展在信号处理和模式识别领域找到了稳定的应用，新的技术使神经信息处理更加快速，对神经科学形成巨大的冲击，从而使人们最终以更加严肃的方式接受信息处理观。

计算神经科学研究信息处理在自然大脑中实际是如何完成的，这一领域随后得到蓬勃发展，同时，在有关智能到底需要什么样的机制方面，也为 AI 注入了新的思想。神经网络研究的复兴并没有使与早期"符号人工智能"的工作毫不相关。在研究面向概念的智能方面，如自然语言处理或专家问题求解，符号技术仍是最常采用的方法。迄今为止，尚未提出有效的神经网络模型用于自然语言理解、规划及其他符号人工智能更胜一筹的领域。另外，神经网络技术已证明其在分类问题或与带感觉刺激的行为进行平滑接口等方面则更为有效。智能就好比一头大象，研究人员常倾向于关注某一个局部，这显然是我们应该努力避免的。

1.1.4　20世纪90年代：物化与多代理系统

不管符号人工智能与神经网络的应用如何成功，到20世纪80年代末期，人们总觉得有些基础的东西有所缺失，于是，出现了两个重要的方向。

方向之一是人们再次发现，人与环境的交互是形成智能行为的主要原因[10]。人们提出，与其进行复杂的电机控制计算，或许可以利用材料的物理特性和代理-环境间的交互而得到平滑的实时行为。与其试图构建复杂的"符号"世界模型（这一模型本身就难于从真实世界的信号中可靠地抽取出来），或许可以建立简单的反应行为，并利用由此得到的"涌现"行为。这样的思想成为了"基于行为的人工智能研究方法"的主要信条，并在90年代初横扫国际上主要的AI实验室[11]。

一时间，研究人员又开始建造类动物机器人，不禁让人回想起20世纪50年代AI诞生前控制论的研究。AI的研究与生物学，尤其是动物行为学、遗传与发育生物学的相互作用越来越密切，AI研究人员对全新的人工生命领域的建立作出了不可磨灭的贡献[12]。这一波活动催生了新的软硬件工具的开发、新的原理的发现，以及令人惊叹的第一代类动物机器人的诞生。各种机器人在国际机器人足球赛Robocup中的惊人表现，证明了从基于行为的观点来建造现实世界机器人的时机已经成熟。在90年代后期甚至推出了人形机器人，如日本本田公司的Asimo、索尼公司的QRIO等。但所有这些机器人都缺乏规划或自然语言对话所需的"符号"智能，这也表明，机器人中的物化（阿凡达）和类神经动力学不足以达到认知的高度。

方向之二是人们再次发现，智能极少孤立出现。动物和人类均为群居，常识和通信系统通过群体活动逐步形成，很多问题通过合作的方式得以解决。20世纪90年代诞生了研究AI的多代理方法，其主要关注智能如何在一组相互合作的实体间分布以及每个独立个体的智能如何植根于与其他个体的交互之中。许多理论框架、程序设计范式和形式化工具再次如雨后春笋般出现，用以解决与多代理系统相关的很多困难问题。与此同时，在快速扩展的互联网和计算机游戏中，软件代理找到了应用的契机。现在，AI与社会学家和人类学家建立起了紧密的联系，在为这些领域提供复杂的基于代理的建模工具的同时，也从中激发出了智能的社会观[13]。

1.1.5　21世纪：符号动力学

进入21世纪，AI研究正发生怎样的变化呢？当然许多事情，只有在回想起来产生了最深刻长远影响时才变得更加清楚。举例来说，目前显然有很明显的趋势向统计处理方向发展，统计处理在诸如自然语言处理（目前几乎都是基于统计的方法）、基于Web的信息检索以及机器人学中，已展现出巨大的潜在应用[14]。大量可用数据源和机器学习与统计推理新技术的出现，使这一方向取得了成功。与此同时，另一个具有巨大潜力的研究方向是符号动力学。

我们已经看到，AI 研究的指针在 20 世纪 60～70 年代，偏向知识表示和认知智能的方向，而在 80～90 年代，指针又偏向动力学与化身（物化）的方向。尽管符号人工智能的应用仍在继续（目前大量用于搜索引擎），但基本的 AI 研究已明显从概念思维和语言方向转移，这或许又需要校正。目前最激动人心的问题，是看似基础良好的符号系统，如何通过物化代理间的交互通信而涌现出来。早期的符号人工智能无疑过分强调符号的重要性，而新近的物化人工智能则将符号简单忽略：把婴儿随洗澡水一起倒掉。我们需要一种更加平衡的观点。符号智能是人类智能的印记，我们必须试图理解创建符号的智能本身。

在最早的 AI 研究中（实际上在认知科学中普遍存在），有一种默认的假设，那就是在问题求解或自然语言通信中所需的构造世界的分类与概念，是静态的、广泛共享的，基于此而定义了先验知识。这引导人们去搜寻概念原语和大规模本体，试图一劳永逸地抓住常识，如莱纳特的 CYC 项目或语义万维网。随后，基于统计的机器学习技术也有类似的假设，认为存在一个静态的概念或语言学系统，可以拿来就用，无须修改。然而，观察人类自然语言对话及人类本身的发展可以发现，人类语言和概念是在不断变化的。概念随语言一再发展。概念形成后，又附着于个体所处的环境，在动态磋商与交流过程中得以共享[15]。以此观点，本体和语言可看成不断变化的复杂适应系统。语言及通过语言表达的意义都不是基于一组静态的约定，这样的约定也不能够从语言数据以统计方式导出。

近年来，人们在符号动力学标签下探索这一观点[16]。符号动力学研究本体和符号系统如何可能在一组代理中出现，并以何种机制继续进化并变得更加复杂。符号动力学研究采用在其他社会科学研究中的类似工具与技术，关注意见动力学和集体经济决策等，已取得一些初步但很坚实的结果。机器人群组已显现出自组织通信系统的能力，这样的通信系统利用带有句法结构的自然语言。这些多代理实验集成了来自神经网络和物化人工智能领域的深度发现，以达到动感交互中的语言基本训练，同时，也依赖于 20 世纪 60～70 年代发展起来的符号处理技术。目前，Web 的进化朝着社会性标签和群体知识发展方向，使这一研究更具实际意义。当我们从这些群体系统中出现的人类群体符号行为收集数据时，可以看到在人工系统中同样的符号动力学问题。符号动力学与统计物理和复杂系统科学联系紧密，这些领域拥有探究大型系统自组织行为的工具，例如，通过这些工具，可以证明某一组规则可以导向全局共享词汇，或展示一个系统随规模增加的可扩展性等。

通过研究符号系统如何通过物化代理自主构建这一问题的研究，AI 正在回应一些哲学家和生物学家提出的质疑。的确，过去绝大部分符号人工智能系统和其隐含的现实的概念化，都是由设计者建造和编码的。于是，这些学者就错误地得出结论：物化的信息处理系统绝不可能自主建立和处理符号，现在我们清楚地看到，这实际上是能够实现的。

1.1.6　我国的人工智能研究

我国人工智能研究虽比国外稍晚，但也有近 50 年的历史了。50 年来，我国学者在 AI 领域也取得了一些骄人的成绩，要在这里做比较全面的描述，也非作者的能力所能及的。因此，在本节，仅对我国人工智能研究的主要成就，依据作者的理解，做一简要回顾。

（1）超越数学机械化的几何定理自动证明

1997 年，中国科学院院士、著名数学家吴文俊教授，因其在自动推理方面的杰出贡献而获得 Herbrand 奖，这是该领域的全球最高荣誉。其他获得此奖的先驱包括 Larry Wos、Woody Bledsoe 和 Alan Robinson。在 20 世纪 70 年代，吴文俊教授发明了吴方法，开创了利用代数几何方法获取复杂数学问题分析解的先河。正如《自动推理》杂志主编 Deepak Kapur 指出：吴的工作使自动几何定理证明重新生气勃勃！

吴方法的核心是吴-Ritt 零分解算法，吴文俊和其他研究人员用该算法开发了一个理论框架，在此基础上，科学家和工程师可用来解决包括代数方程系统和微分方程系统等在内的一系列问题。研究人员还将吴方法及相关框架运用于诸如智能 CAD/CAM（Computer Aided Design/Computer Aided Manufactuying）、计算机视觉和机器人设计等领域。1990 年，吴文俊在中国科学院成立了数学机械化研究中心，以探索这一宽广的研究方向和应用创新。

在未来 40～50 年，研究人员将基于吴方法扩展数学机械化，并将其应用于更加宽泛的数学研究中。特别地，基于吴框架，智能 CAD/CAM 平台的应用将更加广泛。吴方法的商业化将催生新一代 CAD/CAM 技术。我国目前在机器人研究领域斥以重金，吴方法将应用于工业、水下、服务乃至登月机器人是不足为奇的。

（2）迈向分子级理解的智能科学

智能科学与脑科学、认知科学、神经科学、心理学、分子生物学、生物物理学、数学与物理科学、计算机科学和信息科学等多个学科领域交叉。人脑功能的高度复杂性质需要交叉学科的方法来探索和理解智能的自然属性，并从分子和细胞到整个大脑及其功能的不同层面进行认知。人们清楚地看到，智能科学和 AI 的研究方法与结果使两者相得益彰。

国家基础研究计划（一般称为"973"计划，从 2015 年开始，归并为其他研究计划，不再单列）资助了几项重大项目，探索与大脑相关的研究和智能科学。中国科学院杨雄里院士领衔完成的项目"脑功能和脑重大疾病的基础研究"，研究了基本神经活动的细胞与分子机理，以及几种主要大脑疾病的形成机理。由郭爱克院士负责的另一项目"脑发育和可塑性的基础研究"，致力于研究调节神经细胞分裂、生存、迁移和生长的神经营养因子，以及感知、记忆及视觉认知的发育和可塑性。由中国科学院直接资助的"智能科学的先进交叉学科研究"项目，在选择注意与认知方面有有趣的发现，并促进了脑成像技术的进步。由李朝义院士牵头的重大交叉前沿研究项目"脑和意识研究"，对猫脑进行了研究，揭示了一种新的低级认知结构，由许多小的圆球组成，可处理复杂图像。该结构与所有已知的脑认知结构不同，已证明其在图像处理中的重要性。

2006 年初公布的"973"计划智能信息处理指南非常重视认知科学和脑科学，目的在于进一步探索人脑功能和智能的性质，发展认知科学和智能系统的计算理论，研究能促进下一代智能系统设计与开发的新的理论与技术基础。实际上，在最近几年，美国、欧盟等都先后公布了各自的脑科学研究计划，在这一领域展开了新一轮的全球竞争。

在未来 40～50 年，我国有望在研究各种不同的大脑活动如意识、注意、学习、记忆、语言、思维、推理乃至情感等智能科学研究领域取得重大进展。一些特别有望突破的研究方向如下：

① 大脑如何集成和协调神经细胞簇的活动；

② 神经细胞簇如何感知、表达、传输和重建视觉信号与意识；

③ 我们如何利用核磁共振等实验方法来观察神经细胞簇的活动，以及我们如何发展和评估用于神经细胞簇活动建模与模拟的数学与计算方法；

④ 其他相关研究领域包括创造性思维过程的建模、思想到语言映射的研究，以及推理与语言能力共同进化的研究等。

（3）大规模知识处理的开放方法

国际著名的人工智能专家，专家系统之父，图灵奖获得者爱德华·费根鲍姆教授，提出了未来计算机科学发展的三大主要挑战问题：

① 开发出能够通过费根鲍姆测试（在给定主题领域图灵测试的受限版本）的计算机；

② 开发出能够阅读文档并自动建造大型知识库的计算机，以极大地降低知识工程的复杂度；

③ 开发出能够理解 Web 内容并自动建造相关知识库的计算机。

我国研究人员在攻克后两个挑战方面已取得了明显进展。尽管两个挑战实质上都是大规模知识工程问题，但两者的不同在于，第三个挑战涉及开环境。这里，"开放"通常是指以下内容：

① 在知识表示和语义理解方面缺乏标准；

② 知识源的动态特性，即显现与消失；

③ 知识中的矛盾、歧义、噪声、非完整性和非单调性。

要回答这些挑战问题，需要方法论和技术上的创新。我国从 1995 年开始的一个项目（此项目一直延续）便专注于此问题。1995 年，中国科学院计算所曹存根提出建立国家知识基础设施。2000 年，中国知识基础设施工程（China National Knowledge Infrastructure，CNKI）（现在一般称为中国知网）项目正式启动。CNKI 的早期努力，受 CYC 项目的启发，主要集中在开发全国范围的基于网络的知识服务系统，服务于教育、研究和社会服务需求。该系统由以下三大部分构成：

① 一个提供核心可用服务和软件库的内部平台；

② 由不同领域合作单位开发的外部应用；

③ 与外界接口的模块（包括 Web 和语义 Web）。

CNKI 知识库包含期刊杂志库、论文库、工具书库、年鉴库等约一亿条记录，目前全球有超过 4000 万的注册用户。CNKI 旨在为任何人在任何时间和地点提供所需知识，并支持社区知识、交流与协调的需要。

互联网已成为全球不可或缺的知识源。根据中国互联网络信息中心（CNNIC）2015 年 2 月发布的《第 35 次中国互联网络发展状况统计报告》，截至 2014 年 12 月，我国网民规模达 6.49 亿，并仍在增长。尽管互联网和万维网的应用已经很广泛，并得到充分的发展，与费根鲍姆提出的第三个挑战密切相关的许多关键问题，在基于 Web 的信息管理中仍然存在。

首先，由召回率和准确率测量的基于 Web 的信息检索的有效性仍比较低。其次，Web 上的知识管理仍基于半结构化的网页而非语义驱动的知识条目。最后，目前 Web 技术支持对原始信息的访问而非处理、提炼过的定制化的知识。例如，在诸如谷歌这样的搜索引擎输入一个或几个关键词之后，呈现给用户的是成百上千可能相关的网页。很显然，我们需要更加先进的知识驱动的在线搜索与浏览技术以应对这些挑战。

这样的新技术应该既有高的召回率，也有高的准确率，同时支持在线知识处理与挖掘，也应具有足够的自然语言处理能力以处理和集成知识中的潜在冲突、不确定及歧义。除此之外，还应能够组织、编辑、提炼和挖掘数据与知识，并促进从信息到知识的转换。复旦大学的计算机专家正致力于开发这种技术，可望为用户提供集成于其 Web 环境的通用在线知识获取与管理工具。

（4）从研究走向产业化的计算机辅助艺术与动画

我国的动画产业正处在快速增长期，全国有近 4000 个电视频道播出卡通节目，另有 50 个专门的卡通频道（见 www.Chinanim.com）。根据从 www.Chinanim.com 网站得到的数据，在我国，卡通节目每年的总播出时间已远超过一百万分钟。如此巨大的需求，使动画制作人员严重短缺（缺口大致在 15 万人）。全国有 200 多所大学开设了与动画制作相关的专业。

在动画产业中，计算机正在扮演越来越重要的角色，尤其是计算机辅助动画已变得必不可少。中国科学院数学与系统科学研究所从 1989 年开始就在这一领域展开了研究，并与北京工业大学合作，将相关研究成果商业化。

在未来 40～50 年，计算机辅助的艺术与动画将在现实世界中找到更加广泛的应用，例如，计算机能够将 80% 的自然语言脚本自动转化为动画。未来的计算机动画系统将能够具备以下功能：

① 分析自然语言脚本；

② 理解故事情节；

③ 将脚本分解为一场一场的详细脚本；

④ 根据导演的解释规划并执行动画产品，包括场景、角色、动作、摄影、色彩以及灯光的规划。

显然，上面的每一步，都会面临很多 AI 的挑战，许多都与图像推理与常识推理相关。在这些领域的研究也会使其他应用受益。

（5）从软件到知件：知识作为日用品

尽管基于知识的软件工程在研发领域已得到广泛接受，但知识仍很大程度上是嵌在软件产品中。最近的研究建议，将知识从软件中分离出来，将两者作为独立的实体来处理，对研究和系统开发都会带来很多好处。这或许也能解决当前软件与智能系统开发中的许多困难。

例如，依据此分离原则，复杂软件或许可由软件工程团队与知识工程团队联合开发。当从一个应用领域转向另一个应用领域时，软件工程师无须学习新的领域知识，领域专家通过将其知识直接贡献于系统开发，将在软件开发中扮演更加积极的角色。依据此初见端倪的框架，知件（Knowware）是独立的、符合标准且可执行的知识模块。

在未来 40～50 年，IT 行业将由三部分组成：硬件、软件和知件。知件的开发将利用 AI 和软件工程的研究成果。与软件工程确立为一个领域类似，知件工程可望逐步成为研究科学原理、指导工程实践，以及管理知件开发的最佳实践。实际上，知件工程将是知识工程的大规模产品形式，将会有其自己的知件开发生命周期模型、工业级知识获取的实践指南以及有效维护和更新知识及解决冲突、歧义、噪声、冗余和不完备性的建议。

1.2 人工智能的发展

在初步了解 AI 领域主要成就的基础上，本节从国际上五大公司——IBM、谷歌、百度、微软、脸书（Facebook）在 AI 方面的产品与战略，简述 AI 相关的实际产品近年来的发展，以期让读者明白：AI 已不再停留在理论研究阶段，不再是虚无缥缈，而是与我们的日常工作、学习与生活息息相关，相关技术突破让人工智能近在眼前。

1.2.1 从图灵测试到 IBM 的沃森

计算机科学之父、英国数学家阿兰·图灵（Alan Turing）在 1950 年发表的论文《机器能思考吗》中，设计了这个测试，即假如一台机器通过特殊的方式与人沟通，若有一定比例的人（超过 30%）无法在特定时间内（5 分钟）分辨出与自己交谈的是人还是机器，则可认为该机器具有"思考"的能力。图灵还预言，到 2000 年时，会出现足够聪明的机器，能够通过这一测试。

2006 年诞生的沃森以 IBM 创始人托马斯·J.沃森的名字命名。沃森超级计算机在 2011 年一鸣惊人，当年 3 月它在美国电视知识抢答竞赛节目"危险边缘"（Jeopardy！）中战胜了两位人类冠军选手。在"危险边缘"节目中，所有选手必须等到主持人将每个线索念完，第一个按下抢答器按钮的人可以获得回答问题的机会。沃森的基本工作原则是解析线索中的关键字同时寻找相关术语作为回应，沃森会将这些线索解析为不同的关键字和句子片段，这样做的目的是查找统计相关词组。沃森最革新的并不是在于全新的操作算法，而是能够快速同时运行上千的证明语言分析算法来寻找正确的答案。在三集节目中，沃森在前两轮中与对手打平，而在最后一集中，沃森打败了最高奖金得主布拉德·鲁特尔和连胜纪录保持者肯·詹宁斯。这可以看作沃森在此领域"通过"了图灵测试！图 1-1 为沃森与人类高手对决于美国收视率最高的人类综合和文化知识问答竞赛节目《危险边缘》的视频截图。

图 1-1　沃森与人类高手对决于美国收视率最高的人类综合和
文化知识问答竞赛节目《危险边缘》的视频截图

人机大战中 IBM 的电脑获胜已经不是第一次。早在 1997 年，沃森电脑的前辈、IBM 公司的深蓝电脑在一场著名的人机大赛中击败了当时的国际象棋大师加里·卡斯帕罗夫（Garry Kasparov）。"深蓝"在下每一步棋之前，它都会计算出六个回合之后的局势，凭借预设的快速评估程序，它能在一秒钟内计算 3.3 亿个不同棋局的走势，从中选出一个得分最高的方案。而身为世界冠军的卡斯帕罗夫，在走每一步棋之前最多只能评估几十种方案。

"深蓝"面对的是一个棋局，在国际象棋的棋盘上，每一步下法之后的情况说到底是可以穷举的。以现在的技术水平来看，只要拥有足够的计算能力，要想获胜并不算难。如果从计算角度来看历史，第一阶段是制表阶段，从 1959 年开始进入了编程阶段，也就是"深蓝"所处的阶段；现在沃森所处的时间是第三个阶段：认知计算。

沃森是能够使用自然语言来回答问题的人工智能系统，关键在于沃森采用的是一种认知技术，处理信息的方式与人类（而非计算机）更加相似，它可以理解自然语言，基于证据产生各种假设，并且持续不断地学习。IBM 深蓝计算机曾经战胜过国际象棋的世界冠军，但是从 IT 技术来讲，沃森系统的成就对人类的影响则远远超越了深蓝计算机当时的成就。

（1）从"计算"到"思考"

在认知计算阶段，并不是通过计算机编程，而是让计算机能够了解自然语言、能够提供对人类的支持和帮助，具有自然语言的处理能力，来为我们提供建议和支持。沃森通过解读非结构性数据，并且模拟人脑的感知来运作。

人工智能所追求的最终目标不在于充当"工具"，而是要最终成为能够理解人，拥有与人类类似的情感和思维方式，并且能够帮助人的"顾问"。对于计算机而言，在能够处理非结构性数据，可以解读人类自然语言之后，更难的是"读懂"隐藏在这些数据和语言之后的人。只有读懂人，才能使沃森真正成为服务于各行各业的"助推器"，充当一个"顾问"的角色，而不是一个简简单单的"工具"。

认知计算会从基础上支持人工智能的发展。认知计算的特点在于从传统的结构化数据的处理到未来的大数据、非结构化流动数据的处理，从原来简单的数据查询到未来发现数据、挖掘数据为重点。感知人类的情绪，甚至像人类一样拥有情感，是所有人工智能机器"拟人"的终极难题。在 IBM 的"大数据挖掘技术"支持下，在一段段支离破碎的自然语言背后，一个个具体的、有喜恶、有性格、有偏好的人格形象，被渐渐地"扒"了出来。沃森通过对人类自然语言的分析与解读，就可以了解到藏在这些语言背后的情绪和性格。

认知计算作为一个概念早已存在，但最近正在不断取得突破，并将有可能深刻改变人类生活。在认知计算时代，计算机的运算处理能力将与人类的认知能力完美结合，完成人类或机器无法单独完成的任务。认知计算的能力主要体现在四个层次：第一个层次是辅助能力。在认知计算系统的帮助下，人类的工作可以更加高效。百科全书式的信息辅助和支撑，可以让人类利用广泛而深入的信息，成为各个领域的"资深专家"。第二个层次是理解能力。认知计算系统可以更好地理解我们的需求，并为我们提供相应的服务。第三个层次是决策能力。第四个层次是发现和洞察的能力。发现和洞察能力可以帮助人类发现当今计算技术无法发现的新洞见、新机遇及新价值。认知计算系统的真正价值在于，可以从大量数据和信息中归纳出人们所需要的内容和知识，让计算系统具备类似人脑的认知能力，从而帮助人类更快地发现新问题、新机遇以及新价值。

（2）从"思考"到"创造"

一个最新的进展，预示着沃森能够解决日常生活的需求：沃森能够分析人类的味觉，通过味觉分析来满足个人的食品爱好。沃森不仅具备学习、存储和查询大量菜谱的能力，而是一位真正"大厨的决策助手"，它可以综合对口味偏好、菜式、营养学和食物化学的考量，创造性地提出很多食谱建议。这就是"沃森大厨"。

在医学领域，"沃森"能够帮助医生更好地诊断病人的疾病并能正确地回答医生的疑难杂问。"沃森"超级计算机被培训以掌握世界顶级医学出版物上的医学信息和资料；然后凭借这些信息和资料去匹配病人的症状、用药史和诊断结果；最后形成一套完整的诊断和治疗方案。由于"沃森"超级计算机能够掌握现代医学的海量信息，所以这一技术进展的意义也非常重大。医生这个职业一生需要学习很多，但是很多医生走上工作岗位之后就没有时间读书读资料了，他的知识也可能会很快老化，尤其是那些研究、发展特别快的疾病。鉴于强大的对自然语言的处理能力，沃森可以"帮"医生读这些书，而且读得更快更多，并且永远不会忘记。据IBM估计，如果想要与相关的医学信息和资料保持同步，一位人类医生每周需要花费160个小时阅读这些信息和资料。沃森目前已经吸收消化了2400多万个医疗方面的文献，而且永远不会忘掉。

澳大利亚迪肯大学作为全球第一所引入"沃森"系统的高校，已成功部署"沃森"，通过半年左右的训练，"沃森"已能回答学生提出的大量问题，为学生的学习提供了一种全新的支持，也使学生有了一种与过去完全不同的学习体验。

沃森成功的关键，是实现了机器从"计算"到"思考"，再到"创造"的飞跃。这也正是人工智能研究的奇妙之处！

1.2.2 谷歌的智能机器未来

谷歌的两位创始人谢尔盖·布林和拉里·佩奇曾指出：机器学习和人工智能是谷歌的未来。或许正是由于两位创始人的共同愿望，近年来，在不少科技公司都在缩减研发开支时，谷歌却加大投入，探寻着一系列天马行空的想法：具有自学能力的人工大脑，能知能觉的机器设备，甚至直通太空的电梯……有人甚至预言：到2024年，谷歌的主营产品将不再是搜索引擎，而是人工智能产品。本节我们简要概述谷歌在人工智能方面的产品研发计划。

（1）从无人汽车到"猫脸识别"

人们或许对通过眨眨眼就能拍照上传、收发短信、查询天气路况的谷歌眼镜耳熟能详——尽管其实用性并不被普遍看好，但最近更让人关注的是谷歌的无人驾驶汽车。没有方向盘，没有刹车，更加酷炫。无人汽车的车顶上安置了能够发射64束激光射线的扫描器，激光碰到车辆周围的物体，会反射回来，这样就计算出了物体的距离。而另一套在底部的系统则能够测量出车辆在三个方向上的加速度、角速度等数据，然后再结合GPS数据计算出车辆的位置，所有这些数据与车载摄像机捕获的图像一起输入计算机，软件以极高的速度处理这些数据。这样，系统就可以非常迅速地做出判断。该无人驾驶汽车目前已经累积行驶了30万英里（1英里≈1.61千米）。2014年底谷歌宣布正在汽车行业寻找合作伙伴，以在五年内将无人驾驶技术推向市场。事实上，无人汽车也只是谷歌在人工智能开发领域的冰山一角。

2012 年，谷歌的一次"猫脸识别"技术震惊了整个人工智能领域。Google X 部门（谷歌旗下专门从事人工智能技术研究的实验室）的科学家，通过将 16000 台电脑的处理器相连，创造了一个拥有 10 亿多条连接的神经网络。谷歌的想法是：如果把这一神经网络看成模拟的一个小规模"新生大脑"，并连续一个星期给它播放 YouTube 的视频，那么它会学到什么呢？实验的结果令人吃惊：其中一个人工神经元竟然对"猫"的照片反应强烈。而谷歌事先从未在任何实验环节"告知"或是暗示这个网络"猫"是什么概念，甚至也未曾给它提供过一张标记为猫的图像。也就是说，人工神经网络中的某个神经元经过训练，学会了从未标记的 YouTube 视频静态帧中检测猫，这个神经网络具有人脑一样的"自我学习"能力。

使用这种大规模的神经网络，谷歌显著提高了一种标准图像分类测试的先进程度——将精确度相对提高了 70%。如今，谷歌正在积极扩展这一智能系统，以训练更大规模的模型（普通成人大脑大约有 100 亿万个连接）。

事实上，机器学习技术并非只是和图像相关——在谷歌内部，试图将这种人工神经网络方法应用到其他领域，如语音识别和自然语言建模等。当然，要想将深度学习技术从语音和图像识别领域扩展到其他应用领域，需要科学家在概念和软件上做出更大突破，同时需要计算能力的进一步增强。

（2）Google X 与奇点大学

谷歌最为人所熟知的业务范围是搜索和广告，但它在人工智能领域的几个项目已经引起普遍关注，包括自动驾驶汽车、可穿戴技术（谷歌眼镜）、类人机器人、高空互联网广播气球，以及可检测眼泪中血糖含量的隐形眼镜。尤其是最近谷歌大手笔收购了数家有潜力的人工智能科技公司，包括 DeepMind、仿人机器人制造商 BostonDynamics 等。谷歌将这些围绕智能技术开发的研究机构，均纳入其"秘密实验室"——Google X。这个由一群发明家、工程师以及创造者组成的研发机构，在谷歌自身看来，是一个"梦工厂的探索者"。图 1-2 为谷歌最新推出的"踢不倒"机器狗的视频截图。

图 1-2 谷歌最新推出的"踢不倒"机器狗的视频截图

与谷歌有所不同，Google X 的特别之处在于，它的首要目标是解决难题，影响世界，而不是赚钱——当然，这些项目也许同时蕴涵着丰富的商机。对于 Google X 已经付诸实验的诸多奇思妙想，有评论指出：Google X 领先于整个人类社会，站在了变革的交叉路口，没有其他人或者组织能够达到他们的速度和高度。原因在于，小公司缺乏资源，大公司股东会基于商业考虑而吝惜大量投入，政府则在研发投入上也往往欠缺诚意，只有 Google X 能做这样伟大的事情——赋予科学家拥有充足的资源和无限的自由度来开发那些令人称奇的项目。

谷歌另一个闻名遐迩的机构是奇点大学（Singularity University）。奇点大学成立于 2009 年，由谷歌、美国国家航空航天局（National Aeronautics and Space. Administration，NASA）以及若干科技界专家联合建立的一所新型大学，旨在解决"人类面临的重大挑战"，研究领域则聚焦于合成生物学、纳米技术和人工智能等。奇点一词来自美国未来学家兼人工智能专家雷蒙德·库兹韦尔（Ray Kurzweil），他预言世界将很快迎来一个"奇点"。奇点理论原为物理学上的概念，指宇宙产生之初由爆炸形成现在宇宙的那一点。"技术奇点"最初是由科幻小说家弗诺·文奇（Vernor Vinge）创造的，他预测："我们很快就能创造比我们自己更高的智慧……当这一切发生的时候，人类的历史将到达某个奇点……。"库兹韦尔在他的书《奇点临近》（The Singularity is Near）中，将"奇点"解释为电脑智能与人脑智能兼容的那个神妙时刻，并且预测这些转变将发生在大约 2045 年。

奇点大学校长便是库兹韦尔，如今也是谷歌新任工程总监，多年来一直潜心研究智能机器。库兹韦尔的目标是帮助计算机理解甚至表达自然语言。最终，他希望制造出比 IBM 的沃森更好的机器——尽管他很欣赏沃森表现出的理解能力和快速反应能力。

如今，谷歌凭借在深度学习和相关的人工智能领域的成绩，已经成为一块极富吸引力的磁铁，吸引着全球专家纷至沓来，包括雷蒙德·库兹韦尔（Ray Kurzweil）、塞巴斯蒂安·史朗（Sebastian Thrun）、彼得·诺维格（Peter Norvig），以及杰夫·辛顿（Geoffrey Hinton）在内的人工智能领域的全球顶尖人才均入谷歌麾下。谷歌正在为人工智能领域的未来设下一个富有诱惑力的大局。

1.2.3　百度大脑

2014 年初，百度宣布将建立公司历史上首个前沿科学研究机构——深度学习研究院（Institute of Deep Learning，IDL）。同年 5 月，百度在硅谷设立人工智能中心，并聘请了前谷歌人工智能部门创始人之一、斯坦福大学著名人工智能专家吴恩达（Andrew Ng）担任负责人。

吴恩达指出，过去 20 年里人们已经看到人工智能的正循环：如果有一个好的产品，就会得到大量用户，有了大量用户就会有大量数据，这些大量数据用于人工智能算法，相应的产品就会更好。但是，传统的人工智能算法的问题在于：当数据更多时，效果并不一定一直变好。而"百度大脑"的新算法是适度学习，当拥有更多数据时，效果变得越来越好。

在移动互联网时代，用户需要用更自然的方式使用互联网。所以大数据，语音、图像、自然语言的处理以及用户用自然方式找到服务至关重要，而拥有海量数据和人工智能新算法的百度大脑已经有能力使人工智能正循环越滚越快。

（1）搜索回归"说"与"看"的原生世界

随着移动互联网的发展，搜索给了用户新的可能性。据预测，未来五年语音和图像搜索会超过文字，因为文字的历史只有5千多年，但语音的历史至少有20万年，它是一个更加自然且低门槛的表达方式。一个儿童在还不会打字的时候，就已经可以用语音来表达其搜索需求了。

在"说"之外，"看"有着更丰富的形式——图片。现在的百度同时也支持拍照搜索，或是用一个图片去找相似的图片。一个人在学会语言之前，是先用眼睛认知世界的。图片搜索推出后，很多用户都开始用这种更自然的方式来向百度表达需求。例如，把一个包拍下来看看网上哪有卖这样的购物需求的图片搜索，目前占到了35.5%。

搜索技术的门槛一直在上升，从文字到语音再到图片，而使用者的门槛一直在降低，即使一个婴儿也可以用他的眼睛来表达需求。

（2）百度的"新大陆"

"开放云"、"数据工厂"和"百度大脑"称为百度的新大陆。百度的大数据引擎（图1-3）由这三项核心大数据能力组成。百度在其2014年世界大会上公布"百度大脑"项目时，宣布该项目已能模拟人脑的200亿个神经元，达到两三岁孩童的智力水平——这意味着百度的进度在不声不响中做到了全球领先。

图1-3　百度的大数据引擎

以算法为基础的"百度大脑"则是人工智能、深度学习的代表，目前百度人工智能方面的能力已经开始被应用在语音、图像、文本识别，以及自然语言和语义理解方面。

设想这样一个场景：当你被一片不认识的美丽花田倾倒，在过去只能是拍下照片就没有"然后"了，现在通过照片，百度大脑让你既知道花名，还能得到服务：百度百科告诉你这个花名及它的相关属性，同时百度直达号帮你找到离你最近的有这种花卖的花店等。

大家或许都有这样的经历，在某个地方突然听到一首非常好听的歌，想知道这是什么歌？是谁唱的歌？这时你只要拿起手机，百度大脑就会告诉你。如果你是喜欢音乐的人，可以通过百度直达号到音乐网站下载这首歌；如果你是歌手的粉丝，直达号会告诉你：例如，过两天他要到你所在的城市开演唱会，同时你可以找到对应的票务公司下单并选定座位。

除了更好地满足娱乐相关的诉求，百度大脑还能对我们生活中更重要的事情起到帮助，如老百姓特别关心的医疗。例如，过去一个新生的小宝宝皮肤出了问题，年轻的父母会非常焦虑，他们不知道这个问题有多大、多严重、多紧急，也不知道他们应该做什么样的应急处理。而今只要把患病部位用手机拍照并上传到百度，就可以得到一个预诊的诊断。现在预诊的准确率已经达到93%了，虽不足以成为一个正式的医疗的结果，但可以第一时间帮助这些父母做初步的处理建议，同时也能帮助他们解决之后去找什么样的专家来治疗孩子的问题。百度大脑能够把一个线下服务和患者对接起来。

把百度大脑的人工智能技术和百度的大数据结合，能够找到以前所不知道的规律，从而尝试做一些对于未来的预测，如为中国疾控中心提供流行病的预测。

（3）百度的智能硬件

基于"百度大脑"的技术支撑，百度还推出多款智能硬件，其中以 BaiduEye 和百度"筷搜"最吸引眼球。

BaiduEye 是百度研发的一款智能穿戴设备，它的噱头是"无需屏幕，隔空辨物"——没有眼镜屏幕，佩戴者只需要用手指在空中对着某个物品画个圈，或者拿起这个物品，BaiduEye 即可通过这些手势获得指令，锁定该物品并进行识别和分析处理。一些典型的应用场景，例如，你在街上看到别人身上好看的某款衣服时，手指轻轻一圈，BaiduEye 会立即根据衣服特征，搜索到相关品牌以及最近的销售促销信息等；你在博物馆欣赏一个瓷瓶时，BaiduEye 会在耳边讲述瓷瓶的历史知识；你看到一棵不知名的植物时，BaiduEye 会告诉你它的名称、产地、生活习性等信息；你如果要去某一个地方，BaiduEye 将判断你所处的位置迅速找到最佳路线，并启动语音导航。BaiduEye 不是眼镜，而是人眼的自然延伸，让人具有'看到即可知道'的能力，因为没有屏幕遮挡，戴着它的人也更加轻松，不会因为用眼过度而感到困乏。BaiduEye 是一款连接线上与线下、针对 O2O 场景的产品，目前它的使用场景专注在两个方面：商场购物和博物馆游览。

如果说 BaiduEye 是一款相当前卫的产品，那百度"筷搜"可以说是令千百万关注食品安全问题的中国消费者翘首以待的一款产品：它底端集成了四个传感器，分别可以监测油脂、盐分、pH 和温度。"筷搜"的工作原理相当于建立了食品健康的大数据分析库，基于云计算对采集到的数据进行实时分析，转化为各项食品安全指标。"筷搜"主要是想让大家理解大数据未来能做到什么，尽管其实用性还令人质疑。

在"百度筷搜"的背后，是百度围绕"百度大脑"人工智能逐步打造智能硬件生态的宏伟计划。智能化之后，硬件具备连接的能力，实现互联网服务的加载，形成"云+端"的典型架构，具备了大数据等附加价值。百度试图利用人工智能进行互联网的转型。正如吴恩达所说，赢得人工智能就赢得互联网。

1.2.4 微软智能生态

尽管人工智能从图灵提出的假说到研究至今已逾 60 年，但和《星球大战》以来各种科幻电影里的机器人相比，技术的发展还是没能赶上"幻想"的节奏——人工智能对于更多人还是一个抽象的、高冷的概念。人工智能从 20 世纪 50 年代就开始研究了，不同的人，不同的阶段，大家对它的定义也不太相同。人工智能和人相比，还有几个大的台阶要跨越：第一个台阶是功能（Capability），功能是工具的价值点，对于人类最有意义，也一直推动着人类社会的进步；第二个台阶是智能（Intelligence）；第三个台阶是智力（Intellect），智力比智能更高一筹，"力"这个字里包含了判断力、创造力等信息；第四个台阶是智慧（Wisdom），智慧往往是由丰富阅历、深邃思考积淀而来的洞察。人工智能的四个"台阶"如图 1-4 所示。截至目前，全世界最"聪明"的机器也只是站在了第二级台阶上——人工智能这个概念的大部分含义其实是"功能"，还有一定的"智能"。"智能"与"智力"只差一个字，但对机器而言却好像是鸿沟天堑，极难攀越。

图 1-4 人工智能的四个"台阶"

人工智能已经成为世界科技巨擘新的角斗场，我们正在步入一个全新的人工智能时代。如何让新科技产品以好用不贵的方式普及到尽可能多的大众，为人工智能打造一个生态圈，便是微软非常重要的战略。

在此战略指导下，微软先后推出了小娜（Cortana）、小冰和 Skype Translator 等基于人工智能技术的产品。

（1）人工智能姐妹花先驱产品

Cortana 的出现，让微软颇感兴奋，也让人们再次看到了微软在人工智能技术上的追求，与其说 Cortana 是一个语音助手，倒不如说是微软人工智能的先驱产品。微软把这个拟人化的性感虚拟个人助理定位于微软进军机器学习的一步棋。

Cortana 推出后快速落地中国，被取名"小娜"，并且与微软（亚洲）互联网工程院开发出来的另一款人工智能机器人伴侣小冰并称为"人工智能姐妹花"。基于 Cortana，微软（亚洲）互联网工程院深度本地化研发了一款人工智能个人助理小娜，扮演的是知书达理的女秘书形象，帮助用户做好日常的行程计划安排。她会在合适的时间、地点推送合适的内容，用户可添加兴趣爱好，对这些内容进行追踪。还可追踪火车、飞机的延误、动向等。

与小娜相比，人工智能机器人伴侣小冰的名字来自微软的搜索引擎必应，它是人工智能软件在模仿人类大脑方面取得进步的一个突出例子。小冰可以看作一种新形态的移动搜索引擎服务，与 Siri、Google Now 等智能搜索采用的方式类似，它的数据来源于必应搜索对中国互联网 6 亿多网民在互联网上生产的信息的抓取，在获得这些信息之后，微软会对这些数据进行加工，并利用人工智能技术进行处理。通过系统性地挖掘中国互联网上人与人的对话，微软为小冰赋予了一种比较令人信服的人格，以及一些"智能"的印记。而通过大数据、深度神经网络等技术，小冰成为了兼具"有趣"与"有用"的人工智能机器人伴侣，超越了简单人机对话的交互，并以此与用户建立了强烈的情感纽带。该程序会记住之前与用户交流的内容，例如，与女友或男友分手的细节，并在后来的交谈中询问用户的感受。"小冰"背后采用了三套技术：情境支持系统、上下文对话系统和智能语义系统来完成对数据的处理。

目前，小娜通过语音的形式与用户交互，小冰通过文本的形式与用户交互。小冰在人工智能上走向了 EQ 比 IQ 的重要性更大的这样一个尝试。实际上是人类和电脑自然语言交互的一个终极目标的中间阶段的一个典型体现。人工智能的产品化发展是一种均衡的、循序渐进的快速迭代方式，不仅存在"高智能"、"低智能"这样的纵轴，还存在"有用"和"有趣"的横向坐标。一方面，提供有用这个趋向的人工智能的产品，另一方面，提供一个趋向于有趣这个方面的人工智能的产品，随着时间的迁移，产品不断迭代后达到有趣和有用的平衡，让用户比较容易接受。

（2）技术与商业战略同行

小娜和小冰这对姐妹花，是微软在人工智能、大数据和搜索引擎三个技术交叉领域方向的试水产品，而这个领域是微软未来非常重要的一个战略投入点。在微软看来，如何更好地利用人工智能、自然语言处理以及预测性的计算，更好地为人们开发出有用的软件是关键，它应该可以"重新定义生产力"，为人们的日常工作和生活提供便利。

目前，Cortana 在微软手机系统 WP 上建立自己的生态系统。而"小冰"则是以低姿态去其他公司的生态系统提供服务，她只针对第三方生态系统，发挥类似中间件的作用，连接和沟通整个庞大的移动互联网数据。小冰的快速蔓延对第三方的既有生态系统价值和帮助作用明显，尤其在提升活跃度方面，这恰恰是移动互联网平台衡量自己发展程度的重要指标。

无论哪种形态，它让人工智能和普通人更加贴近，只有更多的人用它，让它有更多的"料"进行学习、训练、举一反三，才可能越来越像我们想象中的那种"机器人"。

人工智能技术和产品不仅是微软等科技巨擘的重要战略方向，对于这些公司而言，有深远的价值影响，同时，这些产品也为合作伙伴带来更多的商业机会与可能。例如，小冰登录了很多不同的平台，把一个人和另一个人更紧密地联系起来，增加用户对这个平台的黏性。例如，从 2014 年 6 月份小冰在微博复活以来，迅速成为人类历史上第一个机器人舆论领袖，以 250 万高度活跃的粉丝发挥自己的影响力，还几次超过潘石屹、任志强成为影响力最大的公众人物，《纽约时报》在 2015 年 8 月专门对小冰在中国的影响力作了"善解人意会聊天微软小冰成为了中国大众情人"的报道。

前不久，微软宣布其深度学习系统 Adam 取得了突破性的成果，比起之前的深度学习系统而言更为成熟。例如，在图片识别方面，这个系统不仅可以识别出指定的物品，还能够在该类目分类项下，进行更精确的识别。和先前的"Google 大脑"作对比，如果说"Google X"能做到的是，在看完一周 YouTube 视频后，只能识别出猫，那么 Adam 可以识别出狗及狗的品种，例如，辨别出沙皮犬和巴哥犬的区别，并且使用的机器数量只有之前的 1/30。

未来，人工智能将成为创造高附加值的重要来源，对世界的影响将超越"互联网革命"，而由大数据和人工智能带来的颠覆式创新也将超越我们的想象。而究竟"人工智能哪家强"，也让我们拭目以待。

1.2.5 脸书的深脸

2013 年 12 月，脸书（Facebook）成立了新的人工智能实验室（AiLab），聘请了著名人工智能学者、纽约大学教授伊恩·勒坤（Yann LeCun）担任负责人。脸书在人工智能领域有着长期规划，在 2016 年前，Facebook 将专注于为用户建立分享内容的全新体验。而在 2018 年左右，我们将有望看到 Facebook 的人工智能技术重塑我们的整个数字体验。

实际上，Facebook 在 2014 年 6 月就推出了一款称为深脸（DeepFace）的人工智能产品。DeepFace 系统在 2014 年电气电子工程师协会（Institute of Electrical and Electronics Engineers, IEEE）的计算机视觉与模式识别会议上首次亮相。它基于一项深度的神经科学研究，目的在于模仿人类的神经系统工作方式。DeepFace 以两个步骤处理脸部图像，首先纠正面部的角度，令照片中的人脸朝前，使用的是一个"普通"朝前看的脸的三维模型；随后采取深度学习的方法，以一个模拟神经网络推算出调整后面部的数字描述。如果 DeepFace 从两张不同的照片得到了足够相似的描述，它就会认定照片展示的是同一张脸。

DeepFace 完成的是"面部验证"，而非"面部识别"。"面部验证"是指认出两张照片中相同的面孔，而"面部识别"是指认出面孔对应的人是谁。当问到两张陌生照片中的面孔是否是同一个人时，人类的正确率为 97.53%，DeepFace 面对这一挑战的分数是 97.25%，不论明暗的变化，也不论照片中的人是否直面着镜头。DeepFace 已经非常接近人脑的识别能力，比早期的类似系统，正确率提高了 25%。这是一个显著进步，展示出"深度学习"的人工智能新手段的威力。

DeepFace 的深度学习部分是由九层简单模拟神经元构成，它们之间有超过 1.2 亿个联系。为训练这一网络，Facebook 的研究人员选出了该公司囤积的用户照片中的一小部分数据——属于近 4 千人的 4 百万张带有面孔的照片。DeepFace 通过分析四百万张图片，在它们上面找到关键的定位点，并通过分析这些定位点来辨别人脸。

假设 Facebook 不断提高该系统的准确度，那么这套系统能够衍生出来的相关应用将是非常强大的。像身份验证、定位等，我们可能不再需要身份证了，而且目前困扰人们的移动支付安全问题都可以得到解决。

1.2.6　三大突破让人工智能近在眼前

人工智能过去 60 来年的发展道路曲折，几度进入低谷。而最近人工智能得到飞速发展，主要得益于计算机领域三大技术的突破。

（1）神经网络的低成本并行计算

思考是一种人类固有的并行过程，数以亿计的神经元同时放电以创造出大脑皮层用于计算的同步脑电波。搭建一个人工神经网络也需要许多不同的进程同时运行。神经网络的每一个节点都大致模拟了大脑中的一个神经元——其与相邻的节点互相作用，以明确所接收的信号。一个程序要理解某个口语单词，就必须能够听清（不同音节）彼此之间的所有音素；要识别出某幅图片，就需要看到其周围像素环境内的所有像素——二者都是深层次的并行任务。此前，标准的计算机处理器一次仅能处理一项任务。

10 多年前 GPU（Graphics Processing Unit，图形处理单元）的出现，使情况发生了改变。GPU 最先用于满足可视游戏中高密度的视觉以及并行需求，在这一过程中，每秒钟都有上百万像素被多次重新计算。到 2005 年，GPU 芯片产量颇高，其价格便降了下来。2009 年，吴恩达和他所在的斯坦福大学的研究小组意识到，GPU 芯片可以并行运行神经网络。这一发现开启了神经网络新的可能性，使神经网络能容纳上亿个节点间的连接。传统的处理器需要数周才能计算出拥有 1 亿节点的神经网的级联可能性。而吴恩达发现，一个 GPU 集群在一天内就可完成同一任务。现在，一些应用云计算的公司通常都会使用 GPU 来运行神经网络。2010 年吴恩达被谷歌招募进入 Google X 实验室。2014 年吴恩达加入百度，成为百度首席科学家。

（2）大数据——人工智能训练的前提

每一种智能都需要被训练。哪怕是天生能够给事物分类的人脑，也仍然需要看过十几个例子后才能够区分猫和狗。人工思维则更是如此。即使是（国际象棋）程序编得最好的电脑，也得在至少对弈一千局之后才能有良好表现。人工智能获得突破的部分原因在于，现在我们能够收集到来自全球的海量数据，以给人工智能系统提供其所需的充分训练。巨型数据库、自动跟踪（Self-Tracking）、网页 cookie、线上足迹、数十年的搜索结果、维基百科以及整个数字世界都成了老师，是它们让人工智能变得更加聪明。

（3）深度学习——更优的算法

20 世纪 50 年代，数字神经网络就被发明了出来，但计算机科学家花费了数十年来研究如何驾驭百万乃至亿级神经元之间那庞大到如天文数字一般的组合关系。这一过程的关键是要将神经网络组织成为堆叠层（Stacked Layer）。一个相对来说比较简单的任务就是人脸识别。识别一张人脸可能需要数百万个这种节点（每个节点都会生成一个计算结果以供周围节点使用），并需要堆叠高达 15 个层级。2006 年，当时就职于多伦多大学教授杰夫·辛顿（Geoffrey Hinton）对这一方法进行了一次关键改进，并将其称为"深度学习"。2013 年辛顿创立的公司 DNNresearch 被谷歌收购后，他加入谷歌。他能够从数学层面上优化每一层的结果从而使神经网络在形成堆叠层时加快学习速度。数年后，当深度学习算法被移植到 GPU 集群中后，其速度有了显著提高。仅靠深度学习的代码并不足以能产生复杂的逻辑思维，但是它是包括 IBM 的沃森电脑、谷歌搜索引擎以及 Facebook 算法在内，当下所有人工智能产品的主要组成部分。

随着网络发展壮大，网络价值也会以更快的速度增加，这就是网络效应（Network Effect）。为人工智能服务的云计算技术也遵循这一法则。使用人工智能产品人越多，它就会变得越聪明；它变得越聪明，就有更多的人来使用它；然后它变得更聪明，进一步就有更多人使用它。

在未来 10 年，人们与之直接或者间接互动的人工智能产品，有 99% 都将是高度专一、极为聪明的"专家"。

1.3　生物启发的人工智能发展里程碑

现代 AI 研究有三大目标——理解生物系统、抽取智能行为的关键原理以及开发实际应用系统。第一个目标——理解动物与人类——可以通过综合的方法解决，即通常所说的"通过建造理解"。从早期开始，这便是 AI 研究的标准方法：如果你对某一现象感兴趣，例如，人类如何在一群人中认出一个人，或者蚂蚁在觅食后如何找到回蚁巢的路，试图理解这些到底是如何发生的。于是你着手建造一个人工制品——机器人或者计算机程序——来模拟这一现象的某些方面。已证明这一方法是非常有效的。当然，也需要与生物学家、神经科学家以及工程师的紧密的交叉学科合作。接下来就是抽象出相应的原理，以使相应的洞见也能应用于其他人工系统，这里的关键问题是：到底学到了什么。这可看做追踪"智能理论"的初步尝试。最后是应用相应的洞见去设计有用的应用系统。在传统应用中，人类智能常常是提供研究的动机，但问题的解决通常不用模拟生物系统，这也是机器学习中最常用的方法。一个成功的应用系统并不一定需要盲目地复制自然界的生物，就如 IBM 深蓝所展示的胜利一样。然而，如果我们对现实世界的自适应系统感兴趣——很多 AI 的最新研究便朝着这一方向——则自然界将是我们灵感的重要源泉。交叉学科的合作将是技术进步与科学突破的关键。这也是生物启发的人工智能越来越受人关注的主要原因。

在生物启发的人工智能领域，已取得了令人瞩目的成果。在本节，对里程碑式的成果做一点击。本书第 2～第 6 章将进行相对详细的介绍。

1.3.1 遗传算法与进化计算

生物进化有两种典型途径和方式：渐进式和爆发式。渐进式通过对突变的累计获得进化的原动力，在自然选择的压力下先形成亚种，而后再形成一个或多个新的物种。这种进化方式是缓慢的、连续的。而爆发式进化不通过亚种这一过程，而是迅速形成新物种。在进化生物学中称为间歇均衡，表明生物进化具有突然性和不连续性。

遗传算法（Genetic Algorithm, GA）是对生物进化的仿生。它通过模拟达尔文的自然进化理论和孟德尔的遗传突变理论的生物进化过程，去搜索问题的最优解，是一类自组织、自适应的 AI 技术。GA 的思想早在 20 世纪 50 年代就被一些生物学家所注意。1975 年，Holland 出版了一本专著，全面介绍了遗传算法，奠定了遗传算法的基础。在此之后，遗传算法在理论和应用方面都取得了长足的进展。

遗传算法包括编码、解码、个体适应度评价、选择、交叉、突变等基本操作。Holland 设计遗传算法的本意，是在人工适应系统中提出一种基于自然演化原理的搜索机制。由于这个初衷，遗传算法最重要的应用也是在最优解搜索方面。有关遗传算法的详细内容，请见第 2 章。

1.3.2 神经网络

有研究者将人工智能分为符号人工智能与连接人工智能。符号人工智能侧重于基于符号的推理和演算，而连接人工智能则从基本元素及其连接出发，揭示复杂智能系统内的非线性特性。人工神经网络就是连接人工智能的典型代表。研究表明，人脑有上千亿的神经元，大量的神经元与神经元之间的相互连接，使人脑的结构异常复杂。近期，美国、欧盟和中国都相继出台了专门的脑研究计划，以图尽可能了解大脑的工作机制。正是因为大脑的高度复杂性，才使人具有了学习和推理的能力。并且，对人脑的抽象和仿生，催生了一门重要的人工智能技术——人工神经网络（Artificial Neural Network, ANN）。

人工神经网络是模拟人脑神经处理方式进行信息并行处理和非线性转换的复杂网络系

统，包括多个经典的基本模型，如多层前馈神经网络模型（BP 网络）、Hopfield 网络模型等。人工神经网络以其连接的复杂性，具备特有的非线性信息处理能力，详见第 3 章。

1.3.3 群体智能

仿生智能的研究不只局限在生物个体层面，对生物群体的观察，使人们认识到生物群体中蕴藏着智能。由于群体中的个体之间存在着信息交互能力，个体所能获得的信息远比其通过自身感知器官所取得的多。因此，社会性动物所形成的群体能帮助个体很好地适应环境。通过简单的几条规则，就能涌现出惊人的新特性。群体智能（Swarm Intelligence, SI）越来越受到研究者的重视。群体智能算法一般来说具有自组织、去中心化等特性，主要包括蚁群算法、粒子群算法、人工鱼群算法、混合蛙跳算法、布谷鸟搜索算法，以及新近提出的变形虫算法等。最为典型的是蚁群优化算法，它是仿生人工智能发展中的一个重要里程碑。详细内容请见第 4 章。

1.4　小　　结

本章首先回顾了 AI 过去近 60 年的主要成就，并以当前国际上几个大公司在 AI 方面的产品研发情况，简述了 AI 的发展势头。同时，对生物启发的 AI 发展过程中，具有里程碑意义的成果进行了点击。

AI 的发展与其他科学的进步无异，都是受三个方面的力量推动：新的技术的推动，使我们能够进行更强有力的实验；来自新应用的新挑战；以及包括数学在内的其他科学的新进展，使我们有新的机制或预测工具，理解并利用现存的机制。这三个方面的推动力量，定将对 AI 未来几十年的发展产生深远的影响。

作为本章的小结，我们一起来看看雄心勃勃的"人工智能百年研究——AI100"计划。

斯坦福大学在 2014 年年底宣布，建立一个长达一百年的人工智能研究计划——The One Hundred Year Study on Artificial Intelligence，简称 AI100，目的是研究懂得感知、学习和思考的机器到底会怎样影响到人类的生活、工作和沟通。

这个被称作"人工智能百年研究"或 AI100 的计划是斯坦福校友、计算机科学家 Eric Horvitz 的智慧结晶，他是微软研究院声名显赫的科学家，这个项目由他个人无偿捐助。而 Eric Horvitz 的另一个身份是美国人工智能协会的前会长，2009 年，在 Horvitz 召开的一次会议上，参会的顶尖研究人员讨论了人工智能的发展以及它给人类社会造成的各种影响，这次讨论让他们意识到开展一项对关于人工智能深远影响的可持续研究的必要性。

现在，Horvitz 与斯坦福大学生物工程和计算机科学教授 Russ Altman 联手组建了委员会，接下来将挑选一个研究小组来对人工智能如何影响自动化、国家安全、心理学、道德、法律、隐私、民主等问题进行一系列的定期研究。

斯坦福校长 John Hennessy 指出：人工智能是科学领域意义最为深远的事业之一，并且会影响到人类生活的方方面面。鉴于斯坦福大学在人工智能和跨学科思维的先导者地位，我们感到有责任和义务去举行一场对话，来讨论一下人工智能将如何影响我们的孩子，以及孩子的孩子。他在该项目的发起过程中给予了极大帮助。

5 位兴趣广泛的知名学者已确定加入 Horvitz 和 Altman 的队伍参与这项研究。他们是：Barbara Grosz，哈佛大学自然科学领域的教授，多智能体协作系统（Multi-agent Collaborative Systems）专家；Deirdre K. Mulligan，律师，加州大学伯克利分校信息学院教授，他与技术人员合作，通过技术设计和相关政策来增强隐私权及其他大众价值标准；Yoav Shoham 斯坦福大学计算机科学教授，他致力于将人类般的感知赋予人工智能；Tom Mitchell 教授卡内基梅隆大学机器学习部门负责人，他的研究包括计算机如何学会阅读网页；Alan Mackworth 英国哥伦比亚大学计算机科学教授，加拿大人工智能研究协会主席，他制造了世界上第一个会踢足球的机器人。

Altman 将担任此项研究的负责人，同时他和 Horvitz 将成为委员会的执行委员。以上 7 位研究者也将组成 AI100 计划的第一届常务委员会。他们和接下来的其他委员会将在给定时间里确定人工智能领域最引人注目的研究主题，并召集各专家小组展开针对性研究并发表相关研究报告。

Horvitz 希望这个过程能以几年为周期不断重复，因为当人工智能的地平线被观测到时，我们需要选择新的研究课题。Horvitz 表示：对于未来我感到非常乐观，而且我能想象出那些能够感知、学习和推理的系统的不断进步对人类所产生的巨大价值。但是，我们还无法预知所有的机会和挑战，所以需要建立一个可持续的程序。

这项研究将为人们提供一个讨论平台，对那些在设计和使用人工智能系统时遇到的关键问题进行考虑，包括人工智能所造成的经济影响和社会影响。这项为期 100 年的研究会成为一个智力家园和实践基地，这将为跨学科研究提供必要的研究支持，对人工智能进行更好的理解和塑造，从而为人类持续繁荣提供支持。

人工智能技术在许多方面都表现出了长足进步，这些进步源于众多不同机构的努力，所以这种进步将持续下去。AI100 是对这种趋势一次创新的、富有远见的回应——这次机会将决定我们走向未来的路径，而不是简单地让其在不知不觉中发生。为期 100 年的研究将帮助我们识别出各种挑战以及我们需要关注的重点。这个领域充满了很多复杂性，以至于引发了许多无知的、误导性的观点和评论。而这项长期研究将帮助我们建立一种更加准确及细致入微的人工智能观念。

Horvitz 希望这项研究能够得到长期和广泛的关注，从而为 22 世纪甚至更远的未来提供重要的洞见和指导。

参 考 文 献

[1] Negnevitsky M. Artificial Intelligence: A Guide to Intelligent Systems. 3rd ed. New York: Addison-Wesley, 2011.

[2] Steels L. Fifty Years of AI: From Symbols to Embodiment - and Back. In: Lungarella M et al. (eds.): 50 Years of AI, LNAI 4850, Berlin: Springer, 2007, 18～28.

[3] Lu R, Zeng D, Wang F. AI research in China: 50 years down the road. IEEE Intelligent Systems, 2006, 21(3): 91～93.

[4] McCarthy J, Minsky M, Rochester N, et al. A proposal for the Dartmouth summer researchproject on artificial intelligence (31 August, 1955). AI Magazine, 2006, 27(4): 12-14.

[5] Maynard-Smith J. The concept of information in biology. Philosophy of Science, 2000, 67(2): 177~194.

[6] Schank R. Conceptual Information Processing. Amsterdam: Elsevier, 1975.

[7] Lenat B. CYC: A large-scale investment in knowledge infrastructure. Comm. ACM, 1995, 38(11), 33~38.

[8] Steels L, McDermott J. (eds.): The Knowledge Level in Expert Systems: Conversations and Commentary. Boston: Academic Press, 1994.

[9] Elman J. Distributed representations: Simple recurrent networks, and grammatical structure. Machine Learning, 1991, 7(2-3): 195~226.

[10] Steels L, Brooks R. (eds.): The "artificial life" route to "artificial intelligence": Building Situated Embodied Agents. New Jersey: Lawrence Erlbaum Associates, Inc. 1994.

[11] Pfeifer R, Scheie C.Understanding Intelligence. Cambridge, MA: MIT Press, 1999.

[12] LangtonC. (ed.): Artificial Life: Proceedings of an Interdisciplinary Workshop on the Synthesis and Simulation of Living Systems. New York: Addison-Wesley, 1988.

[13]Wooldridge M. An Introduction to Multiagent Systems. Chichester: John Wiley & Sons, 2002.

[14] Thrun S, Burgard W, Fox D.Probabilistic Robotics. Cambridge: MIT Press, 2005.

[15] Pickering M J, Garrod S. Toward a mechanistic psychology of dialogue. Behavioral and Brain Sciences, 2004, 27, 169~190.

[16] Steels L.Semiotic dynamics for embodied agents. IEEE Intelligent Systems, 2006, 5(6): 32~38.

第2章 进化计算、遗传算法与人工生命

在第 1 章中，我们已经就受生物启发计算（Bio-Inspired Computing）进行了简要的介绍和概述。本章我们将继续对受生物启发的计算进行详细的解析，并将围绕进化计算这一经典的受生物启发的计算方法以及进化计算中最常用的也是最重要的算法——遗传算法（Genetic Algorithm），对生物科学在计算领域尤其是 AI 领域的影响进行深入探讨和分析。此外，本章还将以机器人科学为代表对受生物启发的人工生命研究进行简要的阐述和分析。

2.1 受生物启发的计算

2.1.1 受生物启发的计算科学：康庄大道还是荆棘丛生？

随着计算技术的发展，计算系统变得越来越复杂，能够为其用户提供的功能和服务也越来越多。与此同时，计算系统也越来越脆弱，面临着越来越多的安全漏洞和灾难性失效问题。计算科学研究的一个重要目标是建立一个能够在最小可能的人为干预情况下，自发地从环境中进行"学习"和"进化"，能够自我修复和自我配置的，适应噪声数据处理的高度自治的计算系统。

毫无疑问，能够满足上述特性的计算系统将是创新性的，其发展潜力巨大。关于这类系统的开发和研究，已经成为计算科学的重要研究领域之一。事实上，互联网就是一个发展中的自学习和自进化系统，它能够在没有集中管理的基础上运行，并在组件损坏时进行自动重新配置和调整。现阶段，越来越多的研究人员投入到这类新型系统的开发中去，期望在现有计算科学的理论和方法之外，寻找到与以往经典理论完全不同的新型的硬件、软件、算法理论技术。

随着研究的深入，研究者发现将生物科学技术与计算科学相融合具有极强的发展前景。生物科学研究的主要对象——自然界中的生物，所表现出的生理和功能属性，与计算科学研究所追求的新型系统的属性具有极高的相似度。生物体往往具有高度的自主性；许多生物体（如各种动物）都具有从周围环境中学习，并为了更好地适应环境，不断进化的能力，所有多细胞生物体生长的最终状态都比其初始状态复杂得多；所有生物都具有自我修复机制，能够在本体受到部分损坏时自发修复，并重新调节其功能（如大脑中的神经元可以在周围组织发生损坏时，重新自动配置自己的网络）。

计算科学面临着越来越复杂的工程问题，而遵循传统计算理论的研究人员早已无法提出有效的解决方案。而遵循生物进化和遗传规律的自然界各生物体，总能够在面临类似情况时，找到合理的解决方案。例如，人类的大脑在快速处理大量通过视觉或听觉神经获取的原始感官数据时，为了减少处理负荷，总是自发地使用我们所熟知的"关注"策略，只专注于某些关键可用信息而丢弃其他无关信息。这一策略同样可以应用到大规模数据的计

算处理问题上。通过对类似生物运行方式的研究，可以为计算科学家处理各种复杂计算问题提供新的视野，虽然从直观上看，这类模型的效率低于传统计算模型。

从另一方面来看，生物体的各种行动也受到各种生理和环境限制，这也在一定程度上限制了其作为启发计算灵感的作用。其中最重要的一个限制在于一个生物事实：生物体的存在均经历了并正在经历着自然选择和进化过程。进化压力的多维化造成了生物系统的多功能化。一个生物系统可能需要兼具移动、觅食、防卫攻击、繁殖等多种功能。生物系统所需的各种功能往往复杂而多样，想要成功地模拟一个生物系统中的某一特定功能或运行方式，需要计算研究者能够将该系统中不相关的其他部分准确地分割开来并予以忽略。

此外，多功能的生物体系统不能对其某个功能单独优化，也就是说，生物体系统的存在总是代表着多个竞争目标之间的折中和妥协。生物体系统都是适度地适应其生存环境，这一适应往往不是最优的，而是普适的，也就是说生物体系统在某一特定环境中往往表现并不优良，但在多样环境条件下往往鲁棒性更强。

针对某一生物问题的解决，自然界会演变出各种不同的生物机制，所有这些机制都可能帮助生物体的生存，并促进其在环境中蓬勃发展，但是要将这些机制的工作原理进行准确划分比较远不如计算工程学机制这么容易。因此，针对某一计算问题，从众多生物实例中选择最合适的生物实例来模拟仍然是计算研究者研究的一个关键问题。

围绕生物体系统机制启发而进行的计算研究层出不穷，然而真正取得巨大成功的创新例子仍然较少。这也使不少研究者对生物启发的计算的研究前景提出了质疑。不少研究机构和专家提出：生物学机理并非有助于所有计算难题的解决。受制于某些计算领域复杂问题的难理解和难表达性，生物启发的计算方法（至少在短期内）往往并不能够提供有效的解决方案。尽管如此，生物学仍然对计算科学中的大量复杂问题的解答提供了可供借鉴和参考的理论模型，尤其在人工智能研究领域，受生物启发的计算方法仍然产生着巨大的影响，本章的 2.2~2.4 节将就这类方法的代表进行详细叙述。

2.1.2 什么是受生物启发的计算？

什么样的计算才能称为受生物启发的计算？如何定义受生物启发的计算？

最初关于受生物启发的计算的定义是：只有通过应用来自生物学研究的原理才可能发生显著进展的计算科学研究。这种定义是存在偏颇的，计算科学研究的进步是可以通过各种不同的方式的，不可能只依赖或只能局限于受生物原理的推动。

（1）一种较为合理的定义是：可以通过应用来自生物学研究的原理，发生显著进展的计算科学研究。也就是说，生物系统运行所遵循的原理也适用于解决非生物的计算问题。通过研究生物系统，研究者可能推导出相关的原则，并使用这些原则来帮助解决非生物的问题。这种定义强调了当且仅当计算问题的解决方法与某一生物现象中提取的生物原理直接关联时，该计算才能称为受生物启发的计算。这一解释也将生物学的大量相关性和无关性条件引入了计算中，导致了定义的复杂化。

（2）另一种较为合理的定义是：与某些特定生物学研究领域存在类似特性的计算领域。也就是说，这类计算领域的研究与生物学方面的某些深入研究存在相关性。例如，当一组来源于生物或非生物研究的获取的原理或范式在一个或多个生物系统以及计算领域的若干问题上都存在较强的适用性。这时基于这些原理或范式的计算领域的相关问题的研究和解决方案就被定义为受生物启发的计算。当这组原理或范式是来自于对生物系统的研究获取时，这个定义可以简化为定义（1）；比较有意义的是当这组原理或范式是来自于对非生物系统的研究获取时，其在生物系统上的表现也往往更加明显，也就是说其原理和应用情况更容易在生物系统上被观察到和提取出来，即使它们并非最初起源于生物上的表达。此外，生物学的背景能够提供更加生动的源语言、理论和隐喻，帮助解释和理解一个非生物学的问题或现象。

在本书中，我们更加趋向于应用定义（2）帮助理解和定义受生物启发的计算。在此基础上，我们需要强调的是以下几点。

（1）受生物启发并不意味着需要同时吸收生物学的弱点。恰恰相反，在某些情况下，实际生物研究中的某些问题如果转化到相关的计算问题上，有可能寻求到最优解决方案。

（2）生物学研究中存在的某些待解决的问题有可能激发相关的、具有深刻意义的计算领域的研究。即是生物学能够为计算科学研究提供有用的、充满挑战的研究问题领域。

（3）即使是不完整的（甚至有可能不正确的）生物学理解都可能会激发产生多种有效的计算问题的解决方案。现阶段生物科学的研究仍然处于不完善的阶段，生物学研究提供的原理和范式往往是不完整和不准确的，但计算科学家仍然能够从中受到启发进行创新性研究。例如，来源于不完善的生物学理论的遗传算法和进化计算；来源于不正确的生物学理论的免疫算法。

此外，我们也需要理解：使用生物学原理去启发新型的计算方法并不意味着计算科学家需要深入地理解生物学方面的相关原理。也就是说，即使某一生物学原理能够很好地适用于某类计算问题，但计算科学家也只需要理解其如何应用于计算问题中，而无需像生物科学家一样去理解其更深层的生物学本质。例如，虽然计算研究者常常使用术语"遗传算法"来形容与遗传进化过程（如变异、重组）存在相似操作的一类算法，但是计算科学研究者对这类算法中的遗传算子的定义和实现并不真正意味着对生物学遗传进化的过程有深入的功能性理解。

2.1.3 生物学在计算科学研究中的多重角色

通过前面的章节，我们已经发现来源于生物学的启发（Biological Inspiration）对计算科学研究起到了重要的影响，并已经成为人工智能研究的重要领域之一。通过深入理解来源于生物学的启发对计算科学研究的影响，将有助于我们更好地掌握和开发受生物启发的人工智能新方法。出于这一目的，我们首先要明确生物学在计算科学中的角色。

（1）生物学是计算科学研究原理的来源。自然界构建生物系统所使用的基本原则同样适用于人类工程师构建计算工程系统。具有某个特殊功能的生物系统必须遵循实现这一功能所需的基本原则。人们期望能够通过深入的分析有意义的生物系统功能，提取出物理、数学和信息处理原理，用于建立更优化的计算仿真系统。

（2）生物学是计算机制的实现者。自然界同样也能够帮助实现反映某种确定功能的计算机制。一个生物有机体可以用于实现和验证用于解决计算问题的某种集体算法；生物体也可以用于实现某种计算结构；生物体也可以帮助设计和组织复杂系统中的元素之间的结构化和动态化关系。我们可以在很多现有算法中找到相关的实例：神经网络算法是受到大脑神经元激发模型的启发，可以通过该模型进行模拟分析；进化计算来源于遗传变化和选择压力；机器人使用电化聚合物作为行动激发机制的灵感也来源于动物肌肉工作原理（而不是来源于齿轮活动）。基于生物学机制的算法实现更容易被识别并给提取和保留作为以后使用。

（3）生物学可以作为计算方法的物理依托和载体。计算科学是可以看成抽象的理论形式或者是具有物理实例化的形式。就抽象形式而言，它可以脱离任何有形的物理形式。然而所有现实世界存在的计算方法都需要硬件的支撑和表现形式（不管是人造的还是生物的实体）。考虑到生物体实际上都是具有相关功能的物理设备，因此在计算工程中包含生物部件是可行的。例如，在机械设备中包含某种生物体或者某种生物物质。

生物学的这三种不同的角色与我们对生物系统的抽象程度紧密相关。我们应该以一种"自底向上"的理解方式来看待这三种角色。不同的就是计算方法和应用需要依赖的生物学角色必然也不相同。为了帮助理解这三种不同的角色，我们也可以把关注点放在计算内容、计算表示和计算硬件的差异上。计算内容对应原理的来源；计算表示可以看作机制的实现；计算硬件则是物理的依托。

在下面的章节中，我们将围绕受生物启发的计算的两个经典领域：进化计算及其典型算法（遗传算法）和人工生命及其典型应用（机器人学）进行深入分析和讨论。

2.2　进 化 计 算

2.2.1　什么是进化计算？

进化计算（Evolutionary Computation，EC）是以达尔文的进化论思想为基础，通过模拟生物进化过程与机制的求解问题的自组织、自适应的人工智能技术，是经典的受生物启发的计算技术[1]。

进化计算实际是四类典型生物启发计算算法的统称。这四类算法包括遗传算法（Genetic Algorithms，GA）、遗传规划（Genetic Programming，GP）、进化策略（Evolution Strategies，ES）和进化规划（Evolution Programming，EP）。

遗传算法是在20世纪六七十年代由美国密西根大学的Holland教授及其学生和同事发展起来的，Holland提出的"模式定理"（Schema Theorem，ST），一般认为是"遗传算法的基本定理"（将在2.3节中进行详细叙述）。

遗传算法被广泛应用到各种复杂系统的自适应控制以及复杂的优化问题中，并逐渐演化出了遗传规划（Genetic Programming，GP）算法用于最优计算机程序（即最优控制策略）的设计。

进化规划是由美国的Fogel于20世纪60年代提出来的。在研究人工智能的过程中,他借鉴了自然界生物进化的思想"智能行为必须包括预测环境的能力，以及在一定目标指导下对环境做出合理响应的能力"，提出一种随机的优化方法：采用"有限字符集上的符号序列"表示模拟的环境，采用有限状态机表示智能系统。

进化策略的思想与进化规划的思想有很多相似之处，它在欧洲是独立于遗传算法和进化规划而发展起来的。1963 年，德国柏林技术大学的两名学生 Rechenberg 和 Schwefel 提出按照自然突变和自然选择的生物进化思想，对物体的外形参数进行随机变化并尝试其效果，由此产生了最早的进化策略的思想[2]。

遗传算法和遗传规划方法作为最早被业界接受，也最早投入应用的方法，其发展比较成熟，已被广泛应用于各种计算和工程领域；随着受生物启发计算的广泛推广，进化策略和进化规划在科研和实际问题中的应用也越来越广泛。虽然这四种算法都受到生物进化过程的启发，但彼此工作原理仍存在显著差异。遗传算法和遗传规划的主要基因操作是选种、交配和突变，而在进化规则、进化策略中，进化机制源于选种和突变。就适应度的角度来说，遗传算法用于选择优秀的父代（优秀的父代产生优秀的子代），而进化规则和进化策略则用于选择子代（优秀的子代才能存在）。遗传算法与遗传规划强调的是父代对子代的遗传链，而进化规则和进化策略则着重于子代本身的行为特性，即行为链。进化规则和进化策略一般都不采用二进制编码，省去了运作过程中的编码—解码手续更适用于连续优化问题。进化策略可以确定机制产生出用于繁殖的父代，而遗传算法和进化规则强调对个体适应度和概率的依赖。此外，进化规则把编码结构抽象为种群之间的相似，而进化策略抽象为个体之间的相似。进化策略和进化规则已应用于连续函数优化、模式识别、机器学习、神经网络训练、系统辨识和智能控制的众多领域。

由于遗传算法、遗传规划、进化规划和进化策略是不同领域的研究人员分别独立提出的，所以在相当长的时期里相互之间没有正式沟通。直到 1990 年，遗传算法和遗传规划研究者才开始与进化规划和进化策略研究者有所交流，通过深入交流，他们发现彼此在研究中所依赖的基本思想都是基于生物界的自然遗传和自然选择等生物进化思想，具有惊人的相似之处。于是他们提出将这类方法统称为"进化计算"，而将相应的算法统称为"进化算法"或"进化程序"。1993 年，进化计算这一专业领域的第一份国际性杂志《进化计算》在美国问世。1994 年，IEEE 神经网络委员会主持召开了第一届进化计算国际会议，以后每年举行一次。此会每 3 年与 IEEE 神经网络国际会议、IEEE 模糊系统国际会议在同一地点先后连续举行，共同称为 IEEE 计算智能（Computational Intelligence，CI）国际会议。至此，进化计算正式成为了受生物启发的计算领域的一个重要研究方向，并蓬勃发展起来。

进化计算可以看作由遗传算法、遗传规划、进化规划和进化策略共同构成的一个"算法簇"，尽管它有很多的变化，有不同的遗传基因表达方式，不同的交叉和变异算子，特殊算子的引用，以及不同的再生和选择方法，但它们产生的灵感都来自于大自然的生物进化，其计算元素均遵循以下基本的三元组。

（1）一组问题的候选解集合：这些候选解决方案可能是一组蛋白质共有的氨基酸序列；一组计算机程序；一些为某些工程设计的编码集；或是一些在生产系统中的规则集。

（2）一个用于评估候选解"优异"程度的合适的度量标准：给定测试情况下，度量标准应该能够给出当前评估解与某一既定合理的参考解之间的标准误差，程序可以以这一误差作为参考，对候选解进行评估，并以尽量减少这种误差为目标来优化最终解。

（3）一种或一组可以帮助不同候选解进行修正的调节机制：根据度量标准提供的参考值或外界引入的某些随机机理，对不同的候选解决方案可以通过调节机制进行随机或特定的部分调节。

当具备这三个基本组件之后，一个进化过程就能够产生和发展。在下面的章节中，我们将就进化计算的基本框架、特点、分类及其主要运行要素进行分析。

2.2.2 进化计算的基本框架与主要特点

在科学研究和工程技术中，许多问题最后都可以归结为（或包含了）求最优解的问题（优化问题），如最优设计问题、最优控制问题等。当进化计算用于求解优化问题时，往往能比较突出地体现进化计算的优点，因此我们下面主要以优化问题为背景介绍进化计算的基本框架和主要特点。这是目前进化计算研究和应用的重点，有时也称为"进化优化"（Evolutionary Optimization，EO）或模拟进化（Simulated Evolution，SE）。

进化计算包含的算法都可以看成基于自然选择和自然遗传等生物进化机制的一类搜索算法。与普通的搜索算法（如梯度算法）一样，进化算法也是一种迭代算法，即从给定的初始解通过不断地迭代，逐步改进收敛到最优解。在进化计算中，每一次迭代被看成一代生物个体的繁殖，因此又称为"代"（Generation）。

一般来说，进化计算的求解过程应包括以下几个步骤。

（1）给定一组初始解（三元组之一）。

（2）评价当前这组解的性能（即对目标满足的优劣程度如何）（三元组之二）。

（3）按（2）中计算得到解的性能，从当前这组解中选择一定数量的解作为迭代后的解的基础。

（4）对（3）所得到的解进行操作（如基因重组和突变），作为迭代后的解（三元组之三）。

（5）若得到的解已满足要求，则停止；否则，将这些迭代得到的解作为当前解，返回（2）。

与普通的优化搜索算法相比，进化计算存在其特有的计算特征，具体如下。

首先，普通的优化算法在搜索过程中，一般只是从一个解出发改进到另一个较好的解，再从这个改进的解出发进一步改进；而进化计算在最优解的搜索过程中，一般是从原问题的一组解出发改进到另一组较好的解，再从这组改进的解出发进一步改进。在进化计算中，每一组解称为"解群"（Population），而每一个解称为一个"个体"（Individual）。

其次，在普通的优化算法中，解的表达可以采用任意的形式，一般不需要进行任何特殊的处理；但在进化计算中，原问题的每一个解被看成一个生物个体，因此一般要求用一条染色体（Chromosome）来表示，也就是用一组有序排列的基因（Gene）来表示。这就要求当原问题的优化模型建立之后，还必须对原问题的解（即决策变量，如优化参数等）进行编码。

此外，普通的优化算法在搜索过程中一般都采用确定性的搜索策略，而进化计算在搜索过程中则利用结构化和随机性的信息，使最满足目标的决策获得最大的生存可能（相当于生物界的"适者生存"规律），可以被看成一种概率型的算法（Probability Algorithms）。

进化计算作为一种成熟的、具有高鲁棒性和广泛适用性的全局优化方法，具有自组织、自适应、自学习的特性，能够不受问题性质的限制，有效地处理传统优化算法难以解决的复杂问题。在这里，我们可以将进化算法视为一种理想的鲁棒方法。

如果将传统优化搜索方法分为以下 3 类。

（1）基于导数的方法：包括直接法（如爬山法等）和间接法（即求导数为零的点）。这类方法首先要求导数存在并容易得到；其次这类方法一般是一种局部搜索方法，而不是一种全局搜索方法。

（2）枚举法：包括完全枚举法、隐式枚举法（分枝定界法）、动态规划法等。

（3）随机搜索方法：在问题空间中随机选定一定数量的点，从中选优。

那么，具有鲁棒性的优化方法与传统方法相比一般具有以下几个特点。

（1）对问题的整个参数空间给出一种编码方案，而不是直接对问题的具体参数进行处理。

（2）从一组初始点开始搜索，而不是从某个单一的初始点开始搜索。

（3）搜索中用到的是目标函数值的信息，可以不必用到目标函数的导数信息或其他与具体问题有关的特殊知识。

（4）搜索中用到的是随机变换规则，而不是确定的规则。

这些传统方法与具有鲁棒性的方法的比较参见图 2-1。

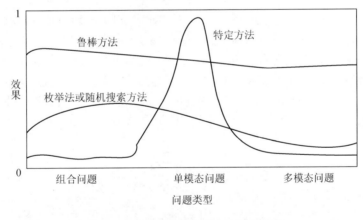

图 2-1　不同优化搜索方法的效果比较

而作为一种最优的鲁棒算法，进化算法因为其三元组的固有特性，还具有以下一些优点。

（1）应用的广泛性：非常易于构建一个通用算法，以求解许多不同的优化问题。

（2）非线性性：现行的大多数优化算法都是基于线性、凸性、可微性等，但进化算法可不必有这些假定，它只需要评价目标值的优劣，具有高度的非线性性。

（3）易修改性：即使对原问题进行很小的修改，现行的大多数优化算法也可能完全不能使用，而进化算法只需进行很小的修改即可适应新的问题。

（4）可并行性：进化算法非常适合于并行计算。

2.2.3 进化计算的分类

进化计算所包含的四大经典算法在其具体实现方法上是相对独立提出的，相互之间有一定的区别（见 2.2.1 中的叙述）。从发展历史上看，进化计算主要是以下面 3 种形式出现的：遗传算法、进化规划和进化策略。进化规划和进化策略在许多实施细节上具有相似之处，研究者有时也会把二者认为是同一类方法。分类系统实际上是利用遗传算法进行学习和分类（如故障的实时诊断和系统的实时监控等）的一种方法；遗传规划则可认为是采用动态的树结构对计算机程序进行编码的一种遗传算法。图 2-2 给出了进化计算的一种基于其发展过程的分类情况。

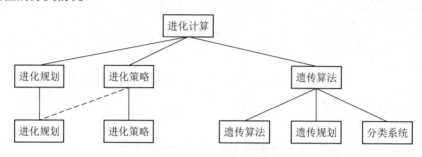

图 2-2　进化计算发展历程分类

如果从进化算法对决策变量编码方案的不同来看，可以有固定长度的编码（静态编码）和可变长度的编码（动态编码）两种方案。遗传算法和分类系统的典型编码方案是用固定长度的二进制向量或固定长度的顺序对决策变量进行编码的；进化策略的典型编码方案是用固定长度的十进制向量（实数向量）对决策变量进行编码；在进化规划中，原问题的每一个解一般用一个广义图来表示；在遗传规划中，原问题的每一个解一般用一棵树来表示。图 2-3 给出了进化计算的一种基于其编码方案的分类方案。

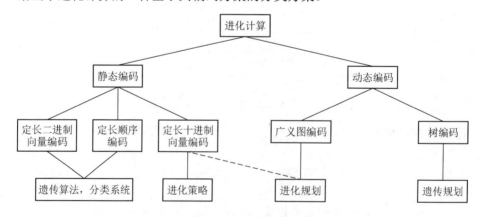

图 2-3　进化计算基于编码方案的分类

2.2.4 进化计算的若干关键问题

1. 进化计算的适用领域

至今为止，研究者仍不能对一个进化计算方法是否能够非常适应一个既定问题，并成功地解决该问题给出一个准确的评估。尽管进化计算理论已经逐渐发展完善，其基本三元组及相关理论的若干元素已经基本形成完整定义，对于整个进化计算理论的适用领域仍然没有一个明确的界定。

众所周知，问题的描述，遗传算子以及目标函数三者之间关系的定义是一个进化算法性能优良与否的最主要决定因素。对于任何优化问题，人工智能研究者认为，总能找到一个问题描述方式或一个遗传算子，使一个进化算法能够找到问题的最优解。进化算法在广义问题空间的普适性表现与其他任何优化搜索算法类似。因此，针对特定的问题，进化算法必须明确或隐含地引入特定的先验知识，指导其获取更优解。作为一个动态的系统，进化算法中的每一个相关性能（算子）必须被准确定义，以保证系统运行性能的良好。

尽管如此，现阶段进化计算研究者仍然无法准确解答我们最初提出的问题：在何时、通过何种方式，关于给定问题的背景知识和先验条件能够被转化为问题描述和遗传算子，进而构建成为一个能够给出该问题最优解的进化算法。

由于进化计算理论在这一关键环节上定性原理的缺乏，算法研究者和设计者在解答这一问题时普遍诉诸实证：设计，尝试运行，观察结论是否优异，进而判断是否适用。而进化计算方法的"进化"性能也使其具有一个其他优化方法所不具有的巨大优势：在求解问题答案时，不需要首先确定构建最优解的主要原理。也就是说，进化计算方法可以提出近似的、模糊的问题答案，然后通过逐渐细化变化和测试，逼近真实最优解。这为某些"难逆问题"的解答提供的一种可行性解决方案（难逆是指难以推测和确定产生问题的系统所需的输入和输出）。

进化计算技术同样非常适用于需要涉及相对较大的解搜索空间和较多不易表达和理解的变量的问题。进化算法能够构建复杂的神经网络，用于解答难于分析或无法使用反向推导算法进行解答的问题。相比之下，涉及较小搜索空间，或者变量确定的特定问题，往往可以使用传统启发式的优化算法进行解答。

我们认为进化计算方法可能更适用于处理包含较多噪声数据的问题或者具有大量初始解决方案的问题。进化算法在处理这类问题时，能够追踪环境的变化，并较为迅速地产生近似解。例如，需要在动态在线的环境中学习的机器人系统，其需要解决的问题随时间变化而变化，这时进化计算方法将能够快速地提取条件变量，并调用不同的适应度函数进行求解。

2. 解的正确性

进化计算最具有挑战性的研究领域之一就是如何通过进化手段去评估进化算法得出的所谓最优解的正确性。由于进化计算所获取的解具有累积性，也就是说最终获取的最优解都是在若干解的不断进化演变基础上获得的，这一求解过程使最终获得的最优解并不能通过任何一个原始解对应的基本原理来简单解释。因此，无法根据将原始解的评估标准套用于最终解。正如我们在前面所描述的一样，现阶段对进化算法的最终解的正确性的唯一评估方法就是将其通过实证进行检验。

虽然任何大型的计算工程都需要通过大规模的测试来证明其可行性和正确性，然而，受到进化系统逐渐增加的复杂性的限制，越来越多的进化计算的解测试趋向于应用图灵测试类似的方法。（图灵测试是指：在测试过程中，将同一组问题的人类回答的结果和计算系统回答的结果，交由一个外部观察者来进行区分，如果外部观察者无法区分这两组结果，则认为计算系统通过测试。）

3. 解的描述形式

在生物体中，DNA 遗传密码的变化（如突变），将会在其分裂生殖过程中转化为新的突变代码，并显性表现出来。也就是说，一个生物体的特定 DNA 序列，可以被看成生物体适应进化选择压力后所获得的一组特定解的描述方式。

受到生物进化过程启发而出现的进化技术，在解决给定问题时，也会存在和 DNA 表达相似的问题，简而言之，就是：如何准确表示进化计算中一组特定问题的"解决方案"或者"解"呢？

在一般情况下，一个计算问题的解通常表现为一种算法。然而一种算法也可以通过不同方式进行表示。例如，计算程序可以表示为人类可读的源代码，也可以表示为由原始二进制表达构成的对象代码。

如果进化计算的解是计算程序，其机器语言表示似乎可以看成一个可行的解描述方式。由于进化计算将在求解过程中对候选解进行随机变异调节，而对机器语言程序随机地进行任何微小调整，都有可能引起灾难性的变化（由有效代码变为无效代码，由可编译程序变为无法编译程序）。这将造成无效解，也使解无法通过任何有效方式进行评估。因此，将二进制代码或源代码作为进化计算的解的表达形式将导致进化算法的进化速率非常缓慢（面临大量无效解）。

解决这一问题的一种有效方法就是增加约束条件——进化后的代码或程序必须是可执行的。然而，这一限制仍然不能满足解的真正有效性，因为一个程序在变异后，其语法可能是正确的，但是没有任何限制确定其语义的正确性。例如，一个作为解的程序表现为若干判定的功能性方程的组合，进化计算对解的有效性原则设定为每个方程具有正确的判定数目，对程序的进化变异操作可以通过改变程序中的方程的功能或者方程中特定的判定来实现。然而根据之前的设定，经过进化过程，一个程序有可能在语法上完全有效，可以编译运行，而其实际运行功能却被彻底改变，已经变为并非针对给定问题进行解答（实际无效解）。因此，目前针对进化计算解的描述形式的研究，仍然处于研究阶段，缺乏确定性的解答。

4. 基元的选择

与解的描述形式问题存在密切相关性的就是合理的基元语义的选择问题。所谓基元，可以看成在进化计算过程中可以改变的最小的存在实际意义的单元。在这里要强调的是，并非在计算过程中出现的可改变的最小单元就是基元，这一最小单元必须是存在实际解析意义的。例如，在解析树这一具体问题描述中，其相关的最小基元就是包含判定的功能方程，而不是功能方程中的各个判定。因为使用一个遗传算法解决解析树问题的效率将直接地依赖于其进化过程可控的一组特定的功能方程（基元）。

为了更好地解释基元选择原理，我们可以以建立任何计算函数都需要使用的布尔算子（AND，OR，NOT）为例。布尔算子可以通过适当的组合构成各种计算函数，但是这些由布尔算子构成的函数运行水平较低，无法构建能够解决复杂问题的有效的运算层次结构。

由此催生了高级程序语言（高级程序语言并非直接建立在布尔算子的运算组合上）。高级程序语言可以有效地适应各种环境并通过构建复杂层次结构来实现复杂运算功能。在进化算法中，作为基元的应该是具有有效运算层次构建功能的高级程序语言函数，而不是等级较低的布尔算子函数。

需要强调的是，进化计算方法设计过程中需要考虑的最重要的原则之一就是为进化算法赋予产生可以持续使用的新算子或新功能函数（基元）。在某些情况下，在进化过程中基元自发重组形成的新结构的频率可能会过于频繁，也可能缺乏稳定性。在设计进化计算过程时有必要插入确定的规则，对这类重组进化的发生进行限制。而新基元的形成在算法完成其初始定义之后是可以自发进行的，进化环境为作为基元的函数提供生存空间并具有调用这些基元的能力。

5. 进化过程的行为参数

现阶段进化计算过程中存在着大量无法被预设的行为参数。例如，进化算法需要多久才能收敛得出一些合理的解；初始候选解集合到底应该设定为多大；突变的发生应该多快；或者遗传交叉发生的频率应该多高。显然，上述行为参数都将对进化速度和进化算法获取的最优解的效果产生潜在的影响。然而，在实际计算过程中，这些参数应该如何设置，以及这些参数与给定问题求解过程的关联程度都是未知的（即使现阶段进化计算中已有一些关于参数设定方面的假设存在）。

对于现有进化计算方法对其进化过程所涉及的行为参数的选择和判定，我们可以通过一个典型例子进行理解。在生物进化过程中，种群的变异是由突变（单个基因组随机变化）和交叉（已有多个基因组不同部分之间的交换）引发的。在生物学中有一个经典的假设：交叉引发的物种变异比突变引发的物种变异迅速和频繁。这一假设在某种程度上是合理的：因为遗传交换能够在某种意义上帮助物体建立更稳定的生理结构。如果遵循这一假设，那么在进行进化算法参数设置时，就需要对进化过程中交叉参数在变异中的比例设置有所偏向。

近年来，国际上掀起了进化计算的研究和应用热潮，各种研究结果和应用实例不断涌现。一些更新的算法相继提出，如"文化算法"（Cultural Algorithms，CA）[3]等。将来有一天可能会出现一门内容包括进化计算但比进化计算更为广泛的科学，这一科学可能被称为"自然计算"（Natural Computation，NC）。

2.3 遗 传 算 法

生物的进化是一个奇妙的优化过程，它通过选择淘汰、突然变异、基因遗传等规律产生适应环境变化的优良物种。遗传算法作为典型的进化计算方法，是根据生物进化思想而启发得出的一种全局优化算法。

遗传算法的概念最早是由 Bagley 在 1967 年提出的，而遗传算法的理论和方法的系统性研究和发展是以美国密歇根大学的 Holland 在 1975 年所提出的研究成果作为标志的。

Holland 提出的"模式定理"（Schema Theorem），一般认为是"遗传算法的基本定理"。当时，Holland 进行研究的主要目的是说明自然和人工系统的自适应过程[4]。

遗传算法简称 GA，在本质上是一种不依赖具体问题的直接搜索方法。遗传算法在模式识别、神经网络、图像处理、机器学习、工业优化控制、自适应控制、生物科学、社会科学等方面都得到应用。在人工智能研究中，现在人们认为"遗传算法、自适应系统、细胞自动机、混沌理论与人工智能一样，都是对今后十年的计算技术有重大影响的关键技术"。

2.3.1 遗传算法的概述

1. 遗传算法的基本概念

遗传算法的基本思想是基于达尔文进化论和孟德尔的遗传学说的，是模拟生物界的遗传和进化过程而建立起来的一种高度并行的全局性概率优化搜索算法，体现着"优胜劣汰、适者生存"的竞争机制。

达尔文进化论最重要的原理也就是适者生存原理：它认为每一物种在发展中越来越适应环境，物种每个个体的基本特征均由其后代所继承，但后代又会产生一些异于父代的新变化。在环境变化时，只有那些能够适应环境的个体特征才能保留下来。

孟德尔遗传学说最重要的原理是基因遗传原理：它认为遗传信息以密码形式存在于细胞中，并以基因形式包含在染色体内。每个基因都有其特定的位置并控制某种特殊遗传性质。因此，每个特定基因产生的个体对环境都具有某种特定的适应性。基因突变和基因杂交可产生更适应于环境的后代。经过存优去劣的自然淘汰，适应性高的基因结构将得以保存下来。

由于遗传算法是由进化论和遗传学机理而产生的直接搜索优化方法，因此在遗传算法中要用到各种进化和遗传学的概念[5]。我们首先对这些概念进行相应的介绍。

（1）个体（Individual）：是指染色体带有特征的实体，遗传算法所处理的基本结构。

（2）串（String）：是个体（Individual）的表现形式，在算法中为二进制串，并且对应于遗传学中遗传物质的主要载体——染色体（Chromosome）。

（3）基因（Gene）：遗传学中染色体由多个遗传因子——基因组成。因此，在遗传算法中，基因就是串中的元素，基因用于表示个体的特征。例如，有一个串 S＝1011，则其中的 1、0、1、1 这 4 个元素分别称为基因。它们的值称为等位基因（Alleles）。

（4）基因位置（Gene Position）：一个基因在串中的位置称为基因位置，有时也简称基因位。基因位置的计算方向是由串的左侧向右侧计算的，例如，在串 S＝1101 中，0 的基因位置是 3。基因位置对应于遗传学中的基因座（Locus）。

（5）基因特征值（Gene Feature）：在用串表示整数时，基因的特征值与二进制数的权一致。例如，在串 S=1011 中，基因位置 3 中的 1，它的基因特征值为 2；基因位置 1 中的 1，它的基因特征值为 8。

（6）种群（Population）：在遗传算法中，个体的集合称为种群，串是群体的元素，算法每一代所产生的串的总和构成了种群，一个种群包含了算法求解问题在这一代的一些解的集合。

（7）种群大小（Population Size）：在种群中个体的数量称为群体的大小。

（8）串结构空间 S^S：在串中，基因任意组合所构成的串的集合成为串的结构空间。基因操作是在结构空间中进行的。串结构空间对应于遗传学中的基因型（Genotype）的集合。

（9）参数空间 S^P：是串空间在物理系统中的映射，它对应于遗传学中的表现型（Phenotype）的集合。

（10）适应度（Fitness）：表示某一个体对于环境的适应程度，或者在环境压力下的生存能力。

遗传算法还有一些其他的概念，这些概念在介绍遗传算法的原理和执行过程时，再进行说明

2. 遗传算法的主要特点

遗传算法是解决搜索问题的一种通用算法，对于各种通用问题都可以使用。因此遗传算法首先具有通用搜索算法共有特点，具体如下。

（1）算法均需要在初始时刻组成一组候选解。

（2）算法均设定某些适应性条件，并依据某些条件测算候选解的适应度。

（3）算法均需根据适应度保留某些候选解，放弃其他候选解。

（4）算法均会对保留的候选解进行某些操作，生成新的候选解。

遗传算法作为一种宏观意义下的仿生算法，它的机制是模仿一切生命与智慧的产生与进化过程。通过模拟达尔文的"优胜劣汰，适者生存"原理，激励好的结构；通过模拟孟德尔遗传变异理论在迭代过程中保持已有的结构，同时寻找更好的结构。遗传算法的搜索过程是基于染色体群的并行搜索，搜索过程包含带有猜测性质的选择操作、交换操作和突变操作。这种特殊的组合方式将遗传算法与其他搜索算法区别开来。因此，遗传算法具有如下特有的显著特点[6,7]。

（1）遗传算法的处理对象不是参数本身，而是对参数集进行编码的个体。这种对决策变量的编码处理方法使得遗传算法具有良好的可操作性与简单性。

（2）遗传算法从问题解的串集开始搜索，而不是从单个解开始。这是遗传算法与传统优化算法的最大区别。传统优化算法是从单个初始值迭代求最优解的，容易误入局部最优解。遗传算法从串集开始搜索，覆盖面大，利于全局择优。

（3）遗传算法直接以目标函数值作为搜索信息，基本上不用搜索空间的知识或其他辅助信息，仅使用由目标函数值得来的适应度函数值，就可以确定下一步的搜索方向和搜索范围，适应度函数不仅不受连续可微的约束，而且其定义域可以任意设定。这一特点使得遗传算法的应用范围大大扩展。

（4）遗传算法采用自适应概率搜索技术，不是采用确定性规则，增加了其搜索过程的灵活性。实践证明，随着进化过程的进行，新的群体中总会产生更多优良的个体。

（5）遗传算法采用同时处理群体中多个个体的方法，同时对搜索空间中的多个解进行评价。这一点使遗传算法具有较好的全局搜索性能，减少了陷于局部最优解的风险。

（6）在遗传算法中，个体的重组技术使用交叉操作算子，这种交叉操作算子是遗传算法所强调的关键技术，它是遗传算法中产生新个体的主要方法，也是遗传算法区别于其他算法的一个主要特点。

3．遗传算法的应用领域

由于遗传算法的整体搜索策略和优化搜索方法在计算时不依赖于梯度信息或其他辅助知识，而只需要影响搜索方向的目标函数和相应的适应度函数，因此，遗传算法提供了一种求解复杂系统问题的通用框架，它不依赖于问题的具体领域，对问题的种类有很强的鲁棒性，在函数和组合优化、生产调度、自动控制、智能控制、机器学习、数据挖掘、图像处理以及人工生命等领域得到了成功而广泛的应用[8]，成为 21 世纪的关键技术之一。

表 2-1 给出了遗传算法的一些主要应用领域。通过表 2-1 可以看出遗传算法的研究已从初期的组合优化求解拓展到了许多更新、更工程化的应用方面。

表 2-1　遗传算法的主要应用领域

应用领域	例子
控制	瓦斯管道控制，防避导弹控制，机器人控制
规划	生产规划，并行机任务分配
设计	VLSI 布局，通信网络设计，喷气发动机设计
组合优化	TSP 问题，背包问题，图划分问题
图像处理	模式识别，特征提取，图像恢复
信号处理	滤波器设计，目标识别，运动目标分割
机器人	路径规划
人工生命	生命的遗传进化

2.3.2　遗传算法的理论基础

1．模式定理

模式（Schema）是一个描述字符串集的模板，该字符串集中串的某些位置上存在着相似性。不失一般性，我们以二进制串作为编码方式来讨论模式定理。

定义 2.1　基于三值字符集{0,1,*}所产生的能描述具有某些结构相似性的 0、1 字符串集的字符串称作模式。

以长度为 5 的串为例，模式 0001*描述了在位置 1、2、3、4 具有形式"0001"的所有字符串，即{00010，00011}。由此可以看出，模式的概念为我们提供了一种简洁的用于描述在某些位置上具有相似性的 0、1 字符串集合的方法。在引入模式的概念后，我们看到一个串实际上隐含了多个模式（长度为 n 的串隐含着 2^n 个模式），一个模式可以隐含在多个串中，不同的串之间通过模式而相互联系。遗传算法中串的运算实际上就是模式的运算，因此，通过分析模式在遗传操作下的变化，从而把握遗传算法的实质，这正是模式定理所要揭示的内容。

定义 2.2　模式 H 中确定位置的个数称作该模式的阶数，记作 O（H）。

例如，模式 10**1，其阶数 O（10**1）=3。显然，一个模式的阶数越高，其样本数就越少，因而确定性就越高。

定义 2.3　模式 H 第一个确定位置和最后一个确定位置之间的距离称作该模式的定义距，记作 σ（H）。

例如，模式 011*1*的定义距为 4，模式 0*****的定义距为 0。

定理 2.1（模式定理） 在遗传算子选择、交叉和变异的作用下，具有阶数低、长度短、平均适应度高于群体平均适应度的模式在子代中将以指数级增长。

2. 积木块假设

定义 2.4 阶数低、长度短、适应度高的模式称为积木块。

假设 2.1 积木块假设（Building Block Hypothesis）：阶数低、长度短、适应度高的模式（积木块）在遗传算子作用下，相互结合，能生成阶数高、长度长、适应度高的模式，可最终生成全局最优解。

与积木块一样，一些好的模式在遗传算法操作下相互拼搭、结合，产生适应度更高的串，从而找到更优的可行解，这正是积木块假设所揭示的内容。

定义 2.5 隐含并行性：在算法的运行过程中，每代都处理了个个体，但由于一个个体编码串中隐含了多种不同的模式，所以算法实质上却处理了更多的模式，这种并行处理过程有别于一般意义下的并行算法的运行过程，是包含在处理过程内部的一种隐含并行性，通过这种隐含并行性，使得我们可以快速地搜索出一些比较好的模式。

3. 欺骗问题

在遗传算法中，将所有妨碍评价值高的个体生成从而影响遗传算法正常工作的问题称为欺骗问题（Deceptive Problem）。遗传算法运行过程具有将高于平均适应值、低阶和短定义距的模式重组成高阶模式的趋势。若在低阶模式中包含了最优解，则遗传算法就可能找出它来；但积木块的模式可能没包含最优串的具体取值，于是遗传算法就会收敛到一个次优解。

定义 2.6 竞争模式：若模式 H 和 H'中，*位置是完全一致的，但任一确定位的编码均不同，则称 H 和 H'互为竞争模式。

例如，10***与 01***是竞争模式，10***与 11***不是竞争模式。

定义 2.7 欺骗性：假定 $f(x)$ 的最大值对应的 x 集合为 $x*$，H 为包含 $x*$ 的 m 阶模式，H 的竞争模式为 H'，而且 $f(H) < f(H')$，则 f 为 m 阶欺骗。

例如，对于一个三位二进制编码的模式，如果 $f(111)$ 为最大值，下列 12 个不等式中任意一个不等式成立，则存在欺骗问题。

模式阶数为 1 时：

$$f(**1) < f(**0),\ f(*1*) < f(*0*),\ f(1**) < f(0**)$$

模式阶数为 2 时：

$$f(*11) < f(*00),\ f(1*1) < f(0*0),\ f(11*) < f(00*)$$
$$f(*11) < f(*01),\ f(1*1) < f(0*1),\ f(11*) < f(01*)$$
$$f(*11) < f(*10),\ f(1*1) < f(1*0),\ f(11*) < f(10*)$$

造成上述欺骗问题的主要原因有两个：编码不当或适应度函数选择不当。如果它们均是单调关系，则不会存在欺骗性问题，但是对于一个非线性问题，难以实现其单调性。

定义 2.8 最小欺骗性：在欺骗问题中，为了造成骗局所需设置的最小问题规模（即阶乘）称为最小欺骗性。其主要思想是最大限度违背积木块假设，是优于由平均的短积木块生成局部最优解的方法。

2.3.3 遗传算法的基本思想

遗传算法是从代表问题可能潜在的解集的一个种群开始的，而一个种群则由经过基因编码的一定数目的个体组成。每个个体实际上是染色体带有特征的实体。染色体作为遗传物质的主要载体，即多个基因的集合，其内部表现（即基因型）是某种基因组合，它决定了个体的形状的外部表现，如黑头发的特征是由染色体中控制这一特征的某种基因组合决定的。因此，在一开始需要实现从表现型到基因型的映射即编码工作。由于仿照基因编码的工作很复杂，我们往往进行简化，如二进制编码，初代种群产生之后，按照适者生存和优胜劣汰的原理，逐代（Generation）演化产生出越来越好的近似解，在每一代，根据问题域中个体的适应度（Fitness）大小选择（Selection）个体，并借助于自然遗传学的遗传算子（Genetic Operators）进行组合交叉（Crossover）和变异（Mutation），产生出代表新的解集的种群。这个过程将导致种群像自然进化一样的后生代种群比前代更加适应于环境，末代种群中的最优个体经过解码（Decoding），可以作为问题近似最优解。下面我们将就遗传算法计算目的的数学描述、基本原理、步骤、不足之处及其发展方向进行深入分析。

1. 遗传算法的目的

典型的遗传算法 CGA（Canonical Genetic Algorithm）通常用于解决下面这一类的静态最优化问题。

考虑对于一群长度为 L 的二进制编码 b_i，$i=1$，2，$\cdots$，n；有 $b_i \in \{0,1\}^L$。

给定目标函数 f，有 $f(b_i)$，并且 $0 < f(b_i) < \infty$，$f(b_i) \neq f(b_{i+1})$。

求满足 $\max\{f(b_i) | b_i \in \{0,1\}^L\}$ 的 b_i。

很明显，遗传算法是一种最优化方法，它通过进化和遗传机理，从给出的原始解群中，不断进化产生新的解，最后收敛到一个特定的串 b_i 处，即求出最优解。

2. 遗传算法的基本原理

长度为 L 的 n 个二进制串 $b_i(i=1$，2，$\cdots$，$n)$ 组成了遗传算法的初解群，也称为初始群体。在每个串中，每个二进制位就是个体染色体的基因。根据进化术语，遗传操作包括以下三个基本遗传算子：选择；交叉；变异。

（1）选择

从群体中选择出较适应环境的个体。这些选中的个体用于繁殖下一代。有时这一操作也称为再生（Reproduction）。由于在选择用于繁殖下一代的个体时，是根据个体对环境的适应度而决定其繁殖量的，故而有时也称为非均匀再生（Differential Reproduction）。

（2）交叉

在选中用于繁殖下一代的个体中，对两个不同的个体的相同位置的基因进行交换，从而产生新的个体。

（3）变异

在选中的个体中，对个体中的某些基因执行异向转化。在串 b_i 中，如果某位基因为 1，产生变异时就是把它变成 0；反之亦然。

遗传操作的效果和上述三个遗传算子所取的操作概率，编码方法，群体大小，初始群体以及适应度函数的设定密切相关。个体遗传算子的操作都是在随机扰动情况下进行的。因此，群体中个体向最优解迁移的规则是随机的。需要强调的是，这种随机化操作和传统的随机搜索方法是有区别的。遗传操作进行的高效有向的搜索而不是如一般随机搜索方法所进行的无向搜索。

3. 遗传算法的步骤

（1）初始化

选择一个群体，即选择一个串或个体的集合 b_i，$i=1$，2，$\cdots$，n。这个初始的群体也就是问题假设解的集合，一般取 $n=30\sim160$。通常以随机方法产生串或个体的集合 b_i，$i=1, 2, \cdots, n$。问题的最优解将通过这些初始假设解进化而求出。

（2）选择

从群体中选择优胜的个体，淘汰劣质个体的操作称为选择。选择算子有时又称为再生算子（Reproduction Operator）。选择的目的是把优化的个体（或解）直接遗传到下一代或通过配对交叉产生新的个体再遗传到下一代。在选择时，以适应度为选择原则。适应度准则体现了适者生存，不适应者淘汰的自然法则。

给出目标函数 f，则 $f(b_i)$ 称为个体 b_i 的适应度。选中 b_i 为下一代个体的次数需要：

$$P\{\text{选中} b_i\} = \frac{f(b_i)}{\sum_{j=1}^{n} f(b_j)} * n \qquad (2\text{-}1)$$

从式（2-1）可知：适应度较高的个体，繁殖下一代的数目较多；适应度较小的个体，繁殖下一代的数目较少，甚至被淘汰。这样，就产生了对环境适应能力较强的后代。对于问题求解角度来讲，就是选择出和最优解较接近的中间解。

目前常用的选择算子有以下几种：适应度比例方法、随机遍历抽样法、局部选择法。其中轮盘赌选择法（Roulette Wheel Selection）是最简单也是最常用的选择方法。在该方法中，各个个体的选择概率和其适应度值成比例。选择概率反映了个体的适应度在整个群体的个体适应度总和中所占的比例。个体适应度越大，其被选择的概率就越高，反之亦然。计算出群体中各个个体的选择概率后，为了选择交配个体，需要进行多轮选择。每一轮产生一个[0, 1]之间均匀随机数，将该随机数作为选择指针来确定被选个体。个体被选后，可随机地组成交配对，以供后面的交叉操作。

（3）交叉

在自然界生物进化过程中起核心作用的是生物遗传基因的重组（加上变异）。同样，遗传算法中起核心作用的是遗传操作的交叉算子。所谓交叉是指对于选中用于繁殖下一代的父代个体，随机地选择两个个体的相同位置，按交叉概率 P 在选中的位置加以替换重组而生成新个体的操作。这个过程反映了随机信息交换，目的在于产生新的基因组合，也即产生新的个体。通过交叉，遗传算法的搜索能力得以飞跃提高。交叉时，可实行单点交叉或多点交叉。

交叉算子根据交叉率将种群中的两个个体随机地交换某些基因，能够产生新的基因组合，期望将有益基因组合在一起。根据编码表示方法的不同，可以有以下算法：

实值重组（Real Valued Recombination）；

离散重组（Discrete Recombination）；

中间重组（Intermediate Recombination）；

线性重组（Linear Recombination）；

扩展线性重组（Extended Linear Recombination）；

二进制交叉（Binary Valued Crossover）；

单点交叉（Single-point Crossover）；

多点交叉（Multiple-point Crossover）；

均匀交叉（Uniform Crossover）；

洗牌交叉（Shuffle Crossover）；

缩小代理交叉（Crossover with Reduced Surrogate）。

最常用的交叉算子为单点交叉（One-point Crossover）。具体操作是：在个体串中随机设定一个交叉点，实行交叉时，该点前或后的两个个体的部分结构进行互换，并生成两个新个体。下面给出了单点交叉的一个例子。

个体 A：1 0 0 1 ↑1 1 1 → 1 0 0 1 0 0 0 新个体。

个体 B：0 0 1 1 ↑0 0 0 → 0 0 1 1 1 1 1 新个体。

一般而言，交叉概率 P 取值为 $0.25 \sim 0.75$。

（4）变异

根据生物遗传中基因变异的原理，变异算子的基本内容是对群体中的个体串的某些基因座上的基因值以变异概率 P_m 执行变异。

一般来说，变异算子操作的基本步骤如下：

① 对群中所有个体以事先设定的变异概率判断是否进行变异；

② 对进行变异的个体随机选择变异位进行变异；

在变异时，对执行变异的串的对应位求反，即把 1 变为 0，把 0 变为 1。

例如，有个体 S＝101011，对其的第 1、4 位置的基因进行变异，则有 S'=001111。

单靠变异不能在求解中得到好处。遗传算法引入变异的目的有两个：一是使遗传算法具有局部的随机搜索能力。当遗传算法通过交叉算子已接近最优解邻域时，利用变异算子的这种局部随机搜索能力可以加速向最优解收敛。显然，此种情况下的变异概率 P_m 与生物变异极小的情况一致，变异概率应取较小值，一般取 $0.01 \sim 0.2$。否则接近最优解的积木块会因变异而遭到破坏。但是，它能保证算法过程不会产生无法进化的单一群体。因为在所有的个体一样时，交叉是无法产生新的个体的，这时只能靠变异产生新的个体。也就是说，变异增加了全局优化的特质。二是使遗传算法可维持群体多样性，以防止出现未成熟收敛现象。此时收敛概率应取较大值。

（5）全局最优收敛（Convergence to The Global Optimum）

当最优个体的适应度达到给定的阈值，或者最优个体的适应度和群体适应度不再上升时，则算法的迭代过程收敛、算法结束。否则，用经过选择、交叉、变异所得到的新一代群体取代上一代群体，并返回到第 2 步即选择操作处继续循环执行。

图 2-4 中表示了遗传算法的执行过程，图 2-5 给出了遗传算法的一个执行示例。

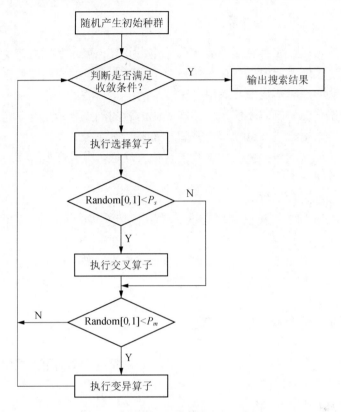

图 2-4　遗传算法的执行过程

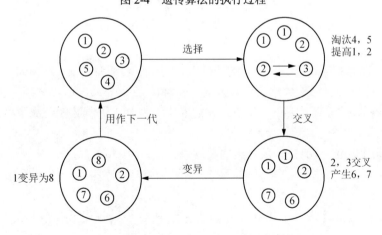

图 2-5　遗传算法执行示例

遗传算法中，交叉算子因其全局搜索能力而作为主要算子，变异算子因其局部搜索能力而作为辅助算子。遗传算法通过交叉和变异这对相互配合又相互竞争的操作而使其具备兼顾全局和局部的均衡搜索能力。所谓相互配合，是指当群体在进化中陷于搜索空间中某个超平面而仅靠交叉不能摆脱时，通过变异操作可有助于这种摆脱。所谓相互竞争，是指当通过交叉已形成所期望的积木块时，变异操作有可能破坏这些积木块。如何有效地配合使用交叉和变异操作，是目前遗传算法的一个重要研究内容。

4. 遗传算法的不足之处与发展方向

遗传算法虽然可以在多种领域都有实际应用，并且也展示了它的潜力和宽广前景；但是，目前遗传算法求解过程中仍然存在各种不足，还有大量的问题需要研究。

（1）遗传算法的编码不规范及编码存在表示的不准确性。

（2）单一的遗传算法编码不能全面地将优化问题的约束表示出来。考虑约束的一个方法就是对不可行解采用阈值，这样，计算的时间必然增加。

（3）遗传算法通常的效率比其他传统的优化方法低，尤其在变量多、取值范围大或无给定范围时，收敛速度下降。

（4）遗传算法容易过早收敛。

（5）遗传算法对算法的精度、可行度、计算复杂性等方面，还没有有效的定量分析方法。

对遗传算法，还需要进一步研究其数学基础理论；还需要在理论上证明它与其他优化技术的优劣及原因；还需研究硬件化的遗传算法以及遗传算法的通用编程和形式等。

2.3.4　遗传算法的一个简单的应用实例

为更好地理解遗传算法的运算过程，下面我们将通过一个简单的应用实例，使用手工计算来简单地模拟遗传算法的各个主要执行步骤。

问题求解：求下述二元函数的最大值：

$$\max f(x_1, x_2) = x_1^2 + x_2^2$$
$$\text{s.t.} \quad x_1 \in \{1,2,3,4,5,6,7\}, \quad x_2 \in \{1,2,3,4,5,6,7\}$$

（1）个体编码

遗传算法的运算对象是表示个体的符号串，所以必须把变量 x_1、x_2 编码为一种符号串。本题中，用无符号二进制整数来表示。因 x_1、x_2 为 0～7 的整数，所以分别用 3 位无符号二进制整数来表示，将它们连接在一起所组成的 6 位无符号二进制数就形成了个体的基因型，表示一个可行解。

例如，基因型 X＝101110 所对应的表现型是：x＝[5,6]。

个体的表现型 x 和基因型 X 之间可通过编码和解码程序相互转换。

（2）初始群体的产生

遗传算法是对群体进行的进化操作，需要给其准备一些表示起始搜索点的初始群体数据。

在本例中，假设群体规模的大小取为 4，即群体由 4 个个体组成，每个个体可通过随机方法产生。如 011101、101011、011100、111001。

（3）适应度计算

遗传算法中以个体适应度的大小来评定每个个体的优劣程度，从而决定其遗传机会的大小。本例中，目标函数总取非负值，并且是以求函数最大值为优化目标，故可直接利用目标函数值作为个体的适应度。

（4）选择运算

选择运算（或称为复制运算）把当前群体中适应度较高的个体按某种规则或模型遗传到下一代群体中。一般要求适应度较高的个体将有更多的机会遗传到下一代群体中。

本例中，我们采用与适应度成正比的概率来确定各个个体复制到下一代群体中的数量。其具体操作过程如下（具体示例如表 2-2 所示）：

① 先计算出群体中所有个体的适应度的总和 $\sum f_i(i=1,2,\cdots,M)$；

② 其次计算出每个个体的相对适应度的大小 $f_i/\sum f_i$，它即为每个个体被遗传到下一代群体中的概率；

③ 每个概率值组成一个区域，全部概率值之和为 1；

④ 最后再产生一个 0 到 1 之间的随机数，依据该随机数出现在上述哪一个概率区域内来确定各个个体被选中的次数。

表 2-2　选择运算示例

个体编号	初始群体 $p(0)$	x_1	x_2	适值 $f_i(x_1,x_2)$	占总数百分比 $f_i/\sum f_i$	选择次数	选择结果
1	011101	3	5	34	0.24	1	011101
2	101011	5	3	34	0.24	1	111001
3	011100	3	4	25	0.17	0	101011
4	111001	7	1	50	0.35	2	111001
总和				143	1		

（5）交叉运算

交叉运算是遗传算法中产生新个体的主要操作过程，它以某一概率相互交换某两个个体之间的部分染色体。本例采用单点交叉的方法，其具体操作过程如下（具体示例如表 2-3 所示）：

① 先对群体进行随机配对；

② 其次随机设置交叉点位置；

③ 最后再相互交换配对染色体之间的部分基因。

由表 2-3 可以看出，其中新产生的个体"111101"、"111011"的适应度较原来的两个个体的适应度都要高。

表 2-3　交叉运算示例

个体编号	选择结果	配对情况	交叉点位置	交叉结果
1	01 | 1101			011001
2	11 | 1001	1-2	1-2:2	111101
3	1010 | 11	3-4	3-4:4	101001
4	1110 | 01			111011

（6）变异运算

变异运算是对个体的某一个或某一些基因座上的基因值按某一较小的概率进行改变，

它也是产生新个体的一种操作方法。本例中，我们采用基本位变异的方法来进行变异运算，其具体操作过程如下：

① 首先确定出各个个体的基因变异位置，表 2-4 所示为随机产生的变异点位置，其中的数字表示变异点设置在该基因座处；

② 然后依照某一概率将变异点的原有基因值取反。

表 2-4　变异运算示例

个体编号	交叉结果	变异点	变异结果	子代群体 p（1）
1	011001	4	011101	011101
2	111101	5	111111	111111
3	101001	2	111001	111001
4	111011	6	111010	111010

对群体 P（t）进行一轮选择、交叉、变异运算之后可得到新一代的群体 p（t+1）。从表 2-5 中可以看出，群体经过一代进化之后，其适应度的最大值、平均值都得到了明显的改进。事实上，这里已经找到了最佳个体"111111"。需要说明的是，作为示例的各表中有些栏的数据是随机产生的。这里为了更好地说明问题，我们特意选择了一些较好的数值以便能够得到较好的结果，而在实际运算过程中有可能需要一定的循环次数才能达到这个最优结果。

表 2-5　子代群体状态

个体编号	子代群体 p（1）	x_1　x_2	适值 f_i（x_1，x_2）	占总数百分比 $f_i/\sum f_i$
1	011101	3　5	34	0.14
2	111111	7　7	98	0.42
3	111001	7　1	50	0.21
4	111010	7　2	53	0.23
总和			235	1

2.4　人　工　生　命

20 世纪 60 年代，人们破译了遗传密码，70 年代遗传工程有了重大突破，80 年代人类又计划测定人类基因组的碱基序列。很自然，生物学研究接下来的一个重要目标就是用人工的方法创造出生命。这就是 80 年代末 90 年代初在国际上兴起的一股探索用非有机物质创造新的生命形式的研究热潮。这种拟议中的新的生命形式被称为"人工生命"。人工生命（Artificial Life，AL）是通过人工模拟生命系统，来研究生命的领域。人工生命的概念，包括两个方面内容：①属于计算机科学领域的虚拟生命系统，涉及计算机软件工程与人工智能技术；②基因工程技术人工改造生物的工程生物系统，涉及合成生物学技术。人工生命是由计算机科学家克里斯朵夫·蓝盾（Christopher Langton）在 1987 年首先在洛斯阿拉莫斯国家实验室（Los Alamos National Laboratory）召开的"生成以及模拟生命系统的国际会议"上提出。这次会议的成功召开标志着人工生命这个崭新的研究领域的正式诞生。提交的会议论文经过严格的同行评议，以《人工生命》为题出版。

人工生命的主要思想主要包括以下一些观念[9]。

（1）人工生命所用的研究方法是集成的方法。人工生命不是用分析的方法，即不是用分析解剖现有生命的物种、生物体、器官、细胞、细胞器的方法来理解生命，而是用综合集成的方法，即在人工系统中将简单的零部件组合在一起使之产生似生命的行为的方法来研究生命。传统的生物学研究一直强调根据生命的最小部分分析生命并解释它们，而人工生命研究试图在计算机或其他媒介中合成似生命的过程和行为。

（2）人工生命是关于一切可能生命形式的生物学。人工生命并不特别关心我们知道的地球上的特殊的以水和碳为基础的生命，这种生命是"如吾所识的生命"（life-as-we-know-it），是传统的生物学的主题。人工生命研究的则是"如其所能的生命"（life-as-it-could-be）。

（3）生命的本质在于形式而不在于具体的物质。不管实际的生命还是可能的生命都不由它们所构成的具体物质决定。生命当然离不开物质，但是生命的本质并不在于具体的物质。生命是一个过程，恰恰是这一过程的形式而不是物质才是生命的本质。人们因此可以忽略物质，从它当中抽象出控制生命的逻辑。如果我们能够在另外一种物质中获得相同的逻辑，我们就可以创造出不同材料的另外一种生命。因此，生命在根本上与具体的媒质无关。

（4）人工生命中的"人工"是指它的组成部分，即硅片、计算规则等是人工的，但它们的行为并不是人工的。硅片、计算规则等是由人设计和规定的，人工生命展示的行为则是人工生命自己产生的。

（5）自下而上的建构。人工生命的合成的实现，最好的方法是通过以计算机为基础的被称为"自下而上编程"的信息处理原则来进行：在底层定义许多小的单元和几条关系到它们内部的、完全是局部的相互作用的简单规则，从这种相互作用中产生出连贯的"全体"行为，这种行为不是根据特殊规则预先编好的。自下而上的编程与人工智能（AI）中主导的编程原则是完全不同的。在人工智能中，人们试图根据从上到下的编程手段建构智力机器：总体的行为是先验地通过把它分解成严格定义的子序列编程的，子序列依次又被分成子程序、子子程序……直到程序自己的机器语言。人工生命中的自下而上的方法则相反，它模仿或模拟自然中自我组织的过程，力图从简单的局部控制出发，让行为从底层突现出来。按兰顿的说法，生命也许确实是某种生化机器，但要启动这台机器，不是把生命注入这台机器，而是将这台机器的各个部分组织起来，让它们产生互动，从而使其具有"生命"。

（6）并行处理。经典的计算机信息处理过程是接续发生的，在人工智能中可以发现类似的"一个时间单元一个逻辑步骤"的思维；而在人工生命中，信息处理原则是基于发生在实际生命中的大量并行处理过程的。在实际生命中，大脑的神经细胞彼此并行工作，不用等待它们的相邻细胞"完成工作"；在一个鸟群中，是很多鸟的个体在飞行方向上的小的变化给予鸟群动态特征的。

（7）突现是人工生命的突出特征。人工生命并不像人们在设计汽车或机器人那样在平庸的意义上是预先设计好的。人工生命最有趣的例子是展示出"突现"的行为。"突现"一词用来指称在复杂的（非线性的）形态中许多相对简单单元彼此相互作用时产生出来的引人注目的整体特性。在人工生命中，系统的表现型不能从它的基因型中推导出来。这里，基因型是指系统运作的简单规则，例如，康韦"生命"游戏中的两个规则；表现型是指系统的整体突现行为，例如，"滑翔机"在生命格子中沿对角线方向往下扭动。用计算机的语言来说，正是自下而上的方法，允许在上层水平突现出新的不可预言的现象，这种现象对生命系统来说是关键的。

人工生命研究的基础理论是细胞自动机理论、形态形成理论、混沌理论、遗传理论、信息复杂性理论等。在细胞自动机中，被改变的结构是整个有限自动机格阵。在这种情况下，局部规则组是传递函数，在格阵中的每个自动机是同构的。所考虑修改的局部上下文是当时邻近的自动机的状态。自动机的传递函数构造一种简单的、离散的空间/时间范围的局部物理成分。要修改的范围里采用局部物理成分对其结构的"细胞"重复修改。这样，尽管物理结构本身每次并不发展，但是状态在变化。当系统的规模低于临界规模时，则自复制装置不可避免地只能制造比自己更小型、更简单的子孙；一旦系统超过临界规模，则不仅可以自复制，而且有可能制造出比自己更复杂的子孙，即具有进化的可能性。

机器人学（Robotics）是一项涵盖了机器人的设计、建造、运作以及应用的跨领域科技[10]。随着人工生命学说的提出与发展，机器人学的研究越来越多地与人工生命相联系。机器人学的研究作为人工生命学说的一项重要应用和交叉分支，其发展与人工生命研究紧密的关联在一起。在下面的章节中，我们将就机器人学的几项与人工生命相关的重要研究方面进行简要介绍。

2.4.1 机器人学 1：包容性架构

机器人学研究中的一个重要假设理论就是：设计结构复杂的高能系统必然是昂贵的，因此无法被大量建造。基于这一理论，机器人学建议使用大量个体较小，工作能力较低的廉价系统来共同完成单个复杂高能系统的工作。

1989 年，Brooks 和 Flynn 共同提出了通过使用硅材料制造的微型"蚊蚋机器人"在硅片上构建可以自由移动的机械结构。这一技术的提出推动了传感器、制动器、微电子元器件在硅片上的组合使用。这一设计理念被称为 Brooks 包容性架构（低级的功能性元件可以组合构建成为具有高级功能的元件块）[11]。

应用这种包容性架构制造的机器人或机器设备（如同现在被广泛使用的集成电路），造价便宜可以大量制造，非常适合用于一次性使用情况。这一特性使包容性架构特别适用于如恶劣环境，可以免于机器人的回收，进而节约成本。

值得注意的是，使用包容性架构（群聚原理）并不意味着用多个低能元件就可以代替一个高能元件，而是说多个低能元件可以组合构建成一个成本较低的高能元件来代替原来直接设计成本较高的高能元件。这一基本理论也为机器人学研究带来了一个关键挑战：如何开发与芯片组装线类似的微型机器人的组装方式。针对这一研究领域的一个典型方法就是对"智能尘埃"原理的实例化（已有相关原型系统被开发完成）。

智能尘埃是面向高度分布式的传感器系统的一个概念。每一个"尘埃"都配置包含传感器、处理器、无线通信元件并且具有较小重量，能够通过气流进行传输。"尘埃"上的传感器可以监测周围环境中的光、声、温度、磁场、电场、加速度、压力等信息。当收到询问信息时，"尘埃"可以将采集到的数据与本地邻居进行交互或将信息发送到中央基站（公里级范围）。

"智能尘埃"的典型实例化实验是应用基于无人驾驶飞行器（UAV）——传感器网络的车辆跟踪系统。系统使用的原型传感器大约一立方英寸大小，包含了用于检测车辆信息（10米范围内）的磁传感器、微处理器、射频通信元件和用于电源的太阳能电池。实验过程中，6～8个传感器"尘埃"以5米间隔被空投至实验道路两边。通过"智能尘埃"构成的传感器网络能够探测和跟踪通过道路的车辆信息并进行存储，然后将车辆跟踪信息从地面网络传递到无人机中，由无人机传回中央基站。

包容性结构可以出现在机器人系统的自底向上的任何一个功能行为定义中。例如，针对一个自动运行的设备（如一个驱动器），其自底向上的各功能层次被逐层定义为以下内容：

① 避免接触对象（无论运动或静止）；

② 无目的性游走（避免接触或撞击物体）；

③ 探索并指向任意可达的目标区域（完成探索"世界"任务）。

每一个给定的层次都是其较低水平层次的子集；对每个给定层次都可以建立一个完整独立的组件，并附加到现有层次上，从而构建一个更高级别的集合。例如，可以在等级0的机器上附加最低层次规则：不允许与对象接触；在等级1的机器上，通过对已有0级控制层次叠加一个同等级的0控制层：监控数据流向。通过在简单行为层级的逐步叠加可以构建复杂的机器行为并进行控制。

Brooks认为：包容性架构使用没有中央控制，没有共享表示，通信带宽较低的低功能元器件的组装可以完成较为复杂的环境和动作信息的捕捉和模拟（如能够记录、计算和模拟昆虫动作）[12]。尽管受限于传感器的有限功能和周围环境的不可预测性，包容性架构的实验结果仍然是具有鲁棒性和可靠性的，因为个体行为能够彼此弥补失败行为，也就是说多个低等级个体虽然会出现行为失误，但是一个个体的失误可以由其他个体行为进行补救。这一经典理论被广泛应用于机械仿真、环境勘探等领域。

2.4.2 机器人学2：受细菌活动启发的机器人趋向性技术

关于梯度源的定位和跟踪问题一直是众多服务于真实世界背景的机器人研究领域的关键问题之一。例如，火灾源附近的温度梯度观测；泄露到土壤或水源的化学药品浓度梯度追踪；生态系统中主要光照、盐度、pH梯度监控等。在许多情况下，这些梯度的源强度随时间而变化（如梯度源发生了移动），同时有可能在环境中对同一梯度参数存在多个梯度源（如两个火灾点共同造成了一个复杂的温度梯度）。

梯度源的自动检测、定位和追踪技术对环境监测和学习领域的研究至关重要。环境科学家可以使用该技术获取到某一有毒化学物质的源头，消防员可以通过该技术定位火源并予以扑灭。传统用于定位和追踪梯度源的方法主要使用于静态或准静态的环境。为了能够适应动态环境追踪，受到生物学中细菌探测追踪营养源原理的启发，Dhariwal等开发了面向小、弱、移动、随时间变化的梯度源进行探测追踪的机器人技术[13]。具体而言，他们的算法是设定为在一定时间内以直线运行的重复运动，每一次重复运动均伴随一个随机变化的方向。这一随机变化设定仍然需要遵从一个典型的生物依据：如果细菌检测到它所处的环境中营养浓度较高，则它在该环境中的游程长度变长，也就是说细菌虽然是进行随机游走，但是其游走的方向仍然是偏向于营养源的。

这一算法非常适合在简单机器人中进行实例化，因为信息采集和记录的偏向性，在环境探测和记录时，只有最后一个传感器记录的信息需要被存储，这种设计对存储器的要求较低（整个过程只有一个计算动作需要被执行），对处理器的要求微乎其微。Dhariwal 将该算法与一个简单的梯度下降算法进行了比较，通过比较发现对于单一微弱的梯度源，简单的梯度下降算法具有更好的性能；而受细菌活动启发的趋向性算法则对多个、离散的覆盖较大区域的梯度定位和追踪效果更好。

2.4.3　机器人学 3：能量和容错性控制

在机器人学研究中，如何节约设备能量并准确进行设备的协调性和容错性控制，实现自主运动一直是研究的热点。

生物系统为自我控制运动（自主运动）的存在可能提供了一个证明。相对于由运动工程学构建的自主运动，由生物学机制形成的自主移动表现更为有效，其存在范围更广，运动载体通常尺寸较小。

由人工控制的自主运动不可能具有与生物系统控制的自主运动相同的效率。这可以从生物系统本身进行解释。例如，生物具有高效能是因为其运动是非刚性的（兼容性的），具有能量回收机制，也就是说，生物系统具有存储运动能量防止其流失的能力。就像一个制动电车可以将其制动时多余的能量存储到电池组中。为了解释这一机制，我们可以以袋鼠为例，袋鼠的尾巴类似弹簧，可以在袋鼠跳跃落地时为其储存动能，并在下一次跳跃时释放，用作助推。在整个动作过程中，袋鼠的腿部可以看成弹簧的支点，腿部的肌肉组织不仅是一种动力源，也可以看作一个制动器，参与了能量的吸收、存储和再利用。

第二个来源于生物系统能量控制的例子是多足动物的固有动态稳定性。传统控制理论认为复杂运动需要复杂的神经控制反馈机制支撑，多足动物的运动需要其腿部本身结构以及其固有的多功能控制系统与稳定的前进动力相配合来形成自控动作。而生物学研究证明，多足动物的运动稳定性来源于运动时腿部产生的横向张力，这一系统本身不需要神经系统的控制。

在上述生物现象的支持下，Raibert 作为基于生物学和物理学控制论启发的机器人工程学开拓者之一，他提出的一个基础的理论是，运动中的动物具有动态稳定性（运动状态的动物依靠腿部的协调运动节奏保持平衡[14,15]）。为了模拟并证明这种理论，Raibert 首先设计了单足单元。该设备包含一个具有三个控制组件的控制系统：一个控制运行速度，一个控制身体姿态，一个控制跳跃高度。Raibert 并没有对该设备的步进运动进行明确的设定，只是对其运动平衡进行了制约和控制。在这个基本单元，双足单元作为两个单足单元的组合可以进行 180° 协调工作；四足单元作为两个双足单元的组合机可以成 360° 协调工作（反向运动）。在 Raibert 的先驱工作基础上，逐步发展了大量的人造足式设备（如自主运动的六足设备 RHex、SPRAWL 等）。

在机器人的自主运动研究领域，除了减少复杂神经系统控制和能量消耗外，还存在对操纵对象精确转向控制的研究。用于解决这一问题的传统方式是：通过增加刚性的电机和齿轮组件，以增加扭矩，从而实现对肢体运动的精确控制。然而，齿轮组件本质上就是不精确的，在实践中为了能够达到准确控制，需要对齿轮的运行引入极其复杂的噪声控制函数，进行其行为校正，才能获取精确的最终的运行方向。

在此问题上，受生物启发的机器人理论提出了若干解决方案，用于降低解决方案的复杂度：一种解决方案是将"直接驱动"的电机设置于每一个关节，从而降低了传动装置的使用；另一种解决方案则是将精确设计的服从容错原则引入齿轮组装过程。这一解决方案是基于对人类可以不需要精确地关节设定就可以准确定位这一生理现象来设定的（人类关节组织周围包裹的软组织可以使人在动作时有超过 1 的自由度，不需要准确的定位动作方向）。Pratt 等根据此理论依据，将弹簧机制引入了机器人四肢关节构造，为关节齿轮的活动进行了容错性调控，弹簧机制为动作加载过程中遇到的任何突然变化提供了弹性调节机制，同时也增加了机械关节的抗冲击性，降低反射惯性，适于进行能量存储[16]。

2.5　小　　结

本章结合相关实例，对受生物启发的计算的发展历程、研究前景、基本概念和理论应用意义进行了详细的分析说明；针对典型的受生物启发的进化计算及其经典算法——遗传算法进行了深入剖析；并就人工生命的重要研究领域——机器人学的若干重要定理和开发方法进行简要概述，有助于研究者对受生物启发的人工智能算法的深入理解。

参 考 文 献

[1] 宋晓峰, 亢金龙, 王宏. 进化算法的发展与应用. 现代电子技术, 2006, 29（20）: 66~68.

[2] 冯萍, 谷文祥, 曲爽. 浅析遗传算法与进化策略. 长春大学学报, 2005, 15（2）: 25~27.

[3] Reynolds R G, Chung C J. A self-adaptive approach to representation shifts in cultural algorithms. Proceedings of IEEE International Conference on Evolutionary Computation. Nagoya, Japan: IEEE, 1996: 94~99.

[4] Holland J H. Adaptation in Natural and Artificial Systems. Ann Arbor Universityof Michigan Preess, 1975.

[5] Vose M D. The Simple Genetic Algorithm: Foundations and Theory Cambridge MIT Press.

[6] Schmitt L M. Theory of genetic algorithms. Theoretical Computer Science, 2001, 259(1-2): 1~61.

[7] Schmitt L M. Theory of genetic algorithms II. Theoretical Computer Science, 2004, 310(1-3): 181~231.

[8] 吉根林. 遗传算法研究综述. 计算机应用与软件, 2004, 21（2）. 69~73.

[9] Christopher G L. Artificial Life: An Overview. Cambridge MIT Press, 1995.

[10] Nocks L. The robot: the life story of a technology. Baltimore: Johns Hopkins University Press, 2008.

[11] Jones J L, Seiger B A, Flynn A M. Mobile Robots: Inspiration to Implementation. 2nd ed. Abingdon: Taylor & Francis, 1998.

[12] Brooks R A. Flesh and Machines: How Robots Will Change Us. New York: Pantheon Books, 2002.

[13] Dhariwal A, Sukhatme G S, Requicha A A G. Bacterium-inspired robots for environmental monitoring. 2004. Proceedings. 2004 IEEE International Conference on Robotics and Automation. New Orleans: IEEE, 2004, 2: 1436~1443.

[14] Raibert M H, Brown H B, Chepponis M. Experiments in balance with a 3D one-legged hopping machine. The International Journal of Robotics Research, 1984, 3(2): 75~92.

[15] Raibert M H. Legged Robots That Balance. Cambridge: MIT Press, 1986.

[16] Hu J, Pratt J, Chew C. Virtual model based adaptive dynamic control of a biped walking robot. International Journal of Artificial Intelligence Tools, 2011, 8(3): 337~348.

第 3 章 神 经 计 算

本章主要讲述人工神经网络的相关内容，并着眼于人工神经网络的发展和应用：首先介绍两种典型的人工神经网络——Hopfield 神经网络和自组织特征映射网络（SOM）；然后详细介绍人工神经网络的几个主要应用领域，同时针对当前的热点研究，探讨人工神经网络具体应用成果；另外，还将介绍人工神经网络在医学上的应用。

3.1 人工神经网络相关介绍

人工神经网络是由人工建立的以有向图为拓扑结构的动态系统，它通过对连续或断续的输入状态做相应的处理。由于其高度的自适应性、非线性、善于处理复杂关系等特点，已被广泛应用于各个领域。

3.1.1 人工神经网络的起源与发展

人工神经网络是在现代神经科学研究成果的基础上提出的，试图通过模拟大脑神经网络处理、记忆信息的方式进行信息处理。人工神经网络是对人脑或自然神经网络若干基本特性的抽象和模拟，并且以大脑的生理研究成果为基础，其目的在于模拟大脑的某些机理与机制，实现某个方面的功能。国际著名的神经网络研究专家，第一家神经计算机公司的创始人 Hecht Nielsen（教授）对人工神经网络的定义为："人工神经网络是由人工建立的以有向图为拓扑结构的动态系统，它通过对连续或断续的输入状态进行相应的处理。"

关于人工神经网络的研究，可以追溯到 1957 年 Rosenblatt 提出的感知器模型（Perceptron）[2]。它几乎与人工智能——AI（Artificial Intelligence）同时起步，但 30 余年来却并未取得人工智能那样巨大的成功，曾陷入低谷。直到 20 世纪 80 年代，对人工神经网络的研究兴趣又逐渐高涨。目前在神经网络研究方法上已形成多个流派，最富有成果的研究工作包括：多层网络 BP 算法、Hopfield 网络模型、自适应共振理论、自组织特征映射理论等。

目前对人工神经网络模型研究的重点集中于：网络连接的拓扑结构、神经元的特征以及学习规则。根据学习规则，人工神经网络可以分为监督式学习网络、无监督式学习网络、混合式学习网络、联想式学习网络、最适化学习网络；根据网络架构即拓扑结构可以分为前向神经网络、反馈神经网络、自组织映射神经网络。

人工神经网络不仅具有高度的并行结构和并行处理能力，而且具有固有的非线性特性。在神经网络中，知识与信息都等势地分布储存于网络内的各个神经元。此外，人工神经网络与人脑一样具有联想存储功能，还可以根据外界环境的输入信息，改变节点间的连接和连接强度，达到自适应的目的。基于人工神经网络的这些基本特征，关于人工神经网络的研究得到越来越多的关注。人工神经网络可借助并行处理来实现。近年来，一些超大规模集成电路的硬件实现已经问世，这使得神经网络成为具有快速和大规模处理能力的实现网络。

3.1.2　人工神经网络的应用

人工神经网络具有自学习功能、联想存储记忆功能以及高速寻找优化解的能力，这促使了人工神经网络的广泛应用价值。运用人工神经网络的自学习能力，可以做一些识别、匹配、预测等工作。例如，Chung[3]将人工神经网络的自学习功能应用于图像配准中的特征识别中，能在一定程度上提高匹配的精准度。将自学习能力和联想存储功能结合就可以达到根据部分推知整体的功效。在数据挖掘的相关研究中，人工神经网络主要应用于数据的分类和预测，神经网络较传统的分类方法具有更强的学习能力，极大地提高了分类的精度和预测的准确度。根据具体应用，人工神经网络与其他算法的结合也应运而生。总体来讲，人工神经网络模型常被应用于分类、预测和问题优化，如模式识别、信号处理、知识工程、专家系统、优化组合、机器人控制等，其应用已涉及医学、经济、环境科学、地质学等领域。本小节将以一种时空神经网络的结构和应用为例，介绍人工神经网络的一些其他方面应用。

Spatiotemporal（时空）神经网络：Spatiotemporal Neural Network（时空神经网络，SNN）[1]能够非常好地体现自学习和联想存储记忆功能，同时利用这些功能可以根据已知信息推断和识别未知信息。例如，可以利用时空神经网络并通过传感数据来学习脑皮质层的化学离子分布,也可以利用时空神经网络来识别部分闭塞物体。下面简要介绍时空神经网络的结构特点。

SNN 在三维信息的分析上占据一席之地，时空网络以循环神经元为基础模块，利用并行子网联结，最终产生输出。网络中的循环子网则用 Elman 网络来表示。Elman 网络至少包含三个层次，即输入层、隐含层、输出层。输入层包含一系列的环境单元。在隐含层使用正切 S 型函数，输出层使用线性函数。

时空循环网络通过两个步骤来完成。首先，通过传感器的输入数据来训练单个网络，唯一序列的向量就会被输入每个 Elman 子网的隐含层。每一个时间步，输入向量都会包含此刻和之前四个时刻的最大、最小值以及这些值的最小平方值。所有这些参数都会作为神经网络的输入。在第一步 N 个 Elman 子网都完成训练后，来自于每个子网的传感器上的时空仿真值将被应用于最终的训练网络。图 3-1 展示了一个 $n*m$ 的 Elman 训练网络结构。

时空神经网络很好地展示了人工神经网络的自学习和寻找最优化解的能力。通过实验表明，时空神经网络在生成三维化学信息，和大脑皮层的化学离子分布的分析和通过数学仿真的分析具有相同的精准度。

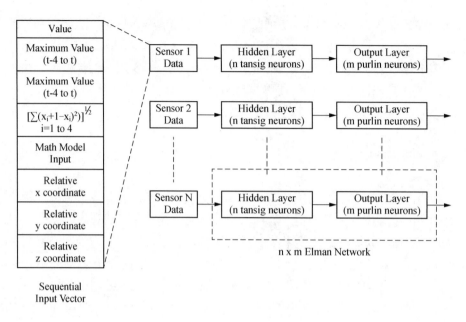

图 3-1 $n \times m$ 的 Elman 网络结构图

3.1.3 小结

神经网络的研究内容相当广泛,反映了多学科交叉技术领域的特点。它与多种科学领域的发展密切相关,纵观当代新兴科学技术的发展历史,人类在征服宇宙空间、基本粒子、生命起源等科学领域的进程之中历经了崎岖不平之路。在以人为本的 21 世纪,我们将会看到探索人脑功能和神经网络的研究将伴随着重重困难的克服而日新月异,同时人工神经网络在医学领域的应用前景也会更加广阔。

3.2 Hopfield 神经网络

3.2.1 Hopfield 神经网络概述

反馈神经网络是一个反馈动力学系统,具有很强的计算能力。1982 年,Hopfield 提出的单层全互连含有对称突触连接的反馈网络,是最典型的反馈网络模型。Hopfield 用能量函数的思想形成了一种新的计算方法,阐明了神经网络与动力学的关系,并用非线性动力学的方法来研究这种神经网络的特性,建立了神经网络稳定性判断的依据,并指出信息存储在网络中神经元之间的连接上,形成了所谓的离散 Hopfield 网络。1984 年,Hopfield 设计与研制了 Hopfield 网络模型的电路,指出神经元可以用运算放大器来实现,所有神经元的连接可用电子线路来模拟,称为连续 Hopfield 网络。在连续 Hopfield 网络中,网络的输入、输出均为模拟量,各神经元采用并行(同步)的工作方式。

Hopfield 神经网络(HNN)是神经网络的一部分,可以从多个方面对其分析。从学习的观点来看，它的系统结构简单、易于编程，是一个强有力的学习系统；从系统的观点来看，它是一个静态非线性映射，能通过简单非线性处理单元的复合映射可获得复杂系统的非线性处理能力。因而，Hopfield 神经网络在多个领域如模式识别、联想记忆和组合优化等得到广泛应用。例如，Hopfield 利用神经元同步工作的原理将该网络应用于优化问题的求解上，并成功地解决了 TSP（旅行商）问题，通过提高神经网络中的势能函数，避免了神经元矩阵的行或列全零，减少了不实的旅行概率。

突变的 Hopfield 神经网络也能在优化问题上表现出特性。HNNs 在所有存在的神经网络中求解优化方面表现出的性能是最好的。HNN 可以处理网络行为中的动态系统，通过具体化势能函数或李雅谱诺夫函数解决相应的问题。对实时优化也很适合。因为 HNN 的势能函数只在第一次迭代时减少很快，所以在神经元状态间用相同的势能函数很容易陷入局部最小。因此 HuL 等[5]就此提出了一个结合 EDA（分布算法的评估）的 HNN。一旦网络陷入局部最小，EDA 的震荡函数会为 HNN 产生一个新的起始点，然后进行进一步的研究，并将其应用在最大切割问题和飞机登陆时刻表中进行验证。也能在 HNNs 中加入概率模型，概率模型记录最好个体的基因信息。就此提出了一个基于概率模型的改进的基因 HNNs 网络，减少了不实旅行的概率也避免了随机搜索。本书中还考虑了 GA（遗传算法），它能进行较强的全局搜索，但倾向于随机搜索，概率模型能引导 GA 搜索最优解。GA 搜索的结果作为 HNNs 的初始条件，这种方法结合了 HNNs 和 GA，因此称为改进的基因 HNNs 算法，这种方法加速了收敛的速度，提高了搜索能力。

Hopfield 网络按动力学方式运行，其工作过程为状态的演化过程，即从初始状态按"能量"减小的方向进行演化，直到达到稳定状态，稳定状态即网络的输出。在达到稳定的过程中，时延是不稳定性和不好性能的来源，因为信息处理的有限速度，时延问题出现在很多神经网络中。因此时延神经网络的稳定性分析得到了大量的关注。不确定随机神经网络的稳定性曾在多个研究中[6-9]出现过。关于各方面的稳定性标准的研究有很多。有研究[10]利用了李雅谱诺夫泛函分析理论和线性矩阵的不等式产生了一些渐进稳定性、最终有界和弱吸引因子的新的标准。也有研究[11]提出了间隔时变延迟中立类型的模糊马尔柯夫跳跃Hopfield 神经网络的时滞依赖条件。通过建立一个合适的李雅谱诺夫-克拉索夫斯基函数和无自由权重矩阵的芬斯勒引理，按照线性矩阵不等式（LMIs）建立了新的网络时滞依赖稳定性标准。还有研究[12]考虑了时延的随机 Hopfield 神经网络的稳定性（SHNNs）标准。书中首先讨论了在随机干扰下没有延迟的 SHNNs 的稳定性，设计了一个稳定控制器。然后我们根据原理分析在随机扰动下 SHNNs 的稳定性，并发现了两个稳定条件。

3.2.2　Hopfield 神经网络联想记忆

1. Hopfield 神经网络联想记忆概述

联想记忆是神经网络理论的一个重要组成部分，也是神经网络用于智能控制、模式识别与人工智能等领域的一个重要功能。它主要利用神经网络的良好容错性，能使不完整的、污损的、畸变的输入样本恢复成完整的原型，适于识别、分类等用途。

人类具有联想的功能，可以从一种事物联系到与其相关的事物或其他事物。人工神经网络对生物神经网络的模拟也具有联想的功能。人工神经网络的联想就是指系统在给定一组刺激信号的作用下，该系统能联想出与之相对应的信号。联想是以记忆为前提的，即首先信息存储起来，再按某种方式或规则将相关信息取出。联想记忆的过程就是信息的存取过程，是基于内容的存取信息被分布于生物记忆的内容之中，而不是某个确定的地址，信息的存储是分布的，而不是集中的。

Hopfield 网络的联想记忆网络属于自联想记忆。自联想是指能将网络中输入模式映射到存储在网络中不同模式中的一种。联想记忆网络不仅能将输入模式映射为自己所存储的模式，还能对具有缺省/噪声的输入模式有一定的容错能力。联想记忆的工作过程分为两个阶段：一是记忆阶段，也称为存储阶段或学习阶段；二是联想阶段，也称为恢复阶段或回忆阶段。

（1）记忆阶段

记忆阶段通过设计或学习网络的权值，使网络具有若干个稳定的平衡状态，这些稳定的平衡状态也称为吸引子（Attractor）。吸引子的吸引域就是能够稳定该吸引子的所有初始状态的集合，吸引域的大小用吸引半径来描述，吸引半径可定义为：吸引域中所含所有状态之间的最大距离或吸引子所能吸引状态的最大距离。吸引子也就是联想记忆网络能量函数的极值点。记忆过程就是将要记忆和存储的模式设计或训练成网络吸引子的过程。

（2）联想阶段

联想过程是给定输入模式，联想记忆网络通过动力学的演化过程达到稳定状态，即收敛到吸引子，回忆起已存储模式的过程。

2. DNA 链置换级联神经网络计算[13]

这个神经网络模型是基于一种线性阈值函数。模型中的神经元接收一组输入信号，对每个信号乘以正的或者负的权重，只有当所有的带权重的输入信号之和大于某个特定的阈值时，神经元才会兴奋并释放出一个输出信号。这个模型是对真实神经元的过度简化，但其在探索一些简单的计算元素的集体行为如何导致联想回忆和模式完成等类似大脑的行为方面十分有效。

该模型中采用了一个称为链置换级联的过程来构造 DNA 神经网络。这一过程使用了单链和双链 DNA 分子的一部分。双链 DNA 是双螺旋结构，其中的一个链像尾巴一样伸出，当单链漂浮在水溶液表面时，可能会偶然遇见双链 DNA 的一部分，如果两者的碱基对完全互补，单链就会抓住双链的尾巴并依附于其上，踢开双螺旋的另一个单链。由此，最初的单链充当了一个输入信号，而被取代的单链充当了一个输出信号，可以接着与其他分子相作用。因为科学家能使用任何碱基序列来合成 DNA 片段，因此，他们可以对这些相互作用编程让其像神经元模型一样工作。

实验过程中一共利用 112 种不同的 DNA 链组成了四个相互联系的人工神经元，并通过一种猜心术游戏对所构造的神经网络进行了检测。在这个游戏中，它试图辨认一个身份未知的科学家。科研人员"训练"这一神经网络来"认识"四位科学家，他们的身份由四个是非问题的答案来决定，例如，这个科学家是不是英国人。人类玩家先在心里默想一个科学家，提供一组不完整的是非问题的答案来暗示这个科学家的身份。对应于每一个"是"或者"不是"的答案，玩家将一个特定的 DNA 链加入到试管中，作为传达给神经网络的线索。而神经网络会根据这些线索来猜测玩家心里所想的是哪个科学家，并将结果通过荧光信号告诉给玩家。在某些情况下，神经网络会"说"：玩家提供的线索与它记忆中的多个科学家相符，或者这些线索与它所记得的信息相互矛盾。科研人员和这个试管中的神经网络玩了 27 次游戏，每次提供的线索都不相同（一共有 81 种组合的可能），而它每次都猜对了。

由于科研人员可以设计任意想要的碱基序列来合成 DNA 链，他们可以对这些分子间的相互作用进行编程，根据神经元的模型设计出 DNA 神经网络。通过逐个调整网络中 DNA 分子的浓度，科研人员教给了它是非问题的答案，而这些答案组合在一起的不同模式分别决定了四个不同的科学家。这表明，该神经网络能基于部分特征识别事物，这是大脑独特的属性之一。

这种具有人工智能的生化系统，或者至少是具有某些基本的决策能力的生化系统，可以在医药、化学以及生物领域带来不可估量的应用。在将来，这样的系统也许可以在细胞内工作，帮助回答根本的生物问题或者诊断疾病。如果一个生化过程能够对其他分子的存在做出智能响应，它将会允许工程师一步一个分子地制造出日益复杂的化学物质，或者搭建出新的分子结构。并且在科技应用之外，对这些系统的设计也可以给思维的进化过程以间接的认识。

3.3 博弈与神经网络的结合

人工神经网络系统是智能控制技术的主要分支之一，主要用于非线性系统的辨识建模、非线性过程的预测、神经网络控制及故障诊断等。它通过学习逐步实现其计算过程形成一个具有一定结构的自组织系统，与环境交互作用，从而从外界环境中获取知识。

博弈论是跨学科研究人的行为的一种独特方法。人在社会中的学习过程大多有交互的特征，个体学习的同时也被其他个体的学习影响。博弈论是研究决策主体的行为发生直接相互作用时候的决策以及这种决策的均衡问题的理论。鉴于人工神经网络和博弈论都是探索人类发现和掌握知识基本规律的工具和方法，因此，结合二者的共同点可以建立有效数学模型，进行科学知识的研究。

本节在介绍博弈论知识和人工神经网络的基本原理上，将博弈过程与人工神经网络学习模型结合起来，比较了有关博弈和神经网络学习的各种模型，也综合讲述了一些改进的神经网络在博弈中的应用。

3.3.1 博弈论概述

在社会情境中人类的学习有着交互的本性，一个人在学习的同时也受其他正在学的人的影响。博弈表现了一种交互决策的接受行为。博弈论，也称对策论，是一种研究理性决策者冲突和合作的数学模型。它是交互式的决策论，广泛应用在经济、政治科学、心理学、逻辑学和生物学当中，已发展成为一门比较完善的学科。

博弈由参与者、信息和策略、收益和均衡等组成。其中参与者是指一个博弈中的决策主体，通常又称为参与人或局中人；信息指参与者在博弈过程中能了解和观察到的知识，完全信息是指所有参与者各自选择的行动的不同组合所决定的收益对所有参与者来说是共同知识；策略是参与者如何对其他参与者的行动作出反应的行动规则，它规定参与者在什么时候选择什么行动。通常用 S_i 表示参与者 i 的一个特定策略，用 S 表示参与者 i 的所有可选择的策略 S_i 的集合。如果 n 个参与者每人选择一个策略 $S = (s_1, s_2, \cdots, s_n)$，那么称为一个策略组合；收益是指在一个特定的策略组合下参与者能得到的确定的效用，通常用 u_i 表示参与者 i 的收益，它是策略组合的函数；均衡是所有参与者的最优策略组合，记为 $s*$，是一个稳定状态。在博弈过程中，参与人仅观察到他们自己匹配的结果，并且对行动的历史情况作出最优的反应。在部分最优反应动态中，群体中固定部分的参与人每一阶段都将他们当前的行动转换为对前一阶段总体统计结果的最优反应。

博弈的种类多种多样，可根据不同的基准分为不同的类别。一般可将博弈分为合作博弈与非合作博弈。他们的区别在于相互发生作用的当事人之间有没有一个具有约束力的协议，如果有协议，就是合作博弈，没有协议则为非合作博弈。从行为的时间序列性进行区分，博弈分为静态博弈和动态博弈，静态博弈是指博弈的参与者同时选择各自的行动，即便是选择行动有先后，后行动者也不知道先行动者所采取的行动。动态博弈是指各参与者的行动有先后顺序，而且后行动者在自己行动之前能观测到先行动者的行动。从参与人对其他参与人的了解程度分为完全信息博弈和不完全信息博弈。博弈有一些重要的例子，如 Nash 均衡、囚徒困境、智猪博弈、酒吧博弈（MG）[14]等。

演化博弈在传统博弈理论中，常常假定参与人是完全理性的，且参与人在完全信息条件下进行的，但在实际生活中这个条件是很难达到的。

演化博弈论以有限理性为基础，是把博弈理论分析和动态演化过程分析结合起来的一种理论。在方法论上，它不同于静态均衡上的博弈，它强调的是一种动态的均衡。演化博弈论研究的首要任务是明确个人如何在一个相互作用的决策环境，根据别人的行为来调整他们自己的行为，从而达到一种均衡的状态。演化博弈论有两个理论来源，一个是演化理论，另一个则是博弈论。演化理论中两条最重要的机制：自然选择，即不是每种生物都有相同的概率在下一期存活；突变机制，这种机制保证了种群的数量。对于演化博弈论，研究的重点在演化稳定策略。

3.3.2 博弈模型与神经网络模型结合的学习模型

经济学中已有的学习模型都包含两部分相互影响的过程：由某些随机的选择转化为输入信息，作为选择每个策略的最初偏好，通过归一化这些偏好可以转化为选择每个策略的可能性；学习过程是从结果来的反馈修改各个偏好，这些偏好反过来再影响选择。这正好符合了神经网络的学习过程。那么博弈论中的一些概念可以在神经网络中描述出来，博弈模型和神经网络的模型也可以结合运用到实际中。下面将以几个典型的现有研究成果为例，对博弈论和神经网络模型的研究和应用进行解说。

1. 一对神经元系统的行为模拟

Schuster 等 [15]利用博弈论中的一些概念去模拟神经网络，研究神经元和单个神经元在神经电路中交互和自组织的过程。书中以一对神经元系统为例，模拟它们的行为，为进一步基于博弈论的学习算法提供了坚实的基础。图 3-2 描述了一对神经元在博弈论中的具体释义。图 3-2（a）表示如果神经元 1 工作，那么神经元 2 也工作；如果神经元 1 休息，那么神经元 2 也休息。这是两个神经元之间的交互，是一个比较简单、一维线性可分的监督学习分类任务。可以用函数描述为

$$f(x) = \begin{cases} 工作，& x > t \\ 休息，& 其他 \end{cases} \tag{3-1}$$

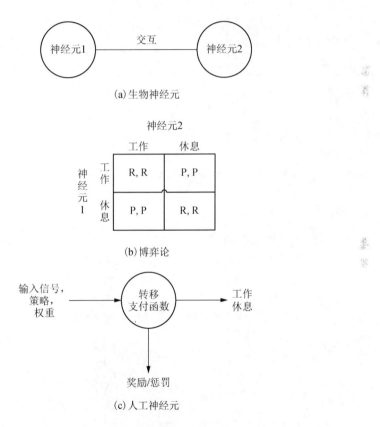

(a) 生物神经元

(b) 博弈论

(c) 人工神经元

图 3-2　神经元在博弈论中的具体释义

因此，也可以将神经元 1 和神经元 2 看作开关类型的输入输出单元，从全局来看，可以理解为一个感知器。图 3-2（c）结合了博弈论基本元素的感知器，是一个包含输入、输出、转移函数和惩罚机制的决策处理过程。图 3-2（b）用支付矩阵解释了这种行为，支付矩阵根据策略的每一次结合分配给每一个神经元一个支付。然而，通过博弈的概念去描述神经元之间的全局交互，很难找到具体准确的支付函数。

为了做出决策，网络必须从无组织状态向有组织状态演化，因此书中基于博弈论为人

工神经网络描述了人工神经网络的学习算法。问题如图 3-3 所示的学习算法解决的两个问题：①支付矩阵中的支付；②混合策略的值。

图 3-4 是一个任意真值 x, y 坐标系统，描述了一个一维、线性可分和监督学习的分类任务，训练集中包含了 n 个对象。黑色点是第一类，表示神经元的休息状态；划线的点是第二类，表示神经元的工作状态。

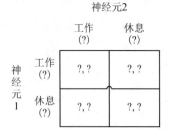

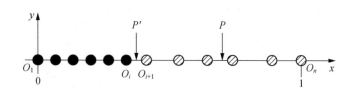

图 3-3　学习算法需解决的问题　　　　　　图 3-4　分类任务

混合策略 $(q, 1-q)$ 表示神经元 1 关于神经元 2 的不确定性，对神经元 1 而言是为神经元 2 的期望行为建立一个模型。用观察到的实例训练，告知选择哪一个，然后用一个算法解释为什么这个选择是正确的行为，然后当遇到新情境时它必须根据前面学习到的做出决定。通过使用神经网络的后向传播算法和博弈原理的学习算法得到图 3-3 中的支付矩阵和混合策略的值。

博弈模型和神经网络模型结合的模型可具体分为下面几类。

2. 增强学习模型

增强学习模型[16]的基本假设是选择一个行动的倾向随着由该行动获得的收益增加或减少。换句话说，如果个体的某个行为策略导致个体的收益增加，则个体以后采取这个行为的趋势会加强。增强学习围绕如何与交互学习的问题，在环境中获得知识，改进行动方案以适应环境达到预想的目的。

参与人 i 在时间 t 采用第 k 个策略，得到的增强偏好为 $RF(x)$，则他在时间 $t+1$ 更新可用下面的式子表示：

$$RF(x) = x - x_{\min} \tag{3-2}$$

$$a_{ij}(t+1) = \begin{cases} a_{ij}(t) + RF(x), & j = k \\ a_{ij}(t), & \text{其他} \end{cases} \tag{3-3}$$

式中，$x_{\min}$ 是最小的支付，x 是在给定的时间 t 第 i 个参与人得到的支付。第 i 个人在时间 t 选择第 k 个策略的概率由式（3-4）得出：

$$p_{ik}(t) = \frac{a_{ik}(t)}{\sum a_{ij}(t)} \tag{3-4}$$

在最初阶段即 $t=1$，每个参与人对自己的每个策略都有初始偏好，这些初始设为非负的。第 i 个参与人对第 k 个纯策略均采用相等的初始偏好，即满足条件：$a_{ik}(1) = a_{ij}(1)$，对于所有 k 和 j 都成立。

设 X 为参与人 i 的绝对支付的平均值，初始偏好强度参数可以定义为

$$s_i(1) = \frac{\sum a_{ij}(1)}{X_i} \tag{3-5}$$

假设这个参数对所有的参与人都是相同的，所以第 i 个参与人的初始偏好值可以定义为

$$a_{ij}(1) = p_{ij}(1) \cdot S(1) \cdot X_i \tag{3-6}$$

式中，$p_{ij}(1)$ 是初始的选择概率，可由 $p_{ij}(1) = 1/M_i$ 得出，其中 M_i 是参与人 i 所有纯策略的数目。

由上述可知，该模型唯一的自由参数为初始偏好强度 $S(1)$。每个参与人的初始偏好是相等的，即在初始时刻对于特定的参与人选择他的每个策略的概率相等。然而，在初始状态的偏好总和 $\sum a_{ij}(1)$ 并不确定，这将影响行动选择的概率的变化，所以引入 $S(1)$ 来决定学习速率。

这个模型在解释在特定的策略环境下所观察到的参与人的行为方面取得了很大的成功。这些特定的策略环境包括有唯一混合策略均衡的博弈和一些协调博弈。但是增强学习模型在其他博弈中不能很好地预测参与人的行为（如实验中的参与人在知道完全信息的情况下进行有限次的囚徒困境博弈）。

3. NNET 模型

NNET（传统的感知器）模型来自传统的单神经元感知器，该模型形式很简单。输出的激发函数采用 logsig，传递函数如下：

$$y = \log \text{sig}(w_{ij} x_j) \tag{3-7}$$

权值更新规则和一般的感知器相似，输出单元通过误差大小来反馈：

$$\begin{cases} w_{t+1} = w_t + \Delta w \\ \Delta w_{ij} = \lambda \cdot \beta \cdot [t_i(a^{-k}) - y_i] \cdot x_j \end{cases} \tag{3-8}$$

可以看出，该模型有两个自由参数 λ 和 β，而且这两个参数是相互独立的。这个模型的学习过程的相关权重参数需要通过实验数据，细微地调节权重值来减少感知器的期望输出和实际输出之间的差别。

4. 基于后悔反馈学习的神经网络

Marchiori 等[17]介绍了基于后悔反馈学习的神经网络是前馈神经网络和反馈神经网络的组合。使用博弈的框架与前馈网络和反馈网络组合在一起，构成交互与竞争学习的神经网络模型。这个模型的学习过程不仅受输出与期望输出之差的影响，还受收益矩阵的影响。网络的学习是一种误差从输出层到输入层向后传播并修正网络连接权值的过程，学习的目的是使网络的实际输出接近某个给定的期望输出。

该学习模型的架构如图 3-5 所示，由支付矩阵的 8 个支付值作为输入节点，2 个输出节点表示具体的行动的选择概率。然后把博弈算法的结构转化到神经网络里面，通过将输入节点 x_j 对应于博弈矩阵中的每个支付（包含对手的支付），每个行动的输出节点 y_i 对参与者 K 是有效的。在当前博弈中每个输入节点相应的支付值作为输入信息，计算输入节点到每个输出节点，即将连接的权重值 w_{ij} 的和，然后用 hyperbolic tangent 激活函数转化激活输

出节点。

$$y_i = \tanh(\beta \times \sum_j w_{ij} x_j)$$ （3-9）

式中，β 是 tanh 函数调整参数。输出节点的激活值可以解释为做出某种行为的偏好，通过标准化可以转化为选择某个行动的实际的概率。

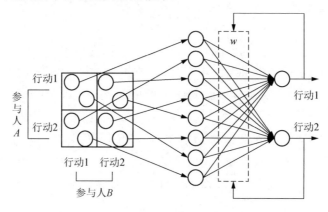

图 3-5 学习模型的结构图

该方法中采用一个不同的 Hopfield 更新规则，提供一个更直接的传统感知学习过程的概率认知：

$$w_{ij}^t = w_{ij}^{t-1} + \Delta w_{ij}$$ （3-10）

假定这是一种"事后"驱动的合理性学习过程：参与者知道其他参与者的行为后，通过"regret"把他们的行为修改成可能是他们的最佳的行为策略。他们朝着最优的策略方向调整。换句话说，就是参与人知道另一个参与人的上一阶段的行动后，将会及时调整这个参与人在当前阶段的行动，将他当前的行动转换为对前一阶段的最优反应。这里的"regret"是指在已知另一个参与人的行动的条件下，参与人可能得到的最大支付与实际得到的支付之差。此外，假设定向调整的强度与"regret"措施成比例，这与最近神经科学里面研究人的决策规律是相同的，它表明"regret"影响着学习，神经生理和行为反应都与"regret"的大小有关。

已知参与者 K 的行为 m 为 a_m^k：

$$\Delta w_{ij} = \lambda^2 \times \left[t_i(a^{-k}) - y_i \right] \times R^k(a_m^k, a^{-k}) \times x_j$$ （3-11）

式中，$t_i(a^{-k})$ 是参与者 K 对其他参与者行为 a^{-k} 的最好反应；y_i 是参与者 K 选择行为 i 的倾向性；$R^k(\bullet)$ 是在 a_m^k 和其他参与者行为 a^{-k} 的 regret；x_j 是对这个节点的输入强度，λ 是学习率。regret 是在给定其他参与者行为的前提下，通过计算参与者 K 的真实支付和能达到的最大支付的差得到的。在式（3-11）中含有的心理学知识为连接权重的调整是通过一系列的因素促使的，连接权的调整可以总结为：学习速率、实际收益与事后最佳收益的差值、后悔值、输入特性等一系列的因素的乘积。

与 Hopfield 感知规则比较，这个权值更新规则的主要区别是误差反馈中包含了后悔值的大小。这个权值更新规则在原来的基础上，加上获得最大支付的方向，也就是参与人向着能获得最大支付的方向改变策略。如果相对于已选的策略，有存在能获得更大收益的策略，那么下一次的行动就加强这个能获得更大收益的策略的权重。

研究发现即使是非常简单的基于后悔值反馈的神经网络模型，也能在博弈实验中准确地预测观察到的人的行为，能对混合策略博弈过程的唯一均衡点进行预测。因此，运用神经网络来模拟博弈过程被视为一个新的研究方向。

5. 其他针对具体博弈过程提出来的改进的神经网络的学习模型

（1）概率神经网络和 Tic-Tac-Toe 博弈学习过程[18]

Tic-Tac-Toe 是一种简单的九宫格游戏，这个博弈可看作在方格上两者的零和博弈，即博弈各方的收益和损失相加总和永远为"零"，博弈者在空白的单元内分别画叉和圈，每人下一次看谁先连成一行 3 个。我们将博弈看作一个 $I \times J$ 的矩阵，其值由 $y_{ij} = 1$（叉）、$y_{ij} = 2$（圈）、$y_{ij} = 0$（空白）的离散变量组成。

根据给定的评估函数 $h(x)$ 为每一个博弈情境选择最好的移动 (i^*, j^*)，$\varphi(y)$ 表示可能移动的集合，因此最有可能的移动为

$$(i^*, j^*) = \arg \max_{(i,j) \in \vartheta(y)} \{h(x(i,j))\} \tag{3-12}$$

为了简化评估函数，我们利用在 Tic-Tac-Toe 博弈中只有攻击和防御两种策略，如果我们只为攻击创建评估函数 $h_0(x)$，那么这个函数也可以用在对手的评估防御移动中。如果 $\tilde{x} \in X$ 表示在交换画叉和圈决策时得到的相反决策，那么评估函数 $h(x)$ 就可以表示为

$$h(x) = h_0(x) + \theta h_0(\tilde{x}), \quad 0 < \theta < 1 \tag{3-13}$$

为了学习 Tic-Tac-Toe 博弈可以应用概率神经网络近似评估函数。设 $p(x)$ 是防御移动有利的概率，那么反向情况的概率 $p(\tilde{x})$ 表示对手防御有利的概率，所以可以根据式（3-13）定义一个合理的评估函数：

$$g(x) = p(x) + \theta p(\tilde{x}) \tag{3-14}$$

现在就可以用 PNN 计算在所有可能移动 $\varphi(y)$ 上 $g(x(i,j))$ 的最大点。

PNN 最初的思想是通过有限的乘积形式近似未知的离散分布 $P(x)$：

$$\begin{cases} P(x) = \sum_{m \in M} F(x|m) f(m), \quad M = \{1, \cdots, M\} \\ F(x|m) = \prod_{n \in N} f_n(x_n|m) \end{cases} \tag{3-15}$$

PNN 中可以将这些看作标准的神经元，第 m 个神经元的输出函数可以看作 $F(x|m) f(m)$，引入对数，将乘积的形式转化为和的形式：

$$\sigma_m(x) = \log[F(x|m) f(m)] = \log f(m) + \sum_{n \in N} \sum_{\xi=0}^{2} \delta(\xi, x_n) \log f_n(x_n|m) \tag{3-16}$$

神经元的输出变量：

$$z_m(x) = \exp[\sigma_m(x)]$$

所以

$$P(x) = \sum_{m \in M} z_m(x), \quad x \in X$$

$$(i^*, j^*) = \arg \max_{(i,j) \in \vartheta(y)} \{g(x(i,j))\}, \quad y \in Y \tag{3-17}$$

$$g(x) = \sum_{m \in M} z_m(x) + \theta \sum_{m \in M} z_m(\tilde{x}) \qquad (3\text{-}18)$$

通过比较所有移动 $x(i, j)$ 的偏好移动 $g(x(i, j))$ 所对应的概率，就可以得到最好的移动。

（2）演化的神经网络模型学习 go 博弈[19]

传统的人工智能技术对建立在高层面具有竞争性的 go 程序是比较困难的。SANE 共生自适应的神经网络演化算法在没有任何先验知识的情况下对 go 博弈演化具有很好的结果。

SANE 算法的具体过程：SANE 中的神经元由一系列从神经元输入到输出的权重连接表示。每一个神经元有固定数量的连接，但是可以在输入输出层的单元中任意地聚集。一条连接是由一个表示具体输入或输出单元的整数值的标签和权重对组成的。

图 3-6 是由三个神经元组成的三层反馈网络，图左边是神经元，右边是对应的网络，标签对应输入输出的连接，权值对应连接的强度。神经元由所有连接输入单元乘以它们的权重的和，通过 sigmoid 函数激活。SANE 支持独立的称为神经 blueprints 的神经元结合。这个 blueprints 由一系列的神经元成员的点组成，并定义了一个从上一代得到的有效神经网络。SANE 的演化算法中是通过两个阶段迭代的：评估阶段和再生产阶段。评估阶段 SANE 能迅速评估 blueprints 和神经元。blueprints 是由网络的具体性能评估。神经元由它参与的网络性能评估。再生产阶段 SANE 使用相同的基因操作如选择、交叉和变异得到新的 blueprints 和神经元。每一个个体用适应度排名，一个 mate 用来选择优秀个体。当应用 SANE 在 go 博弈中时必须将结构的三个方面具体化：网络参数、演化参数和评估函数。

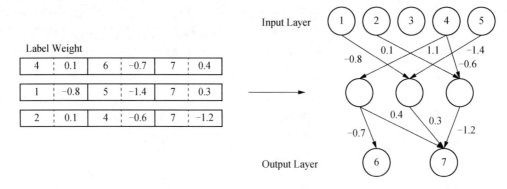

图 3-6　SANE 演化的三层反馈网络中大量的隐藏神经元定义

（3）酒吧博弈（GM）的神经网络学习

酒吧博弈是指竞争有限的资源。可以使用神经网络的学习算法决定参与者的选择决策。这是针对一个酒吧的情况设定的，假定用户的数目是固定的，用户可以选择：待在家里或去酒吧，酒吧过于拥挤，用户就宁愿选择待在家中。因此在博弈中只有少数博弈者能获胜。这是一个二者选择的问题。MG 不能交流和合作，是自私的，加入赢的一方从而实现合作的机会是不可能的，因此使用 Hebbian 学习算法。在学习过程中是用时间序列进行学习的，因为 Hebbian 算法有预测能力，MG 模型就借鉴了这一点，实现了预测神经网络中每一个少数决定，在计算中也使 Hebbian 更新神经网络的权重。

上述使用的神经网络模型都是针对具体博弈情境进行应用的，这些模型也为博弈论的发展提供了一定的方向，对于相似的情景可以采取类似的模型方法。

3.4 自组织特征映射网络（SOM）

自组织特征映射网络是以竞争学习为基础的，它不仅要对不同的输入信号产生不同的响应（即具有分类功能），而且要实现相同功能的神经元在空间上的聚类，所以 SOM 不仅要调整获胜神经元的权值，还要对获胜神经元邻域内的所有神经元进行权值修正，从而使临近的神经元具有相同的功能。自组织映射网络学习时对某个兴奋的神经元及其周围一定区域内的神经元所对应的权值同时进行调整，这种网络对于样本的畸变和噪声的容差大，广泛应用于样本分类、聚类分析、样本排序和检测等。

文本聚类是常见的 SOM 应用范畴。通常而言，文本聚类首先需要进行特征提取，与图像分类不同的是，文本聚类的特征提取是根据文本内容提取重要关键词，组成关键词集合，以便对原始文本和神经元做出处理。通常会用 VSM（Vector Space Model）来将文本表示为高维空间向量，神经元亦被表示为高维空间向量。总体来讲，SOM 文本聚类方法的关键步骤就是：原始文本处理（以便作为 SOM 神经网络的输入层）、神经元的表示和 SOM 训练算法。每一步所使用的方法都会影响到聚类结果的准确性和效率，而不同方法的组合则会产生不同的聚类方法，例如，常见的文本聚类方法 VSM+SOM。

本节主要介绍自组织特征映射网络在文本聚类中的几种应用方法。基于自组织神经网络的文本聚类通常需要先提取文本关键词，将神经元表示为一定维度的数值向量。无论是经典的聚类算法还是 SOM 聚类学习算法，经常用到的技术都是相似性计算和增量聚类技术。例如，Liu 等[20]使用快速自组织映射来完成文本信息的聚类，快速相似性计算和增量聚类为核心技术使得快速聚类方法与传统聚类方法相比，在保证聚类质量的前提下提高了聚类算法的效率。Isa 等[21]将 SOM 与传统聚类算法相结合，也能达到很好的效果，例如，将朴素贝叶斯分类与 SOM 模型相结合的混合聚类算法。Yang [22]则认为文本聚类只是将文本划分为不同的主题的集群，而没有识别出具体的话题，也就是说，没有将文本根据不同话题进行精确的分类。因为同一个主题下可能存在不相似的话题，或完全相反的话题。因此，该研究在经典 SOM 聚类算法的基础上增加了话题识别，以及用以减小分类误差的映射横向扩张（Lateral Expansion）和纵向扩张（Hierarchical Expansion）方法，从而形成一种全新的且高准确度的 SOM 文本聚类算法。

3.4.1 快速 SOM 文本聚类法

快速文本聚类法将原始文本表示为一些重要关键词的集合，神经元被表示为高维空间的数值向量。所以不同于传统方法的是，快速聚类算法仅仅将神经元表示为高维空间向量。另外，快速相似性算法（用来计算文本和神经元之间的相似性）和增量聚类技术是快速 SOM 聚类算法的重要技术环节。整个快速 SOM 文本聚类算法的结构图如图 3-7 所示。

如图 3-7 所示，快速文本聚类主要包括特征空间的构造、文本表示法、快速相似性计算方法、增量聚类几个步骤。其中快速相似性算法和增量聚类算法是整个快速文本聚类方法的关键算法，同时也是创新之处。

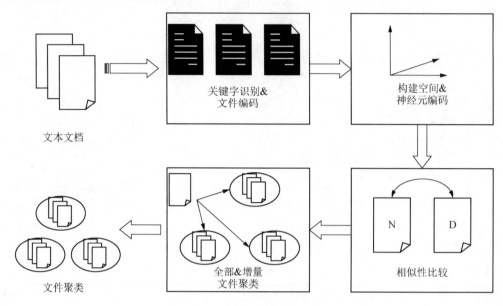

图 3-7　快速文本聚类算法框架图

3.4.2　朴素贝叶斯与 SOM 相结合的混合聚类算法

文本分类常用的方法有最近邻居分类法、朴素贝叶斯（naïve Bayes）分类法、支持向量机、决策树归纳、规则归纳法和人工神经网络。这些算法中，朴素贝叶斯分类方法是应用最广泛的一种，但也存在一定的缺陷，所以有人提出一种 naïve Bayes+SOM 的文本聚类算法。在该算法中，首先用朴素贝叶斯分类将原始文本处理为向量化数据，并将该向量化表示的数据作为 SOM 的输入数据。

假定一个文本 Document，有关键词 w_1、w_2、$\cdots$、w_n 个，而文本类别有 cat1、cat2、cat3、$\cdots$、catN 种，根据贝叶斯算法，这个文本属于某个种类的概率公式为

$$Pr(\text{Category} \mid \text{Document}) = \frac{Pr(\text{Document} \mid \text{Category}) * Pr(\text{Category})}{Pr(\text{Document})} \qquad (3\text{-}19)$$

式中，Category 代表从 $1 \sim N$ 的 N 个种类。

另外，$Pr(\text{Document} \mid \text{Category})$、$Pr(\text{Category})$、$Pr(\text{Document})$ 的值分别如下：

$$Pr(\text{Document} \mid \text{Category}) = \prod_{i=1}^{n} Pr(w_i \mid \text{Category}) \qquad (3\text{-}20)$$

$$Pr(\text{Category}) = \frac{\text{这个种类中所有关键词的个数}}{\text{训练数据集中所有关键词的个数}} = \frac{\text{种类个数}}{\text{训练数据集个数}} \qquad (3\text{-}21)$$

$$Pr(\text{Document}) = \prod_{i=1}^{n} Pr(w_i) \qquad (3\text{-}22)$$

根据式（3-19）～式（3-22），仍需计算 $Pr(w_i)$ 和 $Pr(w_i \,|\, \text{Category})$ 的值，如下所示：

$$Pr(w_i) = \frac{\sum_{j=1} w_i 在 \text{cat}_j 中出现的次数}{\sum_{j=1} 所有关键词在 \text{cat}_j 中出现的次数} \qquad (3-23)$$

$$Pr(w_i \,|\, \text{Category}) = \frac{w_i 在这个种类出现的次数}{所有关键词在这个种类出现的次数} \qquad (3-24)$$

这样，每个文档（Document）就拥有 $Pr(\text{Cat}1 \,|\, X)$、$Pr(\text{Cat}2 \,|\, X)$、$\cdots$、$Pr(\text{Cat}N \,|\, X)$ 个概率值，组成一个概率值数组，则所有的文本就被组织成单一向量化的训练数据集。

通过自组织映射来做聚类只需用一般的竞争学习规则。这个规则需要计算任意输入向量与权重向量之间的最小欧几里德距离，得出最匹配的神经元。

$$\|x - m_c\| = \min\{\|x_i - m_i\|\} \qquad (3-25)$$

权重更新规则为

$$m_i(t+1) = m_i(t) + a(t)h_{ci}(t)[x(t) - m_i(t)] \qquad (3-26)$$

式中，$a(t)$ 为学习速度，$h_{ci}(t)$ 函数是胜出单元 c 的邻居核心元。

SOM 的网络结构图形化表示如图 3-8 所示。

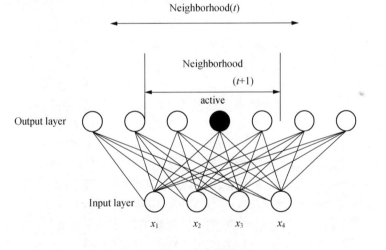

图 3-8　SOM 网络结构图

3.5　神经芯片与人工生命

近来人工神经网络越来越受到人们的关注，因为它为解决大复杂度问题提供了一种有效的简单方法。人工神经网络可以很容易地解决具有上百个参数的问题，当然实际生物体中存在的神经网络比程序模拟的神经网络要复杂的多。本节在介绍人工神经网络的基本知识下，着重介绍人工神经网络的热门应用的发展以及相关研究。

3.5.1 神经芯片的发展及其应用

早在 2003 年，总部位于德国慕尼黑的 Infineon 公司的研究人员就研发了一种能够使科学家读到活的神经细胞传输信号的新型半导体技术。研究人员称，利用计算机对上述信号进行阅读和记录可以帮助科学家更好地了解大脑的工作原理并最终有助于对诸如早老性痴呆等神经疾病加以治疗。研究人员将这一生物传感半导体技术称为"神经芯片"，其主要功能是接收神经细胞等发出的电波，而后将这些数据导入计算机进行分析处理。这种芯片仅有手指甲那么大，但却装有 16000 个可以监视细胞中电子脉冲情况的微型传感器。芯片电路中内嵌的放大装置使得每个传感器探测到的信号都可以被传输到计算机并最终组成一个彩色的图片以方便科学家进行分析。科学家说，利用这种芯片对受损的心肌细胞及肿瘤细胞进行分析也是可行的。并且在研发新药的过程中，"神经芯片"可准确地进行反应测试。

2010 年，卡尔加里大学医学院的科学家证实有可能开发一种新技术，培养出连接在硅芯片上的脑细胞网络，或者说是连接在微芯片上的大脑，从而能以前所未有的高分辨率来监测脑细胞的活动。这种新型芯片可以帮助研究工作者进一步了解大脑细胞在正常环境下的工作机制，以及用于多种神经退行性疾病如阿尔兹海默症和帕金森氏症的药物开发。这项技术的最大突破在于我们可以在离子通道及突触电位水平上追踪脑活动的精细变化。而离子通道及突触电位是神经变性疾病和视知觉神经心理障碍疾病药物开发的最理想的靶点。这种新神经芯片同样是自动化控制。早期的芯片通常需要花费研究者数年的时间才能记录下脑细胞中离子通道活性，而且只能同时监测一个或两个细胞。新的神经芯片将更多的细胞放置到芯片上检测其微小变化，从而可对多个脑细胞网络进行分析，进行针对各种脑机能障碍的自动化高通量药物筛选。卡尔加里大学霍奇基斯脑研究所成员、生理学和药理学系教授及领导 Gerald Zamponi 博士认为这项新技术可被各个领域的科学家运用于广泛的研究项目中。该技术可能成为一种中通量药物筛选的新工具，并且可应用于基础生物医学研究。

2011 年，IBM 的一项新技术正式掀起了神经芯片的高潮。通过其 DARPA's SyNAPSE 项目开发了一个微处理器，声称复制人类大脑比以往任何时候都更接近。该处理器的结构信息类似突触，遇到新的信息之后会重新布线。其突触系统使用了两个原型 "neurosynaptic 计算芯片"。两者有 256 个计算核心，科学家形容相当于电子神经元。在人类和动物的脑细胞之间的突触连接是取决于在这个世界生存的经验的，是一个不断学习然后调整的过程，其学习的过程本质上就是连接的形成和加强。该处理器就是模拟一个这样的人脑系统，虽然 IBM 没有公布其突触处理器工程的具体细节，但是，据相关研究者说，它可能使用一个"虚拟机"来复制类似突触的物理连接，从而模拟这样一个系统。其学习过程可以形象地形容为一个调节音量的过程，对于重要的输入信号就通过调大音量来接收，而不重要的输入信号则可以通过调小音量来进行控制输入。有些在认知计算世界的未来预言者推测，该技术将达到一个临界点，机器意识也将成为可能。

作为 DARPA's SyNAPSE 项目的延续，2013 年 8 月，IBM 震撼发布了一个新的计算架构，这一架构是基于复杂的人类大脑创立的，科学家寄希望于它能达到人脑的智慧水平。目前，IBM 正在为这一架构开发各种令人称奇的技术。其中有：多线程的模拟软件用来复制人脑处理数据的方式；一个使用确定性和随机计算的神经元模型，用来理解世界；以及通过很多"corelet"（核心程序）阵列开发的众多程序，每一个都代表一个独立的神经突触核心。这一项目并不是没有障碍，很明显，它最终的目标是要创造一个硅版本的人脑，这意味着需要一个使用 100 亿个神经元以及几百万亿个突触的芯片系统，而且这个芯片系统需要保持低消耗，同时体积不超过 2 升，这才是真正的挑战。

此外，神经芯片还应用于各种领域。KwabenaBoahen's 提出神经芯片可能解决计算机的能源问题，提高计算机计算效率。Diaz-Quijada 等[23]利用神经芯片中单个神经元的生理功能，已经开发出能够录制高清晰电镀的多点膜片钳芯片。神经芯片还用于记录和刺激自由活动的猴子的行为[24]，这项研究可用于范围宽广的新颖的神经生理学和神经工程实验。另外，神经芯片还被用作神经义肢的基础，以帮助一些上肢脊髓损伤的患者重拾手臂和手功能[25]。

3.5.2　人工生命的相关应用

人工神经网络是神经系统的计算模型，然而，自然中的生物不仅拥有神经系统，还是一种其细胞的细胞核（基因型）中存储的信息的系统。神经系统是来自一个发展过程的基因型表型的一部分，信息指定的基因型决定表现为先天的行为倾向和神经系统学习的倾向。因此就需要更广泛的神经网络——人工生命的生物背景。人工生命是通过人工模拟生命系统，来研究生命的领域。生物往往伴随着基因型并成为其成员不断变化的人口网络的基因型，由父母传给后代。通过使用进化算法，人工神经网络可以进行演变。不同初始种群的人工基因型，其每个编码的自由参数个体的神经网络随机生成。一些研究人员对每个单独的网络进行评估就可以确定其性能，然后在某些任务中优胜劣汰。Cangelosi 等[26]的研究就是通过不同的方法对神经发育建模来模拟人工生命，他们的研究范围从简单的直接基因型——表型的编码到更复杂的方法，例如，轴突生长，蜂窝编码。此外，他们还讨论了一些模型进化与学习之间的相互作用，这些模型解决不同类型的可塑性对神经网络发展的影响，也就是个体发育在整体进化中的学习。

Schneider 等[27]研究了一个 BioAnt 的系统，该系统通过计算机模拟蚂蚁（最多 99 名成员），采用更合理的神经网络模型来模拟蚂蚁的大脑。其中每一个蚂蚁依赖于生物控制机制，该机制可以指导合理的人工神经网络作为一个小势力范围。其中，蚂蚁放置的环境是三维的，包括糖、水、地球海拔、墙壁和大鳄，如图 3-9 所示。

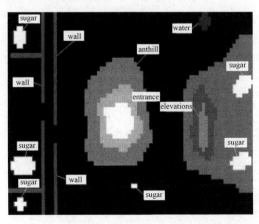

图 3-9　生物蚂蚁环境俯瞰

该系统成功实施了蚂蚁的觅食行为以及一些基本的防御机制。对蚂蚁的典型的传感器和执行器进行了建模。其系统架构如图 3-10 所示。

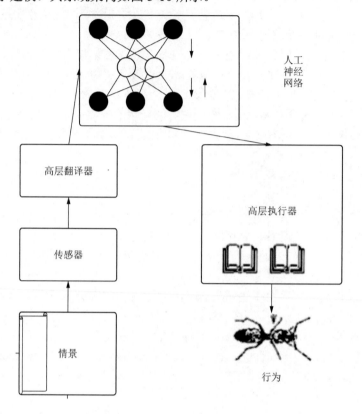

图 3-10　BioAnt 系统架构方案

通过用一个简单的象征性的方法（不考虑以前的经验，仅仅是目前的情况下）和神经网络控制的蚂蚁进行模拟和比较来证实联结方式的效率。其网络架构如图 3-11 所示。

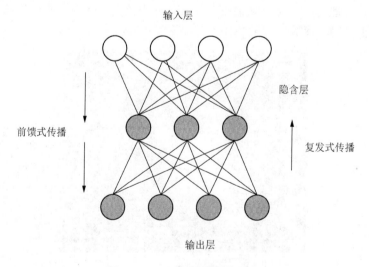

图 3-11　BioAnt 网络架构方案

这项研究技术细节完善，并且取得了很好的研究成果，清楚地表明了这样与生物更合理的结合原则实施的可行性，为进一步的人工生命系统的前景提供了希望。

3.6 深度学习

深度学习是机器学习研究中的一个新的领域，其概念源于人工神经网络。通过建立、模拟人脑进行分析学习的神经网络，它模仿人脑的机制来解释数据，是一种含多隐层的多层感知器的学习结构。本节详细介绍深度学习方面常用的几种模型，从神经网络的基础上逐层理解深度学习这一思想，并着重介绍深度学习在计算机视觉、语音识别和自然语言处理等方面的应用。对深度学习的发展和应用前景进行了简要概述。

3.6.1 深度学习的基本思想

现在大多数机器学习和信号、信息处理技术使用的是浅层结构，这种结构难以在给定有限数量的样本和计算单元时有效地表示复杂函数，在目标对象具有丰富含义的复杂分类问题中也存在缺陷。浅层结构是利用单层结构进行非线性特征学习，缺乏自适应非线性特征的多层结构，如常规的隐马尔柯夫模型、线性或非线性动态系统、条件随机场、最大熵模型、支持向量机和具有单个隐含层的多层感知器的神经网络等。它们将原始输入信号或输入特征转换为特定问题的特征空间的过程是不可观察的。深度学习利用大量的简单神经元，对观测样本进行拟合，实现复杂函数逼近，展现了很强的从少数样本集中学习数据集本质特征的能力。

深度学习的概念是 Hinton 等于 2006 年提出的，通过神经网络模拟人的大脑的学习过程，借鉴人脑的多层抽象机制实现对显示对象或数据的抽象表达。深度学习由大量简单的神经元组成，每层神经元接收更低层的神经元的输入，通过输入与输出之间的非线性关系，将低层特征组合成更高层的抽象表示，并发现观测数据的分布式特征。因此，利用深度学习得到的网络结构将输入的样本数据映射到各层，成为每层的特征，再利用分类器或者匹配算法对顶层的输出单元进行分类识别。这种自下向上的学习形成的多层次的特征学习过程是一个自动的无人工干预的过程。深度学习实现了将整合特征抽取和分类器到一个学习框架。其主要思想可以这么理解：假想存在一个系统 S，它有 n 层 $(S_1, \cdots, S_n)$，它的输入是 I，输出是 O，深度学习可以表示为：$I \Rightarrow S_1 \Rightarrow S_2 \Rightarrow \cdots \Rightarrow S_n \Rightarrow O$。

若 $O = I$，表明信息 I 经过系统 S 没有损失，同时在一定程度上说明了信息 I 经过 S 的每一层也没有信息损失。

反过来思考，我们需要得到这样的一个系统（即特征 $S_1, \cdots, S_n$）在输入信息 I 时没有信息的损失，也意味着它的输出为 I（$O = I$），这就是深度学习自动学习特征的过程。

从实际出发，这种输出等于输入的假设是很难实现的，因此另一种深度学习的思想通过略微地放松这个限制，不断调整参数，使得输入信息与输出信息的差别尽可能的小。

3.6.2 深度学习的典型结构

深度学习涉及相当广泛的机器学习技术和结构，利用多层的非线性信息处理阶段作为分层属性。根据使用的目的和方式选择这些结构和技术应用，常用的深度学习的模型具体可以分为以下几类。

1. 自动编码器（AutoEncoder）

自动编码器是一种尽可能复现输入信号的神经网络。在实现复现的过程中，自动编码器必须捕捉可以代表原信息的主要成分。具体过程如下。

1）给定无标签数据，用非监督学习方法学习特征

通常我们所说的神经网络，根据当前的输出和输入的误差调整其中隐层的参数，直至收敛，如图 3-12（a）所示为一般神经网络的输入数据类型。但若出现图 3-12（b）所示的输入类型是无标签的数据，那么神经网络如何计算误差得到需要的值？

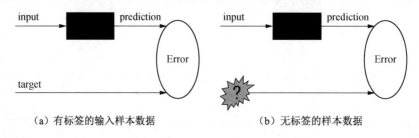

（a）有标签的输入样本数据　　　　　　（b）无标签的样本数据

图 3-12　输入数据类型

如图 3-13 所示，将 input 输入一个 encoder 编码器，就会得到一个 code，即输入的表示，然后在此基础上加一个 decoder 解码器，decoder 就会输出一个信息，如果输出的这个信息和一开始的输入信号 input 相接近（理想情况下就是一样的），说明这个输入的 code 是可信的。所以，可以通过调整 encoder 和 decoder 的参数，使得重构和原输入相比得到的误差最小，同时也就得到了输入 input 信号的第一个表示即编码 code 了。

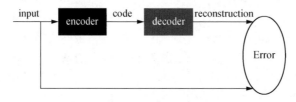

图 3-13　自动解码器

2）通过编码器产生特征，然后训练下一层

第二层和第一层的训练方式没有很大的差别，只是不再需要 decoder，第一层输出的 code 可以当成第二层的输入信号，同样最小化重构误差，就会得到第二层的参数，并且得到第二层输入的 code，即原输入信息的第二个表达。

3）有监督微调

AutoEncoder 只学会了如何去重构或者复现它的输入，获得了一个可以良好代表输入的特征，这个特征可以最大程度上代表原输入信号，还不能用来分类数据。为了实现分类，可以在 AutoEncoder 的最顶的编码层添加一个分类器（如 SVM 等），然后通过标准的多层神经网络的监督训练方法（梯度下降法）去训练。通过有标签样本的监督学习进行的微调，

无标签样本的学习也可以分为两类，即图 3-15 所示的只调整分类器（黑色部分表示）和图 3-16 微调整个系统。一旦监督训练完成，可以使用这个网络进行分类。神经网络的最顶层可以作为一个线性分类器，然后我们可以用一个更好性能的分类器去取代它。在研究中可以发现，如果在原有的特征中加入这些自动学习得到的特征可以大大提高精确度，甚至在分类问题中比目前最好的分类算法效果要好。

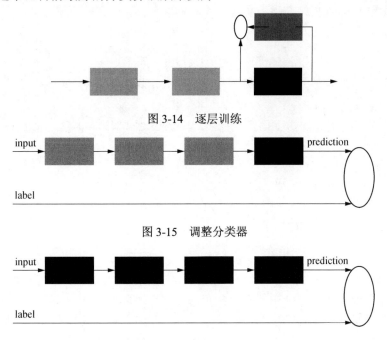

图 3-14 逐层训练

图 3-15 调整分类器

图 3-16 调整整个系统

2. 稀疏编码（Sparse Coding）

神经网络中，如果把输出必须和输入相等的限制放松，输出表示为 $O = a_1 * \phi_1 + a_2 * \phi_2 + \cdots + a_n * \phi_n$，$\phi_i$ 为输出式子的基，而 a_i 为其系数，可以将输入输出问题转化为一个优化问题，即

$$\text{Min：} \ |I - O| \tag{3-27}$$

通过优化上述式（3-27），得到基 ϕ_i 和系数 a_i，若在上述优化的基础上加上正规化的限制，得到 Sparse Coding，则

$$\text{Min：} \ |I - O| + u * \left(|a_1| + |a_2| + \cdots + |a_n|\right) \tag{3-28}$$

具体可以表示为，将一个信号表示为一组基的线性组合，而且要求只需要较少的几个基就可以将信号表示出来。

稀疏编码算法是一种无监督学习方法，通过寻找一组"超完备"基向量来更高效地表示样本数据。虽然形如主成分分析技术（PCA）能使我们方便地找到一组"完备"基向量，但是这里我们想要做的是找到一组"超完备"基向量来表示输入向量（也就是说，基向量的个数比输入向量的维数要大）。超完备基的好处是它们能更有效地找出隐含在输入数据内部的结构与模式。然而，对于超完备基来说，系数 a_i 不再由输入向量唯一确定。因此，在稀疏编码算法中，我们另加了一个评判标准"稀疏性"来解决因超完备而导致的退化（Degeneracy）问题。

Sparse Coding 可以分为两个部分，一是 Training 阶段；二是 Coding 阶段。

1）Training 阶段

给定一系列的样本图片 $[x_1, x_2, \cdots]$，我们需要学习得到一组基 $[\phi_1, \phi_2, \cdots]$ 即字典。训练过程是一个重复迭代的过程，交替地更改 a 和 ϕ 使得下面这个目标函数最小：

$$\min_{a,\phi} \sum_{i=1}^{m} \left\| x_i - \sum_{j=1}^{k} a_{ij}\phi_j \right\|^2 + \lambda \sum_{i=1}^{m} \sum_{j=1}^{k} |a_{ij}| \tag{3-29}$$

不断迭代，直至收敛，得到一组可以很好地表示样本图片的基。

2）Coding 阶段

给定一个新的图片 x，由上面得到的字典，通过对式（3-30）解一个 LASSO 问题得到稀疏向量 a。

$$\min_{a} \sum_{i=1}^{m} \left\| x_i - \sum_{j=1}^{k} a_{ij}\phi_j \right\|^2 + \lambda \sum_{i=1}^{m} \sum_{j=1}^{k} |a_{ij}| \tag{3-30}$$

3. 受限玻尔兹曼机（RBM）[29]

RBM 是深度学习的一个基础模型，因此下面介绍其相关的一些知识。Smolensky[30]引入了一种限制的玻尔兹曼机（RBM），以解决在学习数据中的复杂规则需要训练很长时间和无法确切计算玻尔兹曼的分布和表示分布的样本这一问题。RBM 具有很好的性质[31]：在给定可见层单元状态时，各隐层的激活条件独立；反之，在给定隐单元状态时，可见单元的激活亦条件独立，可以通过 Gibbs 采样得到服从 RBM 所表示的随机样本。Le Roux[32]从理论上证明，只要隐单元的数目足够多，RBM 能够拟合任意离散分布。RBM 目前已被成功应用于不同的机器学习问题，如分类、回归、降维、高维时间序列建模、图像特征提取等。

RBM 如图 3-17 所示是一类具有两层结构、对称连接且无自反馈的随机神经网络模型，层间全连接，层内无连接。RBM 可看作为一个无向图模型，v 为可见层（观测数据层），h 为隐层（特征提取器），

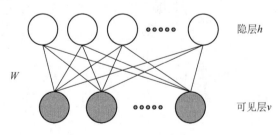

图 3-17　RBM 模型

W 为两层之间的连接权重。RBM 是一个基于能量的网络，需要通过定义能量函数定义能量的概率模型分布。设 RBM 有 n 个可见单元和 m 个隐单元，用向量 v 和 h 表示可见单元和隐单元的状态，所有的可见单元和隐单元均为二值变量。那么对于给定的一组状态

(v,h)，RBM 所具有的能量可以定义为

$$E(v,h\,|\,\theta)=-\sum_{i=1}^{n}\sum_{j=1}^{m}w_{ij}v_ih_j-\sum_{i=1}^{n}a_iv_i-\sum_{j=1}^{m}b_jh_j=-v^{\mathrm{T}}Wh-a^{\mathrm{T}}v-b^{\mathrm{T}}h \qquad (3\text{-}31)$$

式中，$\theta=\{w_{ij},a_i,b_j\}$ 是 RBM 的参数，w_{ij} 为可见单元和隐单元连接权值，a_i 是可见单元 v_i 的偏置，b_j 是隐单元 h_j 的偏置。当参数确定时，根据能量函数，我们可以得到 (v,h) 的联合概率分布：

$$P(v,h\,|\,\theta)=\frac{\mathrm{e}^{-E(v,h|\theta)}}{Z(\theta)}, \qquad Z(\theta)=\sum_{v,h}\mathrm{e}^{-E(v,h|\theta)} \qquad (3\text{-}32)$$

也由此可以得到观测数据 v 的分布 $P(v\,|\,\theta)$，即上述联合分布的边缘分布为

$$P(v\,|\,\theta)=\frac{\sum_h \mathrm{e}^{-E(v,h|\theta)}}{Z(\theta)} \qquad (3\text{-}33)$$

式中，$Z(\theta)$ 为归一化因子，整合式（3-31）、式（3-33）得

$$\begin{aligned}
P(v\,|\,\theta)&=\frac{1}{Z(\theta)}\sum_h \exp(v^{\mathrm{T}}Wh+a^{\mathrm{T}}v+b^{\mathrm{T}}h)\\
&=\frac{1}{Z(\theta)}\exp(a^{\mathrm{T}}v)\prod_{j=1}^{m}\sum_{h_j\in\{0,1\}}\exp(b_jh_j+\sum_{i=1}^{n}w_{ij}v_ih_j)\\
&=\frac{1}{Z(\theta)}\exp(a^{\mathrm{T}}v)\prod_{j=1}^{m}(1+\exp(b_j+\sum_{i=1}^{n}w_{ij}v_i))
\end{aligned} \qquad (3\text{-}34)$$

由于在 RBM 中，同一层节点之间是互不相连的，因此在给定其中一层节点状态时，另一层节点之间的状态条件分布互相独立，即

$$\begin{cases}
P(h\,|\,v,\theta)=\prod_j p(h_j\,|\,v)\\
P(v\,|\,h,\theta)=\prod_i p(v_i\,|\,h)\\
P(h_j=1\,|\,v)=\delta(\sum_i w_{ij}v_i+b_j)\\
P(v_i=1\,|\,h)=\delta(\sum_j w_{ij}h_j+a_i)
\end{cases} \qquad (3\text{-}35)$$

其中 $\delta(x)=1/(1+\exp(x))$，然后利用极大似然法求出给定参数 θ，以拟合给定的训练数据。

4. 生成型深度结构模型——深度置信网络（DBN）

生成型深度模型描述数据的高阶相关特性，或观测数据和相应类别的联合概率分布。Hinton[28]首次提出的深度置信网络模型（DBN）是目前研究和应用都比较广泛的深度学习结构，其以无监督学习方法训练为核心，也是生成型深度模型的典型代表。因此生成型深度结构以 DBN 为例进行阐述。

DBN 可以有效利用未标记数据；能借助贝叶斯概率生成模型描述理解网络模型；能高效地计算最深处的隐含层的变量；能有效解决参数多时过拟合问题，也正因为这么多的优点，现已被广泛应用。DBN 是一个包含多个隐层的概率模型，每一层从前一层的隐含单元得到高度相关的关联，其思想主要利用了一个贪婪的逐层学习算法，利用无监督的方法预

训练网络，然后使用反向传播算法调整网络结构。DBN 是一个复杂度很高的有向无环图，是由多个限制玻尔兹曼机（RBM）的累加构成的，训练时通过由低到高逐层训练这些 RBM 实现。如图 3-18 所示，图 3-18（a）为多个 RBM，底部的 RBM 通过训练原始输入数据，然后将底部 RBM 抽取的特征作为顶部 RBM 的输入，继续训练网络，重复这一过程，将网络训练为需要的尽可能多的层数，最后贪婪地学习得到一组 RBM，图 3-18（b）为对应的一个 DBN。

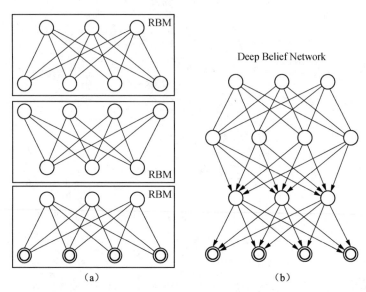

图 3-18　一组 RBM 和对应的 DBN

5. 区分型深度结构模型——卷积神经网络（CNNs）

区分型深度结构提供了模式分类的区分性能力，Hubel 等[33]提出了卷积神经网络（CNNs）是第一个真正成功训练多层网络结构的学习算法，是区分性训练算法的典型代表。因此以 CNNs 为例阐述区分型深度结构。

国内外的研究人员提出 CNNs 的形式，在邮政编码识别、车牌识别和人脸识别等方面得到了广泛的应用。CNNs 是为识别二维形状而特殊设计的一个多层感知器，在有监督的方式下形成了对平移、比例缩放、倾斜或者其他形式的变形具有高度不变性的良好性能。CNNs 是一种特殊的深层的神经网络模型，它的神经元间的连接是非全连接的，同一层中某些神经元之间的连接的权重是共享的（即相同的）。它的非全连接和权值共享的网络结构降低了网络模型的复杂度，减少了权值的数量。但 CNNs 网络结构的稀疏连接和权值共享通过以下的约束实现[34]。

（1）特征提取。每一个神经元从上一层的局部接受域得到突触输入，因而迫使它提取局部特征。

（2）特征映射。网络的每一个计算层都是由多个平面式的特征映射组成的。平面中单独的神经元在约束下共享相同的突触权值集，这能够确保平移不变性和自由参数数量的缩减。

（3）子抽样。每个卷积层连着一个实现局部平均和子抽样的计算层，因此特征映射的分辨率会降低，使特征映射的输出对平移和其他形式的变形的敏感度下降的作用。

CNNs 由多层的神经网络构成，每层包含多个二维平面，每个平面包含多个独立神经元。网络中由一些简单元和复杂元组成，分别记为 S-元和 C-元。S-元聚合在一起组成 S-面，S-面聚合在一起组成 S-层。C-元、C-面和 C-层之间存在类似的关系，网络的任一中间级由 S-层与 C-层串接而成。一般地，C 层为特征提取层，每个神经元的输入与前一层的局部感受域相连，并提取该局部的特征，一旦该局部特征被提取后，它与其他特征间的位置关系也随之确定下来；S 层是特征映射层（计算层），网络的每个计算层由多个特征映射组成，每个特征映射为一个平面，平面上所有神经元的权值相等。特征映射采用 Sigmoid 函数作为卷积网络的激活函数，使得特征映射具有位移不变性。此外，由于一个映射面上的神经元共享权值，因而减少了网络自由参数的个数，降低了网络参数选择的复杂度。卷积神经网络中的每一个特征提取层（C-层）都紧跟着一个用来求局部平均与二次提取的计算层（S-层），这种特有的两次特征提取结构使网络在识别时对输入样本有较高的畸变容忍能力。

如图 3-19 所示是一个 CNNs 的学习过程，输入图像与三个可训练的滤波器以及可加偏置进行卷积，卷积后的结果在 C1 层产生三个特征映射图，然后每个特征映射图中的四个相邻的像素再进行求和，加权值，加偏置，通过一个 Sigmoid 函数得到三个 S2 层的特征映射图。这些映射图再经过滤波得到 C3 层，然后经过与 C1->S2 一样的过程产生 S4。最终，这些像素值被光栅化，并连接成一个向量输入到传统的神经网络，得到输出。

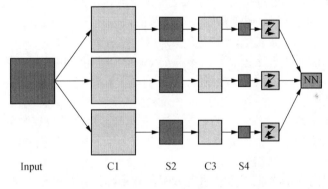

图 3-19　CNNs 模型

（4）混合型结构。混合型结构的学习过程包含两个部分，即生成性部分和区分性部分。生成型模型应用于分类任务时，预训练可结合其他典型区分型深度结构模型对网络中所有权值进行优化，将训练集提供的期望输出或标签作为额外变量加至结构顶层以完成区分型深度架构学习的寻找优化的过程。在区分型深度结构中，加入生成型的结构 DBN 能使训练和收敛时间更短，因为相比于在区分型深度结构中单独使用反向传播算法，DBN 的初始权值是利用 RBM 预训练产生的，然后利用反向传播算法调整网络，而且反向传播算法在 DBN 的后期学习过程中只用完成局部参数的空间搜索，可以达到更快的速度。

3.6.3　深度学习的应用

虽然深度学习处于起步阶段，但在计算机视觉和语音识别等领域却获得了巨大成功，下面介绍关于深度学习的应用。

1. 计算机视觉

计算机视觉指用摄影机和电脑代替人眼对目标进行识别、跟踪和测量等，并进一步做图形处理成为更适合人眼观察或传送给仪器检测的图像，是使用计算机及相关设备对生物视觉的一种模拟。计算机视觉包括图像处理和模式识别、空间形状的描述、几何建模以及认识过程。图像识别是计算机视觉中重要的一部分，下面主要介绍深度学习在图像识别技术中的运用。

图像和视频现在是人们记录生活、分享信息的重要手段，也是大数据时代最主要的非结构化数据形态。图像识别是指利用数字图像处理技术和人工智能技术，使得计算机能够识别图像中的内容，典型的任务包括物体识别、物体检测、图像分类标注等，在图像类数据的智能化分析管理中扮演着至关重要的角色。

在图像识别任务中，手写数字识别和人脸识别是被研究得比较多的领域。图像识别问题是多种多样的，一类具体的识别的方法在其他类的识别问题上通常并没有很好的性能。大部分的识别系统注重研究在特定的识别问题上的性能突破。因此很有必要找到一种能在不同的识别问题上都获得较好识别效果的，比较通用的机器学习方法。深度学习的出现，给图像识别带来了机会，因此有研究者利用深度学习研究图像识别问题。

LeCun[35]提出以 LeNet 为代表的 CNNs，将其应用到各种不同的图像识别任务中都取得了不错的效果，这一成果也是通用图像识别系统的代表之一。Kavukcuoglu[36, 38]提出采用基因算法来选取网络中感知域模型，在图像识别问题上获得了很好的成果通用。深度网络在图像识别问题上的研究成果比较显著，不需要太多的调整网络结构和参数就能应用到不同的识别任务中。Jarrett[37]利用 GPU 在 ImageNet 竞赛上获得了前所未有的成功，训练了一个参数规模非常大的卷积神经网络，并通过大量数据生成和丢弃来抑制模型的过拟合，在大规模图像分类任务上取得了非常好的效果，充分显示了深度学习模型的表达能力。Jarrett 和 Farabet[39,40]都提出了一种无监督学习方式来放大学习稀疏卷积神经网络的多级层次功能。Trentin 等[41]提出了层次特征提取的学习方法，通过利用系数编码方法分别进行无监督学习和有监督学习的识别实验。实验结果表明，卷积神经网络的特征提取时间明显减少了模型在过滤器阶段的冗余。Farabet 等[40]提出了一个依赖深度学习的场景解析系统来解决在单一过程中识别多标签的问题。解决了如何产生良好的表示内部的视觉信息，以及如何使用上下文信息以确保自我一致性的解释。

百度在 2012 年底将深度学习技术成功应用于自然图像 OCR 识别和人脸识别等问题，并推出相应的桌面和移动搜索产品，在 2013 年深度学习模型被成功应用于一般图片的识别和理解。深度学习应用于图像识别不但很大地提升了准确性，而且避免了人工特征抽取的时间，提高了在线计算效率。深度学习将取代"人工特征+机器学习"的方法而逐渐成为主流图像识别方法。大数据时代的来临，激发了数据驱动的深度学习模型的发展，深度学习模型这种强大的数据表达能力，必将会对大数据背景下的整个视觉的研究产生极大的影响，也必然将图像识别、图像物体检测、分类等计算机视觉的研究推向新的高度。

2. 语音识别

语音识别技术让人更加方便地享受到更多的社会信息资源和现代化服务，能通过语音交互的方式获取我们所需要的事物。语音识别实现了与各种机器设备沟通、与网络沟通，语音识别的产品与网络应用也更为人性化、智能化、便捷化。语音识别的技术已渗透到人们的生活中，如语音-文本转换（Voice-to-Text）软件和自动电话服务等应用背后的关键技术都是语音识别，语音识别准确率是应用中至关重要的参数。然而语音系统长期以来采用的大都是混合高斯模型（GMM）。这种模型估计简单，能适合海量数据训练，但是 GMM 不能充分描述特征状态空间分布，也不能充分描述特征之间的相关性，模拟模式类之间的某些区分性的能力有限。

在 20 世纪 80 年代利用人工神经网络改善语音识别性能，2011 年微软宣布基于深度神经网络的识别系统取得的成果并推出相关的产品，彻底改变了语音识别原有的技术框架。采用深度神经网络后，可以充分描述特征之间的相关性，可以把连续多帧的语音特征并在一起，构成一个高维特征，然后利用这些高维特征训练来模拟深度神经网络。深度神经网络采用模拟人脑的多层结构的特点，可以逐级地进行信息特征抽取，最终形成适合模式分类的较理想特征。这种多层结构和人脑处理语音图像信息时的大脑活动非常相似。深度神经网络的建模技术，在实际线上应用时能无缝地和传统的语音识别技术相结合，大幅提升语音识别系统的识别率。

Trentin 等[41]提出的人工神经网络-隐马尔可夫混合模型（ANN-HMM）显示了其在大词汇量的语音识别中的潜力。俞等[42]利用 DBN-HMMs 模型将深度学习技术成功应用于语音、大词汇量连续语音识别任务。Hinton 等[43]采用上下文相关的高斯混合模型-隐马尔可夫模型（CD-GMM-HMMs），提升了高斯混合模型-隐马尔可夫模型（GM-HMMs）的精度，在大词汇量语音识别方面的表现超过了人工神经网络模型。这些进展使得基于人工神经网络的自动语音识别系统具有超越现有技术水平的潜力。2010 年 6 月，多伦多大学 Dahl 等研究人员开始探讨如何利用深层神经网络改善大词汇量语音识别。他们觉得语音识别系统本质上就是对语音组成单元进行建模，其中最先进的语音识别系统使用的是 senones（一种比音素小很多的建模单元）单元建模。基于此，Dahl 和俞栋[44]提出使用深层神经网络对数以千计的 senones 直接建模，得到了第一个成功应用于大词汇量语音识别系统的上下文相关的深层神经网络-隐马尔可夫混合模型（CD-DNN-HMMs）。在语音搜索上，这个模型的使用比使用深层神经网络对 senones 直接建模准确率提高了很多，也比使用最先进常规 CD-GMM-HMMs 模型的语音系统的相对误差少了 16%以上，而且这个模型可以有效地扩展到更多的训练集中。Seide 和俞栋等[45]提出使用 CD-DNN 进行语音转写，这种基于人工神经网络的非特定人语音识别新方法所实现的识别准确率比常规系统高出了三分之一以上，为实现"语音-语音交互"前进了一大步，这项创新简化了大词汇量语音识别中的语音处理，能实时识别并取得较高的准确率。

百度在实践中发现，采用 DNN 对声音建模的语音识别系统相比于传统的 GMM 语音识别系统，相对误识别率能降低 25%。2012 年 11 月，百度上线了第一款基于 DNN 的语音搜索系统，成为最早采用 DNN 技术进行商业语音服务的公司之一。Google 也采用了 DNN 进行声音建模，是最早突破 DNN 工业化应用的企业之一。但 Google 产品中采用的深度神经网络只有 4～5 层，而百度采用的深度神经网络多达 9 层。因此百度更好地解决了 DNN 在线计算的技术难题，可以在线采用更复杂的网络模型。

语音识别的最终目标是实现新的基于语音的流畅服务，用语音-语音实时翻译进行自然流畅的交谈，用语音进行检索，或者用交谈式自然语言进行人机互动。随着深度学习的发展，这一应用有着很好的前景。

3. 自然语言处理

自然语言处理（NLP）是用计算机来处理人类的语言。在海量的信息时代，NLP 无可避免地成为信息科学技术中长期发展的一个新的战略制高点。NLP 中最重要的是语言计算，而语言计算的本质是结构预测，目前语言计算主流模型可分为马尔柯夫模型和条件随机场模型，但它们都存在很大的局限性，如马尔柯夫模型是表层语言结构，条件随机场可用训练数据规模比较小，对互联网的覆盖能力也弱，因此互联网中文理解亟需建立能处理大规模开放域文本深层结构的语言模型。我们知道通过深度学习得到的模型的"深层结构"能对数据中存在的复杂关系进行建模，可以突破"表层结构"的限制，适合小规模的有标注样本和极大规模的无标注样本的融合学习。现在深度学习技术在语音识别和图像处理领域不断取得突破，但在语言理解中还有待进一步发展。语言的深度学习模型需要高层认知特征的表示及其学习，能适合于语言计算的大规模人工神经网络模型。

有研究者使用手写的规则和对已知的文本进行统计分析将一种语言翻译为另一种语言。"谷歌翻译"是现在深度学习在 NLP 方面表现最好的，虽然谷歌翻译能提供可理解的结果，但与人类的翻译比起来还是差很多。百度的徐伟[46]于 2000 年用神经网络训练语言模型的思想提出一种用神经网络构建二元语言模型；Bengio 等[47]用了一个三层的神经网络来构建语言模型，上述模型同样也是 n-gram 模型，这是训练语言模型最经典之作；随后 Hinton[48]将 DL 扩展到 NLP 领域，将 DL 训练语言模型和词向量，其提出的一种层级的思想[49]替换了 Collobert[50]中最后隐藏层到输出层最花时间的矩阵乘法，在保证效果的基础上，同时也提升了速度；Collobert 和 Weston[50]介绍了他们提出的词向量的计算方法，其主要目的并不是在于生成一份好的词向量，而是要用这份词向量去完成 NLP 里面的各种任务，如词性标注、命名实体识别、短语识别、语义角色标注等，Collobert 等[51]在其研究中详细介绍了他们的研究工作；Mikolov 等[52]使用循环神经网络研究语言模型；Huang 等[53]通过改进 Nayef 等[54]的模型，使得词向量富含更丰富的语义信息。由 Manning 和 Jurafsky 领衔的斯坦福 NLP 研究团队将深度学习应用于 NLP 的一些研究。

相比于声音和图像，语言是唯一的非自然信号，是完全由人类大脑产生和处理的符号系统，但模仿人脑结构的人工神经网络却似乎在处理自然语言上没有显现明显优势。但我们相信深度学习在 NLP 还有很大的探索空间，在这一方面也会表现越来越好。

3.6.4 深度学习现状及前景分析

深度学习掀起了机器学习的新浪潮，机器可以"感知、识别、记忆，模拟人脑的思维做出响应"。随着微软、谷歌、百度等大型互联网公司对深度学习的研究和应用，尤其是深度学习在语音识别、图像识别、自然语言处理方面的惊人成就，使得深度学习的价值和广泛应用前景凸显。以百度开展深度学习的研究和应用为例，百度从 2012 年夏开始此项工作，很快在语音识别和图像识别方向取得了巨大的成功，同时，在 OCR（光学字符识别）、NLP（自然语言处理）、文本检索等方向也取得了迅猛发展。百度 2012 年全年的进展超过了业界过去多年进展的总和。在图像处理方面，百度仅用一个多月的时间就上线了首个全网人脸搜索产品，这些重大突破都得益于深度学习技术的研究与应用。也有一小部分的新兴企业利用深度学习提供服务。例如，AlchemyAPI 通过 API 提供基于深度学习的文本分析，展示了最新图片识别技术；Cortica 提供了专业级的图像识别技术，是仿照人类在识别图像时大脑皮质中神经网络的图片处理方式；Ersatz 是一个深度学习的平台，能够让用户以他们需要的方式组建和运行模型；Semantria 通过整合更多深层学习的方法和扩展除维基百科之外的数据源，提高服务的精度。同样地，研究人员也没有失去这样的机会，也在研究深度学习的理论模型，如多伦多大学研究小组、斯坦福大学研究小组、纽约大学研究小组等都对深度学习展开了研究。这些大型的企业和研究学者将跨越深度学习和实际类人脑的计算机架构的界限，未来定能将深度学习推向新的境界。

深度学习同样可以应用于语音和图像识别之外的其他领域。微软的 Lee 认为深度学习可以应用于机器视觉方面，机器视觉就是用机器代替人眼来做测量和判断，这一技术可以将成像应用于工业检测和机器人视觉引导等方面。他预测随着深度传感器的应用推广——深度神经网络能够用来预测可能会出现的医疗问题。著名机械智能学家 Kurzweil 希望将深度学习算法用到解决自然语言的问题上，帮助计算机理解自然语言并以实现自然语言与用户对话。

虽然在学术理论、工程实现、产品应用等多方位取得了深度学习领域显著的进展，但对于深度学习未来的发展而言，目前大家所了解的有关深度学习只是冰山一角，不论是智能人机交互领域的互联网产品，还是包括金融、医疗、零售、交通、安全等更多的传统行业，都将在深度学习的研究和推进中，发挥着巨大的潜能。

3.7　人工神经网络与医学影像

3.7.1　人工神经网络与医学影像概述

人工神经网络属于人工智能领域，有别于其他人工智能的方法，人工神经网络具有自我学习的能力（就像人脑），使用者无须涉及复杂的程序去解决问题，只需提供数据。人工神经网络所具有的学习、记忆和归纳功能决定了它在医学领域良好的应用前景。人工神经网络在医学领域的应用主要体现在对医学信号的检测，分析和处理，尤其是对心电、脑电、肌电、胃肠电等信号的识别和分析。人工神经网络医学影像方面的研究则常见于对图像的识别、图像、视频分类等，且多数是基于脑成像[57,58]的分析。

人工神经网络具有自学习、自组织能力，更具有联想和推广能力。所以基于人工神经网络的分类法与其他传统分类方法相比，人工神经网络能够并行处理，且分类速度快。Kanellopoulos 等利用基于人工神经网络的方法对 SPOT HRV 图像进行了分类，发现人工神经网络方法的分类结果要高于其他方法。一般图像分类都要经过三步：特征提取（一般处理为特征向量），特征向量空间的处理（对输入模式的处理，可以是向量的降维处理或标准化处理等），学习算法。最终的输出层则指示出分类结果，对于脑成像来说，输出层指出了图像属于正常还是不正常。这三步分别都存在不同的方法，对这三个步骤使用不同算法的组合，可以得出多种图像分类算法。Huang 等[53]提出一种基于 Learning Vector Quantization（学习向量量化）的分类方法。Nayef 等[54]提出了一种混合型分类算法，将 Wavelet Transform 特征提取，PCA（主成分分析）进行向量空间降维，以及 BP 神经网络为基础，采用标度共轭梯度算法的训练算法相结合的分类算法。Zhang 等[55]指出通过 Computationally Learnedlow-level Features 可以极大程度地改善 Video Classification 算法。

3.7.2　基于人工神经网络的脑成像分类模型介绍

1. 基于 LVQ（向量量化学习）的脑成像分类算法

LVQ 网络是由 Teuvo Kohonen 提出的监督学习和无监督学习的混合型网络。它在训练集上需要输入空间的决策边界，并且定义了边界类的原型、最邻近法则以及获胜者范式（Winner-Takes-It-All Paradigm），该网络结构包含输入层、竞争层和线性输出层。LVQ 结构图如图 3-20 所示。

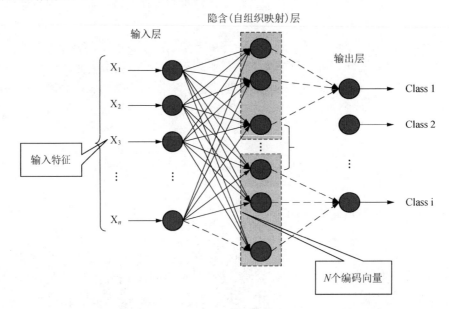

图 3-20　LVQ 结构图

LVQ 的原始文献中在进行 LVQ 训练算法之前，先对训练数据集进行了多重随机化处理，对原始数据集进行 50 次随机化处理，并对随机化生成的 50 种训练集都进行训练算法处理和评估，以期在 LVQ、MLP（多层感知器）、SOM 和 RBF（Radial Basis Function Networks）中获得最合适的分类算法。图 3-21 为整个分类方法的流程图。

其中 LVQ 训练算法过程如下。

（1）初始化参考向量的权重。

（2）表示出训练输入模式。

（3）计算输入模式和每个参考向量之间的距离并找出距离最小的神经元。

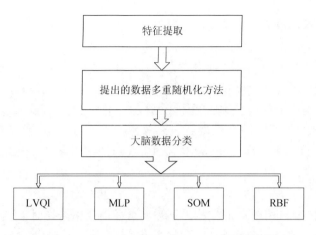

图 3-21　MRI（核磁共振）脑成像分类算法流程图

（4）更新最接近输入模式的参考向量的权重值。若输入向量属于期望输出神经元的类群，则将参考向量调整为接近输入模式，否则，就调整为远离输入模式。

返回（1），使用新的训练输入模式，并重复这个过程直到所有训练集被正确分类。

2. 一种脑成像分类的混合型算法介绍

如前所述，人工神经网络应用于脑成像分类算法通常经过特征提取、特征空间处理和分类三个步骤，有相关研究所提出的关于脑成像分类的混合型算法，同样是基于这三个步骤，用图形表示这种混合算法的步骤如图 3-22 所示。

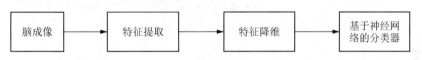

图 3-22　混合分类算法过程

分类算法过程中的特征提取和特征空间降维处理也是至关重要的步骤，提出的脑成像分类算法分别使用 Discrete Wavelet Transform（离散小波转换）和 PCA（主成分分析法）来进行特征提取和特征向量降维处理。其中离散小波变换是一种线性信号处理技术,该技术方法将一个数据向量转换为另一个数据向量,且两个向量具有相同长度。

最后的 NN 分类器是基于 BP 神经网络结构的，包含输入层、隐含层和输出层，在 BP 算法中使用标度共轭梯度算法来调整权重，不仅加速了收敛速度，而且稳定性较高。标度共轭梯度算法可以避免线性搜索，同时又是模型信任区域方法和共轭梯度算法的结合，所以使用标度共轭算法来训练网络是一个比较完美的方法，同时也是整个混合算法的一大亮点。

3. 特征学习算法对视频分类的改善

与其他分类算法步骤相似，视频的分类学习第一步即特征提取，构成特征向量，来作为分类依据只不过将特征分析分为两种，一种为低级特性（Low-Level Feature），即视频流的外在特性，如颜色、纹理、形状等。另一种即高级特性（High-Level Feature），人脑首先接受视频的刺激而做出反应，这种反应通过 FMRI 脑成像来分析，通过脑成像的分析来提取出的特性，这个特性是通过大脑感知的语义方面的特性，也即高级特性。

若单纯通过低级特性或高级特性来作为视频分类的依据，结果自然会不尽人意。所以，将两种特性综合分析研究两种特征集的关联结构就成为了关注的重点。明显通过最相关的低级特征学习可以提高分类的准确性，因此就产生了特征学习算法，称为 Feature Projection Model（特征检测模型）[56]。这个模型是基于 PCA-CCA（主成分分析-典型相关性分析）[5] 提出的。CCA 算法最早由 Hotelling 提出，在 CCA 算法中将 X 和 Y 分别视为高级特征集和低级特征集，如下所示：

$$\{X = [x_1, x_2, \cdots, x_p]^{\mathrm{T}}\}, \qquad \{Y = [y_1, y_2, \cdots, y_p]^{\mathrm{T}}\} \tag{3-36}$$

CCA 旨在找出 X 与 Y 的关联结构，则需要这样地找出转换对 A_i、B_i 集，这个集合能求出典型变量 u_i 和 v_i 的最大关联性：

$$u_i = X^{\mathrm{T}} A_i, \qquad v_i = Y^{\mathrm{T}} B_i \tag{3-37}$$

式中，i 表示第 i 个转换对，相关性计算公式如下：

$$(i^*, j^*) = \arg \max_{(i,j) \in \vartheta(y)} \{h(x(i,j))\} \tag{3-38}$$

C_{XY} 是 X 与 Y 的互协方差矩阵，C_{XX}、C_{YY} 是自协方差矩阵。

此特征学习的模型结构如图 3-23 所示。

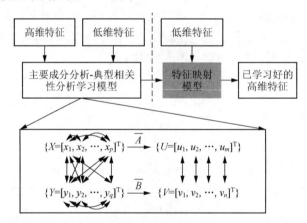

图 3-23　特征学习算法框架

实验表明，这种特征学习算法可以极大改善视频分类功能。同样这种特征学习算法也可以应用于其他分类算法中的特征提取。

参 考 文 献

[1] Ontman A Y M, Shiflet G J. Application of artificial neural networks for feature recognition in image registration. Journal of Microscopy, 2012, 246(1): 20~32.

[2] Chung P C, Chen E L, Wu J B. A spatiotemporal neural network for recognizing partially occluded objects. IEEE Transactions on signal Processing, 1998, 46(7): 1991~2000.

[3] Gross B A, Hanna D M. Artificial neural networks capable of learning spatiotemporal chemical diffusion in the cortical

brain. Pattern Recognition, 2010, 43(11): 3910~3921.

[4] Yang H, Dong D, Yang Y, et al. An improved genetic Hopfield neural networks based on probability model for solving travelling salesman problem. The 8th International Conference on Natural Computation (ICNC2012). IEEE, 2012, Chong qing: 168~171.

[5] Hu L, Sun F, Xu H, et al. Mutation Hopfield neural network and its applications. Information Sciences, 2011, 181(1): 92~105.

[6] Huang H, Feng G. Delay-dependent stability for uncertain stochastic neural networks with time-varying delay. Physica A: Statistical Mechanics and its Applications, 2007, 381: 93~103.

[7] Chen W H, Lu X. Mean square exponential stability of uncertain stochastic delayed neural networks. Physics Letters A, 2008, 372(7): 1061~1069.

[8] Hua M, Liu X, Deng F, et al. New results on robust exponential stability of uncertain stochastic neural networks with mixed time-varying delays. Neural Processing Letters, 2010, 32(3): 219~233.

[9] Balasubramaniam P, Lakshmanan S, Rakkiyappan R. LMI optimization problem of delay-dependent robust stability criteria for stochastic systems with polytopic and linear fractional uncertainties. International Journal of Applied Mathematics and Computer Science, 2012, 22(2): 339~351.

[10] Zhou Q H, Wan L. Dynamical Behaviors of Stochastic Hopfield Neural Networks with Reaction-Diffusion Terms. Applied Mechanics and Materials, Switzerland: Trans Tech Publications, 2013, 432: 523~527.

[11] Park M J, Kwon O M, Park J H, et al. Simplified stability criteria for fuzzy Markovian jumping Hopfield neural networks of neutral type with interval time-varying delays. Expert Systems with Applications, 2012, 39(5): 5625~5633.

[12] Lou X, Ye Q, Cui B. Stabilization analysis of stochastic Hopfield neural networks. International Conference on Control, Automation and Systems, Korea: IEEE, 2012: 930~933.

[13] Qian L, Winfree E, Bruck J. Neural network computation with DNA strand displacement cascades. Nature, 2011, 475(7356): 368~372.

[14] Grilli L, Sfrecola A. A neural networks approach to minority game. Neural Computing and Applications, 2009, 18(2): 109~113.

[15] Schuster A, Yamaguchi Y. Application of game theory to neuronal networks. Advances in Artificial Intelligence, 2010, 2010: 2.

[16] Erev I, Roth A E. Predicting how people play games: reinforcement learning in experimental games with unique, mixed strategy equilibria. American Economic Review, 1998, 88(4): 848~881.

[17] Marchiori D, Warglien M. Predicting human interactive learning by regret-driven neural networks. Science, 2008, 319(5866): 1111~1113.

[18] Grim J, Somol P, Pudil P. Probabilistic neural network playing and learning Tic–Tac–Toe. Pattern Recognition Letters, 2005, 26(12): 1866~1873.

[19] Richards N, Moriarty D E, Miikkulainen R. Evolving neural networks to play Go. AppliedIntelligence, 1998, 8(1): 85~96.

[20] Liu Y, Wu C, Liu M. Research of fast SOM clustering for text information. Expert Systems with Applications, 2011, 38(8): 9325~9333.

[21] Isa D, Kallimani V P, Lee L H. Using the self organizing map for clustering of text documents. Expert Systems with Applications, 2009, 36(5): 9584~9591.

[22] Yang H C, Lee C H. A novel self-organizing map for text document organization. The 3th International Conference on Innovations in Bio-Inspired Computing and Applications (IBICA2012). Jaiwan: IEEE, 2012: 39~44.

[23] Diaz-Quijada G A, Maynard C, Comas T, et al. Surface patterning with chemisorbed chemical cues for advancing neurochip applications. Industrial & Engineering Chemistry Research, 2011, 50(17): 10029~10035.

[24] Zanos S, Richardson A G, Shupe L, et al. The Neurochip-2: an autonomous head-fixed computer for recording and stimulating in freely behaving monkeys. Neural Systems and Rehabilitation Engineering, 2011, 19(4): 427~435.

[25] Jackson A, Moritz C T, Mavoori J, et al. The Neurochip BCI: towards a neural prosthesis for upper limb function. Neural Systems and Rehabilitation Engineering, 2006, 14(2): 187~190.

[26] Cangelosi A, Nolfi S, Parisi D. Artificial life models of neural development. On growth, form and computers, 2003: 339~352.

[27] Schneider M O, Rosa J L G. Application and development of biologically plausible neural networks in a multiagent artificial life system. Neural Computing and Applications, 2009, 18(1): 65~75.

[28] 张春霞, 姬楠楠, 王冠伟. 受限波尔兹曼机. 工程数学学报, 2015, (2): 159~173.

[29] Smolensky P. Information processing in dynamical systems: Foundations of harmony theory. Cambridge: Cambridge: MIT Press, 1986: 194-281.

[30] Freund Y, Haussler D. Unsupervised learning of distributions of binary vectors using two layer networks. Technical Report, UCSC-CRL-94-25. Santa Cruz: University of California, 1994.

[31] Le Roux N, Bengio Y. Representational power of restricted Boltzmann machines and deep belief networks. Neural Computation, 2008, 20(6): 1631~1649.

[32] Hinton G, Osindero S, Teh Y W. A fast learning algorithm for deep belief nets. Neural Computation, 2006, 18(7): 1527-1554.

[33] Hubel D H, Wiesel T N. Receptive fields, binocular interaction and functional architecture in the cat's visual cortex. The Journal of Physiology, 1962, 160(1): 106~154.

[34] 王添翼. 基于卷积网络的三维模型特征提取. 吉林大学, 2006.

[35] LeCun Y, Boser B, Denker J S, et al. Backpropagation applied to handwritten zip code recognition. Neural Computation, 1989, 1(4): 541~551.

[36] Perez C A, Salinas C A, Estévez P A, et al. Genetic design of biologically inspired receptive fields for neural pattern recognition. Systems, Man, and Cybernetics, Part B: Cybernetics, 2003, 33(2): 258~270.

[37] Krizhevsky A, Sutskever I, Hinton G E. Imagenet classification with deep convolutional neural networks. Advances in Neural Information Processing Systems. 2012: 1097~1105.

[38] Kavukcuoglu K, Sermanet P, Boureau Y L, et al. Learning convolutional feature hierarchies for visual recognition. Advances in Neural Information Processing Systems. Nevada: MIT Press, 2010: 1090~1098.

[39] Jarrett K, Kavukcuoglu K, Ranzato M, et al. What is the best multi-stage architecture for object recognition? The 12th International Conference on Computer Vision (ICCV2009). Kyoto: IEEE, 2009: 2146~2153.

[40] Farabet C, Couprie C, Najman L, et al. Learning hierarchical features for scene labeling. IEEE Transactions on Pattern Analysis and Machine Intelligence, 2013, 35(8): 1915~1929.

[41] Trentin E, Gori M. A survey of hybrid ANN/HMM models for automatic speech recognition. Neurocomputing, 2001, 37(1): 91~126.

[42] Dahl G E, Yu D, Deng L, et al. Large vocabulary continuous speech recognition with context-dependent DBN-HMMs. International Conference on Acoustics, Speech and Signal Processing (ICASSP2011), Praha: IEEE, 2011: 4688~4691.

[43] Hinton G, Deng L, Yu D, et al. Deep neural networks for acoustic modeling in speech recognition: the shared views of four research groups. Signal Processing Magazine, 2012, 29(6): 82~97.

[44] Dahl G E, Yu D, Deng L, et al. Context-dependent pre-trained deep neural networks for large-vocabulary speech recognition. Audio, Speech, and Language Processing, IEEE Transactions on, 2012, 20(1): 30~42.

[45] Seide F, Li G, Yu D. Conversational speech transcription using context-dependent deep neural networks. Interspeech, Florence Italy: ISCA, 2011: 437~440.

[46] Xu W, Rudnicky A I. Can artificial neural networks learn language models. International Conference on Statistical Language and speech processing, Beijing: IEEE, 2000: 1-13.

[47] Bengio Y, Schwenk H, Senécal J S, et al. Neural probabilistic language models. Innovations in Machine Learning. Springer Berlin Heidelberg, 2006: 137~186.

[48] Mnih A, Hinton G. Three new graphical models for statistical language modeling. The 24th international conference on Machine learning (ICML2007). ACM, 2007: 641~648.

[49] Mnih A, Hinton G E. A scalable hierarchical distributed language model. Advances in Neural Information Processing Systems, 2009: 1081~1088.

[50] Collobert R, Weston J. A unified architecture for natural language processing: Deep neural networks with multitask learning. The 25th international conference on Machine learning (ICML2008). ACM, 2008: 160~167.

[51] Collobert R, Weston J, Bottou L, et al. Natural language processing (almost) from scratch. The Journal of Machine Learning Research, 2011, 12: 2493~2537.

[52] Mikolov T, Karafiát M, Burget L, et al. Recurrent neural network based language model. The 11th Annual Conference of the International Speech Communication Association. 2010: 1045~1048.

[53] Poldrack R A, Clark J, Pare-Blagoev E J, et al. Interactive memory systems in the human brain. Nature, 2001, 414(6863): 546~550.

[54] Hu X, Deng F, Li K, et al. Bridging low-level features and high-level semantics via fMRI brain imaging for video classification. Proceedings of the international conference on Multimedia. New York: ACM, 2010: 451~460.

[55] Huang E H, Socher R, Manning C D, et al. Improving word representations via global context and multiple word prototypes. The 50th Annual Meeting of the Association for Computational Linguistics. Korea: ACL, 2012: 873~882.

[56] Nayef B H, Sahran S, Hussain R I, et al. Brain imaging classification based on learning vector quantization. The 1th International Conference on Communications, Signal Processing, and their Applications (ICCSPA2013). Sharjah: IEEE, 2013: 1~6.

[57] Zhang Y, Dong Z, Wu L, et al. A hybrid method for MRI brain image classification. Expert Systems with Applications, 2011, 38(8): 10049~10053.

[58] Hu X, Li K, Han J, et al. Bridging the semantic gap via functional brain imaging. Multimedia, 2012, 14(2): 314~325.

第4章 群体智能

基于自然计算的群体智能本质上是一种仿生算法，是通过模拟自然界生物群体行为来实现人工智能的一种方法。群体智能是当今人工智能领域的研究热点，可广泛应用于机器人控制、数据分析、工业流程控制等多个学科领域，对国民经济发展、社会进步、国防建设等各个方面都产生了深远影响。本章首先介绍了智能算法的思想起源和基本共性：构成整个群体的个体微不足道，它们中没有领导者，完全是相互独立与对等的个体，通过个体之间的自组织行为，使得群体涌现出超过个体累加的智慧。随后，本章以经典的蚁群算法和粒子群优化算法为例，详细阐述了这两类算法的主要思想、基本实现方法以及应用领域。本章附录提供的 Matlab 代码可便于学习者快速掌握两种群体智能算法的实现。

4.1 群体智能基本思想

本节首先介绍群体智能思想的起源以及优点，随后以蚁群算法和粒子群算法为例进一步介绍基于群体智能思想的问题求解方法。

4.1.1 思想来源

自然界很多生物都是成群结队进行群居生活，人们在很早的时候就对大自然中群居类生物的群体行为感兴趣。群居生物往往能表现出令我们惊讶的智能行为，如蚂蚁可以协同合作集体搬运食物、蜜蜂可以建造结构庞大而精致的巢穴、大雁在飞行时自动排成人字形、蝙蝠在洞穴中快速飞行却可以互不碰撞等。这种现象的存在，是因为群体中的每个个体都遵守一定的行为准则，当它们按照这些准则相互作用时，可表现出异常复杂而有序的群体行为。

这种由群体生物表现出的智能现象受到越来越多学者的重视与关注，研究者通过对群体生物的观察和研究，开创了模仿自然界中群体生物行为特征的群体智能研究领域，对群体智能的研究起源于对上述代表性的社会性昆虫的群体行为的研究。Reynolds 在 1987 年提出了一个仿真生物群体行为的模型 BOID[1]，该模型通过刻画单独个体的三种行为（分离、列队、聚集），以及个体之间的交互（即每个鸟类能感知周围一定范围内其他鸟类的飞行信息），成功刻画了鸟类的群体飞行行为，该模型实际上是一种群体智能模型。群体智能（Swarm Intelligence，SI）的概念最早由 Hackwood 和 Wang 在分子自动机系统中提出[2]，他们将群体描述为具有相互作用的个体的集合，如蚁群、蜂群、鸟群等都是群体的典型例子。1991 年，由意大利学者 Dorigo 等首先提出了著名的蚁群算法[3]，该算法是通过模拟自然界中蚂蚁群体觅食行为而提出的，是一种基于种群的启发式仿生进化方法，利用信息素作为蚂蚁选择后续行为的依据，并通过多只蚂蚁的协同来完成寻优过程。1995 年，Kennedy 和 Eberhart 提出了粒子群优化算法[4]，该算法是通过模拟鸟类群体觅食行为而提出的仿生智能算法。1999 年，牛津大学出版社出版了由 Bonabeau 和 Dorigo 等编写的一本专著《群体智能：从自然到人工系统》(*Swarm Intelligence: From Natural to Artificial System*)。自此，群体智能逐渐成为一个新的重要研究方向。

4.1.2　群体智能的优点及求解问题类型

群体智能，是由一组相互独立的、无智能的或具有简单智能的主体，通过间接或者直接通信进行合作而涌现出复杂智能行为的特性。群体智能优化算法大致可分为两类：仿生过程算法和仿生行为算法。仿生过程算法以遗传算法为主，主要模拟种群进化发展的过程；仿生行为算法以蚁群、粒子群等算法为主，主要模拟了进化完成的生物的社会行为或协作行为。群体智能算法均具有明显的系统学特征——分布式计算、自组织以及正反馈：群体智能系统自身是一个分布式系统，这样的系统需要多个个体行为的冗余，从而达到在问题解空间中不断搜索全局最优解的效果，这种行为方式不仅增强了智能算法的全局搜索能力，同时也增加了算法的可靠性；较为典型的自组织系统为生物体，对于如蚁群、鸟群、蜂群等生物，由于个体行为简单，而个体间协作行为较为明显，此时我们也将它们当作一个独立的生物体进行研究，自组织的特性大大增加了算法的鲁棒性；反馈的作用视为系统将现在的行为作为影响系统未来行为的原因，自组织也可通过正负反馈的结合来实现自我创造和自我更新。除了上述三大系统学特征外，群体智能算法相比较传统算法还有以下优势：渐进式寻优、"适者生存、劣者消亡"、通用性强、智能以及易于和其他算法相结合[5]。其中，渐进式寻优指群体智能算法从随机初始可行解出发，经过反复迭代，使新一代优于上一代的寻优过程；"适者生存、劣者消亡"表现了算法借助选择操作提高群体品质的过程；通用性强表现在算法实施过程中，无须额外干预，算法不过分依赖于问题信息；智能表现在算法能适用于不同环境、不同问题，且均能求得有效解，具有自组织自适应的进化学习机理；易于和其他算法相结合表现在智能算法大多原理相对简单，是一种分布式控制算法，对问题定义的连续性无特殊要求，实现较为简单，故易于和其他算法相结合使用。

正是由于这些优秀的群体特性，群体智能算法常用于求解优化问题，优化问题统一可分为两类，分别为函数优化问题（线性优化问题）和组合优化问题（离散优化问题），细分则有多变量问题、非线性约束问题、无约束优化问题、多解问题、多目标优化问题以及动态优化问题等。一般而言优化问题大多是"难解"问题，通称 NP 难题，这类问题如果使用蛮力求解，计算的空间和时间复杂度较高，而使用群体智能算法却可以在有限较短的时间内求得近似最优解，从而为实时性较高的系统提供可靠性保证。

4.2　蚁　群　算　法

自然界中蚁群是一个具有高度结构化和自治性的昆虫群体。与其他普通昆虫不同的是，蚂蚁个体的行为常由整个群居的群体所决定。蚁群算法的诞生，也正是来源于它们的觅食行为，主要描述了它们是如何相互合作，找寻巢穴与食物所在地之间的最短路径。蚁群优化算法（Ant Colony Optimization Algorithm，ACO，以下简称蚁群算法），最早是由意大利学者 M. Dorigo 和他的同事于 20 世纪 90 年代通过模拟蚁群觅食行为而提出的模拟优化算法[3, 6]。目前，该算法及其改进算法在求解路径规划问题、指派问题以及调度问题等领域已经有了长足的进步。

4.2.1 蚁群算法主要思想

已有大量的生物实验表明，单个蚂蚁个体的记忆能力和智力有限，但是蚂蚁个体之间却可以通过释放信息素（pheromone）这种物质进行信息的交流。J.L. Deneubourg 等通过"双桥实验"对蚁群的觅食行为以及蚁群通过信息素进行信息交流的行为进行了深入的研究。实验研究发现：每只蚂蚁在经过的路径上都会释放一定量的信息素，路径上的信息素量会随着经过蚂蚁数量的增加而逐渐累加；但是随着时间的推移，道路上的信息素也在不断地挥发；而路径上遗留的信息素浓度越高，那么后面跟进的蚂蚁选择该道路的可能性越大。人工蚁群算法的提出，也正是受此实验的启发。

如图 4-1 所示，A 点表示蚁群巢穴，F 点表示食物源。不难看出，目前有 2 条路径可以获得食物：A-B-C-E-F 和 A-B-D-E-F，长度分别是 6 和 4。假设现在有 16 只蚂蚁，同时从巢穴 A 点出发，找到食物 F 后返回巢穴 A。设每只蚂蚁，在 1 个单位时间内行走 1 个单位长度，每一只蚂蚁在所走过的 1 个单位长度的路程上产生 1 个单位浓度的信息素轨迹，为便于理解和计算，假设道路上信息素挥发率为 0。表 4-1 展示了 16 只蚂蚁在觅食过程中，道路中信息素轨迹数的变化。从表 4-1 中可以看出，随着迭代步数的增加，B-D-E 路线和 B-C-E 路线上的信息素轨迹差距不断增大，绝大多数蚂蚁将会选择最短的 A-B-D-E-F 路线。

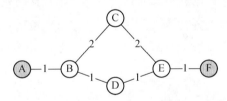

图 4-1　蚁群算法示意图

表 4-1　蚁群算法"双桥"实例[7]

时刻	蚂蚁状态	AB	BC	CE	BD	DE	EF
1	16 只蚂蚁到达 B 点，此时 BC 和 BD 的选择概率相同，因此分成 2 批：P1 和 P2，每批 8 只蚂蚁。P1 的 8 只蚂蚁选择 BC，P2 的 8 只蚂蚁选择 BD	16	0	0	0	0	0
2	P1 在 BC 上，P2 到达 D	16	0	0	8	0	0
3	P1 到达 C，P2 到达 E	16	8	0	8	8	0
4	P1 在 CE 上，P2 到达 F	16	8	0	8	8	8
5	P1 到达 E，P2 从 F 返回到 E，此时 16 只蚂蚁碰面，而 P2 面临选择，发现 EC 和 ED 的轨迹数均是 8，所以此时这 8 只蚂蚁再次分成 2 批：P3 和 P4，每批 4 只蚂蚁。P3 选择 EC，P4 选择 ED	16	8	8	8	8	16
6	P1 到达 F，P3 在 EC 上，P4 到达 D	16	8	8	8	12	24

时刻	蚂蚁状态	AB	BC	CE	BD	DE	EF
7	P1 返回 E, P3 到达 C, P4 到达 B。此时 P1 面临选择, 发现 EC 和 ED 的轨迹数均为 12, 所以此时 P1 再次分成 2 批: P5 和 P6, 每批 4 只蚂蚁。P5 选择 EC, P6 选择 ED	16	8	12	12	12	32
8	P3 在 CB 上, P4 返回 A, P5 在 CE 上, P6 到达 D	20	3	12	12	16	32
9	P3 到达 B, P4 从 A 出发到达 B, P5 到达 C, P6 到达 B。此时 P4 面临选择, 发现 BC 和 BD 的轨迹数分别是 12 和 16。此时 P4 将再次分成 2 批, 其中 1 只蚂蚁选择 BC, 而另外 3 只蚂蚁选择 BD	24	12	16	16	16	32
...	...	...	...	...	...	...	...

4.2.2 蚁群算法基本实现

蚁群算法提出后首先应用于旅行商问题（Traveling Salesman Problem，TSP）的求解。旅行商问题的定义是：给定 n 个城市，有一位旅行商从某一城市出发，遍历访问其他所有城市一次，最终回到出发城市，在所有的巡回路径中，找寻一条最短的哈密顿回路（Hamiltonian Circuit）。下面将以旅行商问题为例，介绍蚁群算法中最基本的蚂蚁系统（Ant System，AS）算法实现。

（1）蚂蚁系统算法描述

在算法初始时刻，将 m 只蚂蚁随机放在 n 个城市节点构成的全连通图上，各条路径上的初始信息素量相等，设 $\tau_{ij}(0)=C$（C 为一常数）。在 t 时刻蚂蚁 k（$k=1,2,\cdots,m$）根据各条路径上的信息素量浓度和问题启发式信息决定下一个转移的城市，转移概率 $p_{ij}^{k}(t)$ 可由式（4-1）获得，其中参数 α 和 β 为常数，分别表示信息素浓度的相对重要性和启发式信息的相对重要性。

$$p_{ij}^{k}(t)=\begin{cases} \dfrac{\tau_{ij}^{\alpha}(t)\times\eta_{ij}^{\beta}(t)}{\sum\limits_{u\in\text{allowed}_{k}}\tau_{iu}^{\alpha}(t)\times\eta_{iu}^{\beta}}, & j\in\text{allowed}_{k} \\ 0, & \text{otherwise} \end{cases} \quad (4\text{-}1)$$

人工蚂蚁具有记忆性，当蚂蚁 k 访问完城市 i 后，此时需要将城市 i 置入禁忌表 tabu_{k} 中，然后再从可访问表 allowed_{k} 中概率选择下一个可访问城市，直至所有城市访问结束，并返回出发城市，此时禁忌表 tabu_{k} 中的路线即蚂蚁 k 此次的访问记录。

当所有蚂蚁完成一次周游后，$t+1$ 时刻各条路径上的信息素量根据式（4-2）、式（4-3）和式（4-4）进行调整更新；式（4-3）中 $\Delta\tau_{ij}^{k}$ 表示蚂蚁 k 在路径 E_{ij} 上释放的信息素量，$\Delta\tau_{ij}$ 表示本次循环后路径 E_{ij} 上信息素的总增量；式（4-4）中 Q 为一个常数，表示蚂蚁 k 在一次周游中释放的总信息素量，S_{k} 表示蚂蚁 k 本次周游所走路线的总长度。

$$\tau_{ij}(t+1)=(1-\rho)\tau_{ij}(t)+\Delta\tau_{ij} \quad (4\text{-}2)$$

$$\Delta \tau_{ij} = \sum_{k=1}^{m} \Delta \tau_{ij}^{k}$$

(4-3)

$$\Delta \tau_{ij}^{k} = \begin{cases} Q/S_k, & \text{蚂蚁} k \text{在本次周游中经过} E_{ij} \\ 0, & \text{otherwise} \end{cases}$$

(4-4)

以上便是蚂蚁系统算法中最基本，也是最常用的 Ant-Cycle System 算法描述，算法的理论分析和实验证明，读者可参考文献[3]。为方便阅读，表 4-2 列出蚂蚁系统算法涉及的参数及其含义。

表 4-2　蚂蚁系统算法参数描述

n	城市数
m	蚂蚁数
E_{ij}	表示城市 i 和城市 j 的路径
d_{ij}	表示城市 i 和城市 j 之间的路径长度值
S_k	表示蚂蚁 k 本次周游所走路线的总长度
$\tau_{ij}(t)$	表示 t 时刻在路径 E_{ij} 上遗留的信息素量
$p_{ij}^{k}(t)$	表示 t 时刻蚂蚁 k 从城市 i 转移到城市 j 的概率
$\eta_{ij}(t)$	启发式函数，是与求解问题相关的启发式信息，在 TSP 中常设为 $1/d_{ij}$。该函数表示了蚂蚁从城市 i 转移到城市 j 的期望程度
ρ	表示信息素的挥发系数，$\rho \in [0,1]$，那么（$1-\rho$）表示的则是信息素遗留系数
tabu_k	禁忌表，表示蚂蚁 k 已经访问完的所有城市的集合
allowed_k	可访问表，表示蚂蚁 k 下一时刻允许访问的城市的集合

事实上 Dorigo 等在提出 Ant-Cycle System 算法之前，曾分别提出了 Ant-Density System 算法和 Ant-Quantity System 算法（见文献[8]），这三种算法的差别在于 $\Delta \tau_{ij}^{k}$ 的定义不同。

在 Ant-Density System 算法中，有

$$\Delta \tau_{ij}^{k} = \begin{cases} Q, & \text{蚂蚁} k \text{在本次周游中经过} E_{ij} \\ 0, & \text{otherwise} \end{cases}$$

(4-5)

在 Ant-Quantity System 算法中，有

$$\Delta \tau_{ij}^{k} = \begin{cases} Q/d_{ij}, & \text{蚂蚁} k \text{在本次周游中经过} E_{ij} \\ 0, & \text{otherwise} \end{cases}$$

(4-6)

式中，d_{ij} 表示城市 i 和城市 j 之间的路径长度值。从式(4-4)~式(4-6)中可以发现，Ant-Density System 算法和 Ant-Quantity System 算法使用的只是局部信息更新信息素，而 Ant-Cycle System 算法则使用的是全局信息，因此常用 Ant-Cycle System 算法作为基本算法模型，以下所称的蚂蚁系统算法也为 Ant-Cycle System 算法。

（2）蚁群算法通用框架

算法 4.1 给出了蚁群算法求解组合优化问题的通用框架，与蚁群算法相关的改进算法大多可使用该框架进行概述，如蚂蚁系统（AS）、蚁群系统（Ant Colony System，ACS）、最大最小蚂蚁系统（Max-Min Ant System，MMAS）等。

算法 4.1 蚁群算法（ACO）求解组合优化问题的通用框架

1	Procedure ACO（Problem Dataset）
	%第一步：初始化信息素矩阵，设置蚁群算法的基本参数
2	Initialize pheromone trails matrix and set basic parameters
	%设置第二步~第四步循环的结束条件，并开始迭代循环
3	While（termination conditions are not satisfied）
	%第二步：所有蚂蚁根据转移概率和启发式信息构造问题的可行解
4	Construct ants solutions
	%第三步：对可行解进行局部搜索优化，该步为可选项
5	Apply local search
	%第四步：更新信息素矩阵
6	Update pheromone trails
7	End While
	%第五步：输出最优解
8	Output the best solution
9	End Procedure

（3）蚁群算法求解 TSP 实例

表 4-3 列出了 50 个城市的坐标。设所有城市之间均直接可达，由此可得到一个全连通的无向网络图。现有一个旅行商从任意一城市出发寻找一条最优路径，访问其他所有城市后返回起始点。AS 算法中参数设置为：$\alpha=1$，$\beta=2$，$\rho=0.7$，蚂蚁数量设为 50，初始信息素矩阵设为全 1 矩阵。（附录 1 中给出 AS 算法求解 50 个城市 TSP 的 Matlab 实现，仅供学习探讨。）图 4-2 显示了 AS 算法求解 50 个城市 TSP 迭代 300 次后的求解结果。从图 4-2 中我们发现使用 AS 算法仅 150 个迭代步就已经可以得到一个比较令人满意的结果，但是从图 4-2（a）城市的连线来看，这个结果仍然可以继续优化，尤其是，图 4-2（b）显示从第 126 步开始，算法最优解就已经陷入了一个局部最优，且所有蚂蚁均已经收敛至该解，此时已经处于停滞状态，这是 AS 算法一个极为明显的缺陷，也是后期大量研究者提出改进算法主要攻克的难点。

表 4-3 50 个城市的坐标

No.	坐标	No.	坐标	No.	坐标	No.	坐标	No.	坐标	No.	坐标
1	（31,32）	10	（21,47）	19	（12,42）	28	（52,41）	37	（52,23）	46	（36,16）
2	（32,39）	11	（25,55）	20	（7,38）	29	（49,49）	38	（58,27）	47	（62,42）
3	（40,30）	12	（16,57）	21	（5,25）	30	（58,48）	39	（61,33）	48	（63,69）
4	（37,69）	13	（17,63）	22	（10,77）	31	（57,58）	40	（62,63）	49	（52,64）
5	（27,68）	14	（42,41）	23	（45,35）	32	（39,10）	41	（20,26）	50	（43,67）
6	（37,52）	15	（17,33）	24	（42,57）	33	（46,10）	42	（5,6）		
7	（38,46）	16	（25,32）	25	（32,22）	34	（59,15）	43	（13,13）		
8	（31,62）	17	（5,64）	26	（27,23）	35	（51,21）	44	（21,10）		
9	（30,48）	18	（8,52）	27	（56,37）	36	（48,28）	45	（30,15）		

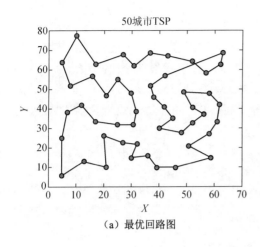

（a）最优回路图

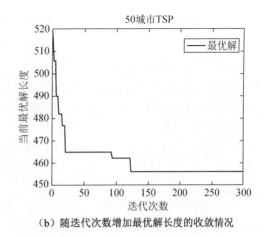

（b）随迭代次数增加最优解长度的收敛情况

图 4-2　AS 算法求解 50 个城市 TSP 结果[7]

4.2.3　蚁群算法应用

蚁群算法自 20 世纪 90 年代提出以来，到如今已有 20 多年，大量的实验结果证明蚁群算法具有较强的鲁棒性，且能够发现较好解。但是 Dorigo 等最早提出的 AS 算法存在诸多缺陷，如收敛的速度慢、易收敛至局部最优解以及易出现停滞现象（从图 4-2（b）中可以看出该缺点）等。所以，从该算法提出后近 20 年来，国内外大量学者对该算法进行了改进，并将其应用于解决不同领域的问题，如路径规划问题、指派问题、调度问题等。

1. 路径规划问题

蚁群算法应用于求解路径寻优问题，具体可以分为三类：旅行商问题（TSP）、车辆路径问题（Vehicle Routing Problem，VRP）和网络路由问题。

旅行商问题（TSP）：Dorigo 等在 AS 算法的基础上提出了蚁群系统（ACS）[9]，这种算法引入了 Agent 的概念，将每只蚂蚁作为一个 Agent，在算法中使用伪随机比例状态转移规则替换 AS 算法中随机比例转移规则，使每个 Agent 对环境变化后具有更强的自主性，保持知识探索和知识利用之间的平衡，同时算法中还采用了局部信息素更新机制和全局精英蚂蚁信息素更新机制，提高精英蚂蚁的贡献度，结果表明 ACS 提高了求解 TSP 的性能，且求解结果较 AS 算法更优秀。Stutzle 等提出了最大最小蚂蚁系统（MMAS）[10]，该算法通过设置信息素浓度上下限，来避免算法过早收敛而出现停滞现象。Cordon 等提出了最优最差蚂蚁系统（Best-Worst Ant System，BWAS）[11]，该算法通过对最优解路径进行信息素增强，而对最差解路径进行信息素削弱，使算法更快收敛于较优的路径，提高算法收敛速度。吴斌和史忠植提出了一种基于蚁群算法的 TSP 分段求解算法[12]，该算法将新提出的相遇算法和并行分段算法相结合，提高了蚂蚁每一次周游的质量，提高收敛速度。冀俊忠等针对基本蚁群算法求解大规模 TSP 时间性能低的缺陷，提出新的多粒度问题模型，并使用粒度划分、粗细粒度蚁群寻优等方法提高大规模 TSP 的求解速度[13]。

车辆路径问题（VRP）：Gambardella 等提出了 MACS-VRPTW 算法[14]来求解带时间窗的车辆路径问题，算法中有两批蚁群，第一批蚁群优化的目标是最少的车辆数，第二批蚁群优化的目标是最短路径长度，两批蚁群最后通过信息素的更新来交换各自信息，从而达到多目标优化的目的。Fuellerer 等提出了一种求解二维装载车辆路径问题（2L-CVRP）的蚁群算法[15]，在求解 2L-CVRP 过程中，作者灵活地处理装载限制条件，并结合不同的启发式信息提高蚁群算法求解该类问题的成功率。刘志硕等通过对蚁群求解 VRP 产生的近似解，进行近似解可行化策略探讨，提出了一种求解 VRP 的自适应蚁群算法[16]有效地解决了 VRP。

网络路由问题： Dorigo 和 Di Caro 提出了一种基于移动 Agent 的应用于网络路由的自适应蚁群算法 AntNet[17]，研究发现该算法在网络吞吐量和数据包延迟方面显示出优秀的性能。之后，Di Caro 和 Dorigo 又将该算法 AntNet 应用于通信网络中间接通信[18]。林国辉等提出一种基于蚁群算法的网络拥塞规避路由算法[19]，该算法能有效地对链路拥塞状态做出快速反应并分散流量，从而避免链路拥塞。

2. 指派问题

二次规划问题（Quadratic Assignment Problem，QAP）是指派问题类型中的经典问题，针对该问题，Maniezzo 等通过修改 AS 算法启发式规则，将 AS 算法应用于求解 QAP，经过大量实验研究表明该算法能够获得多个有效的优质解[20]。Demirel 等利用模拟退火算法改进 ACS 算法中的局部搜索规则，设计了应用于求解 QAP 的 ACS 算法[21]，经过与其他启发式算法的对比发现，改进后的 ACS 算法在解空间探索上具有明显优势。钟一文等指出传统蚁群算法强调蚂蚁之间的群智能行为，而忽略了蚂蚁个体智能行为的体现，故他们将蚂蚁个体行为融入对目标解的构造中，提出了一种求解 QAP 的目标引导蚁群算法[22]。

除了 QAP 类指派问题外，蚁群算法已经有效地应用于其他指派类问题，如图着色问题[23]、课表安排问题[24, 25]等。

3. 调度问题

Colorni 等将 AS 算法应用于求解车间作业调度问题（Job-shop Schedule Problem，JSP），通过改进 AS 算法中启发式函数以及调整参数，其结果不仅收敛速度快，而且具有较好的鲁棒性[26]。

Blum 将蚁群算法与 Beam Search 这种搜索树方法相结合，提出了 Beam-ACO 算法，并将该算法成功应用于开放车间调度问题（Open Shop Schedule Problem，OSSP）[27]。

Rajendran 和 Ziegler 提出了两种优化的蚁群算法来求解带排序的流水车间调度问题[28]，第一种是 M-MMAS 算法，它扩展了 Stutzle 等提出的 MMAS 算法以及其中的局部搜索技术；第二种是一种改进的蚁群算法 PACO。作者通过与当时求解该问题最优秀的方法比较后，发现这两种改进算法均显示了优秀的求解结果。

刘长平等通过结合量子计算中量子旋转门的量子信息，提出了一种求解最小化最大完工时间的作业车间调度问题的量子蚁群调度算法[29]，并通过仿真实验验证了该算法的可行性和有效性。

除了上述三类问题以外，蚁群算法还广泛应用于生物信息学[30~32]、数据挖掘[33, 34]、图像处理[35]等相关领域。此外，蚁群算法和其他启发式算法融合的混合算法，同样也是蚁群算法理论研究的一大热点，例如，与遗传算法的融合[36~38]；与人工神经网络的融合[5, 39]；与粒子群优化算法的融合[40]等。

4.3 粒子群优化算法

粒子群优化算法（Particle Swarm Optimization，PSO）是群体智能算法中具有代表性的一种，最早由美国学者 Kennedy 和 Eberhart 于 1995 年提出[4]，它模拟了鸟群觅食过程中的迁徙和聚集的动态性，利用鸟群中个体对信息的共享机制，在个体协作形成群体以及个体间的互动机制中产生从无序到有序的演化过程，从而寻求搜索全局最优解。由于粒子群优化算法概念简单、实现容易，短短几年时间就得到了很大的发展，并在函数优化[41]、神经网络训练[42]、工业系统优化和模糊系统控制[43~45]等领域得到广泛应用。

4.3.1 基本粒子群优化算法原理

粒子群优化算法模拟这样一个场景：一群鸟在某一区域随机搜寻食物，在这个区域内只有一块食物，所有鸟都不知道食物在哪儿。它们仅仅知道自己当前的位置离食物有多远，那么找到食物的最优策略就是搜寻当前离食物最近的鸟的附近区域。粒子群优化算法从这种模型中得到启示并用于解决优化问题，每个优化问题的解都是搜索空间中的一只鸟，称为"粒子"。所有粒子都有一个由被优化的函数决定的适应值，每个粒子还有一个速度决定它们飞翔的方向和距离。通常粒子追随当前的最优粒子而动，并经过迭代搜索找到最优解。在每一次迭代中，粒子通过跟踪发现两个"极值"来更新自己，一个是粒子本身所找到的最优解，称为个体极值 P_{best}；另一个极值是整个种群目前所找到的最优解，称为全局极值 G_{best}。另外也可以不用整个种群而只是用其中一部分最优粒子的邻居，那么在所有邻居中的极值就是局部极值。

1. 基本粒子群优化算法的基本实现过程

设在一个 n 维的目标搜索空间中，由 m 个粒子组成的种群记为 $X = (x_1, \cdots, x_i, \cdots, x_m)$，其中，第 i 个粒子在 m 维的搜索空间中的位置表示为 $x_i = (x_{i1}, x_{i2}, \cdots, x_{im})$，其速度为 $v_i = (v_{i1}, v_{i2}, \cdots, v_{im})$。第 i 个粒子的个体极值为 $P_i = (p_{i1}, p_{i2}, \cdots, p_{im})$，整个种群的全局极值为 $P_g = (p_{g1}, p_{g2}, \cdots, p_{gm})$。其基本过程如图 4-3 所示。

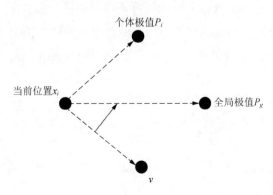

图 4-3 粒子群优化算法模拟示意图

Kennedy 和 Eberhart 最早提出的粒子群优化算法的进化方程描述为[4]

$$v_{ij}(t) = v_{ij}(t-1) + c_1 r_{1j}(t-1)(P_{ij}(t-1) - x_{ij}(t-1)) + c_2 r_{2j}(t-1)(P_{gj}(t-1) - x_{ij}(t-1)) \quad (4\text{-}7)$$

$$x_{ij}(t) = x_{ij}(t-1) + v_{ij}(t) \quad (4\text{-}8)$$

式中，$i=1,2,\cdots,m$，$j=1,2,\cdots,n$；v_{ij} 是粒子 i 在第 j 维上的速度，x_{ij} 是粒子 i 在第 j 维上的位置；P_{ij} 是粒子 i 当前极值在第 j 维上的位置，P_{gj} 是粒子群当前极值在第 j 维上的位置；非负常数 c_1 和 c_2 是学习因子，通常在[0,2]之间取值；r_1 和 r_2 是两个相互独立的随机数，通常在[0,1]之间取值；为了减少在进化过程中粒子离开搜索空间的可能性，v_{ij} 通常限定于一定的范围，即 $v_{ij} \in [-v_{\max}, v_{\max}]$，$v_{\max}$ 是一个常数，由用户设定。

为了更好地控制算法的探测和开发能力，通过一个惯性权值 ω 来协调粒子群优化算法的全局和局部寻优能力。具体地，就是对上述基本粒子群优化算法的进化方程进行如下的改进：

$$v_{ij}(t) = \omega v_{ij}(t-1) + c_1 r_{1j}(t-1)(P_{ij}(t-1) - x_{ij}(t-1)) + c_2 r_{2j}(t-1)(P_{gj}(t-1) - x_{ij}(t-1)) \quad (4\text{-}9)$$

式中，ω 为递减的惯性权值[46]，其大小决定了粒子对当前速度继承的多少，Shi 等[47]经过多组反复实验后，建议 ω 一般采用从 0.9 递减到 0.4；当惯性权值 $\omega=1$ 时，就退化为基本的粒子群优化算法，惯性权值用来协调粒子群优化算法的全局和局部寻优能力。

2. 基本粒子群优化算法计算流程

基本粒子群优化算法的计算流程如下[48]。

步骤 1：设定学习因子 c_1 和 c_2 以及最大进化代数 $K_{\max}$，将当前进化代数设定为 $k=1$，在定义域范围内随机产生粒子群 $X(k)$，包括粒子的初始位置 $x(k)$ 和速度 $v(k)$，并将其初始位置作为个体的历史最优位置，即个体极值；

步骤 2：按照每个粒子的当前位置，根据适应度函数计算粒子的适应值，并将其中的适应度最高的粒子位置作为粒子群的历史最优位置，即群体极值；

步骤 3：按照式（4-7）和式（4-8）更新所有粒子的速度和位置，产生新的种群 $X(k+1)$；

步骤 4：重新计算每个粒子当前位置的适应值，并与其个体极值进行比较，如果更好，则将粒子的历史最优位置更新为粒子的当前位置；

步骤 5：将每个粒子的个体极值与群体极值进行比较，若更好，则将该粒子的个体极值更新为当前的群体极值，即将该粒子的当前位置作为群体的历史最优位置；

步骤 6：检查收敛条件，若 $k=K_{\max}$，则终止算法并输出结果；否则，令 $k=k+1$，然后返回步骤 3。

其算法程序的流程图和伪代码如图 4-4 所示。

附录 2 中给出了基本粒子群优化算法的 Matlab 实现，仅供学习探讨。

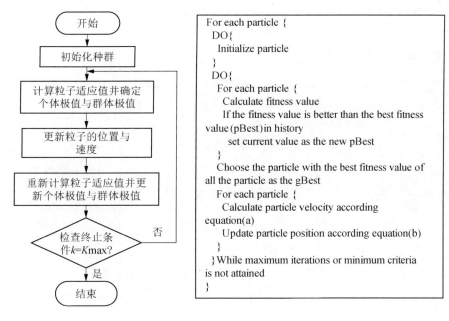

图 4-4 粒子群优化算法程序结构流程图和伪代码

4.3.2 粒子群优化算法的改进研究

基本粒子群优化算法需要用户确定的参数并不多，而且操作简单，使用比较方便。但是它与其他全局优化算法一样，同样存在易陷入局部极小点和搜索振荡现象，尤其在比较复杂的多峰优化搜索问题中。为此，国内外学者设计了各种改进粒子群优化算法以期提高算法性能。

1. 自适应粒子群优化算法

通过对基本粒子群优化算法增加了惯性权值，研究了惯性权值对优化性能的影响[46]。这种方法的进一步发展是用模糊规则动态地修改 ω 的值，即构造一个 2 输入、1 输出的模糊推理机来动态地修改惯性权值。模糊推理机的两个输入分别是当前 ω 值，以及规范化的当前最好性能演化（The Normalized Current Best Performance Evaluation, NCBPE）；而输出为 ω 的增量。NCBPE 是粒子群优化算法迄今为止发现的最好候选解的性能测度，它有不同的定义方法，但是一般定义为最好候选解的适应值。NCBPE 的计算公式如下所示：

$$\text{NCBPE} = \frac{\text{CBPE} - \text{CBPE}_{\min}}{\text{CBPE}_{\max} - \text{CBPE}_{\min}} \tag{4-10}$$

式中，$\text{CBPE}_{\max}$ 和 $\text{CBPE}_{\min}$ 是 CBPE 可能取值的上限和下限。

模糊推理机的两个输入、输出的论域定义为三个模糊集合：Low、Medium 和 High，相应的模糊隶属度函数分别是：LeftTriangle、Triangle 和 RightTriangle。模糊推理机定义了九条规则进行模糊推理（有兴趣读者请参考文献[49]），决定当前 ω 的增量。此类自适应粒子群优化算法对很多优化问题都能取得较好的结果，通过适应调整全局系数，兼顾搜索效率和搜索精度，是一种很有效的算法。但是对许多复杂的非线性优化问题，试图通过自适应调整一个全局系数提高搜索精度的余地是有限的。

2. 离散粒子群优化算法

基本粒子群优化算法主要解决连续优化问题[50]，而实际工程中往往存在的是如组合优化等非连续优化问题，故 Kennedy 和 Eberhart 于 1997 年提出了离散粒子群优化算法模型[50]。该算法中的粒子在解空间每个维度上的位置由式（4-11）决定。

$$P(x_{ij}(t)=1)=f(v_{ij}(t-1),x_{ij}(t-1),p_{ij}(t-1),p_{gj}(t-1)) \tag{4-11}$$

式（4-11）是一个概率函数，自变量以粒子的速度 v 为主，函数的值域为[0,1]，通常选用 Sigmoid 函数作为概率函数的具体形式，如式（4-12）所示：

$$\text{sig}(v_{ij}(t))=\frac{1}{1+\mathrm{e}^{-v_{ij}(t)}} \tag{4-12}$$

在式（4-12）中，若 v 值很大，粒子可能选择 1；反之，若 v 值很小，粒子可能选 0。

与基本粒子群优化算法相似，粒子在解空间搜索过程中需要依据它当前自身情况和粒子群的情况来进行状态改变，以此来求解高质量解，其调整方式由式（4-13）和式（4-14）决定。

$$v_{ij}(t)=\omega v_{ij}(t-1)+c_1 r_{1j}(t-1)(P_{ij}(t-1)-x_{ij}(t-1))+c_2 r_{2j}(t-1)(P_{gj}(t-1)-x_{ij}(t-1)) \tag{4-13}$$

$$x_{ij}(t)=\begin{cases}1, & \text{if} p_{ij}(t)<\text{sig}(v_{ij}(t)) \\ 0, & \text{otherwise}\end{cases} \tag{4-14}$$

式中，r_{1j}、r_{2j}、p_{ij} 均是[0,1]之间的随机数。

3. 混合粒子群优化算法

学者借鉴遗传算法的思想，提出了混合粒子群优化算法的概念[51~53]。粒子群中的粒子被赋予一个杂交概率，这个杂交概率由用户确定，与粒子的适应值无关。在每次迭代中，杂交运算依据杂交概率选取指定数量的粒子放入一个池中。池中的粒子随机地两两杂交，产生同样数目的子粒子，并用子粒子代替父母粒子，以保持种群的粒子数目不变。子粒子的位置由父母粒子的位置的算术加权和计算，即

$$\text{child}_1(x)=p*\text{parent}_1(x)+(1-p)*\text{parent}_2(x) \tag{4-15}$$

$$\text{child}_2(x)=p*\text{parent}_2(x)+(1-p)*\text{parent}_1(x) \tag{4-16}$$

式中，x 是 D 维空间的位置向量，$\text{child}_k(x)$ 和 $\text{parent}_k(x),k=1,2$ 分别表示子粒子和父母粒子的位置；p 是 D 维空间均匀分布的随机数向量，p 的每个分量都在[0,1]之间取值。

子粒子的速度分别由式（4-17）和式（4-18）得到，即

$$\text{child}_1(v)=\frac{\text{parent}_1(v)+\text{parent}_2(v)}{\left|\text{parent}_1(v)+\text{parent}_2(v)\right|}*\left|\text{parent}_1(v)\right| \tag{4-17}$$

$$\text{child}_2(v)=\frac{\text{parent}_1(v)+\text{parent}_2(v)}{\left|\text{parent}_1(v)+\text{parent}_2(v)\right|}*\left|\text{parent}_2(v)\right| \tag{4-18}$$

式中，v 是 D 维空间的速度向量，$\text{child}_k(v)$ 和 $\text{parent}_k(v),k=1,2$ 分别表示子粒子和父母粒子的速度。

对局部版的粒子群优化算法而言，相当于一个种群中划分了若干子群，因此杂交操作

既可以在同一子群内部进行，也可以选择在不同的子群之间进行。研究发现这种粒子群优化算法的收敛速度比较快，搜索精度也相对比较高。

4.3.3 粒子群优化算法的相关应用

粒子群优化算法一提出就受到广泛关注，随着粒子群优化算法的不断改进和完善，各种关于它的应用研究不断涌现，被众多学者应用到了越来越多的领域当中。由于其具有全局的、并行高效的优化性能，同时其鲁棒性、通用性强，不需要问题的特殊信息等优点，已被广泛应用于组合优化、工程优化设计、运输问题以及计算机科学等领域。本节分类汇总了粒子群优化算法在各领域的应用，期望能为读者绘制一个该算法的应用蓝图。

1. 优化与设计应用

许多实际问题本质上都是函数优化问题，粒子群优化算法已被广泛成功应用于各种优化与设计优化问题，例如，神经网络优化、天线设计、飞机机翼设计、电力系统稳定器设计等。表 4-4 列举了粒子群算法在该方向的应用以及相应的经典文章。

表 4-4　PSO 优化与设计应用

应用	参考文献
神经网络优化	[54][55]
天线设计	[56][57][58]
电力系统稳定器设计	[59]
飞机机翼设计	[60]
放大器设计优化	[61]
组合逻辑电路	[62]
平衡杠杆设计	[60]
桁架设计	[63]
...	...

下面主要介绍粒子群优化算法在神经网络训练中的应用。人工神经网络是一种模拟人的大脑分析过程的简单数学模型，从信息处理角度看，人工神经网络其实是一个复杂的信息处理系统。在网络训练中，对权值进行调整的方法是误差逆向传播算法（Back-Propagation，BP），BP 算法是最流行的神经网络训练算法。BP 算法的优势在于可以处理一些传统方法不能处理的例子，例如，不可导的节点传递函数或者没有梯度信息存在的问题。但是基于梯度下降的 BP 算法依赖于初始权值的选择，收敛速度慢，当目标函数存在多个极值点时易陷于局部最优。基于上述缺陷，近年来研究人员开始用粒子群优化算法来训练神经网络，替代传统的 BP 算法，从而避免大量梯度运算，其本质是将神经网络的权值与阈值映射为粒子群优化算法中的粒子，并通过粒子的速度与位置不断更新来优化这些参数，更新的依据是适应度函数的计算结果，同时利用均方误差能量函数作为粒子群适应度函数，从而实现网络训练[64]，其中，粒子表示神经网络中的一组权值，粒子的纬度就是神经网络中权值的个数。惯性权值的取值既要考虑避免陷入局部极小，又要保证收敛性，算法的初期阶段让惯性权值取较大的值，有利于跳出局部极小点，逐步调整惯性权值使其递减，以保证算

法的收敛性。最终研究结果表明，粒子群优化算法训练神经网络收敛速度明显加快。

2. 规划与调度应用

调度与规划领域包含了许多影响着我们日常生活的优化问题，例如，公交路线规划、旅行商问题、飞机调度等。粒子群优化算法已被成功应用于许多调度与规划问题，如表 4-5 所示。

表 4-5　PSO 调度与规划应用

应用	参考文献
旅行商问题	[65]
飞机调度	[66]
电力系统中的经济调度	[67][68][69]
任务分配	[70][71]
电力传送网络扩展规划	[72]
发电机维修调度	[73]
电子系统可测性研究	[74]
...	...

下面主要介绍粒子群优化算法在电力系统中的应用。近年来，随着国民经济的快速发展，能源消耗日益增长，以集中式单一供电方式为主要特征的电力系统所引起的一系列问题[75]越来越引起人们的重视。因此配电网络接入分布式电源后，提高了系统暂态稳定和电压稳定等，但分布式电源的安装位置和分布式电源容量大小与网络损耗相关，求解分布式电源选址和定容的问题属于求解多变量可行解的问题。刘波等[76]提出了采用混合模拟退火的改进粒子群优化算法，对分布式电源选址和定容问题进行优化求解，得出该算法具有良好的收敛性与适应性。同时，为保证电力系统运行控制目标的实现，需要面对很多复杂的优化问题，其复杂性主要体现在目标与约束复杂性、多极值、高维、多目标以及其他诸多不确定因素等，如何构建合适的优化模型及创造实用高效算法是解决问题的关键[51]。黄平[74]提出了一种新的带主动探索意识的学习模式与 Logistic 混沌遍历实现技术相结合的改进粒子群算法，该算法是具有较强全局搜索能力的新型粒子群算法，并将该改进算法应用于电力系统中的经济调度问题。电力系统中的经济调度是一个复杂的多极值优化问题，应用该改进粒子群算法的目标函数，在实际系统中，在考虑阈点效应的影响后建立系统耗量特征函数，根据电力平衡约束条件和发电机组运行约束条件，求解出电力系统中经济调度的复杂优化问题，据此结果提出更有效的实用方案，确保实现电力系统运行控制目标的实现。

3. 其他方面的应用

粒子群优化算法的应用十分广泛，除了在上述两个领域内的应用外，粒子群优化算法在控制器应用、数据挖掘与分类、生物医学、生物信息学等各个方面都取得了成功的应用，如表 4-6 所示。

表 4-6   PSO 在其他方面的应用

应用	参考文献
导弹飞行路线控制	[69]
暖棚温度控制	[77]
数据挖掘与分类	[78]
基因聚类	[79]
模态医学图像匹配	[80]
多癌症分类	[47]
移动机器人路径规划	[81]
聚类问题	[82]
…	…

参 考 文 献

[1] Reynolds C W. Flocks, herds and schools: A distributed behavioral model. In: Stone M C, eds, 14th Annual Conference on Computer Graphics and Interactive Techniques (SIGGRAPH1987). 27-31 July 1987, Anaheim, California, USA, 25-34

[2] Hackwood S, Wang J. The engineering of cellular robotic systems. IEEE International Symposium on Intelligent Control (ISIC 1988). 24-26 Augest 1988, Arlington, Virginia, USA, 70~75.

[3] Colorni A, Dorigo M, Maniezzo V. Distributed optimization by ant colonies.the first European conference on artificial life (ECAL 1991). 11~13 Decenber 1991, Paris, France, 134~142.

[4] Kennedy J, Eberhart R. Particle swarm optimization. IEEE International Conference on Neural Networks. Perth. 1995, 1942~1948.

[5] 杨淑莹, 张桦. 群体智能与仿生计算：Matlab 技术实现. 北京：电子工业出版社. 2012，10~12.

[6] Dorigo M. Optimization, learning and natural algorithms. Italy: Politecnico di Milano, 1992.

[7] 钱涛. 基于绒泡菌网络和蚁群的物流配送路线优化算法. 重庆：西南大学计算机与信息科学学院. 2013.

[8] Kennedy J F, Kennedy J, Eberhart R C. Swarm intelligence. Burlington Massachusetts: Morgan Kaufmann Press. 2001.

[9] Dorigo M, Gambardella L M. Ant colony system: A cooperative learning approach to the traveling salesman problem. IEEE Transactions on Evolutionary Computation, 1997, 1(1): 53~66.

[10] Stutzle T, Hoos H. MAX-MIN ant system and local search for the traveling salesman problem. IEEE International Conference on Evolutionary Computation . Indianapolis. 1997, 309~314.

[11] Cordon O, de Viana I F, Herrera F, Moreno, L. A new ACO model integrating evolutionary computation concepts: The best-worst Ant System. IEEE Congress on Evolutionary Computation. Singapore. 2007, 4691~4697.

[12] 吴斌, 史忠植. 一种基于蚁群算法的 TSP 问题分段求解算法. 计算机学报, 2001, 24(12): 1328~1333.

[13] 冀俊忠, 黄振, 刘椿年, 等. 基于多粒度的旅行商问题描述及其蚁群优化算法. 计算机研究与发展, 2010, (003): 434~444.

[14] Gambardella L M, Taillard R, Agazzi G. Macs-vrptw: A multiple colony system for vehicle routing problems with time windows. New ideas in optimization.1999, 63~76.

[15] Fuellerer G, Doerner K F, Hartl R F, Iori M. Ant colony optimization for the two-dimensional loading vehicle routing problem. Computers & Operations Research, 2009, 36(3): 655~673.

[16] 刘志硕, 申金升, 柴跃廷. 改进的蚁群算法求解带时间窗的车辆路径问题. 控制与决策, 2005, 20(5): 562~566.

[17] Dorigo M, Di Caro G. AntNet. A Mobile Agents Approach to Adaptive Routing. Belgium: Universite Libré de Bruxelles.1997.

[18] Di Caro G, Dorigo M. AntNet: Distributed stigmergetic control for communications networks. Journal of Artificial Intelligence Research, 1998, 9: 317~365.

[19] 林国辉, 马正新. 基于蚂蚁算法的拥塞规避路由算法. 清华大学学报：自然科学版, 2003, 43(1)：1~4.

[20] Maniezzo V, Colorni A. The ant system applied to the quadratic assignment problem. IEEE Transactions on Knowledge and Data Engineering, 1999, 11(5): 769~778

[21] Demirel N Ç, Toksarı M D. Optimization of the quadratic assignment problem using an ant colony algorithm. Applied Mathematics and Computation, 2006, 183(1): 427~435.

[22] 钟一文, 吴超, 王李进, 等. 求解二次分配问题的目标引导蚁群优化算. The 3rd International Conference on Computational Intelligence and Industrial Application. Wuhan. 2010, (9), 170~174.

[23] Costa D, Hertz A. Ants can colour graphs. Journal of the operational Research Society, 1997, 48(3): 295~305.

[24] Socha K, Knowles J, Sampels M. A max-min ant system for the university course timetabling problem. Ant algorithms. Brussels. 2002, 1~13.

[25] Socha K, Sampels M, et al. Ant algorithms for the university course timetabling problem with regard to the state-of-the-art. Applications of evolutionary computing, 2003, 334~345

[26] Colorni A, Dorigo M, Maniezzo V, Trubian M. Ant system for job-shop scheduling. Belgian Journal of Operations Research, Statistics and Computer Science, 1994, 34(1): 39~53.

[27] Blum C. Beam-ACO—Hybridizing ant colony optimization with beam search: An application to open shop scheduling. Computers & Operations Research, 2005, 32(6): 1565~1591.

[28] Rajendran C, Ziegler H. Ant-colony algorithms for permutation flowshop scheduling to minimize makespan/total flowtime of jobs. European Journal of Operational Research, 2004, 155(2): 426~438.

[29] 刘长平, 叶春明, 唐海波. Job-Shop 调度问题的量子蚁群算法求解. 计算机应用研究, 2011, 28（12）: 4507~4509.

[30] Shmygelska A, Hoos H H. An ant colony optimisation algorithm for the 2D and 3D hydrophobic polar protein folding problem. BMC bioinformatics, 2005, 6(1): 30.

[31] Korb O, Stützle T, Exner T. PLANTS. Application of ant colony optimization to structure-based drug design. Ant Colony Optimization and Swarm Intelligence. Brussels. 2006, 247~258.

[32] Blum C, Vallès M Y, Blesa M J. An ant colony optimization algorithm for DNA sequencing by hybridization. Computers & Operations Research, 2008, 35(11): 3620~3635.

[33] Parpinelli R S, Lopes H S, Freitas A A. Data mining with an ant colony optimization algorithm. Evolutionary Computation, IEEE Transactions on, 2002, 6(4): 321~332

[34] Tsai C F, Tsai C W, Wu H C, et al. ACODF: a novel data clustering approach for data mining in large databases. Journal of Systems and Software, 2004, 73(1): 133~145.

[35] Meshoul S, Batouche M. Ant colony system with extremal dynamics for point matching and pose estimation. The 16th International Conference on Pattern Recognition. Quebec. 2002, 823~826.

[36] Gong D, Ruan X.A hybrid approach of GA and ACO for TSP. Fifth World Congress on Intelligent Control and Automation (WCICA 2004). Hangzhou. IEEE. 2004, 2068~2072.

[37] Kumar G M, Haq A N.Hybrid genetic-ant colony algorithms for solving aggregate production plan. Journal of Advanced Manufacturing Systems, 2005, 4(1): 103~111.

[38] 丁建立, 陈增强, 袁著祉. 遗传算法与蚁蚁算法的融合. 计算机研究与发展, 2003, 40(9): 1351~1356.

[39] Zhang S B. Neural network training using ant algorithm in ATM traffic control. International Symposium on Circuits and Systems (ISCAS 2001.). Sydney. 2001, 157~160.

[40] 张维存. 蚁群粒子群混合优化算法及应用. 天津: 天津大学管理学院. 2007.

[41] Deep K, Bansal J C. Mean particle swarm optimization for function optimization. International Journal of Computational Intelligence Studies, 2009, 1(1): 72~92.

[42] Xu R, Wunsch II D, Frank R. Inference of genetic regulatory networks with recurrent neural network models using particle swarm optimization. IEEE/ACM Transactions on Computational Biology and Bioinformatics (TCBB), 2007, 4(4): 681-692.

[43] Zielinski K, Weitkemper P, Laur R, et al. Optimization of power allocation for interference cancellation with particle swarm optimization. IEEE Transactions on Evolutionary Computation. 2009, 13(1): 128~150.

[44] Su M C, Su S Y, Zhao Y X. A swarm-inspired projection algorithm. Pattern Recognition, 2009, 42(11): 2764~2786.

[45] Shi Y, Eberhart R C. Fuzzy adaptive particle swarm optimization. Proceedings of the 2001 Congress on Evolutionary Computation. Seoul. 2001, 101~106.

[46] Shi Y, Eberhart R C. A modified particle swarm optimizer. IEEE World Congress on Evolutionary Computation. Anchorage. 1998, 69~73.

[47] Shi Y, Eberhart R C. Empirical study of particle swarm optimization. IEEE Congtess on. Evolutionary Computation (CEC 1999). Washington. 1950.

[48] 王俊伟. 粒子群优化算法的改进及应用. 东北: 东北大学系统工程研究所. 2006.

[49] Shi Y. 2001. Particle swarm optimization: developments, applications and resources. IEEE Congress on Evolutionary Computation. Seoul. 2001,. 81~86.

[50] Kennedy J, Eberhart R C. A discrete binary version of the particle swarm algorithm. IEEE International Conference on Systems, Man, and Cybernetics. Orlando. 1997, 4104~4108.

[51] 高鹰，谢胜利. 基于模拟退火的粒子群优化算法. 计算机工程与应用，2004，（1）：47~50.

[52] Angeline P J.Using selection to improve particle swarm optimization. Proceedings of IEEE International Conference on Evolutionary Computation. Anchorage. 1998, 84~89.

[53] Lovbjerg M, Rasmussen T K, Krink T. Hybrid particle swarm optimiser with breeding and subpopulations. Proceedings of the Genetic and Evolutionary Computation Conference. San Francisco, 2001, 469~476.

[54] Eberhart R C, Hu X. Human tremor analysis using particle swarm optimization. IEEE Congress on Evolutionary Computation. Washington. 1999, 1927~1930.

[55] Eberhart R C, Shi Y. Evolving artificial neural networks. Proceedings of IEEE. 1999, 87(9): 1423~1447.

[56] Gies D, Rahmat‐Samii Y. Particle swarm optimization for reconfigurable phase-differentiated array design. Microwave and Optical Technology Letters, 2003, 38(3): 168~175.

[57] Gies D, Rahmat-Samii Y. Reconfigurable array design using parallel particle swarm optimization. IEEE International Symposium on Antennas and Propagation Society Columbus. 2003, 177~180.

[58] Rahmat-Samii Y, Gies D, Robinson J. Particle Swarm Optimization(PSO)- A Novel Paradigm for Antenna Designs. The Radio Science Bulletin, 2003, (305): 14~22.

[59] Abido M A. Optimal design of power-system stabilizers using particle swarm optimization. IEEE Transactions on Energy Conversion. 2002, 17(3): 406~413.

[60] Venter G, Sobieszczanski-Sobieski J. Multidisciplinary optimization of a transport aircraft wing using particle swarm Optoelectronics. Structural and Multidisciplinary Optimization, 2004, 26(1-2): 121~131.

[61] Jiang H M, Xie K, Wang Y F. Design of multi-pumped Raman fiber amplifier by particle swarm optimization. Journal of Optoelectron., Laser, 2004, 15: 1190~1193.

[62] Moore P W, Venayagamoorthy G K. Evolving digital circuits using hybrid particle swarm optimization and differential evolution. International Journal of Neural Systems, 2006, 16(03): 163~177.

[63] Schutte J F, Groenwold A A. Sizing design of truss structures using particle swarms. Structural and Multidisciplinary Optimization, 2003, 25(4): 261~269.

[64] 李丽，牛奔. 粒子群优化算法. 北京：冶金工业出版社. 2009，108~116.

[65] Onwubolu G C, Clerc M. Optimal path for automated drilling operations by a new heuristic approach using particle swarm optimization. International Journal of Production Research, 2004, 42(3): 473~491.

[66] Secrest B R. Traveling salesman problem for surveillance mission using particle swarm optimization. Air Force Institute of Technology. Air University.2001.

[67] El-Gallad A, El-Hawary M, Sallam A, Kalas A.Particle swarm optimizer for constrained economic dispatch with prohibited operating zones. Canadian Conference on Electrical and Computer Engineering. Winnipeg. 2002, 78~81.

[68] Gaing Z L.Particle swarm optimization to solving the economic dispatch considering the generator constraints. IEEE Transactions on Power Systems. 2003, 18(3): 1187~1195.

[69] Hughes E J. Multi-objective evolutionary guidance for swarms. IEEE Congress on Evolutionary Computation. Honolulu 2002, 1127~1132.

[70] Salman A, Ahmad I, Al-Madani S. Particle swarm optimization for task assignment problem. Microprocessors and Microsystems, 2002, 26(8): 363~371.

[71] Ho S Y, Lin H S, Liauh W H, et al. OPSO: Orthogonal particle swarm optimization and its application to task assignment problems. IEEE Transactions on Systems, Man and Cybernetics, Part A: Systems and Humans, 2008, 38(2): 288-298.

[72] Kannan S, Slochanal S, Subbaraj P, et al. Application of particle swarm optimization technique and its variants to generation expansion planning problem. Electric Power Systems Research, 2004, 70(3): 203~210.

[73] Koay C A, Srinivasan D. Particle swarm optimization-based approach for generator maintenance scheduling. Swarm Intelligence Symposium. Indianaplis. 2003, 167~173.

[74] 黄平. 粒子群算法改进及其在电力系统的应用. 广州：华南理工大学电力系统及其自动化. 2012.

[75] 刘连志，顾雪平，刘艳. 不同黑启动方案下电网重构效率的评估. 电力系统及自动化，2009，33(5)：24~28.

[76] 刘波，张焰，杨娜. 改进的粒子群优化算法在分布式电源选址和定容中的应用. 电工技术学报，2008，23(2)：103~108.

[77] Coelho J P, de Moura Oliveira P B, Cunha J B. Greenhouse air temperature predictive control using the particle swarm optimisation algorithm. Computers and Electronics in Agriculture, 2005, 49(3): 330~344.

[78] Sousa T, Silva A, Neves A.Particle swarm based data mining algorithms for classification tasks. Parallel Computing, 2004, 30(5): 767~783.

[79] Xiao X, Dow E R, Eberhart R, et al. Gene clustering using self-organizing maps and particle swarm optimization. 17th International Parallel and Distributed Processing Symposium. Nice. 2003, 10.

[80] Wachowiak M P, Smolíková R, Zheng Y, et al. An approach to multimodal biomedical image registration utilizing particle swarm optimization. IEEE Transactions on Evolutionary Computation. 2004, 8(3): 289~301.

[81] Li Q, Zhang C, Xu Y, et al. Path planning of mobile robots based on specialized genetic algorithm and improved particle swarm optimization. 31st Chinese Control Conference. Hefei. 2012, 7204~7209.

[82] 张长胜. 求解规划、聚类和高度问题的混合粒子群算法研究. 吉林：吉林大学计算机科学与技术学院. 2009.

第 5 章　变形虫模型与应用

　　一种单细胞多核黏菌类生物——多头绒泡菌（*Physarum Polycephalum*，又称变形虫），最近成为了人工智能（Bio-Inspired AI）科学研究的热点话题之一。变形虫是一种原生质体黏菌，其特色是没有单一细胞，会形成拥有许多细胞核，但是只有一团原生质的原生质团，称为变形体（Plasmodium）。变形体发展成熟之后，会形成网状形态，且依照食物、水与氧气等所需养分改变其表面积。现在的系统分类学将多头绒泡菌虫归位在植物与真菌之间，它可像变形虫一样任意改变体形，故本书将其简称为变形虫。

　　变形虫作为一种没有神经系统的低等生物，却能够完成诸如分布式生长、觅食、营养运输、危险避免、网络构造和优化等一系列复杂的任务，并在其间展现出来了高度的智能和自适应特性。正是这些特性，使得变形虫受到越来越多的关注，并成为人工智能研究的一个新热点。2000 年，Nature 杂志的一篇文章指出，通过生物实验发现变形虫具有解决迷宫问题的能力，而且它所找到的路径是连接迷宫出口和入口的最短路径[1]。之后一系列的研究表明，在面对多个食物源时，变形虫在各个食物源之间形成的管道网络展现出优越的性能，说明该生物本身具有路径寻优以及路网导航等能力[2~5]。在对变形虫形成管道网络的机理进行研究后，Tero 等提出管道的粗细与管道中的流量变化存在着一种正反馈机制并针对该机制建立了变形虫路径寻优的数学模型[6,7]。之后，Miyaji 和 Ohnishi[8]以及 Ito 等[9]分别证明了该数学模型能够解决最短路径问题以及该模型的收敛性能。除此之外，大量的研究还致力于模拟变形虫形成管道的过程并建立相应的生长模型[10~13]。本章在介绍变形虫相关生物学机理的基础上，概述了目前应用较广泛的变形虫模型以及我们在这一领域的研究进展。

5.1　变形虫的生物学机理

　　变形虫具有复杂的生命周期和营养变形体阶段。在该阶段内，变形虫在一层薄膜内进行重复的细胞核分裂，形成了一个巨大的多核体，展现出了极具吸引力的自适应模式形成行为，包括分布式生长、觅食、营养运输、危险避免、网络自适应和维护。在原生质阶段，变形虫通常能够通过肉眼观察到，它的无定形细胞质呈一种可变的外观，具体生长过程如图 5-1 所示。

　　变形虫外观一般呈扁平、无定形的凝胶状，大小可在显微镜观察规模到平方米规模变动。它是通过重复的细胞核分裂而形成的单细胞生物，主要由一种海绵状肌球蛋白网共现的两种生理阶段组成：凝胶状态和溶胶状态。凝胶状态时是一种稠密基质，受到由细胞内化学浓度变化影响而自发产生的收缩和放松反应的制约；溶胶状态时是液体原生质，由凝胶状态基质内部震荡收缩而产生的力量将其运输至整个变形体网络。在凝胶状态和溶胶状态之间存在复杂的相互作用，当受到来自压力、温度、湿度和局部运输等变化时，这两种状态可以相互转变。变形虫的内部结构可以看成是一个复杂的具有感知和发动行为的功能性材料。实际上，参照变形虫自身复杂的交互作用和由该功能性"材料"展现的丰富计算特性，变形虫已被描述成一个有薄膜束缚的反应-扩散系统[14]。

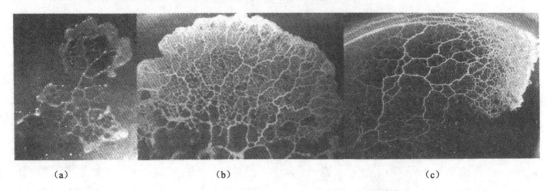

（a）　　　　　　　　　（b）　　　　　　　　　（c）

图 5-1　变形虫生长过程

在变形虫天然的生长环境下，一般是阴暗潮湿的森林环境，它能够利用这种计算材料的特性朝着本地的营养源扩展出一个生长前端。它主要以在其他活物上的细菌为食，通过扩展它的无定形身体来吞食和消化食物，然后调整在活跃生长前端之后的身体，以形成原生质的管道网络结构，将营养物质运输到变形虫身体的其他部位。一个变形虫可被切割成两个独立且活动的变形体，另外，两个分开的变形体也能够融合成为一个整体。变形虫的这种能力意味着一种复杂的、分布式和冗余的感知和发动控制机制。Nakagaki 和 Tero 等发起了关于变形虫复杂计算能力的科学研究[1, 5, 15]，下面主要介绍两个著名的变形虫生物实验：迷宫实验[1]和自适应网络设计实验[5]。

5.1.1　迷宫实验

Nakagaki 等发现，多个独立的变形虫片段，在其融合过程中，通过找到连接两个食物源的最短路径，能够解决迷宫问题[1,15]。在迷宫实验中，首先在琼脂基质的表面，用塑料胶片构造出一个迷宫图形。然后取下一个大约（25×35cm）^{2} 的变形虫个体的生长前端，将其分割成若干个小的片段，并放置于已构建好的迷宫图形中。此后，各个变形虫片段开始生长和扩散，并形成了一个身体充满整个迷宫且避开了塑料胶片干燥表面的变形虫个体，如图 5-2（a）所示。这时候，实验人员分别在迷宫的入口和出口处放置含营养的琼脂块，充当变形虫的食物源。一段时间过后，变形虫整个身体的管道网络中，那些处于迷宫盲端路径的部分逐渐萎缩至消失，剩下如图 5-2（b）中的部分。而留下的管道正好组成了连接迷宫入口和出口的 4 条可能的路径（α_1, α_2, β_1, β_2），也就是该迷宫问题的解。此后，变形虫继续吸取食物源的营养，还可能形成一条较粗的连接迷宫入口和出口的管道，如图 5-2（c）所示。虽然在多次试验中，最终留下的管道位置和长度并不相同，但是在 α_1 和 α_2 两条路径中，较短的 α_2 路径中的管道总是被保留；而路径长度差不多的 β_1 和 β_2 被留下的次数差别不大。

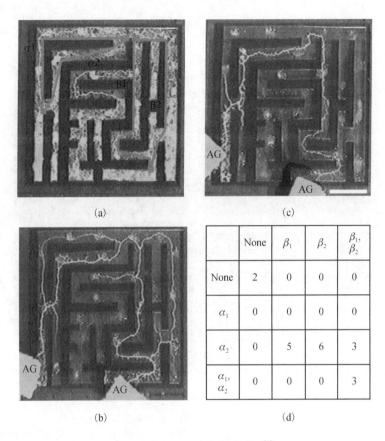

图 5-2　变形虫迷宫实验过程[1]

	None	β_1	β_2	β_1, β_2
None	2	0	0	0
α_1	0	0	0	0
α_2	0	5	6	3
α_1, α_2	0	0	0	3

(a) (b) (c) (d)

5.1.2　自适应网络设计实验

在迷宫实验的基础上，日本研究小组进一步在实验中探索变形虫在网络优化方面的智能。该实验就是著名的自适应网络设计实验，其研究成果发表在 2010 年的 Science 期刊上[5]。该实验首先将食物源按照日本东京范围内 36 个城市的地理位置进行放置，然后将变形虫放在位于东京的食物源上让其生长，如图 5-3（a）所示。变形虫慢慢向外生长、扩张，逐渐充满了大部分的地理空间。随后，变形虫通过萎缩网络中的部分管道，慢慢留下了一个内部连通并主要集中在食物源的管道网络。在经历了 26 个小时后，变形虫的身体管道网络如图 5-3（f）所示，它与现实的东京铁路网非常相似。

由于变形虫构建网络是一种生物智能行为，所以每次构建出的网络也不尽相同，如图 5-3（f）和图 5-4（a）所示。然而，Tero 等发现这些由变形虫所构建的网络与真实的东京铁路网之间有许多相似的结构孔，如图 5-4（d）所示为真实的东京铁路网。他们认为，造成这些差异的原因是真实环境中的湖泊、海拔高度等地理因素。

为了更真实地模拟现实环境，Tero 等利用变形虫的避光性，用不同的光照强度来模拟真实环境中高山、湖泊等对修建地铁网络的限制。如图 5-4（b）所示，根据真实的地理情况，图中阴影的部分对应低海拔地区，而海洋、内陆湖泊等地方被替换为强烈的光照来限制变形虫的生长。由此产生的变形虫网络，如图 5-4（c）所示，与真实的东京铁路网有更高的相似度。如图 5-4（e）所示，这是用相同的点产生的最小生成树。图 5-4（f）所示的是连接不同城市的网络。

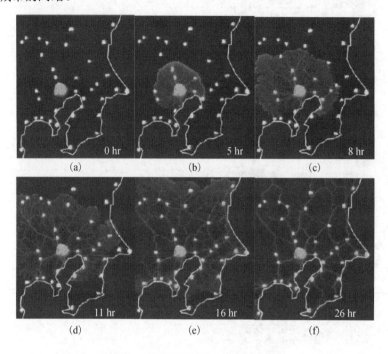

图 5-3　变形虫网络设计实验过程

（a）～（f）分别代表实验初始、5 小时、8 小时、11 小时、16 小时和 26 小时时变形虫网络演化结果图[5]

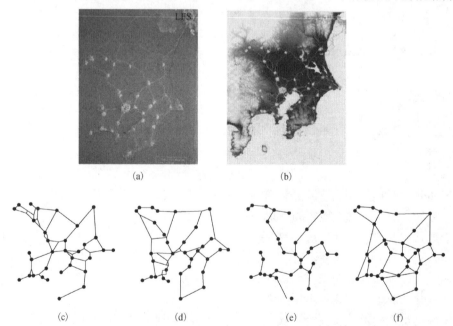

图 5-4　变形虫构建的网络和真实的东京铁路网之间的比较

其中（a）和（b）分别为无和有光照条件下变形虫构建网络；（c）为（b）对应的拓扑结构图；（d）为真实地铁网的拓扑结构图；（e）为最小生成树；（f）为在（e）基础上添加边构建的网络[5]

为了验证变形虫生成网络的有效性，Tero 等通过从每对节点间的最短路径、网络总长度以及容错性的一系列对比分析[5]。该研究小组得出结论，变形虫所设计优化的自身管道网络，在成本、效率和容错性等方面都堪比现实生活中的东京铁路网。

5.2 变形虫模型

自从 Nakagaki 发表在 Nature 上的先驱工作发现变形虫具有解决迷宫问题的能力[1]，变形虫的智能行为吸引了各行各业研究者的兴趣，从生物学到计算机科学。目前，利用变形虫细胞结构简单、自适应的生长特性解决分布式计算问题已成为一个研究热点[16,17]。现有的变形虫演化模型主要分为基于群体动力学描述和基于个体行为学刻画两类。

（1）基于群体动力学描述变形虫模型。Tero 等[6,5]以哈根泊肃叶定理和基尔霍夫定律为基础，构建了变形虫寻找最短路径的数学模型，并深入分析了它的适应性特征。通过调整模型参数，该模型成功应用于动态导航系统[6]和组建东京铁路网[5]。Adamatzky 等[18]从反应扩散的观点出发，认为变形虫是一种非传统计算模型的生物实现，利用它实现了 Kolmogorov-Uspensky Machine 的各项基本操作，并且通过光线对变形虫生长的影响实现了动态编程[19]。他进一步利用 Oregonator 模型，以扩散波和化学浓度梯度为切入点，对变形虫构建生成树和解决迷宫问题的过程做了详细研究和深入分析[20~24]。

（2）基于个体行为学刻画变形虫模型。Jones[25]认为基于群体动力学描述变形虫模型回避了网络初始化问题，而且模型演化过程很难理解。为克服这些缺点，Jones 提出了一种类粒子的多 Agent 模型，以自底向上的方式说明了变形虫原生质管道网络形成的动态过程，展现了良好的自组织特性[25]。同时，Jones 从有初始化图案线索和无初始化图案线索两个方面展示了实验结果，并解释了复杂图案的生成机制[11,16]。但是，这些模型没有关注变形虫移动与网络组建的关系，而两者的关系在网络演化过程中发挥重要作用[10]。针对该问题，Gunji 等[10]在 2008 年提出一种基于元胞自动机的变形虫模型 CELL，CELL 模型利用气泡在方格内部的移动，通过循环切断、触角收回和选择较短路径三个机制促进网络调整和重构，首次展现了变形虫移动过程，并将这一移动过程和网络演化建立联系；Niizato 等[26]在 2010 年提出一种对 CELL 模型的改进方案，通过限制 CELL 模型中气泡的记忆长度使模型最终演化形成的网络达到效率与容错性的权衡。Gunji 等[27]在 2011 年又进一步提出对 CELL 模型改进，通过 CELL 模型中方格数目的变化更真实地模拟变形虫网络的演化过程。

本章主要研究三种变形虫模型。一是基于 Jones 的多 Agent 模型，建立 Agent 数量能够自适应调节的多 Agent 系统。二是利用 Agent 系统描述 Gunji 等提出的变形虫模型 CELL 演化机制并对演化过程中出现的低效性进行改进。三是利用 Tero 等提出的数学模型正反馈机制进行蚁群算法优化，提出一种普适的直接优化蚁群算法信息素矩阵更新的策略。

5.2.1 Jones 多 Agent 模型说明

Jones 利用自底向上的建模方法，通过类粒子的 Agent 群体涌现特征模拟变形虫的网络

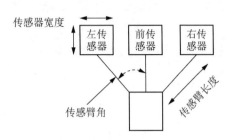

传感器宽度
左传感器 前传感器 右传感器
传感臂角
传感臂长度

图 5-5　Jones 模型中 Agent 的结构

演化过程[11]。这一建模方法自底向上的过程依次如下：最底层是局部的微观个体行为（趋化性和运动性）；次底层是全局的环境行为（扩散）；再上层是全局模式的生成（网络生成、进化和重组）；最顶层是全局的有机组织行为。

位于模型最底层的是类粒子 Agent，其结构如图 5-5 所示。它由左、右、前三个传感器构成，左右传感器分别与前方的传感器形成相等的夹角，称为传感臂角（Sensor Arm Angle）。前方传感器指示的方向是 Agent 探测到的具有最大化学素的方向，也是 Agent 倾向移动的方向。传感臂长度（Sensor Offset Length）指示了传感器的探测距离。

当 Agent 移动成功时，Agent 将在新的位置释放示踪素（Trail）。同时，模型中用于模拟食物源的节点源能够向环境中释放营养素。示踪素和营养素在环境中不断扩散，并按照设定的扩散阻尼进行衰减。Agent 种群从初始随机的分布，逐渐聚集并向节点源收拢，涌现出连接食物源的宏观模式。Jones 用这种宏观模式的形成过程近似模拟了变形虫网络的演化过程[16]。

Jones 的多 Agent 模型能够很好地模拟变形虫的运输网络，但是该模型还存在一些可以改进之处：①Agent 的传感器（Sensor）冗余，实际上通过两个传感值的比较就能够保证 Agent 的运动，并且获得与原模型相同的效果；②该模型将 Agent 释放的示踪素（Trail）与食物源释放的营养素视为同类信息，不利于表现两种物质的不同作用；③Agent 群体最终形成的稳定模式取决于初始的种群数量，需要使用随机概率的方式控制 Agent 数量以改变宏观模式；④此外，该模型没有明确说明变形虫从一个食物源生长并找到其他食物源、形成稳定网络的过程。

我们对 Jones 的模型进行改进，引入进化机制，实现 Agent 的自繁殖和自消亡，获得了一种新的种群数量具有自适应特征的多 Agent 系统，该系统能够用于模拟变形虫构建网络和求解迷宫问题[28,29]。改进之处包括如下三点，具体的模型细节将在 5.3 节中进行介绍。

（1）区分示踪素和营养素，将两者的扩散方式分离，并通过线性加权的方式综合两种信息。

（2）减少单个 Agent 的传感器数目。取消 Jones 模型中 Agent 正前方的传感器，仅保留左前方和右前方的传感器，增加传感器采样示踪素和营养素的功能。

（3）为 Agent 增加运动计数器（Motion Counter），以量化 Agent 的适应性。利用运动计数器对每个系统时间步内，Agent 的运动或静止状态进行加减计数。设置互为相反数的繁殖值和淘汰值，当运动计数器的值大于繁殖值时，触发 Agent 的繁殖；当运动计数器的值小于淘汰值时，触发该 Agent 的消亡。以此实现 Agent 种群的自适应进化。

5.2.2　Gunji 等 CELL 模型说明

变形虫仿生模型 CELL 由一系列特定状态方格组成，通过气泡移动改变方格状态，从而调整模型形状模拟变形虫移动过程，并能够形成自适应网络。CELL 模型通过微观与宏观两种机制调整模型演化过程：局部方格状态的改变决定模型整体形状，同时模型整体形状影响局部方格的状态改变过程。

变形虫 CELL 模型利用 Agent 系统来模拟生物演化机制（图 5-6（b）），该系统由三个部分构成：环境、Agent 及 Agent 行为。环境表示培养皿，与真实生物实验的对应关系如图 5-6（a）所示，它由平面上 $M×N$ 的方格组成，每个方格有四个邻居，对应食物源位置的方格称为活跃区（图 5-6（a）虚线内）。系统演化过程中，方格被分成内部方格和外部方格两类，如图 5-7（a）～（h）所示，灰色表示内部方格，白色表示外部方格。其中，将位于活跃区的内部方格称为活跃区内部方格，将其他区域的内部方格称为路径相关内部方格（图 5-7（a））。Agent 表示 CELL 模型中的气泡，Agent 拥有三种行为：产生、移动和置换。

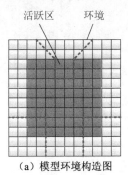

活跃区　环境

食物源　培养皿

（a）模型环境构造图　　　（b）变形虫生物实验环境图

图 5-6　CELL 模型系统构成与生物实验匹配图

图 5-7 展示了 Agent 在环境中的一个生命周期。

步骤 1　产生行为：Agent 从与活跃区内部方格相邻的外部方格随机产生一个初始位置，如图 5-7（b）所示。

步骤 2　移动行为：Agent 随机从邻居中选择并移动到一个没有被自身驻守过的内部方格位置（图 5-7（c）～（g））。Agent 在内部方格的驻守轨迹构成 Agent 的一条移动轨迹，如图 5-7（c）～（g）中横条纹方格所示。直到 Agent 没有可选择的移动目标时结束移动，转步骤 3。

步骤 3　置换行为：Agent 将初始位置的外部方格与结束位置的内部方格交换位置（图 5-7（h））。然后触发产生下一个 Agent。

Agent 重复上述过程直到环境中出现一条连接所有活跃区的路径，该路径近似变形虫连接食物源的高效网络。

Agent 移动过程中符合条件的邻居方格被选为移动目标的概率是相同的，该概率与 Agent 驻守过的方格数目和已经被外部方格置换的方格数目相关，可用式（5-1）描述：

$$f(x,y) = \frac{1}{s \times \left(1 - \dfrac{x+y}{G_0}\right)} \tag{5-1}$$

式中，x 表示 Agent 驻守过的方格数目，y 表示已被外部方格置换的方格数目，G_0 表示内部方格总数目，则 Agent 邻居方格没有被自身驻守过且为内部方格的概率为 $1-(x+y)/G_0$，s 为常量 3，表示最多有三个邻居方格可作为 Agent 移动目标[10]。

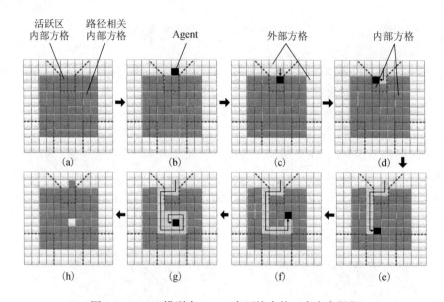

图 5-7　CELL 模型中 Agent 在环境中的一个生命周期

（a）环境初始状态；（b）Agent 产生；（c）～（g）Agent 移动；（h）Agent 置换方格，其中白色、
灰色和黑色区域分别代表外部方格、内部方格和 Agent，条纹方格代表 Agent 驻守过的方格，
黑色箭头曲线代表 Agent 移动轨迹，红色虚线内为活跃区

在 Agent 一个生命周期过程中，从活跃区的外部方格产生的 Agent 最终使该外部方格成为内部方格；Agent 结束移动位置的内部方格被换为外部方格。因此在模型演化过程中：①内、外方格总数目保持不变；②活跃区内部方格数目逐渐增多，路径相关内部方格数目逐渐减少。从而活跃区内部方格占内部方格的比例逐渐增加，又因为 Agent 符合条件的邻居方格被选为移动目标的概率相同，导致 Agent 移动到活跃区内部方格的概率逐渐增大，出现 Agent 受限于活跃区移动的现象。而模型目标是通过置换路径相关内部方格出现一条连接活跃区的路径，所以该现象影响模型演化效率。同时每个时间段只有单一 Agent 移动，使模型计算效率不高。

针对上述问题，我们提出一种新的演化模型 IBTM（Improved Bubble Transportation Model）以提高变形虫网络演化效率，进而提高模型求解问题时的计算效率[30,31]。改进之处包括如下两点，具体的模型细节将在 5.4 节中进行介绍。

（1）为 CELL 模型环境中每个方格添加标签，计算内部方格存在时间，根据存在时间的长短驱动新产生的气泡向 CELL 模型路径相关内部方格移动。

（2）利用多个气泡并行计算加快系统的收敛速度。

5.2.3　Tero 等数学模型说明

基本的变形虫数学模型（Physarum Mathematical Model，PM 模型）用于求解两点间最短路径，所以又称为单入口单出口 PM 模型，求解过程如下[7]。如图 5-8 所示，设网络中的边为有水流的管道，N_{in} 表示注水口，N_{out} 表示出水口。连接节点 i 和节点 j 的管道传导性 D_{ij} 与管道粗细有关。管道越粗，传导性越高，管道中水流流量 Q_{ij} 越大。传导性和流量的关系用式（5-2）表示，其中 p_i 表示节点 i 的压强，L_{ij} 表示管道 (i, j) 的长度。

$$Q_{ij} = \frac{D_{ij}}{L_{ij}}(p_i - p_j) \tag{5-2}$$

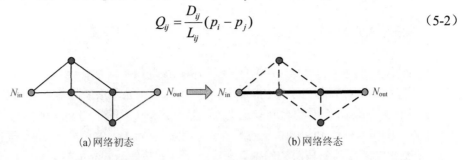

(a)网络初态   (b)网络终态

图 5-8　单入口单出口 PM 模型

设初始流量为 I_0。根据基尔霍夫定律，网络中流入和流出同一个节点的流量相等，因此由式（5-3）可计算网络中各节点压强。

$$\sum_i Q_{ij} = \begin{cases} -I_0, & \text{如果} j = N_{ij} \\ I_0, & \text{如果} j = N_{\text{out}} \\ 0, & \text{其余} \end{cases} \tag{5-3}$$

然后，利用式（5-2）可计算出此时网络中各管道流量。在水流不断注入的过程中，$t+1$ 时刻管道传导性将按式（5-4）变化。如此完成一个计算时间步，并将 $t+1$ 时刻各管道传导性反馈给式（5-3），再次循环迭代执行上述流程。

$$\frac{\mathrm{d}}{\mathrm{d}t} D_{ij} = \frac{|Q_{ij}|}{1 + |Q_{ij}|} - D_{ij} \tag{5-4}$$

如果把迭代过程视为"培养"管道的过程，发现某些管道在"培养"过程中慢慢变粗，传导性逐渐增强，这种培养模式称为"重点培养"。当 $t+1$ 时刻的传导性 $D_{ij}(t+1)$ 和 t 时刻的传导性 $D_{ij}(t)$ 满足 $|D_{ij}(t+1) - D_{ij}(t)| \leqslant 10^{-6}$ 时，视为迭代结束，得到最终网络。此时，留下的位于最短路径上的管道称为"重点管道"，如图 5-8（b）中实线所示。

然而，在求解许多优化问题，如旅行商问题时，仅用两个点分别作为入口和出口并不能解释整个网络中流量流通情况。因此，我们提出改进，并用于优化蚁群算法[32~34]。具体包括如下两点，模型细节将在 5.5 节进行介绍。

（1）将单入口单出口 PM 模型改进为多入口多出口 PM 模型。

（2）在蚁群算法优化时，综合变形虫管道中流通的信息素量，以此更新整个网络中的信息素量。通过对重点管道信息素浓度的加强，提高路径寻优过程中重点管道的被选概率，从而提高蚁群算法对最优解的开发力度。

5.3　多 Agent 模型系统

本部分将对我们的多 Agent 系统进行详细说明，主要包括系统的场景、Agent 结构和行为以及系统的相关参数设定。此外，还将对比在周期边界条件和固定边界条件下，系统运行所产生的不同模式。通过设置不同的初始种群，说明我们的进化机制对种群变化的影响。

5.3.1　系统相关介绍

本系统运行的场景是 200×200 的二维网格。该场景被可视化为 200×200 像素的 RGB 图像，不同的信息被映射于不同的颜色通道上。网格作为本系统的基本空间单位，最多可以容纳一个 Agent。一个系统时间步定义为，每个 Agent 以随机的顺序执行完一次操作。种群密度作为衡量 Agent 数量规模的重要参数，定义为 Agent 数量占场景中网格数目的百分比值。初始时刻，系统将按照初始种群密度产生一定量的 Agent 随机分布于场景的网格中。如表 5-1 所示，如果初始种群密度定义为 50%，则系统在初始化时，有 200×200×50%即 20000 个网格中会产生 Agent。除此之外，也可以指定 Agent 的数量和位置对系统进行初始化设置，这种方式将在后面详述。

表 5-1　系统参数设置

参数	值	描述
场景大小	200×200	供 Agents 活动的二维网格
初始种群密度	50%	初始时，在场景中随机生成 200×200×50%个 Agent
传感臂长度	7	传感器的感知距离
depT	5	Agent 移动到新位置释放示踪素的量
dampT	0.1	示踪素的扩散阻尼
filterT	3×3	示踪素的均值过滤器大小
WT	0.4	示踪素占指示信息的权重
CN	10	食物源所在网格的营养素值
dampN	0.2	营养素的扩散阻尼
filterN	5×5	营养素的均值过滤器大小
WN	1−WT	营养素占指示信息的权重
RT	10	繁殖触发值
ET	−10	消亡触发值

为模拟变形虫的生长环境，我们将变形虫本身和食物源对其生长的影响分别抽象为场景中的两类指示信息——示踪素和营养素。如表 5-1 所示，示踪素是由 Agent 在移动到的新的网格释放的信息，每次释放的量为 depT；营养素是由食物源释放的信息，即食物源所在网格的营养素值固定为 CN。这两类信息均为无量纲信息，并且各自独立地以均值过滤器的方式进行扩散，如式（5-5）所示，其中 $V_{(i,j)}^{t}$ 表示 t 时刻网格 (i,j) 的指示信息含量。对示踪素来说，V 代表示踪素含量；对营养素来说，V 代表营养素含量。式（5-5）显示网格 (i,j) 当前的指示信息含量等于上一时刻距离其自身不超过 m 个网格的全部指示信息含量总和的平均。通过对示踪素和营养素设置不同的 m 值，以表示其扩散速度和范围对系统的不同影响。示踪素和营养素的均值过滤器大小（即 m 值）如表 5-1 的 filterT 和 filterN 所示。在实际的环境中，这些信息会不断挥发并衰减。因此，表 5-1 的 dampT 和 dampN 两项参数分别表示了示踪素和营养素各自的扩散阻尼。以示踪素为例，dampT 的量化含义为：在每一个时间步，场景中各网格的示踪素将变为上一时间步的 1−dampT。两类信息在不断地扩散和衰减中改变着场景中的环境，也影响着 Agent 的行为。表 5-1 中的其他参数，将在后

面部分结合相关内容进行说明。

$$V_{(i,j)}^{t}=\frac{\sum_{k=1}^{m}\sum_{l=1}^{m}V_{(i+k-m+1,\ j+l-m+1)}^{t-1}}{m^{2}}$$ （5-5）

Agent 是系统的重要组成元素，也是系统运行的基本单位。单个 Agent 的宏观形态可以用一个网格表示，其微观结构可以用图 5-9 说明，它由三个功能部件构成——左传感器、右传感器和主体部分。主体部分所在的网格表示 Agent 在场景中的位置，传感器作为实现采样功能的虚拟部件，不表示在场景中。Agent 的朝向是其当前期望的移动方向。左右传感臂与 Agent 的朝向形成 45°的夹角，即三者在网格中方向都只能为垂直或平行对角线。传感臂的长度表示传感器与 Agent 所在位置的距离，决定 Agent 采样指示信息的距离。传感臂决定了传感器与主体部分的相对位置，当在固定边界条件下，传感臂超出了场景的边界，则会导致 Agent 的旋转：如果两个传感器都越界，则 Agent 将会旋转 180°；如果仅左传感器越界，则向右旋转 45°；仅仅右传感器越界，则向左旋转 45°。每个传感器又由示踪素采样模块和营养素采样模块构成，分别采样各自所在网格的示踪素含量 TV 和营养素含量 NV。综合比较器通过线性加权的方式计算左右传感器各自指示信息的有效值 SV=WT×TV+WN×NV，并控制 Agent 向指示信息值较大的一边旋转。如表 5-1 所示，WT 和 WN 分别表示示踪素和营养素各自所占指示信息的权重。

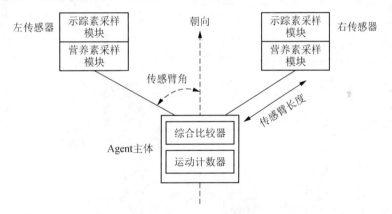

图 5-9　单个 Agent 的结构和形态

运动计数器是用于记录 Agent 运动情况的存储模块。系统初始时，Agent 的运动计数器为 0。每一个时间步中，如果 Agent 朝向方向的邻居网格为空且不超出边界，则该 Agent 可以移动到该网格，并在该位置释放 depT 的示踪素（图 5-10（a）），且运动计数器的值自加 1。如果该网格被占据，则该 Agent 随机选择新的朝向方向（图 5-10（b）），且运动计数器的值自减 1。如果 Agent 成功移动且其运动计数器的值大于 RT，则触发繁殖机制，即在原先的位置生成一个新的 Agent，如图 5-10（c）所示。如果 Agent 长期处于静止状态，导致其运动计数器的值小于 ET，则触发消亡机制，该 Agent 将从系统中消失，如图 5-10（d）所示。运动计数器是系统进化的关键，从总体上保证了种群数量的动态平衡。

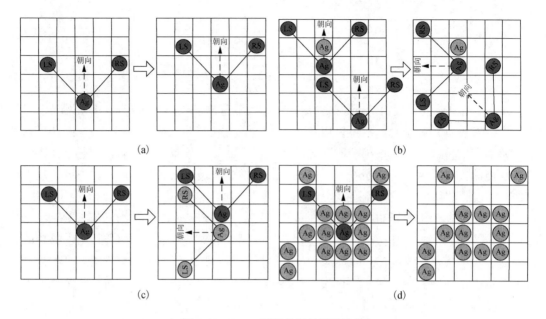

图 5-10　Agent 可能执行的四种决策

　　系统的相关设置已经介绍完毕，为了直观方便地认识系统的运行状态和 Agent 的种群特点，本部分将观察在没有食物源的场景中系统自组织模式的演化过程，并对比周期边界条件和固定边界条件下运行的异同。在两种条件下，系统均按照表 5-1 设定的初始种群密度（50%）在场景中随机生成 20000 个 Agent。图 5-11（a）和（b）分别记录了系统在周期边界条件和固定边界条件下运行的主要过程。

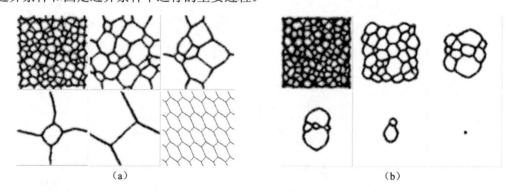

图 5-11　Agent 种群在周期边界和固定边界下的演化

　　图 5-11 中各图的时间先后顺序为从左至右、从上到下。从图 5-11 看出，无论是周期边界还是固定边界，Agent 在系统运行的前期会聚集形成不规则的小网孔。随着时间的推移，小网孔会逐渐融合形成较大的网孔。两者的不同之处在于，周期边界条件下聚集成的各边会黏附并且展开在场景中，其左右和上下具有可以完全拼合的特点。图 5-11（a）右下角的图像是对前一幅子图进行平铺镶嵌而成的，这一类蜂窝网结构的模式与文献[11]中获得的结果相似。而在固定边界条件下，Agent 不与边界连接，所有网孔逐渐收缩融合，并最终形成一个聚集于场景中心的小团，如图 5-11（b）右下角子图所示。

从图 5-11 所示的演化过程可以看出，场景中 Agent 的分布逐渐稀疏、数量呈现逐渐减少的趋势。为了从数值上观察 Agent 种群的变化过程，说明进化机制对系统运行的作用。我们设定初始种群密度为 1% 和 90%，并分别在周期边界条件和固定边界条件下运行系统。结果表明，尽管系统演化的过程有区别，但是最终形成的模式与图 5-11 所示的一致。系统运行过程中各时间步的种群密度被显示于图 5-12 的曲线中。△、×和〇分别表示初始种群 1%、50% 和 90% 的种群密度曲线。图 5-12（a）和（b）分别是系统在周期边界条件和固定边界条件的种群进化曲线，其中的子图分别是对前 500 步曲线和后 500 步曲线的放大显示。可以看出在两种边界条件下，系统的种群密度都各自向一个相近的范围靠近。当系统形成稳定模式时，Agent 的数量并没有保持固定，而是在一个范围内动态地波动。由此看出，引入的进化机制能够自适应地调整种群规模，合理地增减 Agent 数量维持稳定模式。

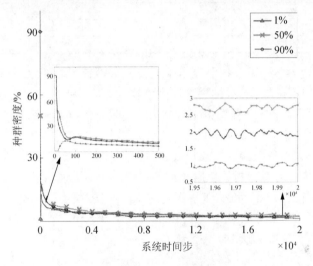

(a)周期边界条件下的种群进化

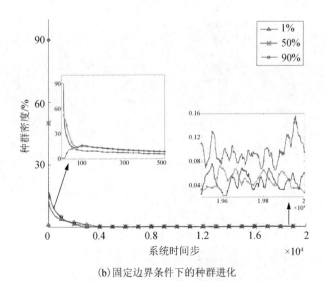

(b)固定边界条件下的种群进化

图 5-12　在周期边界和固定边界下种群进化曲线

5.3.2 模拟变形虫网络

在生物实验中，通常采用两种方法研究变形虫网络的形成过程。一是用变形虫的组织将培养基及其上的食物源进行全覆盖，例如，文献[2]和文献[3]；另一种是将变形虫接种在其中一个食物源上，观察变形虫搜索其他食物源和构建网络的过程，例如，文献[5]和文献[12]。本部分将参照上述两种生物实验方法，模拟变形虫食物网络的构建过程。表 5-2 说明了系统各部分与变形虫生物实验各要素的对应关系。

表 5-2　变形虫与本系统的对应关系

变形虫	本系统
培养基	场景
食物源	数据点
原生质组织	Agents

本部分在固定边界条件下，按照表 5-1 设定的参数运行系统以模拟变形虫觅食网络的形成。为了将我们的系统与 Jones 的模型和生物实验对比，我们参照文献[27]、文献[2]和文献[3]，设计 4 个数据集，各个数据集中数据点在场景中的格点坐标如表 5-3 所示。图 5-13 记录了与表 5-3 相对应的各个数据集的运行情况。图 5-13 的各个子图由四幅小图从上到下按时间先后排列而构成，其中紫色的圆点代表数据点，每一个绿色的像素点代表一个 Agent，其呈现出的宏观结构是对变形虫原生质管道的模拟。为便于说明，我们在图 5-14 中引用相关实验结果，其中图 5-14（a）和（c）引用自文献[2]，图 5-14（b）和（d）引用自文献[11]。

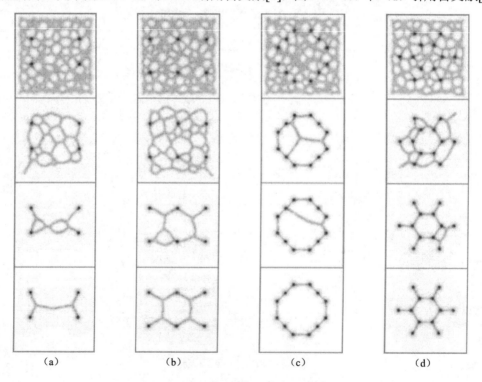

|　（a）　|　（b）　|　（c）　|　（d）　|

图 5-13　不同数据集的网络形成过程

表 5-3　数据集说明

数据集	网格坐标点
a	（60,40）（60,160）（120,40）（120,160）
b	（60,30）（60,100）（60,170）（140,30）（140,100）（140,170）
c	（40,80）（40,120）（80,40）（60,60） （60,140）（80,160）（120,40）（140,60） （140,140）（120,160）（160,80）（160,120）
d	（100,32）（100, 64）（100,168）（100,136） （128,116）（155,132）（72, 116）（45,132） （128,84）（155,68）（72,84）（45,68）

　　初始时刻，随机选择场景中一半的网格在其中生成 Agent，这种方式与生物实验中用变形虫覆盖培养基的方法相似。从图 5-13 看出，系统所形成的宏观密集网状结构逐渐融合，并最终形成连接各个数据点的稳定网络。图 5-13（a）所示的结果，与文献[3]中的生物实验结果相似，出现了斯坦纳最小树（Steiner Minimum Tree，SMT）的结构。针对如图 5-14（a）所示的 6 个食物源的布局，变形虫形成了兼具 SMT 结构和环状结构的原生质管道网络。而 Jones 的模型却仅体现 SMT 结构，如图 5-14（b）所示。相比于此，如图 5-13（b）所示的本模型的结果，具有 SMT 和环状的结构特征，更接近于图 5-14（a）的真实变形虫网络。图 5-13（c）得到的网络结构与文献[2]中提及的 Delauney 三角网一致。而在该网络的演化过程中形成的不稳定结构与图 5-14（c）所示的变形虫网络更接近。针对图 5-13（d）所示的数据集，Jones 的模型形成了图 5-14（d）的 SMT 结构，我们的模型构建出的网络具有环状结构。

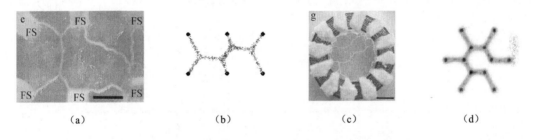

（a）　　　　　　　　（b）　　　　　　　　（c）　　　　　　　　（d）

图 5-14　引用自文献[2]和文献[11]的图

　　此外，为更进一步分析我们的模型模拟变形虫构建不同网络的能力。我们参照文献[3]设计另外一组包含 3 个数据点的数据集，数据点分别布置在等边三角形的顶点位置。

　　图 5-15 将生物实验结果和本书模型的结果进行了对比展示，各子图的上半部分是本书模型获得的结果，下半部分是生物实验的结果。图 5-15（a）是按照表 5-1 的参数运行的结果，该结果说明本模型可以模拟变形虫构建具有 SMT 特征的网络。图 5-15（b）的结果是将 filterN 设置为 19×19 而得到的，图 5-15（c）和（d）是将 filterN 设置为 17×17 而得到的。图 5-15（b）和（c）并不是稳定的网络结构，它们可能转变为图 5-15（a）所示的结构。由此可见，通过参数调整，本书的模型可以模拟变形虫构建出多种结构的网络。

　　变形虫在不同的营养条件下，采用不同的方式去搜索环境中的食物源。如果将它在营养丰富的培养基上进行培养，它会生长出许多的原生质管道；当在营养缺乏的培养基上进行培养时，它将采用稀疏的类似树形结构的原生质管道去搜索食物。在文献[12]中，一个生物实验被设计用来探究变形虫在非营养基上构建生成树的过程。

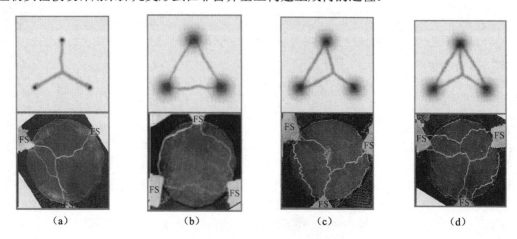

图 5-15　3 个数据点的网络形成对比

参照该生物实验，我们对模型的参数进行如下调整，以模拟变形虫在非营养基上构建生成树的过程。首先，我们调整与数据点信息相关的参数，强化数据点对 Agent 行为的影响。设置 CN、filterN、WN 和 WS 的值分别为 20、13×13、0.8 和 0.2。再次，初始化时不采用随机生成 Agent 的方式，而是在南边的数据点上固定生成 10 个 Agent。这是为了模拟生物实验在对应的食物源上接种变形虫的过程。随着系统的运行，Agent 的种群渐渐扩散、逐个覆盖其他节点，并最终构建了与生物实验相似的生成树（图 5-16）。

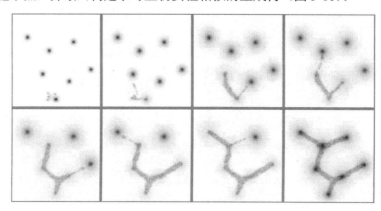

图 5-16　生成树的构建过程

5.3.3　迷宫求解

本部分将根据变形虫的觅食行为，在上述模型中引入一类新的 Agent 和新的规则，将该模型应用于模拟变形虫求解迷宫问题。

从文献[1]的生物实验发现，变形虫求解迷宫问题的过程是：首先利用原生质管道覆盖迷宫中的通道区域，包括入口和出口的两个食物源；然后这些原生质管道通过自动的调整，选择出一条连接这两个食物源的最短管道。由此，变形虫求解迷宫问题的过程可以抽象为两个阶段：搜索和收敛。然而，上述模型中只有一类 Agent，该类 Agent 始终向指示信息值较大的方向旋转，这种行为导致了 Agent 相互吸引，并且向食物源聚集的现象，该现象与收敛过程具有相同的特征。据此，我们引入另一类 Agent。我们将先前的 Agent 称为 T2，新引入的 Agent 称为 T1。T1 类 Agent 与 T2 类 Agent 具有相同的结构和进化机制；不同之处在于，T1 类 Agent 始终向指示信息值较小的方向旋转，这种行为可以模仿变形虫对培养基的覆盖和搜索过程。

为将模型应用于模拟变形虫求解迷宫问题，我们新增规则如下。

规则 1：初始 Agent 为 T1 类 Agent，从迷宫入口位置的数据点产生。

规则 2：当有 T1 类 Agent 找到迷宫出口位置的数据点时，该 T1 类 Agent 转变为 T2 类 Agent。

规则 3：当 T1 类 Agent 有一个邻居是 T2 类 Agent，该 T1 类 Agent 转变为 T2 类 Agent。

其中规则 1 保证 Agent 能够对迷宫进行广泛覆盖，并搜索到出口位置的数据点。规则 2 和 3 通过 Agent 类型转换的方式完成了信息的传递。即将出口位置数据点被发现这一局部消息，告知给全局中其他的 Agent。

根据上述的模型修改，我们采用与表 5-1 相同的参数，设计如图 5-17（a）所示的迷宫进行实验。其中黑色部分代表迷宫的墙，白色部分代表迷宫的通道，紫色的圆点代表迷宫的入口和出口。淡蓝色表示 T1 类 Agent，淡黄色代表 T2 类 Agent。

首先，在迷宫入口的位置初始化 1 个 T1 类的 Agent。由于进化机制的作用，该 Agent 会不断繁殖。同时，向指示信息值较小的方向旋转的特性，导致其在迷宫的通道中不断地分散开来。如图 5-17（b）所示，在 t=266 时，T1 类 Agent 已经覆盖迷宫的大部分通道。当 T1 类 Agent 进入出口位置时，它将转变为 T2 类 Agent。与之相邻的 T1 类 Agent 也将转变为 T2 类 Agent。在这个阶段，T2 类 Agent 不断收缩和聚集，而其他 T1 类 Agent 也不断地转换为 T2 类，如图 5-17（c）所示。当 T1 类 Agent 全部转换为 T2 类 Agent 之后，位于盲端通道上的 Agent 会逐渐向正确的通道上收缩，如图 5-17（d）和（e）所示。当 t=2352 时，所有的 T2 类 Agent 构成了连接迷宫入口和出口的路径，并且两条通路都得到了保留。进一步，我们在 t=2600 时，对迷宫的设置进行了瞬间改变。如图 5-17（g）所示，我们将灰色方格所示的通道区域改变为墙。这样，由 T2 类 Agent 构建的连接迷宫入口和出口的两条路径中的一条路径被截断。但是，随着系统的继续演化，我们发现被截断位置的 T2 类 Agent 逐渐向唯一的路径上收缩，并最终形成构建成连接入口和出口的唯一路径。

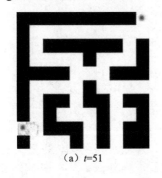
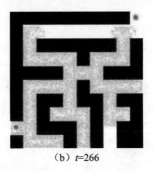

| (a) t=51 | (b) t=266 | (c) t=356 |

图 5-17　迷宫求解过程

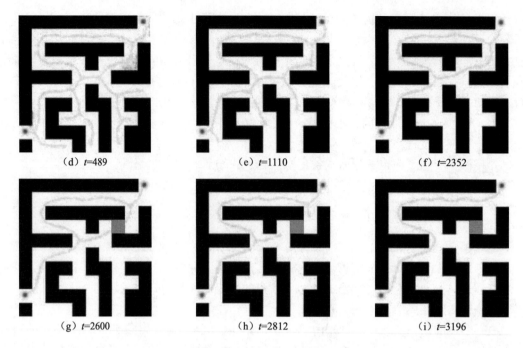

图 5-17　迷宫求解过程（续）

　　至此，我们通过引入规则使本章提出的多 Agent 粒子模型具有了求解迷宫问题的能力。同时，通过动态地改变迷宫设置，我们发现本章的多 Agent 粒子模型在面临路径失效的情况下，能够放弃失效路径，维持有效路径。这种自适应特征与变形虫的智能行为有着奇妙的吻合。

5.4　变形虫 IBTM 模型系统

5.4.1　IBTM 改进策略介绍

　　IBTM 基于两种策略提高变形虫模型的演化效率。策略一（S1）通过时间标签驱动新产生的 Agent 向路径相关内部方格移动；策略二（S2）利用多 Agent 并行移动提高模型演化效率。

　　策略一：单元格时间标签

　　针对 Agent 受限于活跃区移动的缺点，需提高 Agent 向路径相关内部方格移动的概率，因此，策略一（S1）为环境中每个方格添加标签 p，用于计算其作为内部方格的时间，称为该方格的时间标签。同时，修改 Agent 移动条件并在置换行为之后增加更新标签行为。

　　初始时，令环境中所有方格的时间标签值为 0。将 Agent 移动条件修改为：Agent 随机从邻居中选择一个内部方格作为目标并移动到该位置，该移动目标不在 Agent 驻守轨迹上，且时间标签值不小于其他备选移动目标。更新标签行为规则为：Agent 将初始位置的外部方格（现在是内部方格）的时间标签值置为 1，将移动结束位置的内部方格（现在是外部方格）的时间标签值置为 0，此外系统自动将环境中其他内部方格的时间标签值加 1。

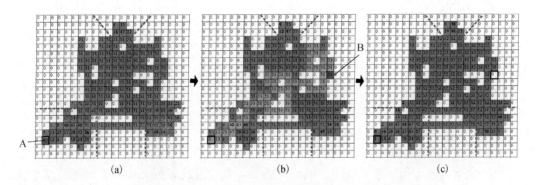

图 5-18　加入时间标签后 Agent 在环境中的一个生命周期

设 $c(i,j)$ 表示坐标为 (i,j) 的方格，$c(i,j)_{.p}$ 表示方格 $c(i,j)$ 的时间标签值。以图 5-18 为例说明加入时间标签后 Agent 在环境中的一个生命周期，方格中数字表示该方格的时间标签值。

步骤 1　Agent 从图 5-18（a）中 A 方格（用 $c(A_i,A_j)$ 表示）产生。

步骤 2　Agent 依次判断其四个邻居是否为内部方格。在图 5-18（a）中，Agent 的上（$c(A_i-1,A_j)$）、右（$c(A_i,A_j+1)$）邻居为内部方格。

步骤 3　Agent 选择具有较大时间标签值的内部方格作为移动目标。由图 5-18（a）可见：$c(A_i-1,A_j)_{.p}=5$，$c(A_i,A_j+1)_{.p}=13$，$5<13$，所以 Agent 向右移动 1 个方格。

步骤 4　以此重复步骤 2 和步骤 3 直到 Agent 邻居中没有可选择移动目标。Agent 驻守轨迹见图 5-18（b）。从 Agent 驻守轨迹可看出，Agent 在时间标签驱动下，从活跃区产生后径直朝路径相关内部方格移动。

步骤 5　Agent 交换初始位置 A 和移动结束位置 B 的方格。

步骤 6　Agent 更新位置 A、B 和系统中其他内部方格的时间标签值，即 $c(A_i,A_j)_{.p}=1$、$c(B_i,B_j)_{.p}=0$，系统中其他内部方格 $c(i,j)_{.p+1}$（图 5-18（c））。

由于模型每经过一个 Agent 生命周期，活跃区产生一个新的内部方格，其时间标签值为 0，所以有

$$\overline{Ac(i,j)_{.p}} < \overline{Rc(i,j)_{.p}} \tag{5-6}$$

式中，$\overline{Ac(i,j)_{.p}}$ 表示活跃区内部方格时间标签平均值，$\overline{Rc(i,j)_{.p}}$ 表示路径相关内部方格时间标签平均值。

S1 通过降低 Agent 可选择移动目标个数，即式（5-1）中 s 值，提高 Agent 向路径相关内部方格移动的概率。用 $c(i,j)_{.p}$、$c(m,n)_{.p}$、$c(w,v)_{.p}$ 分别表示 Agent 的三个邻居方格 $c(i,j)$、$c(m,n)$ 和 $c(w,v)$ 的时间标签值，则

$$s = \begin{cases} 1, & \left|\mathrm{MAX}\left(c(i,j)_{.p},c(m,n)_{.p},c(w,v)_{.p}\right)\right|=1 \\ 2, & \left|\mathrm{MAX}\left(c(i,j)_{.p},c(m,n)_{.p},c(w,v)_{.p}\right)\right|=2 \\ 3, & c(i,j)_{.p}=c(m,n)_{.p}=c(w,v)_{.p} \end{cases} \tag{5-7}$$

式中，$|\mathrm{MAX}(c(i,j)_{.p},c(m,n)_{.p},c(w,v)_{.p})|$ 表示 3 个时间标签值中最大值的个数。分析式（5-1）

和式（5-7）可知，S1 使 Agent 移动到时间标签值大的邻居方格的概率比 CELL 模型中 Agent 移动到相同位置方格的概率变大。同时由于路径相关内部方格时间标签平均值大于活跃区内部方格时间标签平均值（式（5-6）），所以 Agent 向路径相关内部方格移动概率变大，从而 Agent 有较大概率在路径相关内部方格结束移动并对该方格进行置换。

S1 虽不能保证 Agent 一定在路径相关内部方格结束移动，但可有效驱动 Agent 移动方向，进而提高模型演化效率。

策略二：多 Agent 并行演化

针对单一 Agent 移动效率低的缺点，策略二（S2）通过多 Agent 并行演化提高 CELL 模型演化效率。多 Agent 并行演化过程中，由于 Agent 邻居可能是其他 Agent 或其他 Agent 驻守轨迹，因此需修改移动条件和触发置换行为的条件。

通过实验分析，S2 将 Agent 移动条件修改为：Agent 随机从邻居中选择一个没有被任何 Agent 驻守或驻守过的内部方格作为移动目标，即多 Agent 并行演化要求 Agent 移动目标不但没有被自身驻守过，同时没有被其他 Agent 驻守或被其他 Agent 驻守过。因此，多 Agent 之间存在一种互斥关系，这种互斥关系在促使 Agent 向更广区域移动的同时，会导致与活跃区连接的所有路径中断。例如，图 5-19 中两个 Agent 并行移动，经过图 5-19（a）、（b）和图 5-19（c）、（d）两次置换行为后，发现与左下角活跃区连接的所有路径中断，从而得不到图论问题的解（为使路径更加清晰，图 5-19 中只显示环境中内部方格）。

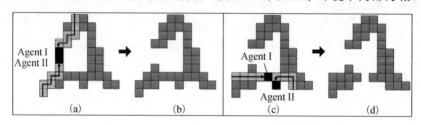

图 5-19　Agent 互斥关系导致与活跃区连接的所有路径中断

为避免该类情况，引入以下约束条件（C5.1）控制置换行为发生。

C5.1：当没有移动目标的 Agent 邻居中存在其他 Agent 或其他 Agent 驻守过的内部方格时，不进行置换行为，直接触发下一个 Agent 产生。

具体地，多 Agent 并行演化策略对每个 Agent，均按照如下步骤重复执行，直到网络中出现一棵无向树（不含有圈的连通无向图）。

步骤 1　Agent 从与活跃区相邻的外部方格随机产生一个初始位置，初始位置与其他 Agent 不相同。

步骤 2　判断 Agent 邻居中是否至少存在一个没有被任何 Agent 驻守或驻守过的内部方格，若存在，则 Agent 随机从中选择一个方格并移动到其位置；若不存在，则转步骤 3。

步骤 3　若 Agent 邻居中存在其他 Agent 或其他 Agent 驻守过的内部方格，则转步骤 1；否则，Agent 首先交换初始位置的外部方格与当前位置的内部方格的位置，然后转步骤 1。

5.4.2 IBTM 模型算法描述

IBTM 模型算法描述如下。

步骤 1 确定环境中内外方格、活跃区以及并行 Agent 数目。

步骤 2 对每个 Agent，依次从产生、移动、置换和更新标签四种行为中选择执行：若 Agent 不在环境中则执行产生行为；若 Agent 在环境中且 Agent 有移动目标则执行移动行为；若 Agent 没有移动目标且不满足约束条件 C5.1，则执行置换行为和更新标签行为，否则只执行更新标签行为，转步骤 3。

步骤 3 重复上述过程直到网络中出现一棵连接所有活跃区的无向树。

基于 IBTM 的变形虫网络演化模型算法伪代码如算法 5.1 所示。

算法 5.1　基于 IBTM 的变形虫网络演化模型算法

```
Input: M×N Grid, activeZones Grid
Output: A tree graph connecting each active zone
Begin
1: int agentNum; //agentNum represents the number of parallel computing agents
2: boolagentExist[];
3: For i←0 To agentNum Do
4:   agentExist[i]=false;
5:End For
6: While ((Edge in the network)!= (activeZones.Num-1)) // a tree has not appeared
7:   For i←0 To agentNum Do
8:If (agentExist[i]==false) Then
9:Generation();
10:        agentExist[i]=true;
11:Else
12:If (ith Agent has moving targets)
13:ThenMoveonestep();
14:Else
15:  If (ith Agent's neighbors do not met the constraint C5.1) Then
16:    Displacement();
17: End If
18:Updatetimelabel();
19: gentExist[i]=false;
20: End If
21: End If
22: End For
23:End While
End
```

5.4.3 IBTM 模型仿真实验

本节利用变形虫真实生物实验结果验证 IBTM 模型，并且对比 IBTM 模型与传统 CELL 模型演化效率。实验环境为 CPU：Intel（R）Core（TM）2 Duo E4500 2.20GHz，RAM：2.00GB，OS：Windows 7，应用程序开发环境：Microsoft Visual Studio 2010。模型中方格规格根据仿真结果可视化效果和实验效益进行设置：若方格规格过大，不利于仿真结果整体观察，且导致实验时间过长，影响实验效益；若方格规格过小，则影响仿真结果可视化效果，且实验时间过短，不利于优化效果展示。为高效进行仿真，本书首先通过大量实验模拟发现，方格大小为 10mm×10mm，内部方格数目介于 15×15～30×30 时可达最优可视化效果和实验效益。

根据文献[26]变形虫真实生物实验中食物源的相对位置（图 5-6（b））构造模型演化环境，实验在 3 个食物源环境下进行。为高效进行仿真，内部方格数目置为 25×25，每个方格 10mm×10mm。定义活跃区大小为 5×5 个方格，分别安排在三角形相邻的两个角和对边上，成近似等边三角形（图 5-6（a））。本节首先分别比较基于策略一（S1）的 IBTM-S1 模型、基于策略二（S2）的 IBTM-S2 模型（选用 3 个 Agent 并行演化）以及 IBTM 模型与真实生物演化结果，其次比较 3 组模型与 CELL 模型的运行时间。

图 5-20（a）～（c）中，前三个图分别是 IBTM-S1 模型、IBTM-S2 模型和 IBTM 模型在组建自适应网络过程中不同时刻截图，第四个图是培养皿中变形虫形成的网络。根据图 5-20 实验结果对比得出，IBTM 模型能够组建自适应网络连接三个食物源，与培养皿中变形虫形成的网络拓扑形状一致，都可解决 SMT 问题[10,27,26]。

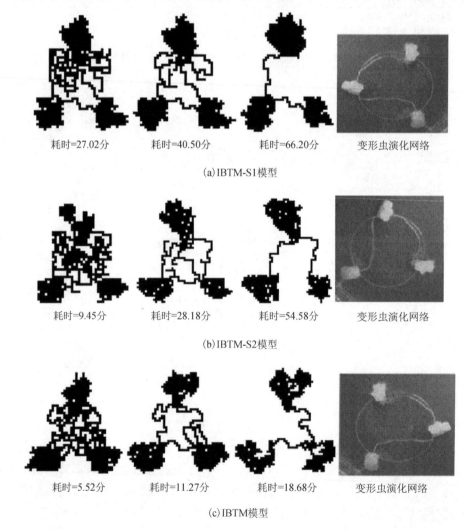

图 5-20　模型组建自适应网络过程以及与变形虫生物实验结果对比图

表 5-4 对比四种模型演化时间，图 5-21 利用表 5-4 数据计算四种模型分别运行 5 次所用时间的平均值与标准差，其中横坐标为演化模型，纵坐标为平均运行时间。结果表明 IBTM-S1 模型、IBTM-S2 模型和 IBTM 模型的平均运行时间分别比 CELL 模型减少了 57.55%、67.27% 和 88.98%，并且标准差较 CELL 模型大幅度下降。从而证实优化策略单元格时间标签和多 Agent 并行演化的引入能缩短 CELL 模型运行时间，有效提高变形虫模型演化效率，同时提高模型稳定性。

表 5-4　四种模型分别运行 5 次每次运行所用时间比较　　　　　（单位：min）

模型	1	2	3	4	5
CELL	134.08	183.70	175.18	205.33	122.28
IBTM-S1	66.20	85.23	61.30	62.38	73.25
IBTM-S2	44.42	63.45	54.03	52.10	54.58
IBTM	12.07	14.98	16.42	18.68	15.02

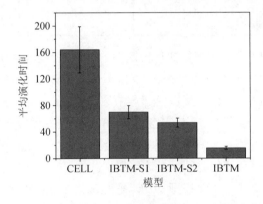

图 5-21　四种模型分别运行 5 次所用时间的平均值与标准差

为验证多 Agent 并行演化策略使 IBTM 模型具有类似变形虫自组织的特性，本节在不同 Agent 并行演化数目下观察 IBTM-S2 模型演化时间（当 Agent 数目为 1 时即 CELL 模型）。实验在 4 个活跃区环境下进行，内部方格数目为 25×15，每个方格 10mm×10mm。定义活跃区大小为 3×3 方格，分别位于长方形四个角（图 5-22（a）），真实生物实验结果（图 5-22（b））取自文献[3]。实验结果见表 5-5。

（a）IBTM-S2 模型演化结果

（b）变形虫生物实验结果

图 5-22　模型演化结果与生物实验结果对比图

从表 5-5 数据得出以下结论：①多 Agent 并行演化可明显减少 IBTM 模型演化时间；②随 Agent 并行演化数目增加，IBTM 模型演化时间存在一个临界值并逐渐趋于稳定。

基于表 5-5 数据，图 5-23 进一步对比 IBTM-S2 模型中 Agent 数目与演化时间关系，其中横坐标为并行演化 Agent 数目，纵坐标为模型演化时间。随着 Agent 数目增加，IBTM-S2 模型演化时间呈非线性下降趋势。受模拟环境规模影响，当 Agent 数目达到一定程度后，对模型演化时间没有影响甚至由于 Agent 相互拥挤制约造成负影响。说明 IBTM 模型通过多 Agent 非线性交互作用达到自组织特性，可更准确刻画变形虫网络演化过程。

表 5-5　Agent 数目与 IBTM-S2 模型演化时间关系

Agent 数目	模型演化时间/min	Agent 数目	模型演化时间/min
1	88.13	30	7.48
3	32.18	50	8.65
5	25.32	100	8.94
7	20.40	200	7.90
10	13.27	300	7.89

为进一步验证 IBTM 模型的高效性与稳定性，本节对比多食物源环境下 IBTM 模型与 CELL 模型的演化时间。内部方格数目为 25×25，每个方格 10mm×10mm，活跃区大小为 5×5 方格，根据活跃区具体个数分别安排在内部方格边缘位置。

图 5-24 展示 IBTM 模型与 CELL 模型在 3～8 个食物源环境下演化时间对比图，其中横坐标为食物源数目，纵坐标为模型演化时间。结果表明，在相同食物源数目下，IBTM 模型演化时间较 CELL 模型演化时间大幅度下降，例如，7 个食物源环境下，CELL 模型平均运行时间为 213.99 分钟，IBTM 模型平均运行时间为 17.89 分钟，减少了 91.64%。同时随食物源数目增加，CELL 模型演化时间跳跃性很强，而 IBTM 模型较稳定。

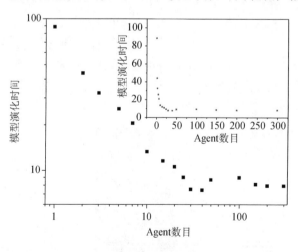

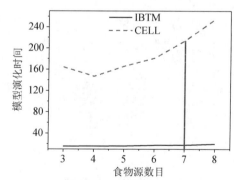

图 5-23　Agent 并行演化数目和模型演化时间关系图
（大图为对数图、小图为线性图）

图 5-24　IBTM 模型与 CELL 模型在多食物源环境下演化时间对比图

5.5 数学模型系统应用

5.5.1 变形虫多入口多出口数学模型

首先将单入口单出口数学模型改进为多入口多出口数学模型，具体修改如下。设网络中管道条数为 M。t 时刻，将网络中每一条管道两端节点分别作为入口和出口，利用式（5-2）和式（5-3）计算各节点压强及管道流量，初始流量定义为 I_0/M。然后利用式（5-8）求得管道中平均流量，将其代入式（5-4）计算 $t+1$ 时刻各管道的传导性。如此重复上述操作直至各管道的传导性不再变化。

$$\overline{Q_{ij}} = \frac{1}{M}\sum\nolimits_{m=1}^{M}\left|Q_{ij}^{(m)}\right| \tag{5-8}$$

如图 5-25（a）所示为初始网络，经过变形虫多入口多出口数学模型运算之后得到图 5-25（b）所示的网络结构。发现一些管道变得粗壮，一些管道变得非常细小（一些非常细小的管道在图 5-25（b）中没有显示出来，作者认为已经消失），这些剩下的管道，可仍称其为"重点管道"。

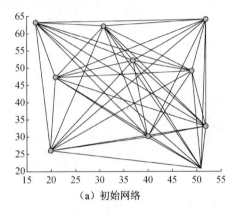
（a）初始网络

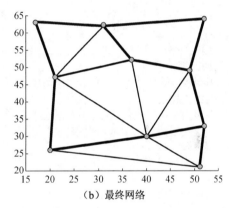
（b）最终网络

图 5-25 变形虫多入口多出口模型

5.5.2 基于变形虫多入口多出口模型改进蚁群算法

蚁群算法（Ant Colony Optimization，ACO）最早由 Dorigo 等于 1991 年提出，称为蚂蚁系统（Ant System，AS），并成功应用于求解旅行商问题（Traveling Salesman Problem，TSP）[35]。随后，研究者提出了多种改进算法[36,38,39,40]，如蚁群系统（Ant Colony System，ACS）[36]、最大-最小蚂蚁系统（Max-Min Ant System，MMAS）[37]和最优-最差蚂蚁系统（Best-Worst Ant System，BWAS）[38]。然而在蚁群算法运算初期，由于非全局最优路径的干扰，会出现早熟、停滞及陷入局部最优解等现象[40]。鉴于变形虫多入口多出口模型（以下简称 PM 模型）在生成高效网络过程中体现"重点管道重点培养"特性[6,7]，利用该特性，设计一种优化蚁群算法信息素矩阵更新的策略，即认为变形虫网络中流通的是信息素，在 ACO 算法更新信息素矩阵时，添加由 PM 模型运算获得的变形虫网络中流通的信息素量，这种策略称为变形虫多入口多出口信息素更新策略（以下简称 PM 策略）。

以传统的 AS、ACS 和 MMAS 算法为例，其全局信息素更新公式被优化为式（5-9）～式（5-11），式中 ε 表示管道流通信息素量对整个算法中信息素总量的影响因子；$Q_{ij}(t)$ 表示 t 时刻管道 E_{ij} 流通的信息素量，且 $I_0 = F/M$。式（5-12）中 tempsteps 表示算法运算过程中变形虫网络流通信息素影响总步数。

$$\tau_{ij}(t+1) = (1-\rho)\tau_{ij}(t) + \sum_{k=1}^{m}\frac{F}{S_k} + \varepsilon\frac{Q_{ij}(t)}{I_0} \tag{5-9}$$

$$\tau_{ij}(t+1) = (1-\rho)\tau_{ij}(t) + \rho\left(\frac{F}{S_{best}(t)} + \varepsilon\frac{Q_{ij}(t)}{I_0}\right) \tag{5-10}$$

$$\tau_{ij}(t+1) = (1-\rho)\tau_{ij}(t) + \frac{F}{S_{best}(t)} + \varepsilon\frac{Q_{ij}(t)}{I_0} \tag{5-11}$$

$$\varepsilon = 1 - \frac{1}{1+\lambda^{\text{tempsteps}/2-t}} \tag{5-12}$$

为便于区分，优化后的蚁群算法统一在传统蚁群算法基础上添加前缀"PM-"，将应用 PM 策略的 ACO 算法统称为基于变形虫多入口多出口数学模型的蚁群算法（PM-ACO）。PM-ACO 算法的具体描述如算法 5.2 所示。

算法 5.2　基于变形虫多入口多出口数学模型的蚁群算法（PM-ACO）
Step 1：初始化信息素矩阵以及管道传导性矩阵为全 1 矩阵；迭代计数器 $N:=0$；
Step 2：将 m 只蚂蚁放置在各城市，并计算移动概率选择下一个未经过的城市，直至返回起点；
Step 3：记录所有蚂蚁走过的路程长度，记录其中最优解 $S_{\min}$；
Step 4：使用式（5-2）、式（5-3）和式（5-8）计算此时刻管道信息素流通量，并使用式（5-4）计算下一时刻的管道传导性；
Step 5：使用式（5-9）或式（5-10）或式（5-11）更新网络中信息素量，且 $N:=N+1$；
Step 6：如果 $N<$ totalsteps（totalsteps 表示总迭代步数），跳转 Step 2；
Step 7：输出最优解 $S_{\min}$；

5.5.3 实验分析

1. 实验数据

本书实验采用两种数据集进行测试分析。一种是人工数据集，利用软件工具随机产生 30 个城市坐标（表 5-6），构造一个全连通网络图（图 5-26）。另一种为从 TSPLIB 网站上下载的标准数据集，其数据来源于现实世界中真实城市的分布，网络边并非两点之间的直线距离，而是现实世界两城市之间的实际里程。

表 5-6　人工数据集坐标数据

编号	坐标	编号	坐标	编号	坐标	编号	坐标	编号	坐标	编号	坐标
1	（41,94）	6	（2,99）	11	（64,60）	16	（25,38）	21	（87,76）	26	（58,35）
2	（37,84）	7	（68,58）	12	（18,54）	17	（24,42）	22	（18,40）	27	（45,21）
3	（54,67）	8	（71,44）	13	（22,60）	18	（58,69）	23	（13,40）	28	（41,26）
4	（25,62）	9	（54,62）	14	（83,46）	19	（71,71）	24	（82,7）	29	（44,35）
5	（7,64）	10	（83,69）	15	（91,38）	20	（74,78）	25	（62,32）	30	（4,50）

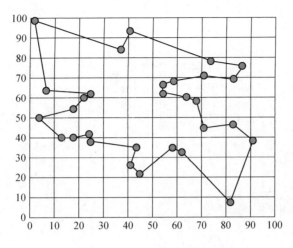

图 5-26　30 个城市坐标直观图

2. 衡量指标

本书采用以下评价参数对比优化前后算法的寻优能力和鲁棒性。

（1）最优解 S_{min}：算法求解 TSP 获得最短哈密尔顿回路的长度。

（2）平均解 $S_{average}$、中值解 $S_{midvalue}$、方差 $S_{variance}$：算法经过 C 次重复计算后，所得结果的平均值、中值及方差，其中 $S_{average}$ 可定义为 $\sum_{i=1}^{C} S_{i,\text{steps}(k)} / C$，$S_{i,\text{steps}(k)}$ 表示的是在第 i 次运算中，第 k 迭代步数下的当前最优解 S。利用平均值 $S_{average}$ 可对比多次计算时最终结果的优越性；利用 $S_{midvalue}$ 对比获得相同中值的步数，可对比算法模型在收敛性能上的优劣；利用方差 $S_{variance}$ 可对比不同算法的鲁棒性。

3. 实验结果

为了验证 PM 策略是一个普适的优化蚁群算法信息素矩阵更新的策略，本小节分别对蚁群算法（ACO）与带 PM 策略的蚁群算法（PM-ACO）的实验结果进行比较分析。从 ACO 算法中选取经典的蚁群系统（ACS）、最大最小蚂蚁系统（MMAS）以及文献[39]改进的突变蚁群系统（M-ACS）和突变最大-最小蚂蚁系统（M-MMAS），分别对这四种算法添加 PM 策略得到 PM-ACS 算法、PM-MMAS 算法、PM-M-ACS 算法以及 PM-M-MMAS 算法。

（1）人工数据集分析验证

首先以 30 个城市的人工网络为一个实例，使用 ACO 算法中的 ACS 算法和 PM-ACO 算法中的 PM-ACS 算法对该实例进行运算比较，实验参数配置：$m=n$，$\alpha=1$，$\beta=2$，$\rho=0.7$，$\lambda=1.05$，$F=20$，$q_0=0.9$，tempsteps 和 totalsteps 均设置为 300 步，并重复运算 50 次。

图 5-27 分别对比了 ACS 和 PM-ACS 在 30 个城市的人工网络中运行 50 次后 S_{min}、$S_{average}$、$S_{midvalue}$ 以及 $S_{variance}$ 的分布曲线。图 5-27（a）表明，在 50 次运算过程中 PM-ACS 的结果得到最优解的稳定性优于 ACS。图 5-27（b）展现了随着迭代步数的增加，PM-ACS 算法的 $S_{average}$ 值下降更加明显。在图 5-27（c）中发现，为获取相同中值（如 $S_{midvalue}=$ 427.17），PM-ACS 仅需 40 步，而 ACS 则需要 181 步，说明 PM-ACS 可快速收敛到最优解。从图 5-27（d）的方差曲线中，可以发现两种模型具有明显的差别，PM-ACS 方差曲线下降明显，相对于 ACS 而言，具有更好的鲁棒性。

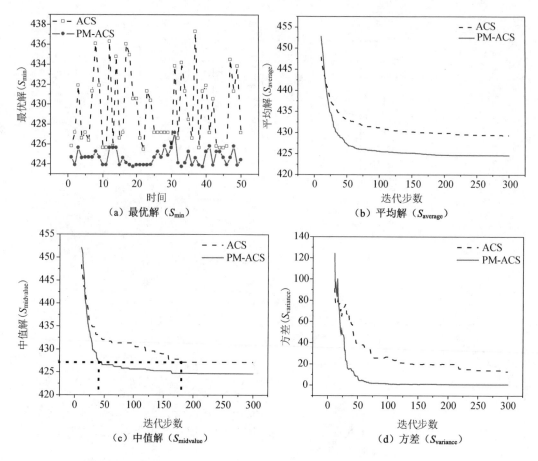

图 5-27　ACS 和 PM-ACS 解决 30 个城市人工数据集下 TSP 运行结果比较

（2）标准数据集实验分析验证

为进一步验证 PM-ACS 算法的准确性及其优越的鲁棒性，本书利用 5 组标准数据集进行分析，其结果如表 5-7 所示，其中平均偏移率 AVR 表示平均解相对最优解的偏移量，使用（$S_{average}/S_{min}-1$）×100%计算。实验中 $m=n$，$\alpha=1$，$\beta=2$，$\rho=0.7$，$\lambda=1.05$，$F=20$，$q_0=0.9$，tempsteps=totalsteps=300，且重复运算 50 次。

表 5-7　标准数据集运行结果

数据集	算法	城市数	S_{min}	$S_{average}$	$S_{variance}$	AVR/%
burma14	ACS	14	31.2269	32.8722	1.3006	5.2689
	PM-ACS		30.8785	30.8785	0	0
ulysses16	ACS	16	74.1087	75.5728	0.91	1.9756
	PM-ACS		73.9998	74.0176	0.0446	0.024
gr17	ACS	17	2090	2213.9	60.8887	5.928
	PM-ACS		2085	2085	0	0
gr21	ACS	21	2707	2971.3	132.4814	9.7635
	PM-ACS		2707	2769.8	35.3253	2.3199
bays29	ACS	29	2034	2160.1	78.5186	6.1996
	PM-ACS		2022	2087.3	32.1957	3.2295

其中，作者将表 5-7 中 gr17 和 bays29 这 2 组数据集抽取出来，绘制 S_{min} 的曲线图，如图 5-28 所示。从图 5-28（a）中发现，在 17 个城市的 TSP 问题中，使用 PM-ACS 算法能够 100%获得最优解 S_{min}=2085，而使用经典 ACS 算法无法获得最优解。同时，从图 5-28（b）中发现，在 29 个城市的 TSP 问题中，PM-ACS 获得最优解 S_{min}=2022，而经典 ACS 算法仅能发现最优解 S_{min}=2034。总体上，实验结果表明在标准 TSP 数据集下，相对于 ACS 算法而言，PM-ACS 不仅解优秀，而且具有更优越的鲁棒性。

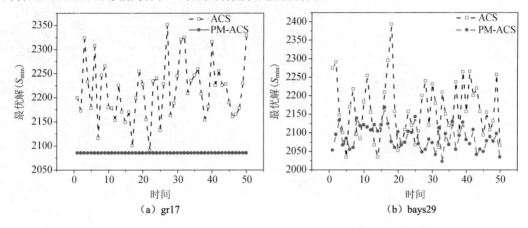

（a）gr17　　　　　　　　　　　（b）bays29

图 5-28　ACS 和 PM-ACS 在标准数据集下所求得最短路径结果比较

（3）扩展实验验证

为进一步验证 PM-ACO 算法的有效性以及 PM 策略的普适性，本书利用 4 组真实数据集进行分析，每一个算法实例重复运算 20 次，其统计结果如表 5-8 所示，其中 Steps_average 表示获得最优解的平均迭代步数。实验中 $m=n$，α =1，β =2，λ =1.05，F=20，q_0=0.9，tempsteps=300，M-ACS、PM-M-ACS、M-MMAS 和 PM-M-MMAS 算法中突变城市个数均设置为 2 个，同时由于突变操作的随机性，无法准确衡量该类算法运行结果的方差和获得最优解的平均迭代步数。

表 5-8　标准数据集运行结果

数据集	算法	参数配置	S_{min}	$S_{average}$	标准差	Steps_average
gr24	ACS	$\rho=0.7$	1278.00	1363.80	55.06	78.00
	PM-ACS	totalsteps = 300	1278.00	1280.00	8.69	164.00
	M-ACS	$\rho=0.7$	1272.00	1275.60	—	—
	PM -M-ACS	totalsteps = 300	1272.00	1273.20	—	—
	MMAS	$\rho=0.7$	1272.00	1300.60	27.31	155.20
	PM -MMAS	totalsteps = 300	1272.00	1296.90	18.27	283.70
	M-MMAS	$\rho=0.7$	1272.00	1293.00	—	—
	PM-M-MMAS	totalsteps = 300	1272.00	1288.55	—	—
gr48	ACS	$\rho=0.7$	5236.00	5332.90	69.39	196.60
	PM-ACS	totalsteps = 500	5221.00	5310.50	44.98	367.00
	M-ACS	$\rho=0.7$	5122.00	5303.70	—	—
	PM-M-ACS	totalsteps = 500	5095.00	5297.30	—	—
	MMAS	$\rho=0.7$	5104.00	5204.50	62.82	409.40

数据集	算法	参数配置	S_{min}	$S_{average}$	标准差	$Steps_{average}$
gr48	PM-MMAS	totalsteps = 500	5083.00	5191.65	61.33	365.00
	M-MMAS	$\rho = 0.7$	5076.00	5211.70	—	—
	PM-M-MMAS	totalsteps = 500	5063.00	5177.85	—	—
eil51	ACS	$\rho = 0.1$	435.39	447.82	8.13	542.90
	PM-ACS	totalsteps = 1000	433.05	440.53	4.15	496.77
	M-ACS	$\rho = 0.1$	434.16	441.88	—	—
	PM-M-ACS	totalsteps = 1000	431.75	441.26	—	—
	MMAS	$\rho = 0.1$	431.96	440.95	6.39	710.15
	PM-MMAS	totalsteps = 1000	430.86	439.17	5.54	748.90
	M-MMAS	$\rho = 0.1$	430.75	439.35	—	—
	PM-M-MMAS	totalsteps = 1000	429.48	437.89	—	—
eil76	ACS	$\rho = 0.1$	559.87	568.29	5.26	731.10
	PM-ACS	totalsteps = 1000	555.86	566.07	5.09	797.50
	M-ACS	$\rho = 0.1$	556.64	568.61	—	—
	PM-M-ACS	totalsteps = 1000	554.80	564.37	—	—
	MMAS	$\rho = 0.1$	558.27	571.66	8.67	834.50
	PM-MMAS	totalsteps = 1000	556.87	567.54	6.88	757.85
	M-MMAS	$\rho = 0.1$	556.80	569.40	—	—
	PM-M-MMAS	totalsteps = 1000	553.39	568.31	—	—

表 5-8 实验结果显示，PM-ACO 算法的最优解 S_{min} 和平均值 $S_{average}$ 均优于相应 ACO 算法，而获得最优解的平均迭代步数 $Steps_{average}$ 略大于 ACO 算法，说明 PM 策略有效避免了 ACO 算法早熟及收敛至局部最优的缺点，使优化后算法的求解结果更优。同时 PM-ACO 算法的方差 $S_{variance}$ 小于相应的 ACO 算法，说明 PM-ACO 算法具有较高的鲁棒性。

5.6 小　结

本章介绍了变形虫设计生物机理，以及针对变形虫智能行为设计的两个著名的实验，即迷宫实验和自适应网络构建实验。接着介绍了我们在研究变形虫三个经典模型基础上所做的工作，分为以下三个部分。

首先，介绍了 Jones 模型的基本特点，分析了其不足之处。然后详细介绍了我们在研究过程中提出的一种多 Agent 粒子模型，该改进模型在 Jones 模型基础上减少了传感器数量，区分了示踪素和营养素，并且引入进化机制使模型具有种群自适应特征。实验表明，该改进模型不仅能够模拟变形虫构建原生质网络，经过增加 Agent 类型和 Agent 转换规则，我们的模型还能够模拟变形虫求解迷宫问题。

其次，针对 CELL 模型计算效率低、运行时间长的问题，提出了一种新的演化模型 IBTM，该模型利用两种优化策略提高传统 CELL 模型演化效率：①为环境中每个方格添加标签计算内部方格存在时间，扩大气泡移动区域；②利用多气泡并行计算加快模型的收敛速度。通过大量仿真实验对比表明 IBTM 模型能够准确刻画变形虫网络的演化过程，具有解决最短路径问题的能力。同时，通过对比模型改进前后的演化时间和标准差，证明 IBTM

模型可有效提高传统 CELL 模型的计算效率及稳定性。

最后，针对蚁群算法的不足，利用 PM 模型"重点管道重点培养"的特性，设计了 PM-ACO 算法，通过对"重点管道"信息素浓度的加强，提高"重点管道"（即最优解）的被选概率，从而提高蚂蚁对最优解的开发力度。通过 TSP 问题人工和标准数据集测试，验证了 PM-ACO 算法性能明显优于 ACO 算法，不仅能获得更优的最短路径，而且具有更高的鲁棒性。PM 模型自提出以来大多应用于复杂网络分析与设计[5,41,42]。本书首次提出将 PM 模型与蚁群算法结合求解组合优化问题，这是 PM 模型在应用领域上的又一次拓展，我们的研究成果将为 PM 模型的发展与应用提供新思路。

参 考 文 献

[1] Nakagaki T, Yamada H, Tóth Á. Maze-solving by an amoeboid organism. Nature, 2000,407(6803): 470.

[2] Nakagaki T, Yamada H, Hara M. Smart network solutions in an amoeboid organism. Biophysical Chemistry, 2004, 107(1): 1~5.

[3] Nakagaki T, Kobayashi R, Nishiura Y, Ueda T. Obtaining multiple separate food sources: Behavioural intelligence in the Physarum plasmodium. Proceedings of the Royal Society of London. Series B: Biological Sciences, 2004, 271(1554): 2305~2310.

[4] Tero A, Yumiki K, Kobayashi R, Saigusa T, Nakagaki T. Flow-network adaptation in Physarum amoebae. Theory in Biosciences, 2008, 127(2):89~94.

[5] Tero A, Takagi S, Saigusa T, et al. Rules for biologically inspired adaptive network design. Science, 2010, 327(5964): 439~442.

[6] Tero A, Kobayashi R, Nakagaki T. Physarum solver: A biologically inspired method of road-network navigation. Physica A: Statistical Mechanics and its Applications, 2006, 363(1): 115~119.

[7] Tero A, Kobayashi R, Nakagaki T. A mathematical model for adaptive transport network in path finding by true slime mold. Journal of Theoretical Biology, 2007, 244(4): 553~564.

[8] Miyaji T, Ohnishi I.Physarum can solve the shortest path problem on Riemannian surface mathematically rigorously. International Journal of Pure and Applied Mathematics, 2008, 47(3): 353~369.

[9] Ito K, Johansson A, Nakagaki T, et al. Convergence Properties for the Physarum Solver. arXiv,2011,1101.5249v1

[10] Gunji Y P, Shirakawa T, Niizato T, et al. Minimal model of a cell connecting amoebic motion and adaptive transport networks. Journal of theoretical biology,2008,253(4): 659~667.

[11] Jones J.The emergence and dynamical evolution of complex transport networks from simple low-level behaviours. International Journal of Unconventional Computing, 2010, 6(2): 125~144.

[12] Adamatzky A. If BZ medium did spanning trees these would be the same trees as Physarum built. Physics Letters A, 2009, 3(10): 952~956.

[13] Aono M, Hara M. Spontaneous deadlock breaking on amoeba-based neurocomputer. Biosystems, 2008, 91(1): 83~93.

[14] Adamatzky A, De Lacy Costello B, Shirakava T.Universal computation with limited resources: Belousov-zhabotinsky and physarum computers. International Journal of Bifurcation and Chaos, 2008, (8): 2373~2389.

[15] Nakagaki T.The birth of physarum computing. International Journal of Unconventional Computer, 2010, 6(2): 75.

[16] Jones J. Characteristics of pattern formation and evolution in approximations of physarum transport networks. Artificial Life, 2010.16(2): 127~153.

[17] Nakagaki T, Guy R D. Intelligent behaviors of amoeboid movement based on complex dynamics of soft matter. Soft Matter, 2007, 4(1): 57~67.

[18] Adamatzky A, Martinez G J, Mora J C. Phenomenology of reaction-diffusion binary-statecellular automata. International Journal of Bifurcation and Chaos, 2006, 16(10): 2985~3005.

[19] Adamatzky A. Physarum machine: Implementation of a Kolmogorov-Uspensky machine on a biological substrate. Parallel Processing Letters, 2007, 7(4): 455~67.

[20] Adamatzky A. Developing proximity graphs by Physarum polycephalum: Does the plasmodium follow the Toussaint hierarchy. Parallel Processing Letters, 2009, (1): 105～127.

[21] Adamatzky A. anipulating substances with Physarum polycephalum. Materials Science and Engineering: C, 2010, 30(8): 1211～1220.

[22] Adamatzky A. Physarum Machines: Computers from Slime Mould. Singapore: World Scientific Publishing Company, 2010.

[23] Adamatzky A, Akl SG. Trans-Canada slimeways: Slime mould imitates the Canadian transport network. arXiv, 2011, 1105～5084.

[24] Adamatzky A. Slime mold solves maze in one pass, assisted by gradient of chemo-attractants. IEEE Transactions on NanoBioscience, 2012, 11(2): 131～134.

[25] Jones J. Approximating the behaviours of *Physarum polycephalum* for the construction and minimisation of synthetic transport networks. In: Calude C S, Costa J F, Dershowitz N, Freire E, Rozenberg G, eds. The 9th International Conference on Unconventional Computation (UC2009), LNCS5715. Heidelberg, Germany: Springer, 2009:191～208.

[26] Niizato T, Shirakawa T, Gunji Y P. A model of network formation by Physarum plasmodium: Interplay between cell mobility and morphogenesis. Biosystems, 2010, 100(2): 108～112.

[27] Gunji Y P, Shirakawa T, Niizato T, et al. An adaptive and robust biological network based on the vacant-particle transportation model. Journal of Theoretical Biology, 2011, 272(1): 187～200.

[28] Wu Y, Zhang Z, Deng Y, et al. An enhanced multi-agent system with evolution mechanism to approximate Physarum transport networks. In: Thielscher M, Zhang D, eds. The 25th Anniversary of the Australasian Joint Conference on Artificial Intelligence (AI2012). Heidelberg, Germany: Springer, 2012: 27～38.

[29] Liu Y, Gao C, Wu Y, et al. A *Physarum*-inspired multi-agent system to solve maze. In: Tan Y, Shi Y, Coello C A, eds. The 5th International Conference on Swarm Intelligence (ICSI2014), LNCS 8794. Heidelberg, Germany: Springer, 2014: 424～430.

[30] 张自力, 刘玉欣, 高超, 吴雨横, 钱涛. 基于改进变形虫模型的网络演化研究.系统仿真学报, 2014, 26(11): 2648～2654.

[31] Liu Y, Zhang Z, Gao C, et al. A *Physarum* network evolution model based on IBTM. In: Tan Y, Shi Y, Mo H, eds. The 4th International Conference on Swarm Intelligence (ICSI2013), LNCS 7929. Heidelberg, Germany: Springer, 2013:19～26.

[32] 刘玉欣, 张自力, 高超, 钱涛, 吴雨横. 基于变形虫网络模型的蚁群算法优化. 西南大学学报(自然科学版), 2014,36(9): 182～187.

[33] Lu Y X, Liu Y X, Gao C, et al. A novel *Physarum*-based ant colony system for solving the real-world traveling salesman problem. In: Tan Y, Shi Y, Coello C A, eds. The 5th International Conference on Swarm Intelligence (ICSI2014), LNCS 8794. Heidelberg, Germany: Springer. 2014:173～180.

[34] Zhang Z L, Gao C, Liu Y X, Qian T. A universal optimization strategy for ant colony optimization algorithms based on the *Physarum*-inspired mathematical model. Bioinspiration & Biomimetics, 2014, 9(3): 036006.

[35] Colorni A, Dorigo M, Maniezzo V. Distributed optimization by ant colonies. In: Varela F J, Bourgine P, eds. Proceedings of the 1st European Conference on Artificial Life (ECAL1991). Bradford: MIT Press, 1992, 134～142.

[36] Dorigo M L, Gambardella M. Ant colony system: A cooperative learning approach to the traveling salesman problem. IEEE Transactions on Evolutionary Computation, 1997, 1(1): 53～66.

[37] Stutzle T, Hoos H H. Max-min ant system. Future Generation Computer System, 2000, 16(8): 889～914.

[38] García O C, de Viana I F, Triguero F H. Analysis of the best-worst ant system and its variants on the TSP. Mathware & Soft Computing, 2002,9(3): 177～192.

[39] Zhao N, Wu Z, Zhao Y, et al. Ant colony optimization algorithm with mutation mechanism and its applications. Expert Systems with Applications, 2010, 37(7): 4805～4810.

[40] Blum C. Ant colony optimization: Introduction and recent trends. Physics of Life Reviews, 2005, 2(4): 353～373.

[41] Houbraken M, Demeyer S, Staessens D, et al. Fault tolerant network design inspired by *Physarumpolycephalum*. Natural Computing, 2013, 12(2): 277～289.

[42] Watanabe S, Takamatsu A. Transportation network with fluctuating input/output designed by the bio-inspired *Physarum* algorithm. PloS ONE, 2014, 9(2): e89231.

第 6 章 智能 Agent 与多 Agent 系统

本章主要介绍基于 Agent 方法在复杂系统建模和社会经济生活中的应用，6.1 节介绍当前 Agent 系统和模拟工具。6.2 节介绍基于 Agent 的生物免疫系统建模。6.3 节主要介绍基于 Agent 系统在经济领域的应用，并用真实的案例进行了分析。

6.1 智能 Agent 与 Agent 模拟软件

智能 Agent 是分布式人工智能研究的热点，在国内，对 Agent 的名称还没有统一认识，目前多以"代理"或"主体"进行翻译。Jennings 将 Agent 定义为"基于某种场景，并具有灵活、自主的行为能力，以满足设计目标的计算机系统"[1]。在一个由多个 Agent 构成的系统中，每个 Agent 均具有自主性、社会性、反应性和主动性。具体来讲，在整个系统中，每个 Agent 通过感知外部环境的变化，根据其自身内部状态选择合适的行为，其行为完全由其自身决定，无须外部控制。在整个多 Agent 系统中，Agent 之间通过既定通信协议进行交互，如协作、协调和协商。此外，每个 Agent 在系统中不仅能对环境的变化进行反映，而且能够积极主动地做出使自身目标得以实现的行为。

现实世界中的各类系统（如生物领域的免疫系统、经济领域的宏观经济等）都处在一个动态开放环境中，每个系统不仅结构复杂，而且内部存在大量交互子系统，无法通过系统的局部特性来描述整个系统的整体特性。因此，如何认识现实世界运行规律和演化机制是人工智能面临的重要课题。鉴于复杂系统无法重现，不可能通过单一计算进行研究，因此，系统仿真是目前最重要，甚至是唯一的研究手段。目前，基于 Agent 的建模理论和仿真技术是最具有活力、最有影响的理解复杂系统运行机制的方法之一。基于 Agent 建模方法将复杂系统中各个仿真实体用 Agent 的方式/思想自底向上对整个系统进行建模，试图通过 Agent 的行为及其之间的交互关系、社会性进行刻画，来描述复杂系统的行为。这种建模仿真技术，在建模的灵活性、层次性和直观性方面较传统的建模技术都有明显的优势，很适合于对诸如生态系统、经济系统以及人类组织等系统的建模与仿真。通过从个体到整体、从微观到宏观来研究复杂系统的复杂性，从而克服了复杂系统难以自上而下建立传统的数学模型的困难，有利于研究复杂系统具有的涌现性（Emergence）、非线性（Nonlinear）等特点。基于 Agent 建模已成为一种思维方式，成为当前系统仿真领域的一个新的研究方向。

多 Agent 模拟软件可帮助学习者直接体验相关学科的仿真模型。研究人员可以利用它作为工具，快速建立本领域的研究模型。自从 20 世纪 90 年代美国桑塔费研究所（Santa Fe Institute）为复杂系统建模设计出软件平台 Swarm 以来，很多大学和研究机构投身于这类系统平台开发研制工作，形成后浪推前浪的趋势。目前，已出现不少多 Agent 建模软件平台。其发展趋势是基于 Java 语言，以开放源代码形式开发。这种开发形式可以聚集众多开发者的智慧，呈现出版本不断更新的活跃局面。下面仅介绍几种比较活跃、有较大影响的多 Agent 模拟软件工具。

6.1.1 NetLogo

NetLogo 是美国西北大学网络学习和计算机建模中心推出的可编程建模环境[2]。该系统是采用 1.4.1 版 Java 语言编写的，因此能够在多种主流平台上运行（Mac、Windows、Linux等）。它同时提供单机和网络环境两种版本，每个模型还可以保存为 Java applets，可嵌入到网页上运行。

NetLogo 提供一个开放的模拟平台，自身带有模型库，用户可以改变多种条件的设置，体验多 Agent 仿真建模的思想，进行探索性研究。利用 NetLogo 的 HubNet 版，学生可以在教室里通过网络或者手持设备来控制仿真环境中的 Agent。它对于研究人员也是一种有力的工具，允许建模者对几千个"独立"的 Agent 下达指令进行并行运作，特别适合于研究随着时间演化的复杂系统。NetLogo 提供了应用程序接口，用户可以通过 Java 编程对 NetLogo 进行外部控制或者扩展功能。

NetLogo 系统本身提供很多内置原语，支持多 Agent 建模和并行操作，用于建立模型的编程语言是一种扩展的 Logo 语言的"方言"。Logo 是 20 世纪 60 年代末期由麻省理工学院教授 Papert 和 Feurzeig 设计的一种解释型程序设计语言，其初衷是为了方便儿童学习计算机编程技能。Logo 一词源自希腊语"logos"，意思是"word"。Logo 的原型取自 LISP 语言，它内置一套海龟绘图（Turtle Graphics）系统，用户通过向海龟发送命令，可以直观地学习程序的运行过程，因此很适合没有很强程序设计基础的人学习编程。目前 NetLogo 更新频繁，对于教学和科研等非商业目的应用可免费下载。

6.1.2 Swarm

Swarm 是一个多 Agent 复杂系统仿真软件工具集[3]，最初是由桑塔费研究所于 1994 年用一种被称为 GNU Objective-C 的扩展 C 语言开发的，其目的是为研究人员进行多 Agent 建模提供可用工具。Swarm 最初只能运行在 Unix、Linux 操作系统平台上。1998 年 4 月推出了可以在 Windows 95/98/NT 上运行的版本。1999 年 Swarm 又提供了对 Java 的支持。目前，Swarm 可以在 Linux 系统、Unix 系统和 Mac OS X 下运行，要在 Windows 下运行，必须先安装 Cygwin 环境。2004 年 6 月发布了 Windows XP 下运行的 Swarm2.1.1 版。"SwarmFest"是连续多年举行的 Swarm 用户和研究人员学术研讨会，2004 年的第 8 届年会就是密执安大学复杂系统研究中心主办的，2005 年的 SwarmFest 年会在意大利的都灵举行。

6.1.3 Repast

Repast 是 Recursive Porus Agent Simulation 的缩写[4]。这是一个用 Java 开发的基于 Agent 的模拟框架。Repast 从 Swarm 中借鉴了很多设计理念，形成一个"类 Swarm"的模拟软件架构。Repast 最初是由芝加哥大学的社会科学计算实验室开发研制的，后来由俄勒冈国家实验室维护了一段时间，现在由来自政府、教育界和行业组织成员组成的非盈利机构管理。

2004 年 11 月推出了最新版本 Repast 3.0。Repast 3.0 的核心部分是一个基于 Agent 建模服务内核，支持三种实施平台：Java 平台的 Repast J、微软.Net 框架下的 Repast.Net、支持

Python 脚本语言的 Repast Py，因此它支持 Java、Python、DotNet 三种编程接口。高级模型需要在 Repast J 中用 Java 编写，或者在 Repast.Net 中用 C#编写。Repast 提供了多个类库，用于创建、运行、显示和收集基于 Agent 的模拟数据，并提供了内置的适应功能，如遗传算法和回归等。它包括不少模板和例子，具有支持完全并行的离散事件操作、内置的系统动态模型等诸多特点。

6.1.4 TNG Lab

TNG Lab 代表 Trade Network Game Laboratory（商业网络博弈实验室）[5]，它是美国爱荷华州立大学的 McFadzean、Stewart 和 Tesfatsion 用 C++开发的软件包。TNG Lab 提供了一个在 Windows 下运行的可计算"实验室"，可用于研究在多种特定市场环境下，商业网络是怎样形成和演化的。模型中包括买家、卖家和经销商，他们根据自己的预期效用重复地选择更合适的商业伙伴，参与无合作博弈的双方交易，并随着时间的推移不断调整自己的商业策略。

TNG Lab 有标准组件，并具有可扩展性，操作相对比较简单。它适于作为经济研究和教学的工具，只要用户对有关经济参数的设置有清晰的认识，就可以在 TNG Lab 搭建的商业网络实验室中进行相关的研究。

6.2 基于 Agent 的生物免疫系统模拟

免疫系统是以一种完全分布的方式实现的具有进化学习、联想记忆和模式识别等功能的复杂自适应系统（Complex Adaptive System，CAS）。免疫系统非常复杂，有些内部机制甚至连免疫学家都没有彻底弄清楚，这也使得现有的人工免疫系统模型局限于免疫系统的某一种机制，且仅仅模拟了免疫的一些宏观特征，如分布式、并行性、自适应、自组织等。而在微观层面上的宏观特征间的交互性，即细胞间的非线性交互没有准确地刻画出来。故应进一步从数学建模的角度了解免疫系统中免疫细胞在微观层面的非线性交互，借助数学、物理等手段在一个整体框架下对免疫系统的所有潜在的有用特性进行集成研究，以开发具有使用价值的人工免疫系统。

当前存在许多用于解释免疫系统的理论的或数学的模型，也存在许多用于模拟免疫系统内部组成部分的计算模型。这些模型从生物的角度研究了免疫系统的总体性能，因此可以从这些模型中提取出相关智能方法用于解决工程问题和回答科学问题，它们有助于深刻理解免疫系统，进而建立人工免疫系统。本节主要介绍基于多 Agent 的免疫系统建模方法和优缺点，以及未来的研究方向。

6.2.1 生物免疫系统建模的基本方法

对不同领域专家而言，对生物免疫系统建模有不同的目的。

（1）对生物学家而言，免疫系统模型能确切地解释引起某些疾病的机制，例如，艾滋病（Acquired Immure Deficiency Syndrome，AIDS）。到目前为止，存在许多关于免疫系统如何抵抗外界病毒的假设，但是这些假设是否充分地阐明了我们所观察到的现象，仍然存在疑惑。因此，通过计算机的模拟，不但可以使生物学家更好地理解免疫系统机制，验证假设，而且从中可以研制出能抵抗某些疾病的药物并验证其对人体的适用性，这大大压缩了成本，节约了时间。

（2）对计算机研究者来说，建模通常是理解基于生物算法的有效方式。这些算法能帮助我们改进当前的智能算法，而且建模的过程可以帮助我们找到一种建模 CAS 的有效方法。在建模免疫系统的过程中，还存在许多困难，其中之一就是如何充分发挥计算机性能去设计一个高效并行的算法，即该算法能够用较少的时间和空间去建模和计算自然现象。因此，我们应该通过不断地模拟生物智能来提高计算机系统的计算智能和计算能力，同时，开发新的基于自然计算的高效算法。

免疫系统是一个典型的 CAS，CAS 的许多特征免疫系统也同样具备，如涌现、协同进化、聚集、多样性、规则简单、自组织等。免疫系统的细胞间通过简单的规则形成了大量的非线性交互行为，且随着环境的变化，有自我调节的能力。建模免疫系统通常有两种方法：自顶向下的方法和自底向上的方法。

1. 自顶向下的方法（Top-Down Approach）

它利用大量实体（Entity）解决问题，不明确强调微观实体，而是在宏观层面上评价它们的行为，常微分方程（Ordinary Differential Equation，ODE）的方法就是典型的自顶向下的方法。作为一种传统的自顶向下的方法，ODE 利用连续的模拟技术而非离散事件模拟技术，通过基于参数、群体、子群体的微分方程来实现交互行为。该建模方法主要包括四步[6]：确定模型粒度，即细胞类型；假设相关关系；写出常微分方程；分析模型并预见结果。在基于 ODE 的模型中，有几种分析技术：稳定状态衍化、稳定性条件和阈值表达[7-9]。

基于 ODE 的模型产生于 20 世纪 90 年代[10~15]，Kirschner[10,11]等构建的模型利用几个微分方程来说明 HIV 感染的过程、解释一些重要的特征，并受 HIV 感染和药物特异性的启发获得了药物治疗项目。Nowak[12,13]等构建的模型说明了病毒多样性加速了 HIV 感染的过程。

基于 ODE 构建的模型都是基于种群的，该方法认为实体（细胞）是同类的，忽略了微观尺度上生物系统的空间结构。这种模型的缺点主要是它没能正确地描述从宏观行为（系统级别）上观察到的现象，这些宏观行为是来自于实体间交互而产生的涌现。它的优点在于低 CPU，容易设计和实现，且该类模型允许我们在细节上分析系统。

2. 自底向上的方法（Bottom-Up Approach）

它强调了微观性，因为该方法模拟了大量实体的微观行为，所以它的计算量非常大，计算复杂度与实体数目呈指数级增长。但是，利用该方法构建的免疫模型，使我们观测到了实体间的交互并能研究它们如何形成全局特性的涌现。也就是说，利用自底向上的方法，我们以高计算复杂度为代价换来了精确的表示。目前自底向上的方法主要包括元胞自动机和多 Agent 方法。

元胞自动机（**Cellular Automata，CA**）通常用于模拟一些自然现象，其主要功能是计算而不是自治[16]。通过利用大量的拥有恰当规则的交互细胞，CA 能表示多种复杂行为，也能模拟很多复杂系统，如生态系统、蚁群的行为等。这种方法也可以用于图像处理和神经元网络的构造[17]。CA 的基本元素是 n 维网格和拥有不同状态与规则的相同细胞。CA 强调了邻居的重要性，通过相邻实体间的局部交互，它能解释来自复杂系统的涌现现象。

为了研究免疫系统的自适应性和自调节性，一些研究者利用 CA 方法建模免疫系统。Santos[18]和 Hersberg 等[19]建模免疫系统分别阐述了 HIV 免疫在物理空间和形态空间中的动态性。Grilo 等[20]把遗传算法（GA）与 CA 相结合构造了免疫模型，该模型展示了病毒和免疫细胞的动态变化。

CA 的优势在于它考虑到了空间结构以及从个体的交互行为中强调涌现，但它也有一些缺点，Tay 指出[21]由于 CA 的方法过于简单而不能正确地建模免疫系统且很容易导致错误的结果。基于 CA 模型的主要局限是一位表示一个细胞，没有细胞扩散，而且这种模式与现实世界不符。总之，基于 CA 的模型很难抽取出所发生现象的本质，也很难发现系统行为的一般规则。

基于多 Agent 的方法（**Multi-Agent，MA**）构建复杂系统时，关注对 Agent 行为的刻画，Agent 通过对局部信息的感知，以及与其他 Agent 进行的交互合作完成对系统的刻画。基于 Agent 的模拟方法比基于 CA 的方法更接近于实体间的现实交互[23]。同时，在一个基于 Agent 的系统中，Agent 的类型可以不同也可以相同，而不同组中的 Agent 也可以拥有不同规则。

当前越来越多的研究者和研究机构利用 MA 建模免疫系统并取得了一些成果。新加坡南洋科技大学的进化与复杂系统实验室利用 MA 免疫模型验证了 HIV 感染的三个阶段[6,21,24]；爱尔兰都柏林城市大学的研究机构强调了 HIV 病毒的多样性和变异特性[25]；Jacob[26]对人类免疫系统、固有免疫应答和适应性免疫应答构建了基于群体的三维模型，它对曾经遇到过的病原体起到了一种加强作用，即免疫记忆。

MA 的方法能从随机的微观交互中发现涌现，利用这种方法，我们可以验证细胞如何交互的假设。尽管 MA 是一种较好的建模复杂系统的方法，但是由于大量 Agent 的计算，时间复杂度很高，限制了它的应用。当前最紧迫的任务就是开发一种高效的并行算法或者平台（如云计算平台）来支持 MA 方法。

6.2.2　生物免疫系统建模的方法对比

通过前面的分析，我们知道由于 ODE 利用连续模拟技术，因而很难真实地模拟出离散事件，并且 ODE 没有从局部交互和个体多样性中发现大规模的涌现现象。基于 Agent 的方法（包括 CA 和 MA 系统）特别适合模拟大量的随机事件，其中由于 CA 规则过于简单而不能表示生物系统中的复杂交互行为，而且它以高 CPU 负载为代价处理每个单独的反应和元素，所以基于 MA 的方法更适合做大规模免疫系统建模，并能展示出复杂系统中的潜在交互过程，帮助人们深刻理解复杂系统的工作机制，因此基于 Agent 的仿真建模已成为复杂系统研究热点。

表 6-1 对比了三类生物免疫系统建模方法，基于 ODE 的模型忽略了一些重要因素，相

对来说限制了模型范围，而基于 MA 的模型范围相对较宽，它在个体水平上详细说明了 Agent，并且通过 Agent 之间的规则描述了 Agent 间的交互。基于 ODE 的模型适合从生物现象中发现"什么和什么时候"的特性，而基于 MA 的模拟则回答了"为什么和如何"的问题[21]，下面将详细介绍基于 Agent 的免疫系统建模方法。

表 6-1　相关免疫系统建模方法的比较[22]

方法	ODE	CA	MA
建模技术	自顶向下	自底向上	自底向上
模拟层面	宏观	微观	微观
模拟类型	连续模拟	事件模拟	事件模拟
实体类型	同类	同类	不同类
细胞类型表达	参数/子群体	状态	状态和规则
模型范围	有限的实体类型	基于规则	基于规则
发现涌现	否	是	是
细胞扩散	否	否	是
发现潜在本质	否	否	是
计算复杂度	低	随实体数量指数级增长	高

6.2.3　基于 Agent 的生物免疫系统建模方法

本节首先介绍了三种基于 Agent 的人体免疫系统建模方法，而后对比其性能，并展望了基于 Agent 生物仿真建模的发展趋势。

1. 模拟免疫系统的复杂自适应框架（Complex Adaptive Framework for Immune System Simulation，CAFISS）

CAFISS 的主要工作就是基于 MA 建模免疫系统，模拟免疫系统如何对抗 HIV 病毒，展示免疫系统的动态性，实验示例如图 6-1 所示。它的主要工作过程阐述如下：首先，它利用 MA 建模免疫系统；然后，利用已获得的模型验证 HIV 的发病原理并详细分析四个著名的假设，即 CD4+细胞的直接效应[27]、快速虚拟变异[28]、含胞体形成[29]和 CD4+接受体位填充[30]；最后，判断对 AIDS 起因的假设是否充分。

这种方法的建模过程包括三步：首先，建立一个只包含免疫系统基本功能的最初模型；然后，把一些假设条件加入模型中，如果经过恰当的逻辑推理从模型中得到了矛盾的结果，则说明这些假设是错误的，反之，则说明这些额外的假设在某种程度上是正确的，也就是说这些假设对预见滤过性病菌引起的发病机理是充分的；最后，在这些一致结果的基础上，利用以下方式提高结果的准确度：①增加最初模型的粒度（如细胞的类型或状态）；②与感染理论结合；③根据临床数据改变模型的参数值。

CAFISS 的主要贡献在于它展示了一个逻辑和经验相结合的模型，并且该模型能够充分验证生物现象中的假设条件。它作为一个计算机辅助的工具不仅验证了相关假设，而且帮助人们提高了治疗的准确度。然而，CAFISS 也有其缺点：①这种模型仅包括五种类型的细胞没有考虑其他一些重要细胞；②它忽略了自适应免疫应答和细胞的快速流动；③克隆选择过程忽略了抗原决定簇的差别，在实际情况中，有些抗原决定簇比其他的一些更容易活跃，所以克隆选择过程应产生更多的抗体抵抗这样的抗原。

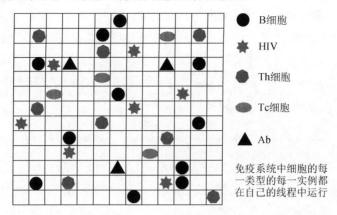

- ● B细胞
- ✦ HIV
- ⬣ Th细胞
- ⬭ Tc细胞
- ▲ Ab

免疫系统中细胞的每一类型的每一实例都在自己的线程中运行

图 6-1　CAFISS 示例[22]

2. 基于消息传递接口的 Agent 模型

这种方法的目的就是试图确定何种类型的假设能被用于建模、测试和讨论，这些假设均来自于抗原入侵和抗原多样性的自然经验。研究者认为免疫应答发生在淋巴节点，故没有必要在体内的任何节点都发生应答，所以免疫模型被构建为计算机网络，每一台计算机表示一个淋巴节点。这个网络以矩阵的形式存在，矩阵中的每个元素包含几个可以和邻居交互的 Agent。为了模拟淋巴节点邻居间的交互，每个矩阵元素都需要利用消息传递接口（Message-Passing Interface，MPI）产生一个入口和一个出口。典型的实验示例如图 6-2所示。

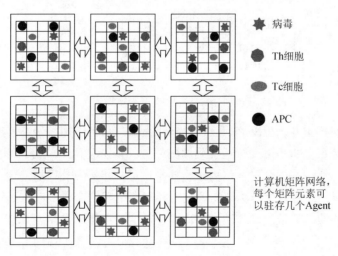

- ✦ 病毒
- ⬣ Th细胞
- ⬭ Tc细胞
- ● APC

计算机矩阵网络，每个矩阵元素可以驻存几个Agent

图 6-2　基于 Agent 模型示例[22]

这个模型的过程如下：当 APC 遭遇病毒时，它能识别外来的异物并开始在抗原表面提呈。如果一个 Th 细胞遇到了提呈抗原的 APC，那么这个 Th 细胞不但激活自身，而且也会激活特异性的 Tc 细胞，Tc 细胞既能杀死某些抗原又能促进特异性 Tc 和 Th 的增殖。因此，Th 细胞的主要功能就是通过激活特异性 Tc 细胞与免疫应答相互协作，这就是 HIV 通过攻击 Th 细胞来破坏免疫系统的主要原因。

基于 MPI 的 Agent 模型致力于解释 HIV 感染的多样性，特别是在潜伏期[30]。但是，它没有考虑细胞的多样性。实际上，细胞是从高密度向低密度迁移，而这种模型只有一对进出口供细胞迁移，这降低了邻居细胞节点间扩散的速度。另外，该模型认为免疫应答发生在淋巴节点，但是人体中有许多淋巴节点，由于硬件资源的限制，模拟庞大的计算机网络矩阵是非常困难的，所以这个模型的可靠性值得商榷。

3. 基于大规模 MA 系统（Massively Multi-Agent Systems，MMAS）的免疫模型

该模型结合了 CA 和 ODE 的方法，用于发现 HIV 进化的动态性，展示了 HIV 感染的三个阶段的动态性。受 CA 方法启发，这个模型利用二维网格模拟环境，网格中的每个元素都驻存着不同类型的细胞。为了减少模拟过程的计算量，采用了利用位（Site）的数学公式模型，该模型认为相同位上拥有相同抗原决定簇的元素是同类的，并用数学公式描述它们之间的交互[31]。但是这种模拟并没有真正反映两个细胞间的交互。典型的实验示例如图 6-3 所示。

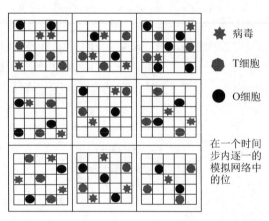

图 6-3　基于 MMAS 模型示例[22]

HIV 病毒能够感染并杀死细胞，且其变异率很高，但 T 细胞和 O 细胞也可以按比例复制，所有的细胞都可以从高密度位迁移到周围邻居的低密度位，同时，细胞也可以从某位跳转到较远的位。通过在一个时间步内依次模拟网格，模型获得了并行性，但是这耗费了较高的 CPU 负载。此模型第一次把物理空间和形态空间结合在一起，尽管它展示了 HIV 感染的三阶段动态性，但是模型的粒度小，一些重要的细胞以及交互规则被忽略了。

表 6-2 对比了以上三类模型的特性，这些模型都有其各自的特征，文献[6]、文献[21]和文献[24]验证了引起 HIV 的几个假设；文献[25]利用计算机网络模拟淋巴节点，展示了该种模型强大的并行性；文献[31]构建的基于 MMAS 的模型不仅在物理空间进行了模拟，而且在形态空间也进行了模拟。通过这些方法，我们能够了解 HIV 感染的动态性并观察 HIV 病毒的变异如何导致整个人体免疫系统的瘫痪。这些都启发我们如何更加深入地了解免疫系统的内部机制，通过建模 CAS，启发我们如何挖掘现象中隐藏的关系。

表 6-2　基于 MA 的三种模型的比较[22]

	CAFISS[6,21,24]	基于 Agent[25]	MMAS[31]
细胞类型	Th，HIV，B，Ab，CTL	APC，Tc，Th，病毒	HIV，T，其他
抗原决定簇表示	串	整数	串
匹配类型	近似匹配	完全匹配	近似匹配
形态空间	否	否	是
环境	二维网格	是	是
记忆	否	邻居	邻居和远程扩散
扩散方式	邻居	计算机网络展示并行性	在一个时间步内，通过模拟网格中的位展示并行性
并行性	多线程展示并行性	是不是要加'无'	是不是要加'无'

6.2.4　基于 Agent 免疫系统建模展望

虽然上述模型能够帮助人们进一步了解生物系统的免疫机制，但每种模型都包含了一些假设，因此在某种程度上不能如实地反映现实情况。例如，CTL 能直接杀死病毒和被感染的细胞，而不像文献[6]、文献[21]和[24]认为的能被病毒感染。在文献[25]中不存在 APC 的结合过程，而且模型的粒度小，仅拥有有限的细胞类型。因此，还需要计算机研究者和免疫学家进一步的合作交流。

模拟生物系统还面临着很多挑战。生物系统是一个高级的、有很多底层交互的复杂系统，所以要构建一个简单的免疫模型是很困难的。此外，计算机研究者仍然对生物反应缺乏充分的理解，而基于 Agent 的方法可以帮助我们解决以上问题。要在任意一台计算机上构建一个精确的免疫模拟器仍需要很长时间，其中并行性是建模免疫系统的关键所在，而且模型还应该模块化、精确化，无论对生物学家还是免疫学家都应该是容易使用和理解的。总之，免疫系统建模是打破从免疫到工程的瓶颈的一种方法。通过建模免疫系统，我们能更好地了解免疫系统的功能，了解在细胞层面上免疫内部的微观非线性交互，所有这些都为构建一个并行、分布式的计算方法（如云计算平台下的仿真模拟）提出了指导方针。

针对人体免疫系统的建模，未来的研究主要从如下工作入手。

（1）由于免疫的过程包括体液免疫和细胞免疫，所以免疫应答的过程不应该仅限于 HIV 病毒上，而应扩展到其他病毒上。

（2）独特性网络理论是免疫系统的最基本的模拟理论，尤其是最近提出的危险理论，该理论可以执行多目标协作检测。所以说细胞之间的协作非常重要，应对其进一步研究。或许通过 Agent 间的合作，这方面的研究能够在动态网络里发现分布式的资源。

（3）免疫模型能描述基础节点间复杂的交互行为，我们可以把搜索网络资源转换为 T 细胞在 MHC 的帮助下搜索病毒的过程。

（4）基于当前计算机系统开发有效、并行的算法。尽管 CPU 负载高，但文献[31]仍是个比较好的方法。随着云计算等高效计算平台的应用，设计相应的并行模拟算法是当务之急。

（5）以细胞的基因为位串。近似匹配能提高抗体识别抗原的能力，展示了抗体的多样性。同时，克隆选择过程会产生更多应对某种抗原的抗体，这也是免疫系统中重要的机制之一。

（6）扩展模型粒度：一些重要的细胞如 Tc、Th、B 细胞等可以彼此合作，抗体和噬菌细胞应加入模型中。如果可能，在模型中可以加入限制 HIV 病毒复制和变异的药物。

6.3　基于 Agent 的经济模拟

6.3.1　经济与复杂性

经济理论在两个多世纪以来发展都是建立在以均衡为基础的静态理论体系上的。然而，自然界中更常见的是瞬息万变的动态非均衡复杂过程。近来，一些经济学家相继以动态的、复杂的观点来研究社会经济系统，即将经济系统作为过程依赖、并不断演变的有机体系来进行研究。复杂性经济理论已不再是对传统经济理论的补充，而是一种更全面的、建立在非均衡基础上的、崭新的经济理论。

经济系统是典型的复杂适应系统。Arthur 在 Science 发表了一篇文章，分析了经济的复杂适应性。他指出，在经过了 200 年在均衡理论研究之后，经济学家终于要研究经济中的结构决定的涌现和演化模式。他认为，复杂性描绘的经济不是一个确定性（Deterministic）、可预测性（Predictable）和机械化（Mechanistic）的，而是一个过程依赖（Process Dependent）、组织（Organic）和一直进化（Evolving）的。在社会经济体系中，复杂性系统很普遍。经济 Agent，不管是银行家、消费者、实业家，还是投资者，都在不停地调整各自的市场行为和买卖决策，并预测以上经济活动对市场可能造成的影响。与自然科学中的复杂现象不同的是，经济 Agent 在考虑采取一系列行动可能会有的后果以后会对其预期或策略作出反应。这就给经济学带来了自然科学所没有的复杂性[32]。

传统经济理论的研究思路不是剖析市场现象的本质特性，而是将问题进行简化，以期得到分析解。因而它会提出这样的问题：哪些因素与在这些因素共同作用下形成的特性是相一致的？例如，它会问：在某均衡状态的市场中，产品的价格和产量应该是多少才最为理想？而在博弈理论中问题则变为：在某一具体战略中，相应于对方采取的策略，我方的最优策略是什么？理性预期理论讨论的是什么样的预期最符合实际结果，而事实上实际结果在一定程度上受到不同预期的影响。因此，传统经济学的研究局限于对一致性的研究，一切行为最终达到一种静态的均衡，不再衍生出新的过程。圣达菲研究院、斯坦福和 MIT 的一些经济学家大胆拓展了传统的均衡概念，进一步研究在预测模型作用下形成的结果会怎样反过来对模型本身产生影响。他们在研究过程中采用的复杂性研究思路不仅仅是对标准经济理论的补充，而且还成为一种建立在非均衡水平上的、更全面的经济理论。

经济系统的复杂性体现在如下方面[33]。

（1）整体性、系统性和非线性。系统各组成部分联系紧密，相互作用，相互制约，从而构成一个整体，整体大于个体之和。子系统或系统内的各个要素之间是不可叠加的，每个组成部分不能代表整体，低层次的规律不能说明高层次的规律，整个系统具有了非线性的特征。例如，个人在球赛中站起来看会更清楚一些，但是当所有的人都站起来时，大家都看不到。因此，不能把研究对象分成若干个容易处理的子系统加以分析，然后把结果进行总合。也不能根据个体行为特征来预测整体结果。

（2）高度的动态性。系统必然是时间和空间相互结合构成的，随时处在变化之中，重要的是抓住变化的过程，而不是达到哪种状态、将会趋向哪种状态。在系统内部各组成要素相互作用、系统与外部环境的相互作用下，整个系统形成一种自组织作用和他组织作用，整体行为呈现出动态变化的特征，处于运动之中，随时会出现突变。

（3）开放性。每个系统都受到外部环境的影响，与外部环境相互关联、相互作用。开放性的系统不断与外在环境交换物质、能量和信息，通过内在的调整，不断影响和适应外部环境。

（4）非周期性、随机性。系统的动态变化过程不存在固定的模式，后来的系统演进不会简单重复原来的轨迹。这表明系统具有不规则性与无序性，系统的动态变化过程是不确定的，具有随机变化的特征，从而使得系统的长期行为特征变得难以预测。

（5）积累效应与初值敏感性，在系统的动态变化中，初始状态的微小变化，都会在系统的自运行过程中被积累和放大，导致系统的运行轨迹出现巨大的偏差。这也使得预测变得困难。收益递增规律就集中体现了这种特点，当某个企业一开始领先于其他企业时，就可以在收益递增规律的帮助下迅速壮大。

经济科学是复杂适应系统最先应用的领域之一。1984 年由三位诺贝尔奖获得者盖尔曼（Gell-Mann）、阿罗（Arrow）、安德森（Anderson）为首在美国新墨西哥州成立了以研究复杂性为宗旨的圣塔菲研究所（Santa Fe Institute，SFI），其宗旨是开展跨学科、跨领域的研究，即复杂性研究。他们认为事物的复杂性是从简单性发展来的，是在适应环境的过程中产生的。他们把经济、生态、免疫系统、胚胎、神经系统及计算机网络等称为复杂适应系统，认为存在某些一般性的规律控制着这些系统的行为。圣塔菲研究所中人数最多的课题组是经济组，成果也最为显著，于 1988 年、1997 年、2005 年先后出版了三卷《作为演化复杂系统的经济》为题的论文集，讨论涉及经济学中的许多问题，包括股市价格、微观经济行为模型、市场结构演化、经济地理分布变迁、通货膨胀问题等[34-36]。

随着越来越多不能用静态均衡的经济理论解释的经济现象的呈现，经济学家逐步开始研究经济结构的形成机制并剖析市场现象的本质特性。复杂经济学不仅仅是对静态经济学的修修补补，而是一种更通用的、非均衡意义上的经济学理论体系。研究复杂性的思路在经济学领域中无所不在：博弈论、货币金融理论、国际贸易理论、经济稳定性理论以及政治经济学理论中都能找到研究复杂性的思路的成功应用。它帮助我们理解诸如市场动荡、垄断等现象，并有助于我们解决这些问题。在经济政策的制定上，运用研究复杂性的经济理论意味着影响经济结构形成的自然过程的政策要比强调僵化的目标的政策有效得多。

当以复杂的非均衡观点来研究社会经济现象时，有时问题也可演化为传统经济学中的简单静态均衡问题，但更常见的则是瞬息万变并不断出现新现象的情况。复杂性使得经济学不再是确定的、可预测的和机械的经济学，而是随过程变化的、有机的和不断演变的经济学。

6.3.2　基于 Agent 的计算经济学

将经济系统看成一个由多个适应性 Agent 组成的复杂系统，并使用计算机多 Agent 仿真技术进行模拟的研究已经形成一个独立的研究领域，被称为"基于 Agent 的计算经济学"（Agent-based Computational Economics，ACE）[34,35,37-39]。Tesfasion 给 ACE 下了定义：基于 Agent 的计算经济学是将经济系统看成由自治的相互作用的 Agent 构成的进化系统，并对其进行建模计算的研究方法。ACE 的研究者依靠可计算的框架在不同受控实验条件下对市场经济的演化进行研究。ACE 旨在使用简单却具有适应性的相互影响的多 Agent 来探究经济和社会系统的总体结构和行为。建立 ACE 模型的一个主要目的在于在微观结构和宏观现象之间获取直观的解释。例如，微观的无序行为如何导致了整体的规律性现象的出现；简单 Agent 之间的交互行为如何涌现出令人惊讶的复杂聚集动力学，等等。另外一个目的是运用 ACE 框架建立计算实验室，通过改变制度、市场机制、组织结构等，研究这些条件的变化对市场个体行为和社会福利的影响。

在 2001 年左右，ACE 研究在国际上掀起高潮。Computational Economics、Journal of Economic Dynamics and Control 和 IEEE Transactions on Evolutionary Computation 纷纷发出了 ACE 的专刊以促进这门新学科的发展。这三期专刊都是邀请 Tesfatsion 作评论，她对 ACE 的应用作了非常广泛的综述[37-39]。

Tesfatsion 指出了 ACE 的八个研究方向：学习和物化的智力（Learning and The Embodied Mind）；行为规范的演进（Evolution of Behavioral Norms）；市场流程的自底向上的建模（Bottom-up Modeling of Market Processes）；经济网络的构造（Formation of Economic Networks）；对组织的建模（Modeling of Organizations）；自动市场中计算 Agent 的设计（Design of Computational Agents for Automated Markets）；现实和计算 Agent 的并行实验（Parallel Experiments with Real and Computational Agents）；建立 ACE 计算实验室（Building ACE Computational Laboratories）[37]。

Tesfatsion 列举了该领域的最令人关注的应用。其中对内生信息下商业网络中的劳工市场模型进行了较为详细的评述，如市场结构，员工和雇主交互网络，福利支出之间的关系[40,41]、社会关系网（如朋友、亲戚等）在美国劳工市场中扮演的角色[42]。在公司演化方面，Dawid 等使用了 ACE 框架研究了市场结构和公司的自身结构对市场中各个公司的最优行为形成的影响[43]。Axtell 提出了团队的衍生和演进的动力学理论[44]，模型产生了公司规模的经验分布规律（Zipf 法则），该模型被扩展用来解释城市的规模[45]。Gallegati 等提出了公司财务脆弱性（Financial Fragility，或译为金融脆化）模型[46,47]，在该模型中公司是异质的，通过信用证市场进行交互，模型能够产生许多实证中发现的特征性事实，如公司规模的分布、在商业周期中的产量、总体和单个产品的增长率、公司的生存年限、利润、坏账等。基于 Agent 建模同样也被用于产业集聚的研究中，Zhang[48]提出了一个类 Nelson-Winter 模型，该模型基于鼓励企业家活动的社会交互，从而涌现了集聚的现象。Pyka 和 Windrum[49] 研究了创新网络中的自组织特性，研究具有类似初始属性的行业如何演化成不同的产业体系。

资本市场是 ACE 框架应用最广泛的经济系统。圣塔菲研究所的阿瑟（Arthur）、霍兰（Holland）、莱巴隆（LeBaron）、泰勒（Taylor）使用基于 Agent 的计算机模型来研究资本市场，于 1990 年建立人工股票市场（Artificial Stock Market）[32]，开了计算金融学的先河。在他们的市场模型中，投资者由许多不同的缺乏远见卓识、非完全理性的 Agent 组成。这些 Agent 根据其对未来市场状态的预测做出投资决策，并能从过去的投资经验中学习。模型中预测规则的进化使用了遗传算法 GA（Genetic Algorithm），各 Agent 效果较差的预测规则将被最适合的预测规则部分替代。从此之后，人工股市的研究取得了蓬勃的发展。例如，Levy 和 Solomon 通过在模型中增加 Agent 之间的异质性产生了具有类似属性的股价序列[50]，Zeenman 研究了股价大幅度波动的成因[51]，Topol 在模拟中引入了交易者彼此的模仿感染行为，产生了股市中常见的泡沫和波动现象[52]，Youssefmir 等研究了多 Agent 动力系统中的波动聚集现象[53]，Long 等通过模拟股市研究了噪声交易者（Noise Traders）能够在市场中生存的原因[54]，Cabrales 等研究了异质 Agent 人工股市中交易者的财富累计和价格动力行为[55]，Arifovic 利用基因算法模拟了外汇市场的市场现象[56]，等等。

基于 Agent 的计算经济学的核心思想是自底向上的建模，让一系列独立的 Agent 通过独立事件进行交互，帮助研究由多个个体组成的复杂适应系统的行为。图 6-4 展示了 ACE 建模的体系结构。模型中有一系列的有生命或无生命的 Agent，这些 Agent 有自己的行为模式（If-Then-Else），通过 Agent 的行为及其交互形成整体的现象。多个 Agent 还可能组成自己的组织（Organizations of Agents）。观察者（Observer）观察 Agent 以及整体的现象，并将模拟结果数据（Data）输出[57]。

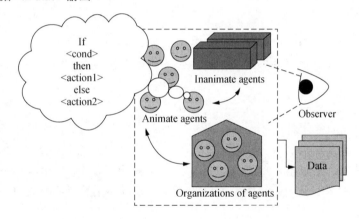

图 6-4　多 Agent 经济模型体系结构[56]

建立基于 Agent 经济模型的步骤是[58]：①问题识别。分析经济理论和经济现实中存在的问题，并提出解决问题的目标。②模型框架。描述人工经济的框架，包括：Agent 的类型；Agent 之间相互作用的市场协议；人工经济一轮进化过程中的事件发生次序；经济总量的统计方式。③Agent 描述。描述每一类 Agent 的状态和行为模式。Agent 的状态决定其行为，Agent 的行为能改变其状态，甚至改变行为模式本身（行为进化）。④实验设计。选择一种系统仿真平台和一种计算机程序设计语言，模拟 Agent 行为模式和经济运行模式；确定每一类 Agent 的数目，采用适当方法为所有 Agent 状态赋初值。⑤结果分析。观察模型运行的结果，应用经济学理论给予解释。

与普遍使用的、以数学方程为基础的建模方法相比，基于 Agent 建模方法的特色在于[58]：①关注的内容不同。传统的建模方法往往以一组数学方程作为起点，这些方程代表了宏观系统的属性之间的关系。基于 Agent 建模方法的关注点是系统中发生于个体间的交互行为和作用，宏观系统的属性变化则是作为上述作用的结果体现出来。②对待系统层次的视角不同。基于数学方程的建模方法基本上是使用系统级的可观察属性，从某一个特定的系统层次去看待系统，基本上不涉及跨层次的问题，而基于 Agent 建模方法则把注意力集中于相关的个体行为，从底向上地观察和描述系统的行为，是一种由低到高、从微观到宏观的、跨层次的研究思路。

因此，基于 Agent 建模方法具有以下几个突出的优点[59]：①提供了表述系统元素的主动性的方法，扭转了把系统中的个体单纯地看作被动的、僵死的部件的观念。②提供了反映层次间相互联系的方法，突破了仅仅从统计规律的角度去理解的范围，从而开辟了理解和认识涌现、突变等现象的新天地。③提供了真正理解发展和演化的可能性，改变了简单化的、只考虑量变的、线性外推的预测方法，引进了更加符合客观现实的、量变和质变相联系的思维方式。④由于基于 Agent 建模方法和计算机技术的先天的、内在的联系，它提供了非常直接的可操作性，从而为研究人员提供了越来越方便的研究工具和软件平台，使得人类对于复杂系统规律的研究和认识进入了一个新的阶段。

6.3.3　经济系统模拟案例

1. 酒吧问题

复杂经济学系统建模的一个经典的例子是圣达菲的经济学家 Arthur 在他的研究中引用了一个著名的 El Farol 酒吧问题[60]。Arthur 教授用这个例子来说明人们在复杂环境下的归纳式推理。

传统经济学研究的是：假设预测模型存在并为所有参与者接受，那么什么样的模型得出的预测结果会与真实事件序列（真实事件序列的产生本身也是预测模型作用的结果）相一致？这种理性预期理论在很多情况下是有效的。但我们注意到在研究中我们的潜在前提是：参与者可预先推测模型，每个人都"知道"大家都会使用某个模型（通用知识假设）。当预测模型并非那么明显，需要参与者个人（并不知道其他参与者的期望）构造时，又会有什么情况发生呢？

事实上，人们所面对的经济环境是复杂的。由于这样或那样的原因，人们不可能事先掌握决策所需的所有信息。因此掌握"共知"的预测模型也是不切实际的。现代心理学告诉我们：人类在演绎逻辑方面的能力仅为尚可，对它的运用也为一般，但在观察、识别或分门别类方面的能力却很出色。事实上，面对复杂难题时人类通常将之分类，并通过建立临时的中介模型和假设来简化问题。基于现有的假设和行为，进行局部推理，然后通过环境的反馈，修改现有的假设。换句话说，当无法完整推理或缺少问题的完整定义时，我们会使用简单模型去填补我们理解中的断层，这就是归纳式推理。

圣达菲的经济学家 Arthur 在他的研究中引用了一个著名的 El Farol 酒吧问题来说明人类的归纳式推理过程。假定有 100 个人每周独自决定是否去他们喜欢的 El Farol 酒吧。规则是：如果某人预见到酒吧的人会超过 60 个，那他会因太拥挤而不去；反之，则去。研究者感兴趣的是，每周人们预测出席人数的方法和实际出席人数的动态结果。在这个问题中，参与者马上就会意识到要预测有多少人会去酒吧首先要知道其他人的预测（因为他人的预测决定其是否去酒吧）。而对于其他人也是如此。如此推理下去将是个无极限问题，不可能找到一个"正确"的模型可被假设为共有知识。反过来考虑，假使存在共同的预测模型，这一模型必然是经不起检验的：如果所有的人用某一模型预测到很少会有人去，于是所有的人都会去；反之，则所有的人都不会去，而两种情况的结果都是模型失效。可见，预测模型必须是有差异的。

我们假设参与者像统计学家一样根据归纳做出决策，每个参与者初始时都有若干个预测模型或预测假设。每周他们都选择最符合当前情况的模型预测。于是参与者的预测模型不断地在模型创造出的"环境"中进行检验和筛选。计算机仿真结果显示（图 6-5）：平均出席率很快就收敛到了 60%。实际上，预测者自己很快进入了均衡状态；平均 40% 的预测者预测超过 60 人会去酒吧；60% 则预测不到 60 人会去。这个均衡状态很符合生活中的实际情形，持两种观点的预测者的平均比例是 60∶40，而其成员可以是经常变化的。那么这种均衡是如何达到并得以保持的呢？假想 70% 的人长期预测有 60 个人去酒吧，那么平均将仅有 30 人去。这一结果将使一些预测者修正其预测值，从而恢复平衡，最终达到 60∶40 的结构。酒吧问题是一个结合预期理论和复杂经济学理论原理的生动范例。

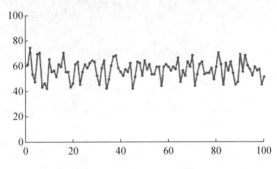

图 6-5　El Farol 酒吧问题典型模拟结果[59]

NetLogo 模型库中提供了 El Farol 酒吧的程序。下载安装 NetLogo 后，打开 NetLogo，在菜单中选择文件（File）→模型库（Library），在模型库中选择社会科学（Social Science）类中的 El Farol，如图 6-6 所示。

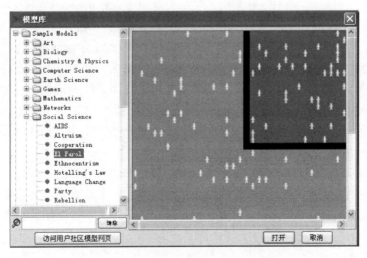

图 6-6　在 NetLogo 模型库中选择 El Farol 酒吧问题程序

单击"打开"按钮，进入如图 6-7 所示界面。其中有三个滑动控制条，分别用来设置每个 Agent 对历史记录的记忆长度（Memory-Size）、候选策略的个数（Number-Strategies）和拥挤程度的阈值（Overcrowding-Threshold）。先单击"setup"按钮对程序进行设置，然后单击"go"按钮，系统就开始运行。

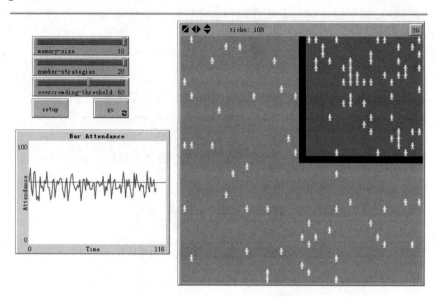

图 6-7　在 NetLogo 模型库中 El Farol 酒吧问题程序运行界面

2. 社会规范与群体合作

合作对人类社会至关重要，是人类文明的基石[61]。但是，囚徒困境等博弈论的基本理论告诉我们，在陌生人的一次性交互中，合作无法达成。如考虑一个有众多个体构成的社会，在每个离散的时间点上，随机选取其中两个个体，一个作为主动方（或捐赠方，Donor），一个作为被动方（或接收方，Recipient）。主动方有两个动作可以选择：合作（Cooperation，C）或者不合作（Defection，D）。被动方不需要做任何事情。如果主动方合作，他将花费 c（如 $c=2$）单位成本给对方带来 b（如 $b=3$）单位的收益。如果主动方不合作，双方无成本和收益。很显然，如果所有人都合作，社会整体收益最大。但对于个体而言，合作花费成本而不带来任何直接的收益，若不存在其他机制，不合作是最优选择。而如果所有人都不合作，社会整体收益为零。

随着现代分工的更加精细化，人类的生产生活越来越依赖彼此之间的互相帮助才能正常进行。随着科技的发展，人类的经济活动范围不断扩大，陌生人之间的一次性贸易活动或者其他业务往来越来越多。如何在一个大规模社会中促成陌生人之间在一次性交互中的彼此的合作和互助以达成社会整体最大收益呢？很多学者考虑有成本惩罚在促进间接互惠型社会合作中的作用，于同奎等[11]利用多 Agent 计算机仿真的方法研究了社会规范对群体合作的影响。

（1）模型设置

社会中有 N 个 Agent。每个 Agent 都有一个二元的信誉，要么好（Good，G）要么坏

（Bad，B）。多 Agent 仿真模型中，时间是分散的，T=1，2，…。在每一个时间点上，从 N 个 Agent 中随机选择两个，并随机设置一个为主动方（捐赠方，Donor），一个为被动方（接受方，Recipient）。主动方有三个动作可以选择，合作（Cooperation，C）、不合作（Defection，D）和惩罚（Punishment，P）。接受方不做任何事情，如果主动方合作，他将花费 c 单位成本给接收方带来 b 单位收益。如果主动方不合作，双方各无成本和收益。如果主动方惩罚，他将花费 α 单位成本给接受方带来 β 单位损失。

每个 Agent 都有一个策略 s，策略 s 决定该 Agent 作为主动方在面对不同信誉的接受方时采用的动作，一个采用策略 s 的主动方会对信誉为好（G）或坏（B）的接受方采用 s（G）或 s（B）动作。s（G）和 s（B）可以为合作（C）、不合作（D）或惩罚（P）。所有可能的策略有九个 s(G)s(B)=CC,CD,CP,DC,DD,DP,PC,PD,PP。

一次交互之后，主动方将会按照一个社会规模之中赋予一个新的信誉。在一个社会规范 n 中，主动方的新信誉不仅依赖于他采取的行动，而且依赖于接受方的信誉。根据社会规范 n，一位对信誉为 J 的接受方采取 X 行动的主动方将会赋予一个新的信誉 n（J,X），n（J,X）可以为好（G）或坏（B）。每次交互之后，主动方的信誉会根据一个所有成员共同使用的社会规范 n 来进行重新评价。根据社会规范 n，一个对信誉为 J（J=G,B）的被动方采用动作 X（X=C,D,P）的主动方，将会被赋予新的信誉 n（J,X），（n（J,X）=G 或 B）。类似前一节的分析，在没有惩罚选项时，总共有 2^4 =16 种社会规范；在存在惩罚选项时，总共有 2^6 = 64 种社会规范。由于本章要研究和比较惩罚在促进合作演化路径中的作用，所以只选取了三种典型的社会规范，如图 6-8 所示。

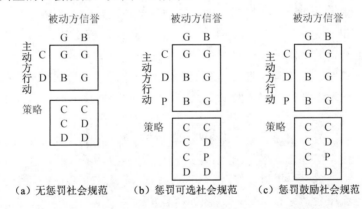

(a) 无惩罚社会规范　(b) 惩罚可选社会规范　(c) 惩罚鼓励社会规范

图 6-8　典型的社会规范[11]

在无惩罚社会规范（GGBG）中，主动方完全没有惩罚的选项，只能选择合作和不合作。在此社会规范下，对好人合作将获得一个好信誉，对坏人合作也获得一个好信誉。对好人不合作将获得坏信誉，对坏人不合作获得一个好信誉。在此社会规范下，参与者有三种正常的策略 CC 、CD 和 DD 。

惩罚可选社会规范（GGBGBG）在无惩罚社会规范 GGBG 基础上添加惩罚（P）选项，主动方可以采用惩罚的行动。但是惩罚并不是很受鼓励，因为当面对一个信誉为坏的被动方时，主动方的三个动作（合作 C、不合作 D 和惩罚 P）都会给主动方带来好信誉，所以对主动方而言，最优的选择应该是无成本的选项不合作（D）而不是惩罚（P）。由前面分析我们知道，对好人合作对坏人不合作的策略（CD策略）可以是演化稳定策略。当然在此社会规范下，主动方共有四种正常的策略选择：CC、CD、CP和DD。本章中我们将研究初始状态远离稳定均衡时这四类策略的演化路径。

在惩罚鼓励的社会规范（GGBGBG）下，对一个信誉为坏的被动方采取不合作行为将被评价为坏信誉。那么当一个主动方面对信誉为坏的对手时，只能采用合作或惩罚来获取好信誉，因此这种社会规范更加鼓励惩罚。由前面分析可知，当 $\alpha < c$ 时，对好人合作对坏人惩罚的策略（CP）是一个演化稳定策略。在此社会规范下，主动方也有四种正常的策略选择：CC、CD、CP和DD。我们更加关注在社会初始状态远离均衡时这四类策略的演化路径。

社会中的社会规范是固定不变的，且是公开的，所有 Agent 都采用共同的社会规范对他人做出信誉评价。假设在对主动方的信誉更新过程中可能会出现错误，以概率 $\mu(0 < \mu < 1/2)$ 会赋予一个错误的信誉，以概率 $1-\mu$ 会被赋予正确的信誉。

假设个体都维持一段长度为 L（L 为正整数）的历史记忆，历史记忆中记录前 L 期的收益状况。在每个时间点上，我们将以概率 p_L 从 N 个 Agent 中随机选择一位 Agent 作为学习者，允许其进行策略调整。他会从其他 $N-1$ 位 Agent 中随机选择一位作为学习对象，比较二者最近 L 期的收益状况，如果对方的收益大于自己的收益，并且主动学习者的策略与自己的策略不同，学习者将采用 Agent 学习者的策略。如果学习者的策略发生改变，他会将自己的历史记忆清除，重新维持新的历史记忆。

（2）NetLogo 程序

我们利用 NetLogo 平台，开发了一个人工社会系统（Artificial Society System），实现上述模型。NetLogo 是一个用来对多个体系统进行建模、模拟的计算机软件编程环境。NetLogo 特别适合对随时间演化的复杂系统进行建模。建模人员能够向成百上千的独立运行的 Agent 发出指令。这就使得探究微观层面上的个体行为与宏观模式之间的联系成为可能，这些宏观模式是由许多个体之间的交互涌现出来的。NetLogo 足够简单，研究人员可以非常容易地进行仿真，或者创建自己的模型。并且它也足够先进，在许多领域都可以作为一个强大的研究工具。它还带着一个模型库，库中包含许多已经写好的仿真模型，可以直接使用也可修改。这些仿真模型覆盖自然和社会科学的许多领域，包括生物和医学、物理和化学、数学和计算机科学以及经济学和社会心理学等。NetLogo 是用 Java 实现的，因此可以在所有主流平台上运行（Mac、Windows、Linux 等）。它作为一个独立应用程序运行。模型也可以作为 Java Applets 在浏览器中运行。

人工社会系统的程序流程如下：首先进行程序的初始化，程序开始设定人工社会的社会规范，norm=1、2、3 或 4，1 为无惩罚规范、2 为惩罚可选规范、3 为惩罚鼓励社会规范、4 为无判别社会规范。在系统中创建 N 个 Agent，每个 Agent 有四个属性：信誉值、（Reputation=1 或 2，1 表示好，2 表示坏，程序初始化时随机赋值）、策略（Strategy=1、2、3 或 4，1 表示 CC，2 表示 CD，3 表示 CP，4 表示 DD，程序初始化时根据用户设定的概率随机赋值）、收益历史记忆（RevenueMemory，一个实数链表，用来保存近期收益）、历史记忆长度（l，整数，初始为 0，用来表示该 Agent 当前记忆长度）。然后系统进行循环，循环的每一轮表示离散时间点。系统在每一轮中要做两件事情，一是随机选择两个 Agent 进行捐赠（互助）博弈，一是以概率（p_L）选择一个 Agent 进行策略更新。在博弈阶段，随机选择两个 Agent，并随机指定一个是主动方，一个是被动方。根据主动方策略和被动方的信誉决定双方收益，例如，如果主动方采用 CD 策略（Strategy=2），被动方信誉为坏（Reputation=1），那么主动方将采取合作，花费 c 单位成本给被动方带来 b 单位收益。所以，系统将主动方和被动方的历史记忆长度（l）加 1，并在主动方的收益历史记忆链表 RevenueMemory 中添加当期收益 $-c$，在主动方的收益历史记忆链表 RevenueMemory 中添加当期收益 b。然后系统会根据当前的社会规范和被动方的动作和被动方的信誉，对主动方的信誉进行更新。同时以概率 μ 赋予错误的信誉。在上面的例子中，如果社会规范为 norm=2，主动方的新的信誉为好（Reputation=1）。在学习阶段，系统首先产生一个随机数，如果随机数小于学习的概率（p_L），随机选择一个 Agent 作为学习者，然后再从 $N-1$ 个 Agent 中随机选择一个作为被学习者，计算二者的收益历史记忆链表（RevenueMemory）中所有元素的平均值，如果学习者的平均收益小于被学习者的平均收益，且二者策略不同，将学习者的策略设为被学习者策略，同时令学习者的历史记忆长度 l=0，即清空收益历史记录。

人工社会系统的运行流程由下面的伪代码描述。具体的 NetLogo 程序见附录。

程序 1　人工社会系统伪代码

输入：社会人口规模 N，社会规范 norm，捐赠博弈的参数 μ、c、b、α、β，最大历史记忆长度 L，Agent 初始信誉概率 p_{GR}，Agent 初始策略为 CC、CD、CP 的概率 p_{CC}、p_{CD}、p_{CP}，人工社会运行总轮数 T。

输出：策略分布历史（Strategy-Ratio，$4 \times T$ 矩阵，记录每一轮 4 种策略所占比例），各策略的平均收益历史（Strategy-Average-Payoff，$4 \times T$ 矩阵，记录每一轮中 4 种策略参与者的平均收益好信誉比例），各策略的好信誉比例历史（Good-Reputation-Ratio，$4 \times T$ 矩阵，记录每一轮中 4 种策略参与者的好信誉比例）。

```
//初始化
for 每一个 Agent
根据初始信誉概率 p_GR 随机设置 Agent 的信誉值（Reputation）；
根据初始策略概率 p_CC、p_CD、p_CP 随机设置改 Agent 的策略（Strategy）；
设置收益历史记录（RevenueMemory）为空链表；
设置该 Agent 平均收益 AveragePayoff = 0；
end
//程序运行
for  i = 1 : T    //循环 T 轮
//交互阶段
从 N 个 Agent 中随机选择两个 i 和 j，令 i 为主动方，j 为被动方；
根据 Agent i 的策略和 Agent j 的信誉计算本次交互中的双方收益；
在 Agent i 和 j 的收益历史记录链表（RevenueMemory）中，添加本次交互中的双方收益；

如果收益历史记录的链表长度大于最大历史记忆 L，清空其最早的收益记录；
更新计算 Agent i 和 j 的期平均收益（AveragePayoff）为收益历史记录链表的平均值；
根据社会规范 norm 对主动方的信誉（Reputation）进行更新，新信誉以概率 μ 出错；

//学习阶段
```

产生 0~1 均匀分布随机数 r；

if 产生随机数 r 小于学习概率 p_L

　　从 N 个 Agent 中随机选择一个作为学习者；

　　在其他 N 个 Agent 中随机选择一个作为被学习者；

　　if 学习者的平均收益小于被学习者平均收益并且二者策略不同

　　　　将学习者策略（Strategy）改为被学习者的策略（Strategy）；

　　　　将学习者的收益历史记录（RevenueMemory）清空为空链表，学习者的评价收益设为 0；

　　end

end

// 数据保存

计算当前采用各策略的 Agent 比例，保存在 Strategy-Ratio 中；

计算当前采用每种策略的 Agent 的平均收益为所有采用该策略的 Agent 的平均收益之和除以采用该策略的人数，并保存在 Strategy-Average-Payoff 中；

计算每个策略的 Agent 中拥有好信誉的比例，保存在 Good-Reputation-Ratio 中；

end

（3）模拟结果

人工社会系统的界面如图 6-9 所示，最左侧为三个控制按钮，setup 用来表示初始化系统运行环境，每当对参数调整之后需要按此按钮重新设置，go 用来启动和停止程序运行，save 用来保存运行结果。右边过来的滑动控制条是用来进行参数设置，方便用户在实践过程中随时调整参数，这些参数包括 μ、c、b、α、β，以及社会中的社会规范 norm、Agent 进行策略学习调整概率（Strategy-Update-Prob）和 Agent 的历史记忆长度（History-Length）。社会中人口规模 N 在下面的图形显示窗口属性中进行设置，圆形窗口被划分成很多方块

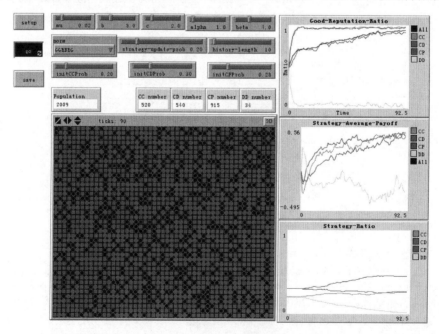

图 6-9　社会规范与群体合作 NetLogo 模拟界面[11]

（Patch），每个方块中有一个 Agent，我们用不同的图形符号表示 Agent 的策略，空心圆代表 CC 策略，空心图代表 CD，实心方块代表 CP，空心方块代表 DD 策略，用不同的颜色代表 Agent 的信誉状态，红色代表信誉为好，蓝色代表信誉为坏。中间有四个显示文本框，左边一个显示社会人口规模（Population）的具体数值，右边四个分别显示采用四种策略的人数（Number）。右边有三个曲线绘图窗口，最上面的曲线窗口显示四个策略的好信誉比例（Strategy-Ratio），中间显示四种策略当前的平均收益（Strategy-Average-Payoff）的演化过程，最下面分别显示采用四种策略的人数在社会总人口的比例（Strategy-Ratio）随时间的演化过程。由于 Agent 是根据策略的平均收益进行学习和调整的，所以策略平均收益（中间的曲线）可以解释策略所占比例（下面的曲线）的变化，便于实验过程中观察分析。

首先分析社会规范对群体合作的影响。通过尝试不同参数进行大量实验，我们可以得到如下结论：当社会规模足够大、学习速度足够慢和历史记忆足够长（$N > 2000$，$p_L < 0.01$，$L > 50$）时，社会中各策略比例的变化平滑，并有稳定的趋势。典型结果如图 6-10 所示。在无惩罚社会规范下，一旦初始合作比例较低时，社会很难达到合作。在惩罚可选社会规范下，合作达成的范围扩大。而在惩罚鼓励的社会规范下，合作达成的范围最大，并且能够较快达成合作。这说明惩罚在社会从较少合作到完全合作演化过程中发挥重要作用，它一方面可以扩大合作性社会状态的吸引域范围，即当社会上存在较多不合作参与者时只有惩罚才能使社会摆脱都不合作的恶性循环，另一方面可以提高社会向合作状态演化的速度，即当社会不够耐心时惩罚可以使社会更快到达更为合作的状态。

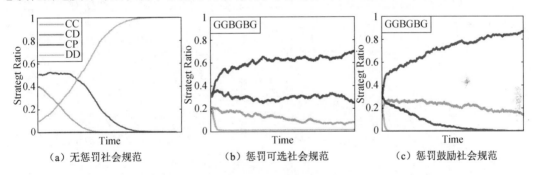

图 6-10　社会规范与群体合作模拟结果[11]

学习速度也是影响社会合作演化形态的最主要的因素。图 6-11 给出惩罚可选（上面一排）和惩罚鼓励（下面一排）社会规范在不同学习速度 p_L 下的社会合作演化仿真结果的比较（其他参数固定不变，人工规模 N=2009，记忆长度 L=50，初始策略比例 CC 为 0.2，CD 为 0.3，CP 为 0.3，DD 为 0.2，$\mu = 0.02$，$b = 3$，$c = 2$、$\alpha = 1$、$\beta = 4$），几次仿真实验的其他所有条件保持一致，相同初始状态、相同的人口规模和历史记忆长度等。

可以看出，当每一轮中选择 Agent 进行测量学习和调整的概率 p_L 极小（小于等于 0.05），也就是学习速度很快时，策略比例演化的趋势稳定，策略比例的曲线平滑。当 p_L 增大到 0.1 时，原有的发展趋势消失，形成 CC、CD、CP 三种策略共存的形态，社会中 CC、CD、CP 策略三者维持一定的比例，在惩罚可选社会规范中，CD 比例最大，CP 次之，CC 最少。在惩罚鼓励社会规范中，CP 比例最大，CC 次之，CD 最少。当 $p_L = 0.2$ 时，仍然是三种策略并存，但三者比例差异缩小。当 $p_L = 0.5$ 时，三种策略并存，且三者所占比例非常接近。

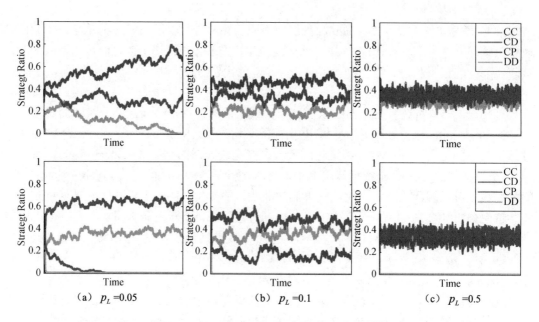

图 6-11 学习速度对社会合作演化形态影响[11]

个体的历史记忆长度也是影响社会合作演化形态的重要因素。图 6-12 给出在不同 Agent 历史记忆长度下对采用惩罚可选社会规范的社会合作演化仿真结果（其他参数固定不变，人工规模 $N=2009$，学习速度 $p_L=0.2$，初始策略比例 CC 为 0.2，CD 为 0.3，CP 为 0.3，DD 为 0.2，$\mu=0.02, b=3, c=2, \alpha=1, \beta=4$）。

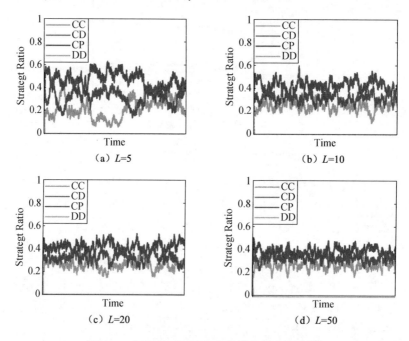

图 6-12 记忆长度对社会合作演化形态影响[11]

可以看出，历史记录长度并没有改变合作演化的稳定形态，都是 CD、CP 和 CC 三种策略并存，但是在不同历史记录长度下的策略比例波动的幅度是不同的，当历史记忆长度为 5 时策略比例的波动幅度较大，随着历史记忆长度的增加波动幅度逐渐降低。这是因为，一个社会 Agent 在不同交互中可能作为主动方，也可能作为被动方，每次可能遇到拥有不同信誉、采用不同策略的交互对手，较长的收益历史记忆可以平滑分散这些随机因素，使策略调整的随机性降低，所以波动幅度降低。

参 考 文 献

[1] Jennings N R, Sycara K, Wooldridge M. Roadmap of agent research and development. Autonomous Agent and Multi-Agent Systems. 1998, 1(1): 7～38.

[2] Wilensky U. The Center for Connected Learning and Computer-Based Modeling. http://ccl.northwestern.edu/netlogo/ [2015-10-8].

[3] Santa F. http://wiki.swarm.org/.

[4] http://repast.source repast forge.net/.

[5] http://www.econ.iastate.edu/tesfatsi/tnghome.htm.

[6] Guo Z, Han H K, Tay J C. Sufficiency verification of HIV-1 pathogenesis based on multi-agent simulation. The 7th annual conference on Genetic and Evolutionary Computation (GECCO2005). New York: ACM, 2005: 305～312.

[7] Essunger P, Perelson A S. Modelling HIV infection of CD4+ T-cell subpopulations. Journal of Theoretical Biology, 1994, 170(4): 367～391.

[8] Pandey R B, Mannion R, Ruskin H J. Effect of cellular mobility on immune response. Physica A, 2000, 283(3): 447～450.

[9] Nowak M A, May R M, Anderson R M. The evolutionary dynamics of HIV-1 quasispecies and the development of immunodeficiency disease. AIDS, 1990, 4(11):1095～1103.

[10] Kirschner D E. Using mathematics to understand HIV immune dynamics. Notices of the American Mathematical Society, 1996, 43(2): 191～202.

[11] Kirschner D E, Mer R, Perelson A S. Role of the thymus in pediatric HIV-1 infection. Journal of Acquired Immune Deficiency Syndromes and Human Retro-virology, 1998, 18(2): 95～109.

[12] Nowak M A, Anderson R M, Mclean A R. Antigenic diversity thresholds and the development of AIDS. Science, 1991, 254(5034): 963～969.

[13] Nowak M A, Bangham C R M. Population dynamics of immune responses to persistent viruses. Science, 1996, 272(5258): 74～79.

[14] Perelson A S, Essunger P, Cao Y, et al. Decay characteristics of HIV-1 infected compartments during combination therapy. Nature, 1997, 387(6629): 188～191.

[15] Perelson A S, Neumann A U, Markowitz M. HIV-1 Dynamics in vivo: virion clearance rate, infected cell life-span, and viral generation time. Science, 1996, 271(5255): 1582～1586.

[16] Kim K J, Cho S B. A comprehensive overview of the applications of artificial life. Artificial Life, 2006, 12(1): 153～182.

[17] Toffoli T, Margolus N. Cellular automata machines: a new environment for modeling. Cambridge: MIT Press, 1987.

[18] Santos R. Immune responses: getting close to experimental results with cellular automata models. Annual Reviews of Computational Physics VI. Singapore: World Scientific Publishing Company, 1999: 159～202.

[19] Hershberg U, Louzoun Y, Atlan H, et al. HIV time hierarchy: winning the war while, loosing all the battles. Physica A, 2001, 289(1-2): 178～190.

[20] Grilo A, Caetano A, Rosa A. Agent-based artificial immune system. The 3rd annual Conference on Genetic and Evolutionary Computation (GECCO2001). San Francisco: Morgan Kaufmann, 2001: 145～151.

[21] Tay J C, Jhavar A. CAFISS: a complex adaptive framework for immune system simulation. The 20th Annual ACM Symposium on Applied Computing (ACM SAC2005). New York: ACM, 2005: 158～164.

[22] Li X H, Wang Z X, Lu T Y, Che X J. Modelling immune system: Principles, models, analysis and perspectives, Journal of Bionic Engineering, 2009, 6: 77～85.

[23] Liu J, Zhang J, Yang J. Characterizing web usage regularities with information foraging agents. IEEE Transactions on Knowledge and Data engineering, 2004, 16(5): 566～584.

[24] Guo Z, Tay J C. A comparative study on modelling strategies for immune system dynamics under HIV-1 Infection. The 4th International Conference of Artificial Immune Systems（ICARIS2005）.LNCS3627, 2005: 220～233.

[25] Perrin D, Ruskin H J, Crane M. An agent-based approach to immune modelling: priming individual response. The World Academy of Science, Engineering and Technology (WASET). LNCS3980, 2006: 80～86.

[26] Jacob J, Litorco J, Lee L. Immunity through swarms: agent-based simulations of the human immune system. The 3rd International Conference on Artificial Immune System (ICARS 2004), LNCS3239, 2004: 400～412.

[27] Montagnier L. A history of HIV discovery. Science, 2002, 298(5599): 1727～1728.

[28] Wolinsky S M, Korber B T, Neumann A U, et al. Adaptive evolution of human immunodeficiency virus-type 1 during the natural course of infection. Science, 1996, 272(5261): 537～542.

[29] Selliah N, Finkel T H. Biochemical mechanisms of HIV induced T cell apoptosis. Cell Death and Differentiation, 2001, 8(2): 127～136.

[30] Stine G J. AIDS Update 2003. Saint Louis: San Val Incorporated, 2003.

[31] Zhang S, Yang J, Liu J. An enhanced massively multi-agent system for discovering HIV population dynamics.The International Conference on Intelligent Computing (ICIC 2005). LNCS3645, 2005: 988-997.

[32] Arthur W B, Holland J H, LeBaron B, Palmer R, Tayler P. Asset pricing under endogenous expectations in an artificial stock market. In: Arthur W B, Durlauf S N, Lane D A. Eds. The Economy as an Evolving Complex System II. Boston, MA: Addison-Wesley, 1997: 15～44.

[33] Arthur W B. Complexity and the Economy. Science, 1999, 284:107～109.

[34] Tesfatsion L. Agent-based computational economics: Growing economies from thebottom up. Artificial Life, 2002, 8:55～82.

[35] Tesfatision L. Introduction to Special Issue on Agent-Based Computational Economics. Journal of Economic Dynamics and Control, 2001, 25(3-4): 281～654.

[36] Tesfatsion L. Special Issue on Agent-Based Computational Economics. Computational E Arthur W B. Complexity and the Economy. Science, 1999, 284: 107～109.

[37] Anderson P W, Arrow K, Pines D. The Economy As An Evolving Complex System. Westview Press, 1988.

[38] Arthur W B, Durlauf S N, Lane D. The Economy As An Evolving Complex System II. Westview Press, 1997.

[39] Lawrence E. Blume, Steven N. Durlauf. The Economy As an Evolving Complex System, III: Current Perspectives and Future Directions.Oxford University Press, 2005.

[40] Tesfatsion L. Preferential partner selection in evolutionary labor markets: A study in agent-based computational economics. In: Porto V W, Saravannan N, Waagan D, Eiben A E. Eds. The 7th Annual Conference on Evolutionary Programming (EP 1998). San Diego. 1998: 15～24.

[41] Tesfation L. Structure, Behavior, and market power in an evolutionary labor market with adaptive search. Journal of Economic Dynamics and Control, 2001, 25:419～457.

[42] Tassier T, Menczer F. Emerging small-world referral networks in evolutionary labor markets. IEEE Transactions on Evolutionary Computation, 2001, 5(5): 482～492.

[43] Dawid H, Reimann M, Bullnheimer B. To innovate or not to innovate? IEEE Transactions on Evolutionary Computation, 2001, 5(5): 471～481.

[44] Axtell R. Non-Cooperative Dynamics of Multi-Agent Teams. The 1st International Joint Conference on Autonomous Agents and Multi Agent Systems (AAMAS2002), Bologna. 2002:1082～1089.

[45] Axtell R, Florida R. The Evolution of Cities: A Microeconomic Explanation of Zipf's Law. The Brookings Institution and Carnegie Mellon University Working Paper Studies. Onling: https://ideas. repec. org/p/sce/scecf1/154. html.

[46] Gallegati M, Gati D D, Giulioni G, et al. Financial Fragility, Patterns of Firms' entry and Exit,and Aggregate Dynamics. Journal of Economic Behaviour and Organizations, 2003, 51(1): 79～97.

[47] Gallegati M, Gatti D D, Giulioni G, et al. Finanicial Fragility, Industrial Dynamics and Business Fluctuations in an Agent Based Model. The conference Wild@Ace 2003. Turin. 2003, October 3-4.

[48] Zhang J. Growing Silicon Valley on a landscape: an agent-based approach to high-tech industrial clusters. Journal of Evolutionary Economics, 2003, 13: 529～548.

[49] Pyka A, Windrum P. The Self-Orgnaisation of Strategic Alliances. Economics of Innovation and New Technology, 2003, 12(3): 245～268.

[50] Levy M, Levy H, Solomon S. A microsopic model of the stock market.Economics Letters, 1994, 45: 103～111.

[51] Zeeman E C. On the unstable behaviour of stock exchanges. Journal of Mathematical Economics, 1974, 1: 39～49.

[52] Topol R. Bubbles and volatility of stock prices: effect of mimetic contagion. Economic Journal, 1991, 101: 786～800.

[53] Youssefmir M, Huberman B A. Clustered volatility in multiagent dynamics. Journal of Economic Behavior and Organization, 1997, 32: 101～118.

[54] De Long J B, Schleifer A, Summers L H. The survival of noise traders in financial markets. Journal of Business, 1991, 64: 1～19.

[55] Cabrales A, Hoshi T. Heterogeneous beliefs, wealth accumulation, and asset price dynamics. Journal of Economic Dynamics and Control, 1996. 20: 1073～1100.

[56] Arifovic J. The behavior of the exchange rate in the genetic algorithm and experimental economies. Journal of Political Economy, 1996. 104: 510～541.

[57] Johnson P. Lancaster A. SWARM User Manual. ftp://ftp.swarm.org/pub/swarm/userbook -0.9.tar.gz .2004.

[58] 陈禹.复杂性研究的新动向——基于主体的建模方法及其启迪. 系统辩证学学报, 2003, 1: 43～50.

[59] 于同奎.基于主体的股市模型及其复杂动力行为研究. 重庆: 重庆大学经济与工商管理学院. 2005.

[60] Rand W, Wilensky U. NetLogo El Farol model. Center for Connected Learning and Computer-Based Modeling, Northwestern Institute on Complex Systems, Northwestern University, Evanston, IL. http://ccl.northwestern.edu/netlogo /models/ElFarol .2007.

[61] 于同奎. 间接互惠、有成本惩罚和社会合作的演化. 北京: 北京师范大学管理学院, 2011.

第二部分 人工智能热门研究问题

第7章 AI 研究热点

2006 年是 Dartmouth 夏季研讨会的 50 周年纪念日。50 年前的 1956 年，可以看成"人工智能"诞生年。1956 年的 Dartmouth 夏季研讨会将机器智能领域的领先研究者和学生聚集起来，对新兴的"人工智能"领域研究前景和热点进行探讨。这次夏季研讨会被广泛认为是"人工智能"的发源或者说是庆祝会。

人工智能技术在经历了 50 年的探索和发展以后，在比以往更加强大的计算机的辅助下，能够解决更多的复杂问题。然而，人工智能领域的未知问题仍然千千万万，仍然有着广阔的空间值得我们去探索，随着计算机科学研究领域的不断拓展，我们对人工智能的研究也会不断拓展，而我们仍然将致力于对人工智能最初也是最关键问题——"什么是智能"的求解。今天的人工智能研究者也许就是未来 50 年人工智能领域的先驱者和领导者。

正是受到这种思想的驱动，IEEE INTELLIGENT SYSTEMS 从 2006 年起，每两年都会对当前的有着突出贡献的年轻研究人员以及他们的研究工作进行关注和整理，评选出全球 AI 界十大值得关注的亮点人物，为后来的研究者提供可供参考和借鉴的方向，也为未来 50 年的人工智能的发展起到一个里程碑式的记录。受这项工作的启示，我们根据目前业界对人工智能经典及新兴领域的定义和划分，结合目前已评选出的 AI 界亮点人物的研究工作，对近年来人工智能领域的热点研究问题和研究工作进展进行介绍，期望能够通过我们的总结，展现出人工智能领域的近期发展方向，并希望能够通过对相关亮点人物的研究成果的归纳分析，为人工智能领域的研究者和爱好者提供一些学习和研究的思路。

7.1 人工智能与机器学习

机器学习（Machine Learning，ML）是一门多领域交叉学科，涉及概率论、统计学、逼近论、凸分析、算法复杂度理论等多门学科。机器学习是人工智能的核心，是使计算机具有智能的根本途径。机器学习重点研究计算机怎样模拟或实现人类的学习行为，主要通过基于归纳、综合的计算方法，获取新的知识或技能，重新组织已有的知识结构使之不断改善自身的性能。机器学习作为人工智能的较为年轻的分支，其应用遍及人工智能的各个领域。近年来，机器学习已经成为一门新的边缘学科并在高校形成一门课程，与机器学习有关的学术活动空前活跃。国际上除每年一次的机器学习研讨会外，还有计算机学习理论会议以及遗传算法会议等。在机器学习领域，产生了大量杰出的研究者，其中不乏优秀的华裔科学家。在下面的章节中，我们将结合历年 AI 十大新星中机器学习相关领域五位研究者的成果，对人工智能领域中的机器学习的热点问题和发展趋势进行综合分析。

7.1.1 机器学习简述

机器学习已经成功地解决了现实世界中人工智能领域的许多问题，而机器学习系统的最终性能严重依赖于样本特征的质量。迄今，表现良好的特征是由投入了大量的努力由领域专家手工获取的。然而，手工获取的特征无法捕捉到高层次语义，不能适应训练数据，这往往无法产生理想的结果。因此，在很多问题域中，这种手工设计的特征不容易生效。因此，特征构建问题是机器学习领域中的一个基本挑战。

为了解决这一问题，密歇根大学安娜堡分校计算机科学与工程学院的助理教授 Lee（2013 年 AI 十大新星之一）开发了从大规模数据中自动获取有用特征表示的方法，这一类方法可宽泛地称为"表示学习"。表示学习方法能够通过在高维度整合分布式表示、稀疏、分层结构、不变性和可扩展性等一系列特征，建立有生产力的和识别能力的学习模型。

多年以来，Lee 已经为这个迅速壮大的领域作了重要的贡献[1]。他开发了大量稀疏表示学习的核心代码，其中包括目前最快的稀疏编码算法以及用来学习受限制的 Boltzmann 机器、深度信念网络和自动编码器的稀疏正则化因子。Lee 还将表示学习应用于图像、视频和音频的高维数据中，通过深度卷积生成学习方法实现了从无标记样本中获取特征层次结构。Lee 的研究还证明了非参数贝叶斯先验概率可以与层次化分布式表示相结合，在弱监督环境学习中层、属性相似的特征。

表示学习和结构化的先验知识相结合将能够形成良好的学习模型。Lee 在最新的研究中，展示了如何将条件随机域（能够对输出结果中的局部相关性进行编码）和一个 Boltzmann 机（能够对输出结果中的全局相关性进行编码）相结合，形成优化的学习模型。这一模型能够对图像分割等具有结构化输出的预测问题，产生兼顾定性和定量表示的优良结果。

Lee 的大量研究证明了表示学习能够展现出十分强大和可扩展的性能。表示学习能够有效解决以下问题：①如何从噪声数据中共同学习和选择相关特征？②如何通过深层学习模型从数据中梳理出影响数据多样性的因素？③如何学习到恒定表征的变换表示？④如何从多模式数据中学习到更好的特征？⑤如何评估一个特征学习算法在大量的在线数据流中进行学习的能力？

总体来说，表示学习已在许多的领域展现惊人的潜力，对于计算机视觉、语音识别、信息检索、机器人和自然语言处理等领域都产生了革命性的影响。在不久的将来，表示学习势必将会呈现出更多的技术突破和令人兴奋的应用。

7.1.2 机器学习研究热点（1）——表示学习

由于物理的随机性、不完全知识、模糊性和冲突，现实世界充满了不确定性。从嘈杂和模糊的数据做出推理是智能系统中的一个重要部分，其中贝叶斯理论为结合先验知识和经验证据的一个主要框架。过去 20 年，学术界已经在贝叶斯和非参数贝叶斯方法方面取得了巨大的进步，产生了大量基于数据驱动的学习算法用于解决具有高复杂度模型的问题，以及适应随机和不断改变的环境。然而，传统的贝叶斯推理在处理大规模复杂数据时面临了极大的挑战，这些数据主要来自于非结构化的、嘈杂的和动态的环境。

为了解决这一挑战，清华大学计算机科学与技术学院朱军副教授（2013 年 AI 十大新星之一）开展了大量的研究工作。朱教授的研究包括建立贝叶斯推理方法和针对科学和工程应用领域重要问题的可扩展算法——正则化的贝叶斯推理方法（RegBayes）。RegBayes是一个允许贝叶斯推理直接控制后验分布属性的计算机制，这一机制通过引入后验正则化使得计算模型在整合逻辑知识库等领域知识方面具有更高的灵活性。RegBayes 与信息理论、优化理论和统计学习理论均有着较为深厚的联系。同时，RegBayes 通过将极大化边缘准则用于后验正则化，为非参数贝叶斯和极大边缘学习这两个在机器学习领域中近 20 年都没有交集的重要子领域之间，架设了一座桥梁。在 RegBayes 基础上，基于问题的结构性、马尔可夫链蒙特卡洛方法的最新研究进展以及变分法，还产生了相关的高度可扩展推理算法。

随着 RegBayes 的发展，朱教授和社会科学家、计算机视觉研究者和生物学家一起工作，深入发展了分层贝叶斯模型，用于理解以下问题：社会联系是怎么建立的以及如何预测新的联系？自然景色是如何由各个对象构成的以及如何在人类水平上对自然景色进行分类？如何结合生物领域的知识来理解群体中的基因变异和复杂疾病之间的关系？这几个问题的答案对关乎公众利益的一系列应用至关重要。贝叶斯智能系统的不断发展，将可以推动开发可以有效地结合丰富的领域知识的人工智能系统，以处理各种来源的不确定性、发现复杂数据的最新模式，以及适应复杂的动态环境[2]。

7.1.3 机器学习研究热点（2）——机器学习理论研究

人工智能主要目标之一是让计算机像人类一样具有学习的能力。为达到该目标需要解决两个问题：开发切实可行的学习算法以及理解学习的优势和劣势。而后者正是机器学习理论研究的内容。

假设我们想使计算机通过学习一种规则来辨别一封邮件是否为垃圾邮件，给计算机输入大量的训练数据，训练数据包括一组邮件以及标记每封邮件是否为垃圾邮件的标签（这些标签由人为根据经验提前设置）。在尝试解决这个问题之前，我们会问这项任务究竟是否可学习。学习理论通过描绘在什么条件下一项任务是可学习的，以及可学习问题表现特征来回答上述问题。经典的学习理论指出用于选择学习规则的空间容量对可学习性的影响至关重要，并且较好地权衡容量和训练数据量。这一结论不仅阐明了机器学习的本质，也阐明了人类学习的本质。

学习范型理论和主动学习正是目前机器学习理论研究的重点。北京大学信息科学技术学院智能科学系的王力威副教授（2011 年 AI 十大新星之一）在这两方面开展了大量的研究工作，并作出了可观的贡献。在学习范型理论方面，以前的机器学习系统假设数据是物体的特征表示。虽然有许多分析工具，方便理论和算法的建立，但是从中提取对学习有用的特征还是很困难。另一方面，在某些应用中（如计算机视觉）定义对象之间的相异点通常很简单。针对这一问题，一个解决方法是从两两相异的对象数据中学习，而不是从特征中学习。在这种背景下，王教授将研究集中于建立新的学习范型理论，将这些理论推广到传统学习理论上，提出了一个问题是可学习的充分条件，并且在计算机视觉方面实现了有趣的应用。

主动学习是另一种学习范型。在传统的监督式学习中学习者（计算机）从老师（人类）

那里被动地接受训练数据，与此形成对照，在主动学习中学习者能够主动地选择需要哪种数据。我们期望主动学习能够以较少的训练数据达到与被动学习相同的效果。然而结果表明，非主动学习的算法总是优于监督式学习——学习中没有免费的午餐。因此，对主动学习来说最重要的问题是，是否存在合理的条件，使得在这种条件下主动学习是较好的。基于这一理论，王教授证明了边界平滑可以保证主动学习减少训练的数据量，对有限平滑使用多项式分解，对无线平滑使用指数分解。王教授相信存在许多充分条件使问题是可学习的，同时每一个充分条件都可以产生一个强大的学习算法。他的挑战即找到这些条件，然后找到学习算法。

机器学习的基本理论方面还存在很多有趣的研究和应用，包括：①机器学习理论分析算法改良、应用。例如，当数据集仅有数据的属性和类标签的比例时，如何实现更好的分类[3]；Boosting 算法的研究[4]以及主动学习充分条件的研究[5]等。②搜索排名竞价，其中包含：基于宽泛概率匹配的广义二阶拍卖，超越单插槽案例和完整信息设置的宽泛匹配机制[6]、NDCG 排名策略的理论分析[7]、基于决策论的机器学习方法实现搜索排名竞价收入最大化[8]等。③数据维度研究，包含依托 PAC-Bayes 边界的维度研究[9]。

7.1.4　机器学习研究热点（3）——基于人类认知的学习方法

在传统理论上，人工智能的研究是受到人类的认知的启发，是寻求人工系统能够产生与人类同样的智能行为的研究。然而，人工智能领域中却有着与其相反的另一类重要研究，这类研究寻求的是从人工智能，机器学习和统计学中的成功经验中汲取灵感，以更好地了解人类认知的工作过程。因为在许多情况下，人类认知仍然是检验人工系统的标准对照物，通过人们结合认知进行研究，有可能能够反向促进 AI 的发展。

加州大学伯克利分校计算认知科学实验室和认知与脑科学研究所的负责人 Griffiths（2006 年 AI 十大新星之一）是这一研究的重要推动者。他研究的主要目的是分析和理解人们推理过程的计算和统计原理及其基础，理解人们如何做出归纳推理，如何从有限的证据中获得不确定的结论，并且利用上述原理去帮助设计和开发能够更好地帮助人们决策的自动机系统，这类系统能够有效地帮助人们处理日常生活中难以有效解决的计算问题。

尽管使用机器进行这样的推论十分困难，但是人们仍然可以在每一天成功地完成无数次这样的推论：学习单词的含义、识别新的因果关系、轻松预测未来有关事件等。研究者可以通过尝试找出这些推理过程中隐藏的计算问题，从而找到这些问题的最佳解决方案，并检测这类解决方案与人类行为相比的优化程度。由于许多归纳问题都转化为统计推断问题，因此，Griffiths 教授认为并不需要对基于人工智能和机器学习研究的统计方法和人们的判断结果之间的关联性进行评估。他更多的是致力于开拓新适应性统计方法。基于这一考虑，他早期的研究侧重于两个归纳问题：学习因果关系和学习语言。AI 领域近年来在因果图形模型方面的研究，为人类的因果学习提供了大量的可供参考的知识库，并使得研究者可以定义模型对人们的判断结果做出非常准确的定量预测。学习语言在人工智能和认知科学均已经被研究多年。通过两者的结合研究，可以开发相应的统计模型以捕捉一些人类语言结构。例如，Griffiths 教授提出的基于非参数贝叶斯统计方法的统计模型，可以处理越来越多的复杂性数据，使得其捕获人类认知的范围和灵活性大大增强。

通过对人类认知过程中处理相关问题的行动与计算问题中的优化解决方案相对比，可以从中寻找相似处并进行结合，实现计算方法的改进，获取高层次认知的数学模型[10]（例如，在推导问题中，使用人类认知过程指导人工智能、机器学习和统计，尤其是贝叶斯统计方法在该问题求解过程中的应用）。这些改进的数学模型可以被广泛地应用到了具体问题求解中，包括：①因果关系的学习，应用因果图模型可以对这一问题进行描述，并进行知识发现，进而指导人类因果推理；②概率推理，概率模型能够有效地计算人们进行预测的过程，能够识别随机性事件和巧合事件；③相似性和分类法，研究者可以将贝叶斯统计工具应用于结构种类（人类进行相似性判断的基础）的发现，研究数据结构对人类进行物品分类的影响，并能够发现基于结构描述的概率推断方法在计算问题中的应用可行性；④语言的统计模型，相似性和分类法的研究成果应用于语言学习和获取中，能够帮助发现语言本身特性对语言结构学习的影响，用于帮助语言表达和记忆，并指导人们进行文档分类和特定场合发言确定等；⑤非参数贝叶斯统计以及文化进化模型构建，非参数贝叶斯统计方法在认知领域的应用也有着极其重要的应用，例如，迭代式学习和文化进化模型构建[10-14]。

AI 技术的发展能够使得人工和天然智能研究之间的结合越来越紧密。在过去的 50 多年中，认知科学和计算机科学不断碰撞和融合。人工智能严格的形式化方法研究有效地辅助了研究者对人类认知的理解，人类的认知研究也反过来为 AI 中的一些难题提供了指导性的解决方案。两种学科之间更紧密地结合将会为领域研究者提供对智能系统的更深入的理解。

7.1.5 机器学习研究热点（4）——复杂问题的遗传编程求解

遗传编程是一种使用一系列可变长度的计算机程序和基于生物进化的搜索策略启发式搜索方法。它提供了一种较直观方法来进行自动进化编程。

在遗传编程研究中存在几个较大的挑战性问题，其中一个有助于说明该方法的优点：通过编程描述问题解决方案时，从业者可以从熟悉的算法包中指定解决方案基元（原语）。这些原语通常与高级编程语言相似或相同。实际上，在遗传编程搜索策略中，使用原语进行程序编写（包括该程序的拓扑结构和内容）的工作是通过转换算子和进化过程来完成的。这也导致了一个复杂的问题的出现：我们如何将编程语言获取的问题解决方案转化为可以理解的结果？虽然存在像 Java 这样可以适应人类理解的高级语言存在，然而这类语言通常对于微小语法和语义变化非常敏感。在遗传编程过程中，程序自身获取的解决方案对于转化算子的变化就非常敏感，因此，通过程序获取的解决方案的优越性有可能被程序定义的表达敏感的转化算子的复杂度抵消掉。在遗传编程中如何针对复杂的计算搜索过程，设计合理的算子，避免掉随机算子的不利影响，并能够适应于各种复杂问题的求解，成为遗传编程中的关键问题。

受上述问题启发，纽约尼什卡纳通用电气公司全球研究中心知识发现实验室经理 Gustafson 博士（2006 年 AI 十大新星之一）在其博士研究中主要关注于面向快速、有效搜索的遗传编程的动态性能研究（英国计算机科学界的顶级博士论文之一）。在遗传编程研究中，多样性往往被孕育描述和分析种群对搜索的影响。Gustafson 博士针对这一问题，进行多样性的信息评估准则设计，对算法搜索的结果进行有效的控制和预测，从而极大地增强了基于遗传编程的搜索算法在新问题求解中的动态适应性。在这一研究的基础上，结合其他领域（如编程语言和软件工程）知识，可以改善搜索能力和设计更好的算子，使得遗传编程的潜力进一步得到了扩展，从而设计实现可维护、可扩展、自动配置、自动调用现有软件库的计算程序。

Gustafson 博士在一次访谈中指出，他所领导的研究团队专注于机器学习、信息获取、机器人和遗传编程问题的解决，希望通过他们的研究能够帮助企业从数据中更快、更准确地提取结论性信息。在某种程度上，他们倾向于把自己的研究成果视为对数据科学家的支持。他的团队最为关注的关键性领域在于大数据系统研究以及知识表达研究。后者的作用在于帮助现有企业利用现有知识表达捕捉特定领域的知识概念，例如，语义 Web 与链接数据。Gustafson 领导的团队花费了大量的时间和精力推动与此相关的多个项目，旨在帮助人们简化数据分析流程，从而缩短数据排列与建立分析机制所需要的时间（其中遗传编程的研究是其主要手段之一）。他认为这是一项非常重要的工作：寻求一种能够收集并托管所有知识的媒介，使之实现数字化与可执行性[15]。

随着未来社会的发展，能够自动关联进行工作的机械、设备和机器人必将不断改变世界，帮助人们的生活，而实现这类机械设备的设计，数据、分析和知识的研究必将是其中不可或缺的一部分。应用创新的 AI 技术，例如，遗传编程，可以为真实世界中的问题求解，提供创新性的解决方案，与此同时，在求解过程中也能够反过来推动 AI 技术的关键的进步。

7.2　人工智能与交叉学科

7.2.1　人工智能在交叉学科中的应用简述

近年来各界对人工智能的兴趣激增，自 2011 年以来，开发与人工智能相关的产品和技术并使之商业化的公司已获得超过总计 20 亿美元的风险投资，而科技巨头更是投资数十亿美元收购那些人工智能初创公司。人工智能受到的广泛关注与其在各领域中的交叉应用密不可分。人工智能作为研究、开发用于模拟、延伸和扩展人的智能的理论、方法、技术及应用系统的一门新的技术科学，其应用范围已经涵盖了机械工程、金融、生物化工、智能控制等诸多领域。

7.2.2　人工智能在交叉学科中的应用（1）——AI 与经济学

计算机科学与经济学之间的交互开创了一个快速发展的研究领域。这两个学科中的任何一个都可以对另一个有着深远的贡献。从一方面看，随着计算机之间的联系越来越密切，多方在同一个环境之中相互影响并且争夺稀有资源，这是一种典型的经济学现象，经济学理论可以帮助计算机科学研究，经济学的模型和工具也在人工智能和计算机科学领域得到广泛的应用。从另一方面看，虽然经济学原理在理论为强有力的运行机制留出余地，但是过去部署的经济机制（如拍卖和交换）还是受到计算能力和通信资源的限制。计算机科学可通过设计新的算法和其他多种贡献，解决经济学面临的问题，帮助经济学家充分运用经济学理论产生更加高效和新颖的经济机制。人工智能的发展越来越强烈地促进着经济理论的发展，研究人员也逐渐意识到人工智能在重塑经济学理论上扮演着重要的角色和地位。在这一交叉学科领域，近年来产生了两位获得AI十大新星称号的学者。

当研究人员慢慢意识到人工智能范式在重塑经济理论方面扮演的重要角色，人工智能正以一种微妙的方式推动经济学的发展，例如，在社会选择理论的工作会研究诸如投票的课题，一般都做出静态偏好的假设。与当前主流交叉研究方向相比，卡耐基梅隆大学计算机科学系的助理教授 Ariel Procaccia（2011年AI十大新星之一）却将其研究重心着重于人工智能和经济学之间的协同作用，致力于基于社会选择的优化和博弈论的交互发展研究。

社会选择模型以及相应的经济学工具已经日益广泛地被运用到人工智能和计算机科学领域中。其中与公平分配理论相关的应用具有非常广阔的前景。经济学家设计出的一些确保公平的商品分配方法可以用来解决现代计算技术挑战，例如，在集群计算环境和多代理系统分配复杂计算资源。结合已有成果，Procaccia 及其团队通过理论和实验研究，利用动态演化参数对马尔柯夫决策过程中的人工智能对称性的研究，力求用动态演化的偏好构造优化的社会选择模型，试图通过附加的动态设置，缩小理论和现实的差距，已实现更进一步地创造公平实用的资源分配算法。Procaccia 也将社会选择理论应用到人类计算系统。传统系统通过朴素的投票的方式来实现决策的融合。Procaccia 则结合人类和机器智能，通过利用人类理解来指导解决对于计算机来说困难的问题，基于文献投票规则，例如，最大似然估计，建立了有效的投票方法[16]，极大地增加人类计算系统的有效性。

此外，人工智能技术结合经济学理论，还可以应用于目前与经济学方法应用相关的其他领域。例如，肾移植可使那些肾功能衰竭患者选择与其他患者自愿交换自己获得的但不兼容的捐赠肾，因此促成了更多的来自活性捐赠肾的肾移植。虽然经济学提供了肾移植的一些研究方法，但是在肾移植数量的最大化方面仍然出现了挑战，尤其是由于患者和捐赠者动态进入和离开移植库造成的不确定性。Procaccia 及其团队开发了实用的和随机的算法，利用人工智能的参数调整方法来展望未来，即如果能预知相同的肾捐赠在将来可以使更多的移植成功，则制止当前的移植，由此可救治更多的生命。

杜克大学经济学和计算机科学助理教授 Conitzer（2013年AI十大新星之一）的研究则更贴近于两个学科的交叉探索上，尤其是在计算机科学和经济学特别是人工智能和微观经济学的交叉，尤其是博弈论与人工智能算法的综合。机制设计中很重要的一点就是博弈的环境，例如，说设计一个分配稀有资源的竞拍机制还是选择有共同行动计划的选择系统。在一个完全自治的环境中，每个 Agent 都有着自己的选择，博弈论关注于 Agent 执行什么样的行动是最佳选择。Conitzer 致力于找出博弈论上的最优策略的算法设计，并利用计算机智能搜索匹配可能的机制空间，实现机制的自动化设计。Conitzer 及其小组成员设计了新的市场机制或其他一些机制，使人们和代理软件能够自然且准确地表达他们的选择，并且基于他们的选择得到其想要的结果。同时，他的小组还致力于人工智能中一个快速成长的分支——计算社会选择（Computational Social Choice），通过设计新型代理软件，利用博弈论在多方逐利的环境下找到有效的算法计算出对应策略，完成策略性行动。他的研究成果已被用于包括美国机场和空中法警的战略安全资源配置中。Conitzer 对计算机科学中处理多方利益博弈中的地址设定很感兴趣，尤其是在高度匿名的环境中的鲁棒性机制设计（如互联网），因为 Agent 很容易就以多重身份进入到这样的环境中。人工智能与微观经济学的结合还可以进一步地应用于：①拍卖机制的优化（如多轮维克里拍卖机制[17]、VCG（Vickrey－Clarke－Groves）拍卖机制等）；②博弈的研究和应用（如 Stackelberg 博弈[18]、纳什均衡[19]等理论的应用）；③安全策略的研究。包括网络安全问题和调度安全策略（如计算最佳防御调度的多项式级时间复杂度算法[20]，网络攻击中进攻方与防守方最优策略计算[21]）；④投票机制的设计（如对无负重的联合操纵[22]、大量投票者[23]等环境设计不可操纵的投票机制的设计和改进现有机制，以及涉及其他一些特定问题的博弈和机制的研究[24,25]）。

人工智能和经济学之间生动的交互以及两者在动态环境中扮演的特殊角色，人工智能和经济学可以被看作科学界的"动态二人组"，这两个领域间的伙伴关系将保证开创性的技术和社会影响。

7.2.3 人工智能在交叉学科中的应用（2）——AI 与算法生物学

AI 一直是一门跨学科的科学，包含了认知科学和计算机科学两门学科的综合研究。人工生命的研究同时要求对真实世界个体的本质的深入研究和对新技术（如自组织、自修复、自复制）的探索。与此同时，事物层次转化的驱动过程同样是 AI 研究中的一个全新的分支——生物与计算相结合的交叉科学（计算生物学、生物信息学、计算系统生物学等）：从简单的、自我复制的分子，通过无数组织规模层次，跃迁到复杂系统这一广阔空间中。

达尔文为这一领域开发了第一个算法：如何通过遗传变异和存在差异的繁殖的交互作用影响自然选择进化，从而计算生物的复杂性。计算机科学家基于这一过程开发了以群体为基础的随机本地搜索爬山算法。爬山算法是一个简单的、易于理解的算法，在过去的 150年中已经成为进化理论研究的一部分了。然而爬山算法不足以计算和描述所有相关计算问题的复杂性。

目前，一些已有生物现象（如横向基因转移、主要进化过程）所涉及的机理已经得到了生物学家的深入剖析。虽然这些现象仍然受到自然选择的约束，但是生命科学家发现爬山算法仍然需要进行改进才能适应这些生物现象的分析。

种群间遗传物质的交换和融合允许新的独创性变异存在。这类变异不能通过原始祖先在其基因型上进行的随机修改就能达到的变异存在。而用简单的算法范式描述这类问题会将其转化为一种异常情况，将其与爬山算法结合，仅仅只是将爬山算法进行了不同变量的形式框架转化。但算法流程空间实际上不能用爬山算法进行统一描述。事实上，我们可以通过自底向上的划分和获取流程来进行复杂计算，这样能够帮助更好地理解前面所提到的生物现象，还可以对爬山算法提供的范式所不能描述的问题进行系统建模。

南安普敦大学电子与计算机科学学院的研究者 Richard 博士（2006 年 AI 十大新星之一）为这一交叉学科领域定义了一个新的研究方向：算法生物学。这一方向的主要重心是面向生物系统和计算方法的科学原理理解的算法和复杂理论研究。他认为不能仅仅从生物科学中获取启发开发新型计算方法或者应用已有的计算方法到生物系统中，而是应该应用算法和复杂理论理解生物系统所包含的算法原理，这也是他一直提倡的算法生物学概念。算法生物学被广泛地应用于进化计算和进化生物学之间的交互上，主要包括：遗传和协同遗传算法，生殖重组在计算科学中的益处，主要进化变迁，共生现象和共生起源，人工生命的适应度等。此外，算法生物学与 AI 的传统理论研究中的①神经网络中的协同学习和分布式优化的异同分析；②在社交网络和聚集性智能，遗传网络和适应性进化，生态网络和过度稳定进化等领域中的适应性网络的分析等均有重要的交互支撑[26,27]，这些研究成果均能够为算法生物学中的多层次或自指导进化发展理论提供支持。

生物学和进化计算都具有可扩展性。特别是，两者都能够潜在地适应利用简单单位组合形成集合的多尺度复杂性层次结构。研究者需要对算法进化过程中的微观和宏观性质进行理解。通过深入理解算法本身进化过程包含的性质，将能够推动面向自动设计和优化的问题的成熟解决方案的研究，而这也是算法生物学研究存在的重要意义。

7.2.4　人工智能在交叉学科中的应用（3）——AI 与人类计算

传统的计算方法往往专注于提升算法，然而诸如图像识别这类对于人类来说很简单的经典计算问题，即使最成熟的计算技术也难以达到完美的解决效果。卡耐基梅隆大学计算机科学系的助理教授 von Ahn 博士（2008 年 AI 十大新星之一，2006 年 Popular Science 杂志 Brilliant 10），提出了开发结合人类和计算机能力的来解决人和计算机都不能独立解决的大规模问题的系统的方法，这一方法被命名为人类计算（Human computation），但其他人有时把它称为 Crowdsourcing。人类计算是计算机科学的一个新兴交叉领域，这一领域意图结合人类和计算机的运算能力来解决那些双方不能单独解决的大型开放性问题。

von Ahn 的工作可以分为两个方面，一方面他致力于研究一种方法，采用引人注目的方式，例如，游戏，吸引人们参加集体解决大型开放式问题[28]。von Ahn 合作开发的 ESP 游戏（www.espgame.org）就是这个方法的一个例证，作为游戏的副产品，人们标记网络上的图像。这个 ESP 游戏提供网络图像来给玩家随机配对，玩家各自输入一个合适的字来描述图片。当两个人输入了同一个词，这个词便成为了图像的标签。通过各种各样的技巧，游戏可以确保这些标签是有意义的并且非常准确的，即使这不是玩家所希望的那样。ESP 游戏已经收集超过 5000 万的标签，这些标签可以改善网络图片的搜索，提高视觉受损的人对网页的可访问性，帮助浏览器屏蔽色情内容。von Ahn 和他的学生正在开发别的游戏来解决其他人工智能方面的公开问题：语言翻译、文本摘要、web 搜索改进、声音注释和视频剪辑。这些"有目的的游戏"（Games with A Purpose，GWAPs）有许多应用，例如，为可以帮助提高解决这些问题的自动化的方法生成训练数据。虽然这样的游戏代表第一个无缝集成的游戏和计算，但是他们仍然不确定这些方法是否具有普遍性。von Ahn 正研究如何定义 GWAPs 的概念，以及开发一种通用构造过程，允许并鼓励研究社区的其他人参与定义这个范式的工作。

另一方面，von Ahn 还在利用人类的处理能力的验证码（CAPTCHAs）的应用方面进行研究[29]。验证码是一种自动化的测试，用来分辨人类和计算机程序：人类可以通过，但是计算机程序无法通过。你可能在网络注册表格的时候遇到过它们：变形文字的图像，你必须正确输入他们才能注册账号，购买门票，等等。许多网站都利用验证码来确保只有人类才能获得免费的邮箱和其他的服务。每天，人们估计会键入大约 2 亿的验证码，每一个大约花费十秒钟。von Ahn 的 ReCAPTCHA 项目（www.recaptcha.net）试图让人们将这些大量的时间花费在在线阅读上。现阶段电子化实体书时，通常将页面进行扫描，然后使用光学字符识别技术（OCR）将它们转化为 ASCII 文本，使书籍可以被检索。尽管 OCR 技术在新书上有极高的准确度，但是许多书由于年份很老，质量和损坏问题（如铅笔记号）导致扫描的质量很差。在这种情况下，OCR 识别率很低。ReCAPTCHA 通过以验证码的形式发送 OCR 不能识别的字到互联网，让人们来解释，改进了数字化的过程。为了判定人们是否键入了正确的答案，ReCAPTCHA 使用了对照字。这个项目给出 OCR 不能正确读出的词给用户，同时也给出第二张我们早已知道答案的图。然后 ReCAPTCHA 要求用户键入这两张图的文字。如果用户正确地输入那个已知答案的验证码，我们假定它们输入的另一张的验证码的答案也是正确的。随后这个项目将这些图片发给其他人，以很高的确定性来判断这些原始的答案是否正确，通过这种方式，一天能数字化超过 500 万的词。

此外，von Ahn 目前正着力于开发 Duolingo，使用该应用你可以免费地学习西班牙语、法语、意大利语、德语、葡萄牙语和许多其他语言。Duolingo 被评为苹果公司的 iPhone 年度应用程序，以及 2013 年和 2014 年谷歌播放器最好的应用。

7.3 人工智能与自然语言处理

7.3.1 自然语言处理简述

自然语言处理（Natural Language Processing）是计算机科学领域与人工智能领域中的一个重要方向。它研究能实现人与计算机之间用自然语言进行有效通信的各种理论和方法。自然语言处理是一门融语言学、计算机科学、数学于一体的科学。因此，这一领域的研究将涉及自然语言，即人们日常使用的语言，所以它与语言学的研究有着密切的联系，但又有重要的区别。自然语言处理并不是一般地研究自然语言，而在于研制能有效地实现自然语言通信的计算机系统，特别是其中的软件系统。因而它是计算机科学的一部分。自然语言处理是计算机科学、人工智能、语言学关注计算机和人类（自然）语言之间的相互作用的领域，这一领域中产生了大量的人工智能研究成果和产品，是现阶段人工智能领域的热点。在下面的章节中，我们将结合历年 AI 十大新星中人工智能相关领域两位研究者的成果，对人工智能领域中的自然语言处理的热点问题和发展趋势进行综合分析。

7.3.2 自然语言处理研究热点（1）——AI 与语言学

在语用学、论述和词汇语义学中存在着复杂的语言现象，这是语言处理的核心问题。语言学家和计算科学家研究这些现象已经有长达几十年的历史。至目前为止，基于规则的方法主要集中在面向论述和语用学的建模。然而，这些模型是很难适用于现代语言系统中：它们仅适用于有限域，无法保证其可扩展性或便携性。为解决这一问题，麻省理工学院电机工程学与计算机科学系的助理教授 Barzilay（2006 年 AI 十大新星之一）将研究主要集中在设计强大、高效的健壮性计算语言模型上。

语言学相关现象所遵循的复杂性规则使得使用现有方法无法准确描述，需要服从统计分析的新型模型进行适应。因此，Barzilay 意图开发能够结合概率技术的鲁棒性和语言学理论的陈述丰富性的模型。为保证模型在进行推理和学习时的准确性和有效性，Barzilay 开发了包括面向具有分布特性的连贯文本的建模优化方法，针对文本选择中文本内容的上下文依赖性获取的图论方法等一系列算法。

文本具有两个基本的、正交的维度：内容和连贯性。文本的内容模型通常通过讨论的话题的出现位置和顺序来定义和描述文本的结构特点。与人为地确定一个给定域的话题相比，Barzilay 和她的同事提出了一个分布式的视角，通过分析词语的分布模式，直接从未注释的文本中学习话题表现模式，构建对应模型。实验表明，自动获取的文本内容模型在进行文本总结和信息排序上具有优良的表现。虽然内容模型存在着领域依赖性，但是连贯性的内容模型的目标是从文本中获取特征属性，能够使得被认真编辑过的文本比随机串连的顺序句子更容易阅读和理解。这类模型的主要目标是在句子级水平上，捕捉文本间的关联性。Barzilay 的研究小组基于这一关键前提，假设从局部连贯的文本中的实体分布可以分析获取出原始文本的整体表达规律性，设计出了配备了一个能够自动计算的表达模式的一致性模型。这一表达模式能够反映论述实体的、分散的、句法的、作为参照的信息。这一模型能够自动学习映射之间的过渡模式和文本的连贯程度，从而实现对文本质量的自动评估。

作为基于人工智能的自然语言处理领域的领军人物，微软在自然语言方向的主要研究人员之一，Barzilay 认为自然语言处理的研究应该将理论研究与实际相结合。为此，她提出了自然语言编程的概念，在办公软件中实现了自然语言编程的实例[30]。这项成果得出了两个重要结论：①通过一个图谱结构可以为自然语言与程序语言建立映射关系，计算任务可以被翻译成形式化的语言；②开发了一种能用自然语言开发输入分析器的系统。（输入解析器（Input Parser）是用于判断一个文件的哪个部分包含何种数据的工具，如果没有输入解析器，一个文档只是一组由 0 和 1 构成的随机字符串而已）。Barzilay 的这项创新性工作将使更多的人"懂得编程"，标志着自然语言编程的研究获得了突破性的进展。此外，她开发了一个学习系统，该系统能够帮助计算机分析理解并执行一组任务的指示，这一系统首先被应用于 Windows 系统中，帮助系统上的软件能够生成一个脚本来审查微软帮助网站上的每一条说明（该成果获得了 ACL2009 的最佳论文奖），之后该系统的改进版本被应用到了电脑游戏中：这个机器学习系统可以使电脑学会给玩家看的游戏指南，并自己发展出一种游戏策略，这使得电脑的胜率从原先的 46% 跃升至 79% [31]。Barzilay 认为在文件级语言文本结构的分析建模，无监督多语言学习与翻译，命令语言建模等方面都是自然语言的重要发展方向，因此她将机器学习方法应用于文本的归纳、语义分析、论述分析以及古文本翻译解析等领域作为自己的重要研究方向。

7.3.3　自然语言处理研究热点（2）——AI 与自然语言理解

在人工智能领域中，让机器理解自然语言一直是该领域的传统目标。全面理解自然语言需要人类水平的语言处理和推理能力。若这个复杂的任务得以完成，必将拥有广泛的应用前景。关键的问题是，从面向机器智能中我们所要求的理解能力和推理复杂度的水平是多少？

为了解答这一问题，比勒费尔德大学教授 Cimiano（2008 年 AI 十大新星之一）基于以下假设：必须明确限定出什么是必须被"理解"的，"理解"自然语言的任务才能变得可行，将研究专注于一个特定领域的模型，并确定系统必须经由哪些必要结论才能完成一项任务。这一工作的目标是让计算机能够理解有限但范围明确的语言，例如，某项特定事务中所用到的语言[32]。作为建模的本体，问题所处的领域确定了系统需要理解的范畴，进而确定了系统的粒度和结构复杂性。这样就可以利用该领域的特殊性来指导语义解释，例如，消除歧义。这种基于本体的语言处理方法不仅在问答系统、信息提取和对话系统上具有重要的应用，也可应用于当前互联网内容的形式化，从而构建语义网。

基于本体的自然语言理解系统必须按照规范的模式建立，这样才能将系统轻松地移植到其他领域。在将系统实用化时，研究者将面临的几个重要的问题：系统的成本是多少？面向特定领域定制需要花费的时间是多少？移植需要哪些专业知识？用什么方法？可以用工具支持系统测试和维护吗？在计算语言学和人工智能领域，目前仅有通用的、无关领域的解决方案，如一般报纸的文法分析和二义性消除技术，以及通用推理技术。然而对于前述的问题，仍然没有明确的答案，因此研究成果的转化受到了一定限制。

为了回答这些问题，Cimiano 及其团队认为必须从实用性的角度审视自然语言处理技术。这一研究方向涉及系统的规范化开发，只有这样非专业人员才可按照清晰明确、广泛验证的方法，轻松地面向特定领域进行移植。这也涉及到为各个步骤提供工具，特别是系统调试和维护的工具[33]。他们提出一个实用的系统必须满足以下要求：①容易适应不同用途；②可以直截了当地由非专家进行监测，并可控地调整系统的行为。努力开发这种系统也是 Cimiano 及其团队在未来几年的挑战之一。

7.4　人工智能与数据科学

7.4.1　异构数据的信息提取

近年来，包含广阔的异构数据类型的大数据受到了众多的注视。其中，从图像、语音及多媒体信号，到文本文档和标签，这些许多的信息都是以自然语言来编码的。这种自然语言编码能够使人们很方便简单地了解到信息的内容，但是它却不太适合计算机处理超出简单范围的关键字搜索。针对该问题，美国伦斯勒理工学院计算机科学学院 Edward P. Hamilton development 的副教授 Heng Ji 将她的研究重点放在大规模跨数据源的信息提取技术，旨在提出一种新一代的信息访问技术。该技术能使人与计算机通过自然语言而不是关键字搜索来进行交流，计算机也可以发现嵌入在异构数据源中准确的、简洁的和值得信赖的大数据信息。Heng Ji 的教育经历非常丰富，她分别在 2000 年和 2002 年获得清华大学计算语言学的学士学位和硕士学位；之后分别在 2005 年和 2007 年从纽约大学获得了理学硕士和博士学位。其研究兴趣集中在自然语言处理和其与数据挖掘、网络科学、社会认知科学、安全与视觉的联系。到目前，Heng Ji 已经获得多个奖项及奖学金，例如，2009 年和 2014 年的 "Google Research Award"，2010 年的 "NSF CAREER Award"，2012 年的 "Sloan Junior Faculty Award" 及 "IBM Watson Faculty Award"，等等。

Heng Ji 的主要研究方向为自然语言处理，特别是信息提取、推理和预测，以及意识信息机器翻译、口语理解和生物医学语言处理。为了识别和解决变形的隐含信息，Heng Ji 开发了新的推理框架，该框架可以减少不确定性从而确保一致性和进行推断。在她的研究中包含了信息感知机器翻译，能将取出的信息准确地转换为另一种语言。并进一步地结合了自然语言处理和社会认知理论，该结合能适应从一个流派到另一个流派的方法，以及从一个领域扩展到另一个领域。Heng Ji 研究的对多媒体信息网络新的表示和方法能够发现和融合处理基于多个数据形式的噪声数据。

目前，Heng Ji 带领的 RPI Blender Lab 工作的一般性原则是做有创意的、突破性的和愉快的研究。每个成员都是严肃认真的研究员，有批判思维的思考者，以及高效的工程师。她的团队的目标是把每个研究项目当作一件艺术品，享受每个创意和想法。鉴于传统的 IE（Information Extraction）技术把信息以单个文档形式进行孤立，但是用户可能需要收集分散的各种各样来源的信息（例如，以多种语言形式、在多个文档中、具有不同题材的数据形式），因此越来越复杂的是：这些事物可能是冗余的、互补的、不正确的或者措辞含糊不清的；所提取到的信息可能仍然需要增加现有知识库（Knowledge Base，KB），这需要把事件、实体和相关关系链接到 KB 的能力。Heng Ji 和其团队的研究目标是定义一些新的对最先进的超越"槽填充"的 IE 范例的扩展，达到这样一个状态：他们系统地建立基础、方法、算法和更精确的、一致的、完整的、简洁的代码实现，以及最重要的是，动态和弹性的信息提取能力。

Heng Ji 及其团队现在进行的项目是针对跨文档跨语言的时间提取和跟踪[34]，主要目标从一系列的源文本文件中提取已命名的实体，然后将它们链接到现有的 KB。同时需要使用 IE 系统聚集那些没有相应 KB 词条的 NIL 实体。Heng Ji 及其团队当前执行的信息跟踪任务包括：单语范畴的英语 IE（链接英语文本到英文 KB）、跨语言的汉语到英语的 IE（链接中文文本到英文 KB）和跨语言的西班牙语到英语的 IE（链接西班牙语文本到英文 KB）。

7.4.2 社交网络中的信任关系研究

大数据时代，数据爆炸，各类电子产品产生的用户数据成几何级增长。例如，成千上万的用户涌入到基于 Web 的社交网络群体中，其中有超过 140 个以上的社交网站拥有超过 2 亿的用户账户。这些社交网络的数据都是存储在 Web 上的，属于公开可获取的（尤其是基于语义网络技术的社交网络表示形式）。同时，当前电子邮件系统中的用户众多，也储着大量的用户信息和邮件信息。如何通过分析这些社交网络，计算获取每个用户的社交环境对应的数据，帮助开发智能用户界面并促进人们对通信模式的理解是当今主要研究内容。当前，一批科学家将自己的研究领域定位在网上社区和电子邮件网络构成的社交网络的动态性，其中具有代表性的人物 Golbeck 是马里兰大学先进计算机研究所下属的知识发现联合研究所的博士后研究员和研究协调员。她在芝加哥大学获得了经济学本科学位和计算机科学的本科和硕士学位，于 2005 年在马里兰大学获得了计算机科学博士学位，主要研究如何使用社交网络中的网上社区和通信网络的分析创建智能应用程序。其博士论文中就社交网络中的信任度问题进行了探讨，设计了一系列算法用于计算在网络中的个体间信任关系的个体偏向性。这些算法都是基于连接用户间的路径上的真实信任值进行计算的。Golbeck 已经使用这些算法构建了纳入用户社会信息的分析系统。她设计了 FilmTrust，采用社交网络获取的信任值来生成电影评分预测和确定电影评论排序（http://trust.mindswap.org/FilmTrust）。Golbeck 在已有研究基础上建立模型，进一步对哪些因素能够影响人们信任度进行分析。她开发了若干基于信任度的应用程序，包括开源情报过滤、非单调推理的优先级默认规则设计。

凭借其卓越的创新能力，2005 年，Golbeck 被选定为 DARPAIPTO 青年研究者之一，并获得了美国大学联合会的女性毕业生奖。在 2006 年之后，Golbeck 将她的研究扩展到了社交网络的时空动态分析中，集中研究了现实世界中的事件与一个网络中可见连接模式的影响，以及对确定时间点上集群（人群）表现出的活性变化的跟踪识别。她认为：如果我们可以识别这些集群并将其与确定的事件或项目阶段相关联，那么我们就可以设计模型去预测他们的沟通模式，并将该模式用于智能分析等多个应用领域。此外，Golbeck 同样也在探索研究网络相关的性格偏向与用户的时间统计信息的关联性。她对一个人随时间的变化性格偏向和他在网络中的时间以及其在网络中的活动进行了关联测试，希望能够通过这一测试分析结果获取网络对性格偏向的影响以及对网络社交过程中通信的控制作用。从而帮助工程师优化社交网络。Golbeck 深信，随着基于 Internet 的社交活动的增加，探索人工智能与用户社交信息间的智能化关联将是人工智能的一个重要研究方向（这一推测已经在目前得到了众多应用研究的证实）。

目前，Golbeck 一直保持她对社交网络和社交活动的研究热情。虽然她在人工智能领域的研究广泛，但是主要研究兴趣仍然是使用计算技术去理解、增强和促进人们合理运用社交媒体进行信息的交互。她从计算科学的视角实现这一目标，深入地研究社交网络、社交置信度、语义网络，以及人工智能和人机交互在上述领域的应用。Golbeck 致力于研究被千万人日常使用的网络工具的内部工作原理，分析和理解人们如何通过社交媒体进行决策和行动，从而对人类自身（个性、政治偏向等）及其社交关系（社交置信度等）进行信息推断。在延续自己的一贯研究方向的同时，Golbeck 也关注于网络安全，她将人机交互的理念引入了网络安全和隐私系统的设计中。

Golbeck 在社交媒体方面的杰出研究成果受到了界内研究者的广泛关注，自 2006 以来，她在 IEEE Trans，Journal of the American Society for Information Science and Technology 等顶级期刊上发表了大量的研究成果[35-38]，她撰写和编著了 *Analyzing the Social Web*、*Trust on the World Wide Web: A Survey*、*Computing with Social Trust* 等多本书籍，承担了多项关于社交网络行为分析的研究项目，并被 TED 邀请作为讲者，进行了社交媒体与人类行为分析方面的演讲（演讲题目"The curly fry conundrum: Why social media "likes" say more than you might think"——炸薯条之谜：你以为社交媒体的"赞"就是单纯的"赞"而已吗）。

7.4.3 大规模社交媒体数据分析

网络作为一个巨大的信息来源，捕获着人类的行为变化，即人们在想什么，人们在做什么以及人们到底知道些什么。通过对网络的研究，人们不仅能够了解自己的行为活动和思想，同时也能提升网络技术为自己提供更为便利的服务。因此可以说，网络已经成为了最重要和最庞大的信息来源。伴随着社交网络、社交媒体和社交游戏的出现，成千上万的人们把活动转移到了网络中，并留下了大量的数据信息。根据这些数据，研究人员能够建立一个交互网络用来研究和分析整个社会、人类活动行为和思想。

由社交媒体构成的社交网络的结构及其上的传播动力学分析，是当前社交媒体研究的两大主要课题，其上的一些基础性研究（如揭示网络或群体是否处于"健康"状态？信息是如何传播的？信息在传播中的时空变化特征？根据已有节点，如何辨别其他的哪个节点是否可被信任？节点间谁是朋友谁是敌人？在网络中我们如何发现并寻找有影响的节点或者选择可免疫的节点？）在一系列应用领域都显得十分重要，例如，识别洗钱的非法循环、互联网的错误配置、病毒式营销，以及对蛋白质间相互作用对疾病爆发的探究等。为了抓住网络所带来的机遇与挑战，以斯坦福大学助理教授 Leskovec 为代表的学者一直从事研究社交网络结构和传播动力学的分析模型，希望通过拓展模型和算法来捕捉、模拟并预测群体和社会的行为变化。在做实验的过程中，Leskovec 领导的团队选择对大规模数据集来展开工作，因为只有当这些数据的规模足够大时，其确认的行为与模式才会是显著且有效的。

Leskovec 主要的研究兴趣在于大规模数据挖掘和机器学习，其中包含基于对社会、科技及自然现象已有的研究来对大型现实世界网络进行分析和建模。这些研究成果适用于许多科研课题和一些具有高影响力的应用，例如，对生物病毒爆发探测可以拯救生命，对计算机模拟交通网络的探究可以提高安全性等。Leskovec 目前是斯坦福大学计算机科学专业的助理教授，他在斯洛文尼亚卢布尔雅那大学获得计算机科学专业的学士学位，并在卡内基梅隆大学获得了计算机和统计学习的博士学位。Leskovec 是目前社交网络研究领域最杰出的青年学者，迄今他已发表了 100 余篇顶级期刊和会议论文，例如，获得了第 13 届 SIGKDD 会议最佳学生论文奖，并在 2009 年获得了 ACM SIGKDD 博士论文奖，同年，他还获得了 ASCE Journal of Water Resources Planning and Management Engineering 的最佳研究论文奖。在 2014 年 ICWSM 会议他做了关于"使用 SNAP 进行大规模网络分析"的报告，并在同年以程序委员会主席身份参加了 KDD 会议。

目前，Leskovec 正在进行的研究工作包括以下几个方面，这也代表了当前社交网络研究的前沿课题。

（1）网络社区挖掘：提出一种新的重叠网络社区检测方法，能检测包含大规模节点及边数的网络[39]，从而提高了社区间的连通性结构；又利用网络结构和个人概要信息，检测出个人网络中的社交圈[40]。

（2）社交媒体中的信息扩散：利用社交网络中的分享和转发信息建立模型，能够预测转发所引起的级联增长[41]；通过分析网络体系结构如何响应用户发布和分享信息，来剖析社交媒体中信息扩散的实质动力所在，并成功预测产生突发动力的信息扩散事件[42]；还提出了一种基于随机"凸优化"理论的高效推理算法来对网络中的边和传输速率进行在线估计[43]。

（3）基于社交网络结构的情感分析[44]。

（4）基于社交媒体的事件发展阶段检测[45]与 MOOC 用户行为分析[46]。

7.4.4 基于社交媒体的应用（1）——事件检测与预测

随着全球政策问题（如疾病、犯罪、恐怖主义和持续增长的大量有效数据）重要性的日益增强，机器学习已成为开发各类新兴且具有实践意义的信息技术的关键方法，这类信息技术将能良好地应用于公共事务的处理。基于大规模数据的事件检测是当前研究热点问题之一，其目的是在大量复杂的真实世界的数据集中，开发新的统计和计算方法，来对新兴事件和模式做早期的精确检测。该类课题有三个典型的应用领域：公共健康（对新兴疾病发生做早期检测）、法律实施（预测和阻止犯罪热点）和卫生保健（来检测病人护理的异常模式和发现最佳护理方法）。此外，其他方面的应用还包括水质量和食品安全的监测、网络入侵检测、欺诈侦测和科学发现等领域。

在这些应用领域中，数据在处理上都要经历对多种来源的噪声及异种数据进行整合。举例来说，在疾病爆发的前期，我们能够观察到受感染病人因疾病而导致的微妙的行为变化，甚至这些行为变化在其就诊前就可被观察到。如果我们仅仅注意单个个体，则还不足以充分说明这些主要行为变化（如非处方药开销的增加和公众流动模式的改变）的不同之处。但当我们以整体的社会规模来观察问题，将传统公共健康数据资源（医院访问和药物销售）和广泛分布的人口数据相结合，应用新兴的技术（如可定位的移动设备）等，那么这些变化将变得显而易见。

目前，以 Neill 为代表的一大批科学家正在利用机器学习的方法处理这些异构数据。Neill 是卡内基梅隆大学海因茨学院信息系统系的一名助理教授。同时，他还任职于卡耐基梅隆大学机器人研究所的机器学习系，并在匹兹堡大学生物医学信息学系担任副教授。Neill 在剑桥大学获得硕士学位、卡耐基梅隆大学计算机科学的理学硕士和博士学位。Neill 研究组开发的新兴机器学习方法，主要用于实现对新兴事件的及时检测，更加精确地描述事件类型和确定受影响的人群，同时显著地减少错误方案的实施。这些方法用来解决基础统计的挑战——从多重数据流中检测异常模式和学习与用户相关的异常行为。同时，他们解决了处理大规模多维数据的关键计算难题，并开发出一种新的快速的最优算法。这种算法能够在几秒钟内从大量复杂的数据中精确而有效地识别出相关数据集，来解决以前无法检测到的问题。另外，Neill 研究组直接和公共健康从业人员及法律直接机构共同工作，开发和部署针对事件检测和预测的系统。Neill 研究组的检测方法已经部署在其疾病监测系统上，应用于美国、加拿大、意大利及斯里兰卡等国家，同时他们的 CrimeScan 软件已在芝加哥警察署运转，用来预测和预防新的暴力犯罪的热点地区。这些合作还会快速有效地应用于疾病爆发、犯罪浪潮及其他新兴事件的检测，将对提升公共健康和安全等方面作出贡献。

目前，Neill 正在进行的研究工作为"机器学习及公共事件预测"。此项研究主要利用最新统计及计算方法，在大量复杂的多元数据集中发现新兴事件及其他相关模式，同时运用此类方法解决不同领域的政策问题（如在医疗、公共健康、法律实施及社会安全等方面）。研究内容主要包含以下方面。

（1）将事件检测方法拓展应用于海量多元数据集中的模式识别[47]。

（2）开发新型贝叶斯和非参数方法，实现对事件和模式更为精确的预测、特征化及解释[48, 49]。

（3）开发新型快速的算法，实现在海量数据集中模式的高效检测[50]。

（4）将模型学习机制整合到事件检测框架，实现事件相关度的识别。

（5）从用户反馈中整合动态学习机制，快速挖掘与个体用户最相关的模式。

（6）整合多种网络数据源，如搜索引擎查询信息、在线社交网络信息等。

（7）提供调查、追踪的交互工具，并在海量数据集中发现模式。目前主要完成在三个方面的应用：疾病监测[51]（如利用医院来访和药品销售等公共医疗数据自动检测及识别疾病的爆发）、法律实施（如利用犯罪报告和 911 报警信息监测和预测犯罪模式）和医疗保健[52,53]（如检测强烈影响病人治疗效果的异常医疗护理模式），并将研究应用于网络入侵检测、客户监测、基础设施检测[54]和经济增长等其他领域。

迄今 Neill 已发表 90 余篇高水平论文，发表于 Journal of Machine Learning Research、Machine Learning、International Journal of Approximate Reasoning、Journal of the Royal Statistical Society Series B-Statistical Methodology 等顶级期刊，受邀参与 40 余场高水平会议报告及交流；承担公共商品领域的机器学习和事件检测、快速子集扫描的异常模式和复杂异常模式挖掘等三项美国国家自然科学基金项目；入选 IEEE 智能系统期刊十大人工智能研究者、2010 年美国国家自然科学基金会职业奖、2005 年国家病理监测会议最佳研究报告奖等。

7.4.5　基于社交媒体的应用（2）——市场预测

随着计算系统和社会系统的不断发展，也随着这些系统被具有不同目标和兴趣的群体所使用，如何采用一些激励措施促使参与者融入一个统一的系统是成功的关键。在 2011 年 IEEE Intelligent Systems 杂志评选的十位深具潜力的青年科学家中，哈佛大学工程与应用科学学院计算机科学副教授 Chen 即以该领域问题作为其研究课题[55]。Chen 在清华大学获得经济管理学学士，在宾夕法尼亚州立大学获得博士学位，而后在纽约的雅虎研究院从事博士后工作。目前 Chen 是哈佛大学工程与应用科学学院计算机科学副教授，其研究着眼于计算机科学和经济学的切合点，致力于分析、设计一些社会计算系统，这些系统用于计算机和经济学领域。她的博士论文获得了“eBRC Doctoral Support Award”和“Elwood S. Buffa Doctoral Dissertation Honorable Mention in Decision”两项大奖。凭借出色的创新思想，她在 2008 年获得了“ACM Conference on Electronic Commerce”会议的最佳论文奖，并在 2010 年获得了“National Science Foundation Career Award”大奖。

鉴于抽取和集成分散的信息是一种普遍存在的信息决策需求，Chen 最近的研究致力于基于市场的信息抽取和集成机制，实现市场预测（Prediction Markets）。在市场预测方法中，一个预测市场提供了一种合同，该合同的支付和未来即将发生的事情相关。参与者通过合同的交易可以表达自己的观点。因此，市场价格潜在地融合了所有参与者的信息，同时具有一定的未来事件的预测能力。虽然这个领域经得起现实世界的经验分析，但 Chen 的工作却致力于为这个市场提供强有力的理论和计算基础。首先，如果参与者在市场中错误地表达了他们的信息，将引发对信息聚集的所有努力产生疑问。与同事一起，Chen 刻画了当参与者提供可信信息、虚假信息和刻意隐瞒信息情况时，预测市场博弈均衡值。通过仿真计算结果回答了多年来一直困扰大家的一个重要问题并且为设计预测市场时考虑激励机制提供了坚实理论基础。其次，为了获得并聚合丰富、精炼的信息，我们需要为参与者提供更加自由的空间来促使他们表达各自信息。然而，当需表达的信息增加时，计算问题随之而来。她的研究针对不同的博弈语言表达，分析其操作组合预测市场的计算复杂度，并且首次提出了易于管理的组合市场理论。最后，Chen 和同事建立了一个精确的一般市场机制和一些学习算法之间的联系。结果表明，任何市场制造机制都可以转换为一种学习算法。反之亦然。这是第一次正式地提出市场和学习算法之间的关系。这为研究者打开了一个门，即可以使用已有的机器学习算法来构建更好的市场模型，这样的市场具有更好的性质。

Chen 的研究也包含了其他社会学计算领域。通过对搜索数据进行研究，Chen 和同事发现流感有关的搜索可能会在流感传播之前变得很多。这项工作表明，可以使用搜索词汇来预测大规模疾病的爆发。此外，Chen 也致力于研究设计一些激励因素用于抽取 Agents 的行为。这些工作可能会促进很多志愿加入的系统的发展。目前，Chen 正在进行的研究工作主要针对计算机科学和经济学的交叉学科（包括应用数学、算法、复杂度分析、机械设计、博弈论、优化、多代理系统和机器学习等）方向开展研究。她的研究方法主要依据计算和经济目标，设计和分析社会学并组建相应系统，如市场、信息聚合工具、广告机制和网络社区。她近期的主要研究成果包括以下方面：

（1）隐私博弈[56]：通过隐私意识代理的行为响应随机响应框架，更好地理解在隐私关系被明确告知后代理设置的表现。

（2）机制设计[57]：通过输出协议机制雇佣非专家来解决问题的思想，解决机制设计理论中当回应并未被证实时激发信息的问题。

（3）计算经济学[58]：研究市场操纵中的平衡分析、市场预测和信息聚合。

7.5 人工智能与多 Agent 系统

7.5.1 多 Agent 系统的理论研究（1）——奖励机制

多 Agent 系统（或者称为多主体系统）的设计者通过定义交互的基础语言和行为的底层协议来制定规则，其中 Agent 之间的奖励机制是该领域的基础研究问题。在如对等网络的文件共享方面，激励机制问题严重地阻碍了其广泛的应用。而互联网的兴起和计算设备的流行，使得具有创新的和令人兴奋的多 Agent 系统相继出现，并蓬勃发展。为了使通信双方通过网络获取更多的带宽或更理想的路径，以耶路撒冷希伯来大学工程与计算机科学学院的高级讲师 Zohar 为代表的学者在一系列如 GBP 和 TCP 协议等网络通信协议的计算系统方向做了众多研究，并尝试利用人工智能、博弈论和经济学理论工具来分析系统的激励机制。

Aviv Zohar 在希伯来大学获得计算机科学博士学位，之后是微软研究院的博士后研究员，在 Silicon Valley 实验室（MSR-SVC）进行研究。在 Aviv Zohar 的研究生涯中，获得了多项奖励：以色列国会优秀奖励，在博士期间获得莱布尼兹奖学金，以及在硕士期间获得沃尔夫基金会奖学金等。他的研究旨在使用人工智能、博弈论和经济学这些工具来分析多主体系统中的代理机制，力图创造一种新的协议，使得在没有妥协其他网络属性时（如系统效率或者鲁棒性），系统的每一位参与者被推荐的行为对其都是一种最好的行为选择。

与其他领域的合作者一起，Aviv Zohar 已经探索出了大量的计算协议系统，包括英特网的核心通信协议。例如，边界网关协议和传输控制协议，通信双方可以借此尝试获得更多带宽或者通过网络获得一个更可取的路径。这些基础的协议尽管不完美但是拥有有趣的激励机制，能够帮助解释各个参与者的需求。在其他系统中，例如，点对点文件共享（参与者基本都缺乏上传文件给别人的机制），激励机制问题妨碍了更广泛的应用。

Zohar 当前的研究聚焦在对当前的协议进行局部改进上。例如，比特流和在文件共享社区已经采纳的市场化和最高输出信道的解决方案上的一些探究。此外，针对基于密码货币的比特币的持续涌入带来了新的挑战。Zohar 将继续努力改进这些协议，以避免出现利润最大化的节点产生破坏系统的行为（注：比特币的一个主要优势在于它在节点授权交易的机制，这些节点上的交易费已经吸引了许多人加入比特币网站并且把他们的计算机资源投入其中以确保其地位）。

7.5.2　多 Agent 系统的理论研究（2）——协作机制

现实世界中存在着很多十分难以解决的复杂任务，如抢险救灾、治安安全巡逻、大事件的人群控制，因为它们需要人们在充满压力的实时动态条件下进行大规模的决策和行动协作。多 Agent 系统一个重要理论研究领域就是开发能够帮助信息有效共享、快速进行冲突检测和处理的机制，可以有效地辅助人们执行复杂的协调任务的智能系统。人工智能从出现之初就一直将 Agent 如何做出智能决策作为研究的重点之一，其所谓的智能一个重要表现就是能够有效地与其他智能系统或 Agent 进行协调工作。

虽然在 AI 的研究领域，已经开发了诸如经济博弈论、分布式马尔可夫模型等多种多 Agent 协调方法，但是很多学者却将研究重点集中在分布式约束优化问题（DCOP）的求解，并将其作为多 Agent 协调的关键范式。他们相信 DCOP 是一种很有前途的方法，因为它有效地利用了已经被 AI 研究所证明有效性的约束表达的研究成果。这其中，具有代表性的青年科学家是来自德雷克塞尔大学计算机科学系助理教授 Modi。他以优异的成绩从卡内基梅隆大学获得计算机科学和数学学士学位，并在南加州大学获得计算机科学博士学位。Modi 是莫迪 Agent 和多 Agent 系统在美国学校的主席，是分布式约束推理研讨会主席，是自治代理和多 Agent 系统会议和国家人工智能会议的委员。他是 Artificial Intelligence、Journal of Artificial Intelligence Research、Journal of Autonomous Agents and Multi-Agent Systems 等多个期刊的审稿人。他致力于开发针对 Agent 决策和活动的自动和半自动协作的描述和推理算法。在 Modi 的研究过程中，开发了第一个基于 DCOP 的算法（异步分布式优化系统 Adopt），该系统内部通信是完全异步的，并且在可信通信条件下确保能够获取全局最优解。异步通信方式使得 Agent 能够并行地进行决策，大大降低了系统获取全局最优解所花费的时间。Adopt 系统接受存在有限错误的近似解，因此能够适应在有限的时间和通信资源条件下 Agent 快速发现问题解（即使不是最优的），最重要的是其提供的具有有限错误的近似解是处于可信范围的。

在 AI 研究领域中，针对智能 Agent 的计算范式层出不穷。计算设备的便携性和功能性越来越强大（如手持计算设备和手机），网络技术的不断发展使得现有网络能够更加有效地支持无线数据、音频和视频传输（如无线网络和移动网络）。为了更好地适应当前越来越复杂的计算环境，Modi 提出多 Agent 协作研究领域存在三个重大的挑战。

（1）如何设计分布式 Agent 系统使其在有限的时间或有限制的通信条件（例如，通信不可信，价格昂贵，通信环境存在风险，存在隐私条款限制信息交换）下能够解决困难的协作问题。

（2）如何设计开放的分布式 Agent 系统（即设计具有流动性的算法），如何设计 Agent 进入和离开系统的动作。

（3）如何设计适应动态环境的分布式 Agent 系统（动态环境中的通信信息很快失效）。

Modi 的研究直指智能实体互作研究的关键问题。解决这一问题可以帮助我们利用基于分布式的 AI 技术来解决现实世界中的复杂任务。Modi 是位优秀的计算机科学学家，他的博士论文随着智能 Agent 系统的发展，被认为是分布式约束优化（DCOP）领域的奠基之作。遗憾的是，Modi 于 2007 年不幸逝世。为纪念他的杰出工作，国际自治代理与多代理系统会议（International Conference on Autonomous Agents and Multiagent Systems，AAMAS）专门设立了以他的名字命名的最佳学生论文奖。

7.5.3　多 Agent 系统的理论研究（3）——联盟机制

多 Agent 系统为理解和构建分布式系统提供了一个重要和快速发展的设计模式。该模式把计算机元件看作 Agent——能够为满足既定目标而自行决定行为的自治实体（如同软件程序或机器人）。更为典型的是，这些 Agent 之间需要交互来提高整体的性能以及抵消彼此的不足，从而使多 Agent 系统适用于广泛多样的应用环境，从工业、商业到医疗、娱乐，或者与其他技术（如语义网和网络服务）结合[59]。由此而论，交互的最基本类型之一是联盟形成，即创建有目的的和短暂的联盟（如团队），联盟因为某个目的而形成，当这一目的不再存在或当联盟不再满足他们的设计目的时解散。联盟形成潜在的应用包括多传感器网络、网格计算和分布式车辆路径。

形成高效的联盟是多 Agent 系统领域最关键的研究挑战。这一努力的核心是联盟结构生成（Coalition Structure Generation，CSG）问题。该问题包括如何从众多可能的联盟中选择一种使整体系统的性能达到最优的联盟，这是一个搜索空间呈指数级增长的 NP 完全问题。例如，给定一个 Agent 集合 $A=\{a_1, a_2, a_3, a_4\}$，它存在 15 个可能的联盟结构，如图 7-1 所示，每个方框代表一个联盟结构。

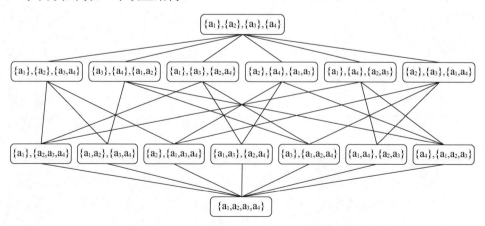

图 7-1　四个 Agents 可形成的联盟结构图[63]

在过去几年里，研究者为解决寻找最优联盟结构的问题建立了许多算法，这些算法使用了不同的搜索技术，如动态规划、整数规划和随机搜索。然而这些算法有很多局限性，导致它们尤其是在 Agent 数量很多时，不是效率低就是不适用[59]。鉴于此，美国南安普顿大学智能代理多媒体（IAM）研究小组的一名高级研究员 Rahwan 设计了一种全新的方法来解决这个问题。具体言之，Rahwan 的多学科方法借鉴计算机科学、博弈论、运筹学以及组合优化学科的研究。其方法基于新的搜索空间表示方法，并且结合了不同的搜索技术（如线性规划、动态规划、分治法、分支界限法和深度优先搜索）。为此，Rahwan 开发了许多新型算法，比现有方法快几个数量级。这些进展为该领域提供了新的动力，激发了当代研究者的显著兴趣。例如，在文献[60]中，Rahwan 详细介绍了一种新颖的、可中断的算法来求解最优联盟结构问题。尤其通过实验证明，其算法找到最优解所用时间仅仅是当前动态规划算法所用时间的 0.082%（27 个 Agents 的情况），同时对于 n 个 Agents，其算法的空间复杂度由 O（3n）降为 O（2n）。而且，该算法是首个当 Agents 数目超过 17 时也能够在合理时间内找到解的算法。图 7-2 对比了在 15～27 个 Agents 时，动态规划算法（DP）、整数规划算法（CPLEX）和四种不同取值分布下 Rahwan 的算法（Normal、Uniform、Sub-additive 和 Super-additive）分别运行 20 次找到最优解所用的时间，可以看出 Rahwan 的算法总是优于其他算法。

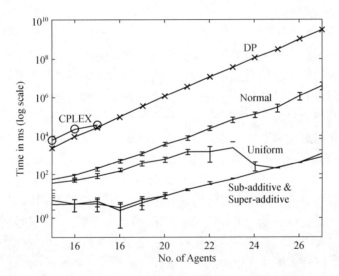

图 7-2　动态规划算法（DP）、整数规划算法（CPLEX）和四种不同取值分布下 Talal Rahwan 的算法（Normal、Uniform、Sub-additive 和 Super-additive）解决联盟结构生成问题所用时间对比图（对数图）[60]

目前，多 Agent 系统求解时另一个根本性问题是：如果解空间太大不能够被完全搜索，那么我们是否可以只搜索这个空间的一个子集，同时确保能够在该子集内找到一个解，这个解与最优解的差异在一个特定范围（即一个百分比，如 50%）内？如果可以，又要如何找到最小的这样一个子集？这是在该领域内的一个长期悬而未决的问题。Rahwan 最近解决了这个问题，他的方法的特别之处在于，对任何一个特定范围都能够确定必须搜索的一个最小子集。Rahwan 的志向是使联盟形成技术能够适用于全新类的应用程序，并且与迄今应用有完全不同的规模。这个过程有助于 Rahwan 实现他的长期目标，即将潜在理论基础用于敏捷合作问题领域。

迄今 Rahwan 已发表 27 篇顶级期刊和顶级会议论文,参与撰写了由麻省理工学院出版的书籍 1 部,已完成与在研项目 6 项,共约 1350 万英镑。他在南安普顿大学的博士论文"多 Agent 系统中的联盟形成算法"获得了英国计算机学会杰出论文奖,该奖项是英国计算机科学领域最高博士学位奖。目前,Rahwan 是阿拉伯联合酋长国(UAE)马斯达尔科学技术学院的助理教授,他最新的研究工作集中在下面三个方面。

(1)提出新的联盟博弈表示方法,例如,联盟技术向量模型[61]、联盟流网络(CF-NETs)[62],能够充分表示博弈的特征函数,灵活表达不同类型的博弈,并且都能够高效地解决大规模联盟结构生成问题。

(2)构建解决联盟结构生成问题的算法,包括包含积极和消极外部效应的多 Agent 系统联盟博弈[63]、提出新的动态规划与树搜索混合算法(IDP-IP)[64]、基于图形处理器加速动态规划算法以优化 IDP-IP[65]。

(3)提出解决各类博弈问题的算法,例如,在图限制博弈中构建了一个更高效的计算 Shapley 值的算法和一个计算 Myerson 值的一般目的的算法[66],从实现和计算的角度研究广义的特征函数博弈[67]。

7.5.4 多 Agent 系统的理论研究(4)——优化选择

在多 Agent 仿真时,社会因素日渐成为解决现实世界中(如后勤、交通控制、在线服务及其他领域)优化问题的重要成分。传统意义上的最优化理论通常是为一组媒介找出最佳的策略,这里的媒介可以是软件、公司或者个体。许多最优化问题都有一个潜在假设:各种媒介之间有共同的目标,但实际上,这种设想往往不能实现。此外,媒介间的竞争引出了在解决最优化问题时的博弈论部分,因为各个媒介可以采取策略行为。为此,多伦多大学的博士后研究员 Narodytska 将社会选择与最优化理论相联系,与来自 NICTA 的 ADT 项目组及新南威尔士大学的同事,在 Walsh 的带领下,通过利用最优化、社会选择及博弈论领域的理论,研究解决面向用户偏好的最优化问题的有效方法。

在 Narodytska 研究优化问题和社会选择论的界限中出现了一个有趣的问题,即用户偏好启发的问题。例如,想买车的用户能轻松判断出你提供给她的车的配置是否达到她的要求。然而,让她写出正式的模型去找到有效的配置就很困难。Narodytska 和她的合作团队致力于通过向用户询问一系列关于偏好的简单问题,来研究帮助用户定义一个问题的计算复杂性。特别地,Narodytska 和她的合作团队通过询问关于部分解决方案的疑问来研究引出用户束缚的不同方法。Narodytska 等在进行多个媒介偏好的融合时,出现了另一个有趣的问题:已知一组个体的偏好,如何建立一个社会偏好模型且考虑到所有个体的偏好,来代表所有个体的兴趣?一个融合这些偏好的普遍的和通用的方法就是投票。为此,Narodytska 等在一系列媒介中寻找决策行为,例如,谎报偏好、贿赂及控制。目前,Narodytska 的主要的研究兴趣是算法设计、离散优化和可满足性。她善于把决策过程应用到实际中,包括正式的验证、软件和硬件合成以及社会科学等。

此外,Narodytska 及其同事也做了关于资源配置的研究:已知一组不可分割的资源或物件,和一些媒介以及它们对这些资源或物质的偏好,要如何实现有效分配资源?云端可能存在一些可用的 CPU，并且有一组用户要访问这些资源，一个常用的机制是让用户依次选择物品；第一名先选择其最想要的资源，第二名再在剩下的资源里选择其最想要的部分，依次进行。这种机制是使用历史最久、最为人所知的方式，在每个人的一生中至少都会用到一次。Narodytska 的研究证明，最好的方法是让各媒介按顺序轮流挑选。这个方法第一次解决了一个长时间存在的开放性问题，为全球校园的运动场机制提供了合理解释。Narodytska 同时也研究了此问题的策略方面，并设计了建立挑选顺序的算法从而不需要使用决策行为。

目前，Narodytska 还是 COMIC 多站点研究小组的一员，主要研究多方面的约束建模，包括：①全局约束：全局（或非二进制）约束是约束编程系统中最重要和强大的一个方面。他们的工作是设计和实现专门的全球约束传播算法，以实现高效和有效的约束求解。②计算复杂度：其目标是研究全局约束推理的计算复杂度。他们将演示设计和分析特定的全局约束过程的计算复杂度。

7.5.5　人工智能与机器人研究（1）——自动驾驶汽车

无人驾驶汽车的概念在人工智能领域产生已有几十年的时间。随着计算机领域近年来的发展，这项愿景正在逐步变成现实。自动驾驶是一个令人激动的研究领域，它的实现需要克服人工智能和机器人学科中的许多挑战，例如，感知和传感器融合、映射与定位、建模与学习、预测和决策。当前，众多企业和学者都在致力于开发使无人驾驶汽车能够感知和理解周边环境，并能按照人类的规则和传统行驶的算法。本节将以丰田研究所人工智能和机器人组的高级研究科学家 Dolgov 的研究为例，简要介绍该领域的最新研究进展。

Dolgov 最近的主要研究兴趣是未知环境下自动导航时的路径规划[68]。这项任务主要的目的是实时地生成轨迹，以响应机器人通过机载传感器获得关于环境的新信息。在开发一个实用的路径规划系统的过程中，主要的挑战来自于车辆的控制空间（以及其中的轨迹）是连续的。因此，为求得接近最优的安全且平滑的轨迹，并满足车辆的运动学约束，需要解决一个复杂的非线性连续变量优化问题。目前，Dolgov 与其在斯坦福大学赛车队（http://cs.stanford.edu/group/roadrunner）的同事已经开发出一种路径规划算法，将这个计算问题归纳为启发式图搜索、势能场与数值连续变量优化的组合[69]。在 DARPA 城市挑战赛（www.darpa.mil/grandchallenge）中 Dolgov 的团队已经进行了成功的测试。他们的车辆在自由导航环境下完美无瑕地完成了操作。

另一个激起了 Dolgov 极大研究兴趣的方向是感知并理解环境[70]。事实上，这也是得出一个优秀的路径决策的先决条件。这方面的主要挑战是传感器数据的稀疏性和噪声。这会导致问题变得模棱两可，并要求感知和映射时使用概率推理方法。根据这个思路，Dolgov 和他的同事正在探索能够在局部传感器观测结果的基础上推断全局环境的方法。例如，许多人造环境（如停车场）具有良好的结构，对于这种结构，Dolgov 从传感器数据中提取局部几何特征建立一个全局一致的模型，并利用概率方法合成全局视图。

近几年来，尽管自动驾驶领域已取得了显著的突破，但许多未解决的问题依然存在。其中以下几个问题让 Dolgov 特别感兴趣：对动态对象进行可靠的识别、跟踪、运动预测，并使用这些信息帮助决策。这些任务依赖于几个方面的进步，其中包括鲁棒性强的感知技术、动态系统的学习和建模技术，以及有效的规划和决策算法。

7.5.6 人工智能与机器人研究（2）——与机器人对话

当前我们正处于机器人技术革新的时代，机器人将从根本上改变我们的生活和工作方式。无论在家中、工厂还是田野，机器人已经部署在了诸如真空吸尘、汽车组装以及炸弹拆解等应用中。例如，医院机器人将会检查患者并将患者状态报告给护士，如此便会节省时间，提高患者的治疗效果；育儿机器人将帮助家长做家务，如协助换尿布或吃奶，以便家庭能在一起欢度高质量的生活；制造厂机器人将会在可重构装配线上与人们一起组装复杂的对象，增加工厂车间的效率和灵活性。机器人革命即将会到来并会超过计算机革命的普遍性和有效性，因为机器人不仅可以改变虚拟世界，也可以改变物理世界。

由于机器人逐步向更加强大和自治发展，研究人类如何和机器人交流就变得非常重要，而在其中，自然语言是使得这种交流变得有效的一种直觉的和灵活的手段。当前，众多学者主要研究目标是构建一种能够利用语言无缝隙地满足人类需求的机器人。为了能准确地执行指令，机器人必须与他们的人类伙伴建立共同兴趣点，方法之一便是一个人用他自己的语言来向机器人描述这个世界。学者正致力于开发一种接口来使机器人能够理解人类关于世界的描述，并将其融入到机器人自己的表达之中。机器人由此得来的语义便让它们可以更准确地服从人类的指令，因为机器人关于世界的心智模式与人类的是相匹配的。

以语言为基础的接口会使机器人对更广泛的应用都是可触及的和富直觉的。家用机器人能够完成一些家务活，如煮饭和清洁。一个能够理解人类语言的机器人能够允许那些未经训练的主人表达他们的复杂要求，包括晚饭做什么以及袜子放在哪个地方等。在工厂里或者搜索营救行动中，人类会带领各种类型的机器人去装配产品或者在爆炸后搜救幸存者。通过使用机器人语言，人类可以在最需要机器人的地方最快地配置一支机器人队伍，机器人也能够同它们的领导者报告自己发现了什么或者哪里需要帮助。

以布朗大学计算机科学学院的助理教授 Tellex 为代表的一大批青年科学家的研究目标就是构造无缝地使用自然语言与人类进行交流的机器人。为了能使机器人理解语言，Tellex 和麻省理工大学的合作者开发了 Generalize Grounding Graph 框架用于在语言词汇和外部世界的各个方面形成映射。此框架根据一种被定义为认知语义学的语言结构来创建概率模型，她们利用带有人工注释的大数据集训练该模型。通过使用收集来自不同人的数据，她们设计的系统学习了词语多样性方法的健壮模型。然而，无论一个机器人有多少训练数据，在它们的理解过程中总是存在着困难。为了解决这个难题，Tellex 准备采用和人类自身进行理解时所运用的相同的策略，即通过问答来使机器人从失败中吸取教训。基于信息理论而建立的人与机器人对话的方式能让机器人用平常的语言对未经过训练的人类表达它的需求。人类的帮助使机器人得以从失效中恢复并持续进行自主操作。

目前，Tellex 及其团队的科研项目目标是创造可以满足人类需求并与人来合作的机器人，以便通过人类与机器人的协作缓解人与人的合作[71]。为了创建可协作的机器人，Tellex 及其团队专注于三个关键的挑战：①使用机器人的传感器感知世界；②与人沟通，了解他们的需求，并知道如何满足这些需求；③以满足人们需求的方式采取行动来改变世界。

在与机器人交互方面，另一个代表性的年轻学者是麻省理工学院媒体实验室的博士后研究员 Knox，他的研究兴趣涵盖机器学习、人机交互和心理学，特别是基于人机交互的机器学习算法。Knox 于 2010 年获得了 AAMAS 的最佳学生论文奖，他的论文 "Learning from Human-Generated Reward" 获得 "The Bert Kay Dissertation Award" 和 "The Victor Lesser Distinguished Dissertation Award" 的亚军。Knox 作为博士后在麻省理工学院媒体实验室时，与 Breazeal 的个人机器人集团一起工作。他的研究集中在一个他们暂时称为 "从向导学习" 的项目，其中机器人学习模仿训练者的行为，在这种情况下，可以为年幼的孩子创建一个自主机器人学习同伴。

Knox 在交互式学习的研究内容主要集中在促进教学的算法上[72]，该研究是建立在以人类做出支持或反对的表达信号之上的。处理这些信号时，是将其以数值表达形式应用在强化的学习框架之中。鉴于这些数值表达实际上都是通过非技术用户给出的，因此如何才能确保机器人所学习到的信号是人们所期望的表达内容是值得研究的。为此，Knox 开发出了基于强化评估模式的手动代理学习框架来解决此问题。将此框架与更多的传统学习相结合，机器人不但能从人类获得学习，还能够直接从预定义的评估函数中获得学习。评估函数完全地决定着机器人行为是否正确，机器人是根据评估函数的输出来给出表达的，并且是由控制的反馈信息来引导的。Knox 的研究所改善的问题主要体现在学习速度和基于无人训练得到强化学习的最终性能这两方面。通过交互式机器学习这一研究，Knox 的目标是希望将机器人与我们的专业知识相结合。随着互动式学习的研究，人类是全自主机器人研究的被动受益者。另一方面，人们积极地认识和发展了机器人的行为控制，使得现代技术逐步迈向一个以人为本的人工智能时代。

Knox 目前正在从事的研究包括：①机器人的控制和其他代理；②机器学习（特别是强化学习方向）；③人机交互；④认知科学研究中基于人类行为的计算模型。在 2012 年年末，Knox 在德州奥斯丁参加了他的论文答辩 "Learning from Human-Generated Reward"，并以博士后身份加入了麻省理工学院媒体实验室。在这里，他的主要研究是学习向导课题，机器人学会模仿人的动作和行为，以此为年幼的孩子创建一个机器人型的阅读伴侣。

7.5.7　人工智能与机器人研究（3）——多机器人控制

在交通、物流、农业及灾难应急反应等领域，为了实现多机器人系统的全部潜能，我们必须使它们能够自主、协作的交互。因此，如何建立分布式的多机器人规划和控制策略是当前研究热点。为了使高级规范行之有效，学者正在开发安全的、正确的和自动的综合控制策略，这些策略的主要目标是解决可替换主体协调中的三个子问题，即任务分配、计划和反馈控制。

目前，南加州大学（USC）计算机科学系的助理教授 Nora Ayanian 和她的团队成员分析了包含大量群体的实验数据，该数据是基于有限的指令和反馈以及局限于本地交互而生成的。到目前为止，Nora Ayanian 团队发现对于人类的分布式定位是非常困难的。她们的目标是在个人机器人系统中创建一个解决真正的高水平规范和交付协调机器人的方案。目前，多机器人协作系统的应用是很困难的，不仅是从一个应用程序可转移到另一个的解决方案。Nora Ayanian 的研究目标是开发分布式规划和控制基础，以广泛适用在多机器人协作系统或移动传感器网络中的各个方面。在 Nora Ayanian 的研究生涯中，获得了多项奖励，包括 2005 年美国国家科学基金会的研究生奖学金，2008 年国际机器人与自动化会议的最佳学生论文奖项。

用当前已有的技术，机器人可以代替人完成各种各样的任务，包括搜索和救援、排雷以及侦察任务。不同类型任务需要不同角色的机器人完成，因此，对自动协调方法的研究是极其必要的。Nora Ayanian 认为，通过自动化的控制合成，可以设计出高水平的技术规范，降低响应时间，以实现机器人自我组织。对此，Nora Ayanian 和她的团队当前正从以下三个方面入手解决这一问题：①不确定环境下的概率模型：如何设计或选择控制策略才能最大化保证安全同时保证能完成任务？根据当前对环境状态的估测，机器人如何协调才能产生最优的任务分配？需要多少交流才能对环境状态产生足够的评估？Nora Ayanian 及其团队正在通过建模解决这些问题。②复杂环境中的顺序组合：Nora Ayanian 及其团队已经开发出的方法提供了收敛和完全的保证，这意味着如果存在解决办法就一定能找到。不像抽象和主从式构想，Nora Ayanian 的方法允许对不同环境区域导航并提供了安全保障，即保持了机器人之间的约束和避免了障碍物出现时的碰撞。③机器人之间约束的抽象：当一群机器人导航一个任务地点，将这些单个的机器人的状态抽象为一个"群组状态"将允许对复杂性的管理。然而，现有文献大多数使用抽象的方法不允许机器人之间的约束，例如，在网络维护或通信拓扑结构中。然而在 Nora Ayanian 的工作中，她们使用了一个分层的方法以及时间尺度分离使这一切成为可能

在未来的几十年里，自治的可替换主体系统将在我们的日常生活中发挥着不可或缺的作用。从运输人力和包裹，到监测环境和基础设施资源分配，它们无处不将呈现出显著的、可用性的挑战。因此，以高级规范为开始的端对端的解决方案应得到有效发展，并为整个系统提供专门的代码。

7.6 人工智能与逻辑学

7.6.1 逻辑学简述

智能系统往往需要利用嘈杂或含糊不清的数据进行推理；概率论是对假设进行评估的原则性的框架。像贝叶斯网络的图形模型，简洁地刻画了大量的随机变量间的依赖关系，它的发展带来了应用广泛的概率系统。然而，概率网络模型缺乏对一阶逻辑或关系的描述。例如，贝叶斯网络可以说，约翰穿什么取决于波士顿的天气，玛丽穿什么取决于巴黎的天气，却不能表达这类依赖关系的一般规则：每个人穿什么取决于他或她生活地方的天气。

使用概率模型进行学习和推理，类似于逻辑知识基础上的量化公式，可以推动统计关系学习领域的发展。统计关系学习仍然处在发展的早期阶段。但是，它的巨大成功表明，一个跨学科的建模和算法开发的方法可能是在人工智能领域取得重大进步的关键。

在经典计算机科学的发展中，逻辑和基础已经起到了不可估量的作用，并且其结果在实际应用中具有实质影响，包括硬件设计，以及随后的所有社会影响。在复杂的物理系统

设计中，逻辑创新无疑会拥有相同的作用。在下面的章节中，我们将结合几位的研究成果，介绍逻辑学、统计学与概率论在人工智能中的广泛应用。在下面的章节中，我们将结合历年 AI 十大新星中逻辑学相关领域五位研究者的成果，对人工智能领域中关于逻辑学的热点问题和发展趋势进行综合分析。

7.6.2　逻辑学研究热点（1）——人类级 AI

实现人类水平的人工智能的三大挑战包括：与知识表示结合的机器学习，面向现实世界级的、基于逻辑和概率知识的问题推理，开发具有人类水平的人工智能理论。伊利诺伊大学香槟分校（UIUC）计算机科学系的助理教授 Amir（2006 年 AI 十大新星之一），受这三个关键问题和挑战的激发，Amir 的研究主要集中于对于事物、关系和个体知识的计算机表示、学习和推理。这一研究领域是 AI 研究的关键所在。现实世界中的 AI 应用程序（如自然语言处理，连续决策，诊断问题求解等）均需要考虑无数的对象和关系，需要合理的描述和推理机制去适应和层次化的去完成对成千上万的对象和关系的计算表示。

Amir 与他的合作者共同研究并提出了该领域的两个关键性计算数学工具：①在关系领域（Relational domains）内基于克雷格插值定理的图结构。该结构能够加快在关系表示中的推理过程。②在动态域中进行有效的知识和信念追踪的逻辑表示簇。该知识表示簇能够在观察域内实现高效学习。Amir 使用这些工具开发了因式分解规划的相关算法；基于行为的机器人控制体系结构；面向大规模观察域的显性知识的推理、学习和运行算法。

Amir 认为 AI 在可观察域内的知识表示，组合逻辑和分析概率相结合的问题解决方案方面有着突出的优势。他致力于展示并推进分割和关系推理方法在连接逻辑、概率和行为的知识中的有效使用。从 2006 年开始，Amir 积极推动 AI 技术向具有分布式知识和资源的海量数据集的应用。Amir 认为这一技术将使得 AI 变为使用大规模数据的科学而不是仅仅适应大规模数据（万维网搜索算法和来源于机器学习的数据挖掘方法都是这种转变的典型代表）。

受此激发，Amir 开发了一种可以忽略大多数对象、函数和谓词之间的交互的一阶逻辑和概率表示推理方法，并证明了其快速性和正确性（www. cs.uiuc.edu/～eyal/compact-prop）。他的研究面向大规模、自主学习和探索性知识扩展。他构建的自治代理模型能够从大规模有效知识中探索不为人熟悉的场景知识，并通过定向探索去完善这一知识情景。

开发新的基础和健全的 AI 理论是 AI 研究领域的长期挑战。一个更好的人工智能理论，将有助于研究人员向构建人类水平的人工智能这一目标迈进。本着这种精神，Amir 确定他的研究目标为：开发一套 AI 完整性理论，使用一个 AI 完全问题实现人类和机器的区分。

Amir 在获得 AI 十大亮点提名之后，仍然继续其在 AI 领域内的研究和探索工作。　他以将人工智能应用于实际系统设计作为主要目标，通过人工智能技术，将各种知识融合到应用系统的设计过程中，用于指导其具体设计和实际操作。为实现这一目标，Amir 在已有工作基础上，深入研究了基于逻辑、概率理论和决策理论的原理和数学模型，并研究这类模型与认知科学结合的可能。在具体工作中，Amir 主要寻求将上述研究结果应用于自动推理和表示，一般性知识及其关联不确定知识的应用，自治代理的结构和控制，确定性计划和决策获取，以及从动态设置中学习获取确定性知识。为整合已有知识，Amir 还研究利用图算法进行海量常识数据库和反应系统的构建。Amir 始终将研究成果与实际应用关联，在过去的 10 年中，Amir 将他的研究成果应用于机器人设计，机器学习、视觉，虚拟现实，计算机游戏等多个方面，并一直贯彻着他向人类级 AI 迈进的研究理念。

在 2004 年 1 月加入 UI 工作之前，Amir 作为加州大学伯克利分校博士后，师从著名人工智能专家 Russell，与其共同进行研究工作。Amir 的研究方向主要集中在利用逻辑和概率知识进行学习、推理和问题决策上，其研究成果被广泛应用于万维网、冒险游戏、电炉和编程检验，以及移动机器人控制上。他的研究的最终目标是实现具有人类智能程度的人工智能。

Amir 从 2006 至 2012 年 6 年内发表了大量的研究成果，其中多篇关于自动推理和自治代理的论文发表于人工智能顶级期刊 Artificial Intelligence 和顶级会议 AAAI 上[73-81]。Amir 一直不是一个学究型研究者，他致力于 AI 的应用推广，他在领导多个美国国家自然科学基金的项目工作的同时也领导了自动汽车的开发项目，将他的研究成果应用于与人类生活密切相关的实际工作中。他参与了人机交互应用 App 的开发，参与了快速智能停车系统 FasPark（http://www.thefastpark.com）的开发（该系统已经在美国十余个州得到了实际的推广和应用），其研究成果获得了多项奖励，并受到了 Connected World Magazine、Scientist Live、Science Daily 等 10 余家杂志的报道。Amir 因他杰出的工作，获得了 Xerox Award、Gear Award 等奖励。他关于人工智能的理念"We Want More From Computers-But Not Too Much"被 Forbes（福布斯）杂志进行了宣传和推广。

7.6.3 逻辑学研究热点（2）——结合逻辑与统计概率 AI

MIT 计算机科学与人工智能实验室的博士后研究员 Milch（2008 年 AI 十大新星之一）的研究主要关注结合逻辑和概率形式的知识表示模型上的推理和学习。类似于逻辑知识库中的量化公式，对概率模型的学习和推理算法的需求推动了统计关系学习领域的发展。Milch 的论文工作引入一种称为贝叶斯逻辑关系的概率建模语言[82]。它的对象间的相互关系是可知的，这一点上超越了早期语言。在实践中，这样的场景无处不在。举例来说，如果一个信息提取系统提取到关于"Thomas Smith"和"Tom Smith"的信息，它必须得推断这到底是一个人还是两个人。

虽然许多专用算法利用"数据关联"、"记录联系"或"指代消解"已经解决了这个问题，BLOG 使得对未知对象的普遍推理模式化成为可能。在包含大量对象的概率模型上进行推理仍然是一个重大的挑战。Milch 为 BLOG 构建的推理引擎使用马尔柯夫链蒙特卡罗算法，在可能的分类情形上进行随机漫步[83]。

Milch 与其麻省理工学院的同事探索了对整个群体同时进行互换对象推理的算法，以提高效率。这项研究的灵感来自于从逻辑定理证明的技术。它令人振奋的结果充分体现了概率和逻辑推理的整合趋势。Milch 也正在研究从数据中学习关系概率模型的算法。从长远来看，他希望构建一个系统，不仅能学习变量之间的相关性，也能进行预测。例如，系统可以通过论文的作者名单推测特定研究者之间的合作关系，从而解释合著模式。

Milch 认为：在过去的 20 年中，人工智能的逻辑和概率分支基本上是沿着各自独立的路径发展。对这两种方法的长处进行结合，将带来应用广泛的实用系统，并使我们在向构建人类水平的人工智能的道路上前进。

普渡大学计算机科学系和统计系的助理教授 Neville（2008 年 AI 十大新星之一）的研究兴趣是统计关系学习，这与复杂关系领域的数据挖掘和机器学习密切相关。她的研究主要集中在利用统计相关实例之间的依赖关系开发和分析模型，以及准确地学习这些模型的算法。她的工作应用于包括社会网络分析、欺诈检测、引文分析，以及生物信息学中。

最近，统计关系学习方面的研究人员将人工智能，数据库和统计学结合起来，从而建模复杂关系数据集。例如，社交网络、万维网、蛋白质间的交互图。这项研究已显著扩大了统计模型的学习范畴。有人称这为自动学习中的"关系革命"，（取代并）超越了长久以来的独立同分布假设。

关系型数据的力量在于将独立对象各自的信息和与之相关对象的信息，以及这些对象间的联系结合起来。例如，追踪涉及证券欺诈的股票经纪人。目前，美国全国证券交易商协会（NASD）使用一套手工制作的孤立的评估规则来识别潜在的欺诈经纪人。然而，由于欺诈和渎职行为是社会现象，谋求欺诈的人经常会互相沟通和鼓励，因此往往关系信息才是检测欺诈的核心。关系学习技术可以自动识别经纪人之间专业的、有组织的关系模式。相比手工制作的规则而言，这些指标在检测欺诈时可能更加有效。因此 NASD 可以使用这些技术，从而使其有限的监管资源能够更有效地针对更有可能从事欺诈行为的经纪人。

Neville 的研究主要集中在设计和分析关系领域的统计模型，学习这些结构的算法，以及模型参数[84]。特别是，Neville 开发了一种高效、准确的近似学习算法，使得大型关系数据集上的关联分析成为可行——其他的方法要么是计算密集型的（计算难度过大），要么根本无法实现。值得注意的是，这些模型是迄今为止唯一的针对关系数据的特殊特性进行统计偏差补偿的方法。另外，Neville 也针对分解关系学习过程和集体推理过程带来误差的关系模型实验分析开发了框架，对这个框架的初步分析提高了我们对一类广泛的关系算法的理解。

Neville 当前的研究主要集中于开发动态的、事务性的、多源的网络关系统计模型。在这种环境中，要么关系一直在随时间改变，要么观测粒度较低，要么得到的关系结构来自不同的观测来源，要么以上情况同时存在。虽然研究人员最近提出了几种成功的关系模型，然而这些研究主要侧重于静态的、结构良好、充分观测的领域进行属性预测。目前为止，没有几项技术可以分析现实世界中不符合这些假设的领域中的关系（例如，在线社交网络和智能分析）。

Neville 当前正在实施的一个项目是基于单一网络域的机器学习方法和统计分析工具[85]。在许多现实世界的网络域中，数据由一个单一的、潜在的无限大小的网络（例如，万维网、Facebook）组成。Neville 的工作重点放在为单一网络域开发稳健的统计方法——因为对复杂系统的许多大型网络数据集来说，很少有可用的模型估计和评价的子网。具体而言，Neville 的项目目标包括：①加强单一网络域的学习理论基础。②为确定发现的模式和特征的重要性创建精确的方法。③制订新颖的模型选择和评价方法。④针对基于单一网络域的独特性的网络学习和预测开发改进方案。

统计关系学习仍然处在发展的早期阶段。但是，它的巨大成功表明，一个跨学科的建模和算法开发的方法可能是在人工智能领域取得重大进步的关键。

7.6.4 逻辑学研究热点（3）——验证信息物理融合系统

卡内基梅隆大学计算机科学专业的助理教授 Platzer（2011 年 AI 十大新星之一）开发的信息物理融合系统的逻辑基础可描述信息-物理融合系统的基本原则，并回答我们怎么能相信一个电脑来控制物理过程的问题。

许多智能系统会被嵌入在信息-物理融合系统中，包括针对汽车的智能驾驶辅助技术，以及针对飞行器的自动驾驶仪。那么，它们的设计如何能起到上述作用呢？大多数的初始设计没有起到作用，某些部署系统也仍没有起到作用。保证信息物理融合系统的正确运作是计算机科学、数学和工程学方面的核心挑战，因为它是设计智能和可靠控制的关键。科学家和工程师需要分析工具来理解和预测其系统的行为。然而，在信息-物理融合系统应用的真实动力学与先前模型和分析技术强加的限制条件基本不匹配。安德烈·普拉泽的研究集中于逻辑基础的发展以及复杂智能信息-物理融合系统的形式验证技术，尤其针对带有重要相互作用分立元件和持续动态的混合系统。他对设计和分析检验技术和验证逻辑非常感兴趣，并且非常乐于使用它们来开发自动检验工具，这有助于生产可靠的复杂系统，例如，航空、铁路、汽车、机器人以及生物医学方面的应用。

Platzer 博士已经开发了针对混合系统模型的，完全基于逻辑构造的检验技术的带有相互作用的分立元件和持续动力学的信息-物理融合系统。这些技术成功地用于验证铁路和空中交通管理领域智能控制系统的碰撞自由度。他已经证明了首个信息-物理融合系统的完整结果，表明了混合系统的所有真实性能能够由分解基本微分方程的性质来证明。在这里，分解是一个关键的分而治之技术，因为它能够使检验问题变得易于控制。

此结果对于他的成功是有帮助的，包括对欧洲列车控制系统和用于 KeYmacra 空中交通管理的迂回碰撞避免智能系统进行验证的真实案例研究，他们针对混合系统的混合检验工具，结合了推理、真正的代数以及电脑代数校准技术。采用其的验证技术，他发现并修复了存在于飞行器碰撞避免策略中的一个漏洞，这个漏洞引起了碰撞，而没有阻止碰撞。其他的成就包括在贝叶斯统计模型校验，混合系统图像计算问题的建立，以及面向对象程序的推论验证中的贡献。

在近期的突破性进展中，他进一步开发了第一个针对分布式混合系统的验证方法，例如，分布式汽车管理。20 多年来，人们一直在思考这些系统，但是先前的验证技术没有能力对其复杂动力学进行实际验证。

考虑到信息-物理融合系统技术的普遍性，以及我们对这项技术和在现代生活的安全方面越来越多的依赖，它们可能会具有更大的社会影响。

目前，Platzer 博士正在进行的研究工作包括以下几个方面。

（1）KeYmaera；它是一种结合演绎、代数和计算机代数技术的混成验证工具，其目的是混成系统。由于该工具能用自动化和互动的理论证明在混成系统中的自然规范和验证逻辑，所以，该工具特别适合验证参数混成系统，并已成功用于从列车控制和空中交通管理的反撞案例验证中[86]。

（2）信息-物理融合系统（CPS[87]）；Platzer 博士提出了一个多视角的框架。这个框架将模块视为基本系统结构的视图，并用结构化和语义化的映射方式来确保系统的一致性。

（3）混成验证驱动工具集[88]，Platzer 博士扩展了在：①图形化和文本化的混成系统模块；②比较改变方式的模型和证明；③管理验证任务这 3 个方面在前期的混成和算术的工具上进行了扩展。并且这个工具集可以轻松地应对大规模的验证任务。

（4）除此之外，他还对信息-融合系统的逻辑基础、混成系统的理论证明[89]以及混成系统的差分动态逻辑证明[90]感兴趣。

迄今他已发表了 100 余篇顶级期刊和会议论文，并且获得过多次论文奖，例如，他分别在 HCSS2014 和 FMRA 2013 做了特邀报告，在 2010 年获得 IEEE 智能系统 "AI's 10 to Watch" 并且在 2011 年获得 NSF CAREER 奖。

7.6.5 逻辑学研究热点（4）——AI 与描述逻辑

德国德累斯顿科技大学的理论计算机科学研究所的博士后研究员 Lutz（2006 年 AI 十大新星之一）目前的研究兴趣主要是面向计算科学和 AI 的围绕模式和时序逻辑，包括描述逻辑的知识表示，时间和动态逻辑的硬件和软件系统的验证，模态逻辑的空间，多 Agent 系统的逻辑。

知识表示逻辑是每个 AI 应用中需要解决的关键问题，可以说是 AI 技术的核心；它主要依赖于正确理解的形式语言和自动推理技术。开发一个良好的逻辑表示方法可以极大地有利于 AI 技术的发展。因此，Lutz 选择了计算机科学和 AI 技术的逻辑基础作为其研究的主要方向。

Lutz 致力于研究侧重于描述逻辑（DLs）的知识表示方法（一种基于逻辑的知识表示形式）。DLs 的主要应用在于为应用领域的相关概念以及基于这些概念的推理一个正式的描述形式。例如，DLs 已成功用于 SNOMED-CT 术语的系统化描述，并已经广泛用于美国的医疗系统中。越来越多的研究者意识到了 DLs 的巨大作用，DLs 被广泛地用于本体语言，OWL-DL 更被 W3C 定义为 Web 的标准化本体语言。

在描述逻辑研究中，逻辑和知识表示之间的联系越来越紧密。DL 理论基础研究和高效的 DL 推理应用之间的联系也越来越紧密。理论研究证明了 DL 的表现力和计算复杂性，应用研究为 DL 在实际应用中的有效性和可行性提供的重要的反馈信息。如何找到 DL 在对知识的优良表现力和计算复杂性之间的平衡是 AI 研究的一个关键问题。

针对这一问题，Lutz 进行了大量关于 DL 的研究，包括基于数值数据术语的 DL 理论理解和适应推理问题的 DL 定义方法等。Lutz 设计了 CEL 推理系统，该系统在进行性能和可用性评估时表现十分优良。此外，他还提出了通过非单调逻辑和行为推理帮助 DLs 和其他 AI 子域之间交互的相关工作的研究。

Lutz 相信，DLs 在广泛应用于本体语言研究之外，还将存在很多新的研究挑战。例如，许多应用中实现多个本体间的集成和互操作。通过理论与实践并重的 DLs 研究，将使得 DLs 的应用走出 AI 实验室而走向主流电脑技术应用领域（这一预言已经成为现实）。

Lutz 作为德累斯顿大学人工智能理论研究小组的主要成员和领导者，该小组的研究方向集中在计算机科学与人工智能中的逻辑理论，特别是知识表示和语义技术，数据库理论以及无限状态系统的证明。

Lutz 在对本体进化和本体推理方面的研究是人工智能领域，尤其是本体和语义技术领域的重要研究成果。他提出了针对的本体进化的，基于描述逻辑的保守扩充的理论，是轻量级逻辑描述理论的推动者。Lutz 是被 W3C 定义为 Web 的标准化本体语言 OWL 的主要设计人员和开发人员（该语言目前已更新为 OWL 2 Web Ontology Language）。Lutz 为 OWL 2 本体提供逻辑描述的理论和技术支持，OWL 2 本体能够提供用户关于类别、特征、个体以及数据等信息的关键词描述，并且通过语义网络文档对这些值进行存储。Lutz 还带领他的研究小组开发了面向语义数据库访问的 Combo 系统。

Lutz 作为逻辑表示和数据库理论领域的杰出研究者，发表了大量关于语义本体研究、逻辑表示、数据库理论的文章[91-99]，多次担任 AAAI、IJCAI 等人工智能顶级会议的 PC 委员，并且担任了人工智能重要刊物《Journal of Artificial Intelligence Research》的编委会成员，以及期刊《Review of Symbolic Logic》的编辑。

7.7 人工智能与语义学

7.7.1 语义学简述

想象这样一个世界：汽车可以识别到司机走神，并提醒他或她可能的碰撞；虚拟人可以在你进入一个新的办公室或展览厅时，欢迎你并引导你到正确的位置；计算机可以分析病人的非语言行为，并帮助医生评估他或她的心理状况。为了使这样的想象成为现实，我们必须提供能认识、理解、回应人们的非语言行为的计算机接口。

多模态感知是一项多学科交叉的研究课题，涵盖计算机视觉、人机界面、社会心理学、机器学习和人工智能领域。应用范围包括机器人学、教育和娱乐。此领域未来的研究方向包括从当前对话上下文中自动选取最相关的信息，为这些上下文特性寻找最优表达，以及扩展当前数学模型来更有效地融合不同信息源。

最好的研究能够将理论和实践的需要整合到一起。语义 Web 上下文为应用 AI 的理论方法解决 Web 中的实际问题提供了一个完美的环境。

近年来，基于语义的 Web 社区的研究者一直致力于将相关技术不断转化到真实的（大型、分布式、动态变化的）Web 环境中，语义 Web 研究中的许多固有的简单假设都逐渐被抛弃。这一趋势将不断推动 AI 和语义 Web 之间的协同研究。在下面的章节中，我们将结合历年 AI 十大新星中语义学相关领域五位研究者的成果，对人工智能领域中关于语义学的热点问题和发展趋势进行综合分析。

7.7.2 语义学研究热点（1）——语义网络

雅虎巴塞罗那研究院的研究员 Mika（2008 年 AI 十大新星之一）作为人工智能领域的一个年轻研究者有其自身的优势，继承了前几代人工智能研究者的一套惊人的工具，从而可以为知识和人类的推理进行建模，并用来执行实际任务。Mika 是在计算机的陪伴下长大的第一代人，他也是其高中第一个使用网页的人。而且，他正在大学里听有史以来第一个关于 Tim Berners-Lee 对于语义网络的宏伟愿景的课程。

从 Mika 攻读博士学位开始，语义网络已经拥有了技术基础，建立在对知识表示与推理数十年的研究结果基础之上。然而，作为一个实用主义者，Mika 为接下来会发生的感到激动：我们会如何用生活填充语义网络？数据、应用和用户又会来自哪里呢？有一个答案来自于当时蓬勃发展的 Web 2.0。尽管在起源、重点和愿望上，Web 2.0 都不同于语义网，但是它已经创造了几个点亮语义网络的机会。例如，它带来了一种全新的数据，这种数据可以从很多于 2003 年前上线的社交网站上捕获。

社交网络领域的分析工作早在 20 世纪就开始了，并且产生了一系列分析工具和有趣的结果。然而，这些工具都只是被设计用来研究相对小型的数据集，这些数据集都来自于真实世界执行完整的小社区调查，如学校班级、办公室和乡村。

显然，基于 Web 的社交网络是极其不同的。Mika 的团队找到的数据集远远大于之前的调查方法所获得的数据集。并且，这些数据更加分散，甚至内部关系也是不明确的。Mika 和他的导师 Akkermans、Elfring 和 Groenewegen 一起研究了社交网络数据集的提取、表示和推理方法。在他们对特定案例的研究中，语义网络研究领域研究人员的数据被成功收集起来，并且基于这些数据的社交网络特性，他们成功预测了这些研究员的表现[100]。

Mika 也注意到，一些 Web 2.0 系统在实现语义网络的一个最初设想——激励用户每天给网页注释——方面已经取得一些进展。标记已经成为一种在网络上很流行的组织内容的方式，在这个网络上，大多数的内容都是由用户自己提供，因此能够最好地描述这些用户。标签系统已经是一种很有趣的语义网络资源来源：通过观察标签的使用获得语义。Mika 对这些大众分类研究的贡献是它们的形式表达以及使用网络分析方法，来提取它们的语义[101]。

Mika 目前在 Yahoo!的研究工作集中于实现语义网技术最有前途的应用之一：改进网络上的信息检索。正如 Mika 和其同事最近在 Trends & Controversies 里的一篇文章中所解释的，语义搜索是一个巨大的挑战，需要结合信息检索、自然语言处理和语义网各个社区的努力。但是，就像社会科学和计算机科学界一样，这些社区传统上都是被分离的。然而，潜在的利益是巨大的：传统搜索基于查询驱动（Query-Driven）的 Web 信息集成，而语义搜索有望带来一种与传统搜索截然不同的搜索体验，这或许会影响百万用户每天与 Web 互动的方式。

英国公开大学知识媒体研究所的研究员 Sabou（2006 年 AI 十大新星之一）长期以来一直关注和探索能够改善用户在 Web 上的应用体验的知识获取和表示技术。Sabou 认为最好的研究能够将理论和实践的需要整合到一起。语义 Web 上下文为应用 AI 的理论方法解决 Web 中的实际问题提供了一个完美的环境。

Sabou 的研究主要受到迅速发展的 Web 服务的影响，随着 Web 服务的增加，网络应用面临着越来越多的要求，对开发支持（半）自动服务发现和组合的方法和工具的需求逐步增长。语义网络的研究意图找到能够产生面向典型的自动化 Web 服务的正式的服务规范。Sabou 在她的博士论文中提出了关于上述问题的描述形式，并分析了对语义网络的（半）自动生成方式进行了分析。通过在几个项目中语义 Web 服务技术的研究，Sabou 提出了一套面向语义 Web 服务描述的内容和结构的知识表示方法。该领域的国际标准化组织——OWL-S 委员会采纳了该表示方法作为标准。此外，Sabou 的研究还揭示了通过 AI 技术可以自动获取从 Web 服务的文本描述或者 API 中获取服务所需的某一显著领域的知识。她将相关技术用于面向生物信息学相关文本处理的 Web 服务中，并证明了相关算法的有效性。

Sabou 发现大多数的基于 AI 的语义网络工具都依赖于一个单一的本体，其功能仅能满足本域内的本体定义，例如，一个基于本体的问答系统，往往只能回答其本体定义下的相关问题。因此，Sabou 认为，AI 技术需要不断拓展，开发更加适应于语义网络的相关工具。新一代工具应能够直接从 Web 动态选择并与适当的语义数据结合，从而自动适应用户的上下文信息的需求。因此，AI 研究者需要开发有效的鲁棒技术，自动地进行本体选择和评价，并能够对相关的本体模块进行动态结合，来满足应用程序的实时需求，这一研究方向必将促进新型的真正的语义 Web 的形成。

Sabou 在 2005～2010 年一直以英国公开大学知识媒体研究所的研究员的身份活跃于语义网络的研究领域。这六年中，她的主要研究方向包括本体评估、本体匹配、知识重用等方面。她致力于开发新型的网络应用技术和工具，使其能够适应大规模、具有丰富语义信息的网络。为此，她开发了用于本体选择、模块化和匹配的高效方法，提出了使用概念图来获取语义网中概念关系的实用算法，在领域顶级会议（WWW conferences, International Semantic Web Conferences 等）和重要刊物（《Journal of Web Semantics》，《IEEE Intelligent Systems journal》等）上发表了大量高影响力的论文[102-110]。

7.7.3 语义学研究热点（2）——多模态感知人类非语言行为

南加州大学创新技术研究所的科学家 Morency（2008 年 AI 十大新星之一），也是非语言行为理解项目的负责人，他的主要研究兴趣是人类非语言行为的多模态感知，通过多沟通渠道（语言、韵律、视觉线索）的整合来认识和理解人的手势和情绪。他开发了沃森，一个实时的非语言行为识别库。沃森被全球超过 100 位研究员下载使用，成为嵌入式智能体界面中感知功能的事实标准。

Morency 把其研究领域称为多模态感知[111]，因为它结合了各种沟通渠道——口语、语调、手势——让计算机可以认识和理解人的手势和情绪。人们说话的节奏，目光的游移，停顿的时机，这些因素都会影响一个听者的视觉反馈（如点头、眼神接触和断开）的时机和意义。人类可以自动整合这些信息，但计算机必须学习。Morency 的研究旨在识别人类自然的非语言对话线索，并且开发高效、强大的算法使计算机理解和利用它们。

Morency 的研究中的一个重要的里程碑是创造出一种可以清晰地模拟特定交流方式的内在结构，以及各种不同模态间的交互的新的数学模型（潜在-动态条件随机场）[83]。这项技术超越了以前最好的识别非语言行为的方法，例如，隐马尔柯夫模型、支持向量机和条件随机场。Morency 还开发了 Watson——一个应用于全球数百个实验室和研究中心的实时的视觉反馈识别库。Watson 不仅帮助机器人和虚拟人识别诸如头部姿势和目光焦点之类的运动，也可以预测这些姿势何时会发生，从而使得这些计算机界面在沟通中更加拟人化。

多模态感知是一项多学科交叉的研究课题，涵盖计算机视觉、人机界面、社会心理学、机器学习和人工智能领域，应用范围包括机器人学、教育和娱乐。此领域未来的研究方向包括从当前对话上下文中自动选取最相关的信息，为这些上下文特性寻找最优表达，以及扩展当前数学模型来更有效地融合不同信息源。

在 Morency 看来，随着 AI 技术的发展，计算机将会更有效地对用户的困惑做出反应，跟上自然的交替动态学，并顺利地感知用户的心理状态（例如，同意或不同意）。这种接口将带来更高效、引人入胜的人机互动。

Morency 最近的研究集中于：自杀青少年的演讲的特点分析，MULTISENSE——一个多通道遥感和多通道学习分析的框架，多通道学习分析，多模式的情感分析，意见冲突的专家的意见的潜在融合，群体智慧建模，预测侦听器主频道的概率性的多通道方法，有识别力的潜在动态模型，基于上下文的手势识别，多模态融合，实时头部姿态估计，自动的上下文特征选择，虚拟人的非言语行为建模，3D 面部表情建模和机器人互动的视觉感知等方面。

7.7.4 语义学研究热点（3）——AI 和本体技术

本体技术是一系列术语的集合，大多由用户社群合作开发而成。随着本体技术在学术界和工业界的重要性日益增加，本体语言的发展和基于本体的应用的支持工具的发展，也已成为语义网和知识表示社区的重要研究目标。

现在人们普遍同意，本体语言应以形式逻辑为基础。因此，被称为描述逻辑（Description Logics, DL）的知识的形式化表示被用来构建网络本体语言（Web Ontology Language, OWL）——用于语义网的本体语言族。使用 DL 有几个重要的优点。在理论方面，DL 提供了拥有能被良好地理解的形式特性的语义框架：OWL；在实际方面，OWL 用户也可以重用由 DL 社区开发的工具和推理机。

在过去的几年中，OWL 已经非常成功。但是，实际运营的经验也带来了令人兴奋的、具有挑战性的研究问题。这些问题中，很多要求对 OWL 进行扩展，同时保持良好的计算特性，如推理的可判定性。许多研究还注重提高推理技术的扩展性。最后，研究人员也已关注到，在某些应用中，在用户的直觉和 OWL 的模型之间存在差异（Gap），尤其是以数据为中心的应用更是如此。这表明我们必须在关系数据库和面向对象数据库的角度对 OWL 的基础重新进行考量。

牛津大学计算实验室的科研助理 Motik（2008 年 AI 十大新星之一）试图解决这些问题中的几个。在 Motik 的博士研究中，他开发了几个推理算法将推理数据库的最优化技术应用于 OWL 推理[112]。Motik 已经在 KAON2 推理机中应用了这项技术，在以数据驱动的应用中验证了有效性，并通过一家位于卡尔斯鲁厄的公司进行了商业应用。在 Motik 的博士后研究中，他将 OWL 与非单调形式化，例如，逻辑编程，进行了结合，使 OWL 架构同在关系数据库中使用的结构化语言更加接近，并拓展了 OWL 表示结构复杂的对象的能力。

近期，Motik 与同事开发了另一种基于 hypertableau 的推理算法，比通常使用的基于 tableau 的 OWL 推理算法更有效率[96]。Motik 已经在 HermiT 推理机中实现了这个算法，这让 Motik 得以对包括某些版本的 Galen 生物医学术语在内的复杂本体进行分类，解决了 OWL 推理中的一个长期的开放问题。

此外，Motik 一直着手于开发在一个新的推理机——HermiT[113]。这个推理机是基于一种新的基于超级画面的推理算法，它允许 HermiT 处理某些传统上一直很"硬"的本体。

本体相关的研究可能在今后一段时间内保持活跃。本体推理的可扩展性将持续带来理论和实践上的挑战。将基于本体的技术带到计算机科学和工业的主流将需要多学科的努力，整合各种应用领域，计算机理论，以及实际执行技术的专家知识。

7.7.5 语义学研究热点（4）——语义技术应用

英国公开大学知识媒体研究所的研究员 d'Aquin（2011 年 AI 十大新星之一）是 Lucero JISC 基金项目①的负责人，该项目的目的是在公开大学中使用关联数据。他现在通过在线交流和面对面的指导给一个 25 名远程学生组成的小组"授课"，"授课"的内容是广义上的人工智能，主要课程包括符号化方法、自然启发技术（如蚁群优化算法）、神经网络、演化计算等。他的主要贡献具体如下。

（1）语义的智能应用研究

d'Aquin 的研究主题聚焦在语义技术具体应用的可行性调查和拓展上。特别是这个主题所探索语义科技层面上的新结构和认识论的范例，语义科技在新领域应用和在创新方式上结合不同的推理方法。

d'Aquin 在法国南锡的 LORIA 实验室进行博士研究期间，和癌症治疗方面的专家共同研究用于支持知识密集领域的决策支持的方法。他们研究的新方法使用、延伸和结合了逻辑推理描述、案例推理、多视角表达等各种各样的技术等。博士毕业后他开始在英国公开大学知识媒体研究所（Knowledge Media Institute in Open University）从事语义网相关的前沿研究。现在开展的研究主要围绕新结构方法如何使智能应用可以高效利用知识，从而使这些知识在网上适用并且通过异构的本体来分布和建模。这项研究对沃森语义网搜索引擎（Watson Semantic Web search engine）②的发展提供了特别的帮助。沃森是借鉴了已有的系统优点并结合语义网应用的实际开发出来的，这个搜索引擎提供了一个可以使应用动态地利用网络上的本体的平台。

（2）关联数据研究

在利用语义网研究的各种环境、领域和应用中，现在进行的研究集中在监控和理解网络用户的行为，使用语义技术和语义网知识去解释和理解在线个人信息的交互。这种方法可以帮助理解和管理个人信息交换或者是语义网的 lifelogging。

同样在英国公开大学期间，d'Aquin 还是 Lucrero 项目的负责人，这个项目的目的是使所有大学的资源通过一种开放关联的数据形式提供给每一个人。该项目正在建设的技术和组织基础结构是面向机构数据库和研究项目的，它可以在网络上以关联的形式显示自己的数据③，从聚集的、分布和异构数据源中开拓了新的方法得到知识。现在，已有数据集包括公开大学的出版物、课程和一些音视频资料，这些数据是以标准格式（RDF 和 SPARQL）存放的，并在大多数情况下得到了公开授权。此外在技术设施方面，该平台通过 SPARQL 端点对数据进行访问。数据本身存在的各种命名图和空间基础下，使用一致的 URI 确保数据集之间的连接稳定性。

---

① http://lucero-project.info

② http://watson.kmi.open.ac.uk

③ http://data.open.ac.uk

（3）对分布异构知识的研究

d'Aquin 的另一个关键的研究方向聚焦在对存在于网络中的分布异构知识的大规模实证研究，这些知识与缺乏经验元素的经典工作中的知识表示在本质上有很大的不同。这种类型的研究现在使大量形式化、分布式的知识在语义网和 Waston 这样的平台上的实现成为可能。他也现在专注于基于模块化或者一些成型的方法通过 Web 抽取有趣的模式。

目前，他正在进行的研究工作包括以下几方面。

① 构建语义 Web 应用的基础架构[114]，尤其是 Waston 和 Cupboard 系统中的本体，语义数据存储库和语义 Web 搜索引擎相关的内容。

② 本体生命周期[115]。重点是本体的重建过程，如本体模块化、本体匹配、本体进化和本体评估。

③ 语义 Web 的研究[110]。利用大型本体和语义文档集合更好地理解知识结构，组织和分布式网络。对语义 Web 的研究不仅关注逻辑语言这类技术层面的问题，也包括更高层次的元素如本体的进化、本体和模块间的一致、不一致性问题等。

④ 关联数据工作流和教育、科研方面的应用[116]。在 LUCERO 项目中，关注研究技术和组织级解决方面来集成关联数据实例来展现教育及科研内容。

⑤ 在线个人信息管理，隐私和网络生活实录[117]。研究如何使用语义技术支持网络用户监控、理解和控制他们的网上个人信息的交换。

⑥ 语义技术在医学应用[118]。使用描述逻辑、OWL、案例推理、多视角表达、分布式描述逻辑和模糊逻辑来支持癌症治疗的决策过程。

迄今他已发表了 130 多篇顶级期刊和国际会议论文，是 ISWC 2015、K-CAP 2013、EKAW 2012 的项目主席，扩展语义网 ESWC 2014 博士论坛的项目主席，ISWC 2011 的高级项目委员会成员，ESWC 2011 本体组主席，2010 年 WEB 智能会议的副主席。除此之外，d'Aquin 也成功举办了 2012 年和 2013 年本体工程与语义网学习暑期学校。同时，他也是《Journal of Logic and Computation》、《Journal of Web Semantics》、《Applied Ontology》、《Semantic Web Journal》的特邀编辑。参与 10 余个委员会并且是 W3C "Open and Linked Education" 委员会的共同主席。

d'Aquin 受邀参加 K-CAP 2014 博士论坛、2014WEB 智能暑期学校。并为 ISWC2014、TSR 2012、EPIA2011、EUROLAN 2007 等国际会议做特邀报告。荣获 "AI to watch" 奖、"ESWC2011 最佳报告奖"、"ASWC 2008 最佳论文奖"。

7.7.6 语义学研究热点（5）——关联数据分析

Talis 是一家位于英国伯明翰的软件公司，公司致力关联数据和语义网技术的开发与商业应用，而 Heath 一直负责公司的科研工作。Heath 已经在多所世界一流大学建立了实习项目和博士学位助学基金。他在公司负责把控科研项目的方向，并一直致力于拓宽实现语义网这个愿景的关键问题：从增加密度的方法到通过数据挖掘和智能搜集来增强数据效用的技术，从语义网中多样性数据之间的关系到文件网络过渡到数据网络是怎样改变人与网络交互的问题。

这些话题在将来会是 AI 的关键话题。他们不仅证实了网络作为背景知识源的重要性，还准确地预言了他们将会作为链接和共享数据媒介而存在，并能够构建新奇、智能的应用。理解这种潜在的可能性，并且明白这种转变怎么才能真正地惠及 Talis 公司的客户甚至更多的用户是 Heath 在公司建立的科研文化的基础。

Talis 公司的首席研究员 Heath（2011 年 AI 十大新星之一）在加入 Talis 之前，其博士研究方向是用跨学科的方法研究计算的关键问题，例如，怎么实现更加个性化的 Web 搜索。需要特别指出的是，他的研究一直注重利用语义网技术在社会网络中提供搜索建议。其目的是理解用户怎么从不同的社会网络中选择口语化资源。同时，Heath 也尝试对这些因素进行建模，构建数学模型，从而使其能够在在线系统中使用；构建语义网支持的系统来帮助人们搜索信息。这些是通过探索关系是如何影响信息选择的，以及构建计算框架来评估这些因素对基于 Web 的信息检索的影响。

Heath 近期的研究方向包括以下内容。

（1）构建 Revyu 系统，研究构建语义数据库的相关技术[119, 120]。

（2）提出 Linked Data 概念和技术原则，研究 Linked Data 的发展前景。

（3）研究 Web 中协作语义创作不同的形式。

Heath 自 2006 年以来共发表论文 44 篇，被引用 6672 次，其中署名为第一作者的有 22 篇，通信作者 3 篇。他目前主要研究领域有推荐系统和在关联数据/语义 Web 上下文进行智能推荐。

7.8 人工智能与可视化

7.8.1 可视化简述

在现实世界中，图像和视频内容很容易捕获与储存，包括手持数码摄像机记录回忆、磁共振成像扫描仪呈现人体内部的精细结构、卫星摄像机拍摄地球冰川等。然而，引人注目的是，我们收集大量有趣的可视化数据的能力已经超过了我们对这些数据的分析能力。现阶段，我们主要依靠人的直接解释和习惯于基于关键字或标签的原始搜索机制，克里斯汀·格劳曼的研究旨在消除这种差距和改变获取可视化信息的方式。在下面的章节中，我们将结合历年 AI 十大新星中可视化相关领域五位研究者的成果，对人工智能领域中关于可视化的热点问题和发展趋势进行综合分析。

7.8.2 可视化研究热点（1）——可视化搜索与分析

德克萨斯大学奥斯汀分校计算机科学系克莱尔·布思·卢斯的助理教授克里斯汀·格劳曼（2011 年 AI 十大新星之一）的研究主要集中在可视化搜索和目标识别。格劳曼与 Jain 和 Kulis 合作研究的训练度量的大规模可视化搜索[121]，在 2008 年 IEEE 计算机视觉和模式识别（CVPR）会议上获得了最佳学生论文奖。在克里斯汀·格劳曼的博士论文中建立的金字塔匹配内核方法经常被应用在目标识别和图像检索系统中[122]。

为此，克里斯汀·格劳曼团队正在开发可扩展的方法去识别对象、动作和场景，并自动搜索基于内容的图像和视频大集合。她们目前的工作主要集中在以下两个关键问题。

（1）如何设计算法，以确保最有效地转移人的洞察力到计算机视觉系统中。

（2）如何为有意义的相似性度量提供大规模搜索？它往往伴随着复杂的可视化表示。

第一个问题需要协调机器与人类视觉系统间的合作。识别问题能否成功在很大程度上取决于学习算法如何请求和利用人类关于可视化内容的知识。现存方法依赖于精心准备的手工标记数据，一旦训练后模型便是固定的。相反，她们正在开发可视化学习系统，积极构建自己的模式，并能发现最小的、不完善的指令。克里斯汀·格劳曼的代价敏感主动可视化学习策略和无监督的发现方法将不断完善对象和活动的模型，以使系统不断变化发展，只有在最需要的时候才寻求人类的援助。

在研究的第二个主要问题中，克里斯汀·格劳曼团队正在开发快速和准确的度量系统用于搜索图像或视频。如何衡量"近似"空间的可视化描述符，对许多任务的成功至关重要，无论是相似范例的检索，还是一个主题中嘈杂实例的挖掘或对象类别间分类器的构建。然而，可视化相似性度量的计算复杂度往往妨碍其在大规模问题上的应用。因此，为解决此问题，她们正在探索高效的数据结构并嵌入相适应的优先指标。迄今为止，克里斯汀·格劳曼团队的贡献是为家族训练度量和任意内核函数提出的线性时间对应的措施与亚线性时间搜索策略。在实践中，这意味着仅通过检查数以百万计图像的小部分，她们的算法就可以提供几乎相同的响应，正如他们将去扫描每一个图像。这种快速的可视化搜索能力，提供了新兴的以数据为驱动的方法，为解决计算机视觉问题奠定了基础。

近几年，克里斯汀·格劳曼的研究一直集中在可视化对象识别和机器学习领域，在可视化识别领域提出了一系列高效的可视化识别算法和识别模型（如代价敏感的可视化分类学习算法、快速相似度搜索算法、目标检测的有效区域搜索模型等）并成功应用于所开发的系统中。近几年，在国际著名会议及刊物 ICCV（International Conference on Computer Vision）、CVPR（IEEE Conference on Computer Vision and Pattern Recognition）和 TPAMI（IEEE Transactions on Pattern Analysis and Machine Intelligence）上发表多篇高水平论文[122-132]，并荣获 2011 年度 Marr Prize（马尔奖，是由国际计算机视觉大会（ICCV）委员会所颁发计算机视觉领域的重要奖项，因计算神经学的创始人大卫·马尔而得名，它被看成计算机视觉研究方面最高的荣誉之一）。她提出的金字塔匹配核函数可快速搜索两个特征集合之间匹配的特征，可应用于图像匹配、物体识别中，是图像识别领域经典算法之一。近年来，她对基于内容的图片检索（Content Based Image Retrieval，CBIR，也称为"以图搜图"）研究也有重要贡献，她利用机器学习、模式识别、计算机视觉等相关技术对图片的内容进行分析、检测与检索[133-136]。

7.8.3 可视化研究热点（2）——计算摄影中的图像统计

麻省理工学院计算机科学与人工智能实验室的博士后研究助理 Levin（2008 年 AI 十大新星之一）的研究兴趣包括计算机视觉、计算机图形学和机器学习，主要是低层和中层视觉、计算摄影和图像识别。

数字图像革命极大地简化了我们拍摄和分享照片的方式。然而被数字化图像改变更多的则是来源于过去照相技术中死板的图像模型。利用数字技术，蓬勃发展的计算摄影更进了一步，可以在光线阵列和最终的图像或视频之间进行任意的计算。这种计算可以克服成像设备的限制，并带来新的应用。

计算摄影为新兴的创新后期处理操作打开了大门，该技术能够有效处理如色彩与照明编辑、图片中特定对象的删除和粘贴或者景深效果变换等任务。有别于曝光后处理，计算摄影允许我们在视觉设计过程中加入计算，这一功能是对传统视觉效果的突破。另外，计算摄影设备家族的迅速发展，使我们有可能得以捕捉信号的额外维度，例如，深度和材料的反射特性。

计算摄影迫使我们面对周围图像性质的根本问题。开发更强的计算摄影设备的一个关键问题是图像不仅仅是任意随机的数字阵列。所以，Levin 希望理解图像的本质是什么，自然图像（我们所看到的世界）的特别之处在哪里。

Levin 认为，我们可以在图像内容这个较高的层次理解图像，但即使是图像的低层特性也服从独特而强大的统计相关性。低层次的图像特征是至关重要的，因为它们将让我们能够推断出更好、更自然的图像。此外，通过预测哪些维度的信号是最值得捕获的，学习如何在解码过程中填补缺失的维度，相机可测的信号的先验知识可以帮助我们设计更好的相机。这种认识指导着 Levin 和其同事开发了几种新的曝光后应用，如透明化、着色、消光和分割。

虽然数码相机是一个令人印象深刻的设备，但它的基本设计和老式胶片相机是相同的，即将一个镜头聚焦的图像投影在一个平面上。数字照相机简单地捕捉有感光芯片的图像而不是电影。但是，Levin 认为他们可以做得更多。为此，她正在探索新的相机设计。Levin 开发了处理数字图像的方法，该技术同时适用于相机和计算机。

同时，Levin 发明了一个消除照相机和图像中运动模糊的算法[137]。我们知道，在图像被曝光时，普通相机以变化的速度水平移动其传感器，这使得整个图像出现模糊。然而，专门设计的相机却可以相同程度（已知的量）地模糊一个场景中移动的和静态的部分。因此，Levin 使用一个相对简单的算法从所有物体中去除模糊。当今，在单独的计算机上处理图像，但相机的一个生产模式最终可以达到随身携带进行处理。

在与麻省理工学院的同事一起工作时，Levin 还提出了透镜设计，这一技术将使得摄像机景深变大，增加远、近场景的量——这可以在同一时间被带入焦点[138]。具有不同焦距的从镜片切下的方片被叠加在常规透镜上。每个正方形聚焦在与摄像机有不同的距离的区域。使用来自所有的镜头的信息，Levin 可重新计算整个图像以增加景深，甚至在照片被拍下之后重新聚焦于更接近或更远的图片对象上。

Levin 和她的同事还设计了不同晶格的镜头，它可以放置在摄像头的普通镜头上。每个透镜聚焦在与摄像机有不同的距离的区域。利用从镜头采集的数据，Levin 可以任意选择一部分照片作为关注的焦点。

最近，Levin 使用图像先验技术同时进行光学编码和曝光后解码[139]。Levin 带领的团队已经研制出了编码孔径相机——对传统的镜头一种新的、简单的变化：在单次拍摄中不仅获取全分辨率图像，也同时获取图像的深度。Levin 相信，信息规划和自然影像统计的原则将成为未来相机发展的中心。

7.8.4 可视化研究热点（3）——视觉场景的学习表示

加州大学伯克利分校电子工程和计算机科学系的博士后研究员 Sudderth（2008 年 AI 十大新星之一）的研究兴趣包括概率图模型、非参数贝叶斯方法以及统计机器学习在图像处理、跟踪、目标识别、视觉场景分析中的应用。

视觉数据为我们提供关于我们周围世界的无与伦比的丰富信息。随意一瞥，我们就可以识别和分类场景中的对象，估计它们的三维形状，甚至确定它们的材质。Sudderth 的计算机视觉研究探索基于统计和机器学习的自动场景解释的新方法。他相信，通过仔细分析实际图像中的统计相关关系，可以产生更加健全、有效的视觉算法。

尽管人类可以很容易地识别新的模型，如汽车或一个陌生人的脸，同样可靠的基于计算机的物体分类方法目前还不存在。这项任务的挑战性在于各个方面广泛存在的差异（例如，狗的品种或椅子的风格）。传统的机器学习方法可以使用非常大的、手工标记的训练集进行训练，但却难以扩展到自然场景中成千上万的类别。Sudderth 的博士研究将概率图模型应用到对象外观的层次描述,通过设计一个可以在多个物品类别间传递知识的集成模型，建立一个从小的标记数据集中更好地进行概括的系统。

虽然概率模型在计算机视觉中应用广泛，但受到的限制主要源于对真实场景过于简单、随意地描绘。为了提高鲁棒性，Sudderth 和他的同事探索了直接从训练图像中发现视觉关系的方法。通过采用无穷维模型，非参数贝叶斯统计方法减轻了对先验假设的敏感性。当某些观测可用时，这种方法更倾向于在小的、容易估计的潜变量上进行简单的预测。然而，它们灵活的形式，产生了从大型复杂数据集中捕捉额外细节的数据驱动学习算法。

Sudderth 针对这些问题正在实施的项目有[140-142]以下几种。①变形的 Dirichlet 非参数过程：针对对象种类、组成它们子部分和它们周围的视觉场景的分层模型。②使用非参数 BP 的视觉手势跟踪：三维视觉跟踪，使用非参数的置信传播的铰接式手部运动。③非参数的置信传播：针对有连续、非高斯隐变量的图形模型的推理扩展顺序贯蒙特卡罗方法。

Sudderth 的研究探讨了基于仿真的马尔柯夫链蒙特卡罗方法，与优化理论密切相关的变分方法，以及结合这些方法优点的混合学习算法。下一步的目标之一是要了解这种方法何时有效，以及为什么有效。

通过应用这些非参数贝叶斯方法，Sudderth 为对象、它们的组成部分以及它们的周边环境开发了分层生成模型[143]。这些模型能够基于训练集更为有效地推断一个未知的对象集及其相应的内部结构。展望未来，这种方法似乎非常适用于当前迅速增长的部分注释的图像和视频数据库。一个正在进行的项目使用手动分割的图像数据集来验证相关非参数先验分布的统计偏差。

通过将知识的上下文关系和全局背景结构进行整合，层次模型使传统的计算机视觉应用（如分割、跟踪、识别）之间的界限变得模糊。Sudderth 预计未来灵活的视觉系统将能随着观察新的图像而适应，并在诸如多媒体检索、文献分析、机器人导航等多样化的任务之间进行知识转移。通过探索视觉场景的复杂性，我们或许也能获得对人类和人工智能更普遍的理解。

7.9 小　　结

本章以 2006～2013 年 IEEE INTELLIGENT SYSTEMS 评选出的 AI 十大亮点人物的研究工作为核心，针对每位研究者的研究领域和关键成果进行综合分析，对近年来人工智能领域的热点研究问题和研究工作进展进行总结性呈现，期望能够帮助读者对近年来 AI 的发展情况和发展方向进行深入了解，也期望能够对未来 AI 的发展起到一定的推动作用。

参 考 文 献

[1] Lenz I, Lee H, Saxena A. Deep learning for detecting robotic grasps[J]. The International Journal of Robotics Research, 2015, 34(4～5): 705～724.

[2] Zhu J, Chen J, Hu W. Big Learning with Bayesian Methods[J]. arXiv preprint arXiv:1411.6370, 2014.

[3] Fan K, Zhang H Y, Yan S B, et al. Learning a generative classifier from label proportions. Neurocomputing, 139(2): 47～55.

[4] Wang L W, Sugiyama M, Jing Z X, et al. A refined margin analysis for boosting algorithms via equilibrium margin. The Journal of Machine Learning Research, 2011, 12: 1835～1863.

[5] Wang L W. Sufficient conditions for agnostic active learnable. In: Bengio Y, Schuurmans D, Lafferty J D, Williams C K I, Culotta A, eds. The 22nd Neural Information Processing Systems Conference (NIPS2009). 1999～2007.

[6] Chen W, He D, Liu T Y, et al. Generalized second price auction with probabilistic broad match. In: Conitzer V, Easley D, Babaioff M, eds. Proceedings of the 15th ACM Conference on Economics and Computation. New York: ACM. 39～56.

[7] Wang Y N, Wang L W, Li Y Z, et al. A theoretical analysis of NDCG type ranking measures. arXiv: 1304.6480.

[8] He D, Chen W, Wang L W, et al. A game-theoretic machine learning approach for revenue maximization in sponsored search. In: Rossi F, ed. Proceedings of the 23rd International Joint Conference on Artificial Intelligence (IJCAI2013). Menlo Park, California: AAAI Press, 206～212.

[9] Jin C, Wang L W. Dimensionality dependent PAC-Bayes margin bound. In: Bartlett P L, Pereira F C N, Burges C J C, Bottou L, Weinberger K Q, eds. The 25th Neural Information Processing Systems Conference (NIPS2012). 1034～1042.

[10] Griffiths T L, Steyvers M, Tenenbaum J B. Topics in semantic representation. Psychological review. 114(2), 211.

[11] Griffiths. T. L, Kemp C, Tenenbaum J B. Bayesian models of cognition. Canbridge: Canbridge University Press, 2008.

[12] Goldwater S, Griffiths T L, Johnson M. A Bayesian framework for word segmentation: exploring the effects of context. Cognition, 2009, 112(1). 21～54.

[13] Griffiths T L, Chater N, Kemp C, et al. Probabilistic models of cognition: exploring representations and inductive biases. Trends in cognitive sciences. 2010, 14(8). 357～364.

[14] Tenenbaum J B, Kemp C, Griffiths T L, et al. How to grow a mind: Statistics, structure, and abstraction. Science. 2011, 331(6022), 1279～1285.

[15] O'Neill M, Vanneschi L, Gustafson S, et al. Open issues in genetic programming. Genetic Programming and Evolvable Machines. 2010, 11(3-4). 339～363.

[16] Caragiannis I, Kaklamanis C, Karanikolas N, et al. Socially desirable approximations for Dodgson's voting rule. ACM Transactions on Algorithms (TALG), 2014, 10(2): 6.

[17] Guo M, Conitzer V. Better redistribution with inefficient allocation in multi-unit auctions. Artificial Intelligence, 2014, 216: 287～308.

[18] Li Y, Conitzer V. Game-theoretic question selection for tests. In: Rossi F, ed. Proceedings of the 23rd International Joint Conference on Artificial Intelligence (IJCAI2013). Menlo Park: AAAI Press. 2013, 254～262.

[19] Conitzer V. Should Stackelberg mixed strategies be considered a separate solution concept? In: Agotnes T, Bonanno G, Hoek W, eds. Proceedings of the 11th Conference on Logic and the Foundations of Game and Decision Theory

(LOFT2014). Heidelberg: Springer.

[20] Letchford J, Conitzer V. Solving security games on graphs via marginal probabilities. In: desJardins M, Littman M L, eds. Proceedings of the 27th AAAI Conference on Artificial Intelligence (AAAI2013). Menlo Park: AAAI Press. 591~597.

[21] Jain M, Conitzer V, Tambe M. Security scheduling for real-world networks. 2013. In: Ito T, Jonker C, Gini M, Shehory O, eds. Proceedings of the 12th International Joint Conference on Autonomous Agents and Multi Agent Systems (AAMAS2013). Richland, SC: International Foundation for Autonomous Agents and Multiagent Systems. 215~222.

[22] Xia L, Zuckerman M, Procaccia A D, et al. Complexity of unweighted coalitional manipulation under some common voting rules. The 21st International Joint Conference on Artificial Intelligence (IJCAI2009). Menlo Park: AAAI Press. 348~353.

[23] Conitzer V, Sandholm T, Lang J. When are elections with few candidates hard to manipulate. Journal of the ACM, 2007, 54(3): 14.

[24] Conitzer V, Vidali A. Mechanism design for scheduling with uncertain execution time. Proceedings of the 28th AAAI Conference on Artificial Intelligence (AAAI2014). Menlo Park: AAAI Press. 623~629.

[25] Guo M, Markakis E, Apt K R, et al. Undominated groves mechanisms. Journal of Artificial Intelligence Research, 2013, 46: 129~163.

[26] Powers S T, Watson R A. Investigating the Evolution of Cooperative Behaviour in a Minimally Spatial Model. In, e Costa, Fernando A., Rocha, Luis M., Costa, Ernesto, Harvey, Inman and Coutinho, António (eds.) Advances in Artificial Life : Proceedings of the Ninth European Conference on Artificial Life (ECAL 2007). the 9th European Conference on Artificial Life (ECAL 2007) , Heidelberg: Springer , 605~614.

[27] Mills R, Watson R A, Kampis Gand S, et al. Symbiosis Enables the Evolution of Rare Complexes in Structured Environments. Proceedings of 10th European Conference on Artificial Life (ECAL 2009), 110~117.

[28] Edith L, Luis V A. Input-agreement: A New Mechanism for Collecting Data Using Human Computation Games. Proceedings of the SIGCHI Conference on Human Factors in Computing Systems, CHI '09, 1197~1206.

[29] Luis V A, Benjamin B, Colin M, et al. reCAPTCHA: Human-Based Character Recognition via Web Security Measures. Science, 2008, 321(5895), 1465~1468.

[30] Benjamin S, Regina B. Database-Text Alignment via Structured Multilabel Classification. IJCAI 2007. 1713~1718.

[31] Harr C, Luke S Z, Regina B. 2009. Reinforcement Learning for Mapping Instructions to Actions. ACL/IJCNLP 2009. 82~90.

[32] Pivk A, Cimiano P, Sure Y, et al. Transforming Arbitrary Tables into F-Logic Frames with TARTAR. Data & Knowledge Engineering (DKE), 2005, 60(3), 567~595.

[33] Cimiano P, Haase P, Heizmann J, et al. Towards Portable Natural Language Interfaces to Knowledge Bases - The Case of the ORAKEL System. Data & Knowledge Engineering (DKE), 65(2), 325~354.

[34] Li Q, Ji H, Hong Y, et al. Constructing information networks using one single model[C], Proc. the 2014 Conference on Empirical Methods on Natural Language Processing (EMNLP2014). 2014.

[35] Jennifer G, Matthew R. Linking Social Networks on the Web with FOAF: A Semantic Web Case Study. In Proceedings of the 23rd Conference on Artificial Intelligence (AAAI'08). 2008, 1138~1143.

[36] Jennifer G. Trust and Nuanced Profile Similarity in Online Social Networks. ACM Transactions on the Web. 2009, 3(4). 1~33.

[37] Jennifer G, Justin M G, Anthony R. Twitter Use by the U.S. Congress. Journal of the American Society for Information Science and Technology. 61(8). 1612~1621.

[38] Jennifer G, Jes K, Beth E. An Experimental Study of Social Tagging Behavior and Image Content. Journal of the American Society for Information Science and Technology. 62(9). 1750~1760.

[39] Yang J, McAuley J, Leskovec J. Detecting cohesive and 2-mode communities indirected and undirected networks. In: Castillo C, Metzler D. ACM International Conference on Web Search & Data Mining. 2014, 323~332.

[40] Mcauley J, Leskovec J. Discovering social circles in ego networks. ACM Transactions on Knowledge Discovery from Data, 8(1): 4.

[41] Cheng J, Adamic L, Dow P A, et al. Can cascades be predicted? In: Broder A, Shim K, Suel T, Chung C- W, eds. Proceedings of the 23rd International Conference on World Wide Web (WWW2014). New York: ACM. 925~936.

[42] Myers S A, Leskovec J. The bursty dynamics of the Twitter information network. In: Broder A, Shim K, Suel T, Chung C-W, eds. Proceedings of the 23rd International Conference on World Wide Web (WWW2014). New York: ACM. 913~924.

[43] Rodriguez M G, Leskovec J, Balduzzi D, et al. Uncovering the structure and temporal dynamics of information

propagation. Network Science, 2014, 2(1): 26~65.

[44] West R, Paskov H S, Leskovec J, et al. Exploiting social network structure for person-to-person sentiment analysis. Transactions of the Association for Computational Linguistics, 2(1): 297~310.

[45] Yang J, Mcauley J, Leskovec J, et al. Finding progression stages in time-evolving event sequences. In: Broder A, Shim K, Suel T, Chung C- W, eds. Proceedings of the 23rd International Conference on World Wide Web (WWW2014). New York: ACM. 783~794.

[46] Anderson A, Huttenlocher D P, Kleinberg J M, et al. Engaging with massive online courses. In: Broder A, Shim K, Suel T, Chung C- W, eds. Proceedings of the 23rd International Conference on World Wide Web (WWW 2014). New York: ACM. 687~698.

[47] Neill D B, McFowland III E, Zheng H. Fast subset scan for multivariate event detection. Statistics in Medicine, 32: 2185~2208.

[48] McFowland III E, Speakman S, Neill D B. Fast generalized subset scan for anomalous pattern detection. Journal of Machine Learning Research, 14: 1533~1561.

[49] Chen F, Neill D B. Non-parametric scan statistics for event detection and forecasting in heterogeneous social media graphs. In: Leskovec J, Wang W, Ghani R, Macskassy S, Perlich C, eds. Proceedings of the 20th ACM SIGKDD Conference on Knowledge Discovery and Data Mining (KDD2014). New York: ACM. 1166~1175.

[50] Speakman S, McFowland III E, Neill D B. Scalable detection of anomalous patterns with connectivity constraints. Journal of Computational and Graphical Statistics. DOI: 10.1080/10618600.2014.960926.

[51] Somanchi S, Neill D B. Discovering anomalous patterns in large digital pathology images. In: Seref O, Serban N, Zeng D, eds. Proceedings of the 8th INFORMS Workshop on Data Mining and Health Informatics (DM-HI2013). 1~6.

[52] Neill D B. Using artificial intelligence to improve hospital inpatient care. IEEE Intelligent Systems, 28(2): 92~95.

[53] Neill D B. New directions in artificial intelligence for public health surveillance. IEEE Intelligent Systems, 27(1): 56~59.

[54] Speakman S, Zhang Y, Neill D B. Dynamic pattern detection with temporal consistency and connectivity constraints. Proceedings of the 13th International Conference on Data Mining (ICDM2013). Piscataway: IEEE. 697~706.

[55] Feiyue W, AI's 10 to watch, IEEE Intelligent Systems, 2011. http://www.computer.org/cms/Computer.org/Computing Now/homepage/2011/0311/rW_IS_AIs10toWatch. pdf.

[56] Chen Y L, Sheffet O, Vadhan S. Privacy games. In: Liu T- Y, Qi Q, Y. Y, eds. Proceeding of the 10th Conference on Web and Internet Economics (WINE2014), LNCS 8877. Heidelberg: Springer. 371~385.

[57] Waggoner B, Chen Y L. Output agreement mechanisms and common knowledge. In: Bigham J P, Parkes D, eds. Proceedings of the 2nd AAAI Conference on Human Computation and Crowdsourcing (HCOMP2014). Menlo Park: AAAI Press. 220~226.

[58] Gao X A, Mao A, Chen Y L, et al. Trick or treat: Putting peer prediction to the test. In: Conitzer V, Easley D, Babaioff M, eds. Proceedings of the 15th ACM Conference on Economics and Computation (EC2014). New York: ACM. 507~524.

[59] Rahwan T. Algorithms for coalition formation in multi-agent systems. University of Southampton.

[60] Rahwan T, Ramchurn S D, Dang V D, et al. Anytime optimal coalition structure generation. Proceedings of the 22nd Conference on Artificial Intelligence (AAAI2007). Menlo Park: AAAI Press. 22(2): 1184~1190.

[61] Michalak T P, Rahwan T, Jennings N R, et al. Computational analysis of connectivity games with applications to the investigation of terrorist networks[C]//Proceedings of the Twenty-Third international joint conference on Artificial Intelligence. AAAI Press, 2013: 293~301.

[62] Rahwan T, Nguyen T D, Michalak T P, et al. Coalitional games via network flows. In: Rossi F, ed. Proceedings of the 23rd International Joint Conference on Artificial Intelligence (IJCAI2013). Menlo Park: AAAI Press. 324~331.

[63] Rahwan T, Michalak T, Wooldridge M, et al. Anytime coalition structure generation in multi-agent systems with positive or negative externalities. Artificial Intelligence, 186: 95~122.

[64] Rahwan T, Michalak T, Jennings N R. A hybrid algorithm for coalition structure generation. Proceedings of the 26th Conference on Artificial Intelligence (AAAI2012). Menlo Park: AAAI Press. 1443~1449.

[65] Pawlowski K, Kurach K, Svensson K, et al. Coalition structure generation with the graphics processing unit. Proceedings of the 13th International Conference on Autonomous Agents and Multi-Agent Systems (AAMAS2014). Richland: International Foundation for Autonomous Agents and Multiagent Systems. 293~300.

[66] Skibski O, Michalak T, Rahwan T, et al. Algorithms for the Shapley and Myerson values in graph-restricted games. Proceedings of the 13th International Conference on Autonomous Agents and Multi-Agent Systems (AAMAS2014). Richland: International Foundation for Autonomous Agents and Multiagent Systems. 197~204.

[67] Michalak T, Szczepanski P, Rahwan T, et al. Implementation and computation of a value for generalized characteristic function games. ACM Transactions on Economics and Computation, 2(4): 16.1~16.35.

[68] Dolgov D, Thrun S. Detection of Principal Directions in Unknown Environments for Autonomous Navigation. Proceedings of the Robotics: Science and Systems IV, RSS-08, 73 ~ 80.

[69] Dolgov D, Thrun S, Montemerlo M, et al. Path Planning for Autonomous Driving in Unknown Environments. Springer Berlin Heidelberg, 54, 55~64.

[70] Dolgov D, Thrun S. Autonomous driving in semi-structured environments: Mapping and planning. Robotics and Automation, ICRA '09, 3407~3414.

[71] Howard T M, Tellex S, Roy N. A natural language planner interface for mobile manipulators[C], Robotics and Automation (ICRA), 2014 IEEE International Conference on. IEEE, 2014: 6652~6659.

[72] Amershi S, Cakmak M, Knox W B, et al. Power to the people: The role of humans in interactive machine learning [J]. BE A PART OF AN, 2014: 105.

[73] Ramachandran D, Amir E. Bayesian inverse reinforcement learning. Urbana, 2007, 51: 61801.

[74] Richards M, Amir E. Opponent Modeling in Scrabble. International Joint Conference on Artificial Intelligence, 2007: 1482~1487.

[75] Shahaf D, Amir E. Logical Circuit Filtering. International Joint Conference on Artificial Intelligence, 2007: 2611~2618.

[76] Shahaf D, Amir E. Towards a Theory of AI Completeness. AAAI Spring Symposium: Logical Formalizations of Commonsense Reasoning, 2007: 150~155.

[77] Shirazi A, Amir E. Probabilistic modal logic. AAAI, 2007: 489~495.

[78] Amir E, Chang A. Learning partially observable deterministic action models. Journal of Artificial Intelligence Research, 2008: 349~402.

[79] Amir E. Approximation algorithms for treewidth. Algorithmica, 2010, 56(4): 448~479.

[80] Shirazi A, Amir E. First-order logical filtering. Artificial Intelligence, 2011, 175(1): 193~219.

[81] Richards M, Amir E. Information Set Generation in Partially Observable Games. AAAI. 2012.

[82] Milch B, Zettlemoyer L S, Kersting K, et al. Lifted Probabilistic Inference with Counting Formulas. Proc. 23rd AAAI Conference on Artificial Intelligence, 2008, 8: 1062~1068.

[83] Morency L P, Sidner C, Lee C, et al. Head gestures for perceptual interfaces: The role of context in improving recognition. Artificial Intelligence, 2007, 171: 568~585.

[84] Neville J, Jensen D. Describing Visual Scenes Using Transformed Objects and Parts. International Journal of Computer Vision, 2008, 77(1-3): 291~330.

[85] Pfeiffer I J J, Neville J, Bennett P N. Active Exploration in Networks: Using Probabilistic Relationships for Learning and Inference. Proceedings of the 23rd ACM International Conference on Conference on Information and Knowledge Management. ACM, 2014: 639~648.

[86] Ghorbal K, Sogokon A, Platzer A. A hierarchy of proof rules for checking differential invariance of algebraic sets. In: D'Souza D, Lal A, Larsen K G, eds. Proceedings of the 16th International Conference on Verification, Model Checking, and Abstract Interpretation (VMCAI2015), LNCS 8931. Heidelberg Springer: 2014: 419~436.

[87] Rajhans A, Bhave A, Ruchkin I, et al. Supporting heterogeneity in cyber-physical systems architectures. IEEE Transactions on Automatic Control, 2015, 59(12): 3178~3193.

[88] Mitsch S, Passmore G O, Platzer A. Collaborative verification-driven engineering of hybrid systems. Mathematics in Computer Science, 2014, 8(1): 71~97.

[89] Platzer A. Analog and hybrid computation: Dynamical systems and programming languages. Bulletin of the EATCS, 2014, 114.

[90] Kouskoulas Y, Renshaw D W, Platzer A, et al. Certifying the safe design of a virtual fixture control algorithm for a surgical robot. In: Belta C, Ivancic F, eds. Proceedings of the 13th International Conference on Hybrid Systems: Computation and Control (HSCC2013). New York: ACM, 2013: 263~272.

[91] Lutz C, Miličić M. A tableau algorithm for description logics with concrete domains and general tboxes. Journal of Automated Reasoning, 2007, 38(1-3): 227~259.

[92] Glimm B, Horrocks I, Lutz C, et al. Conjunctive query answering for the description logic. Journal of Artificial Intelligence Research, 2008, 31: 157~204.

[93] Baader F, Brandt S, Lutz C. Pushing the EL envelope further. Proc of Ijcai. 2010, 26(2): 364~369.

[94] Lutz C, Wolter F, Zakharyaschev M. Temporal Description Logics: A Survey. TIME. 2008: 3~14.

[95] Lutz C, Toman D, Wolter F. Conjunctive Query Answering in the Description Logic EL Using a Relational Database System. International Joint Conference on Artificial Intelligence, 2009, 9: 2070~2075.

[96] Motik B, Shearer R, Horrocks I. Hypertableau Reasoning for Description Logics. Journal of Artificial Intelligence Research, 2009, 36: 165~228.

[97] Kontchakov R, Lutz C, Toman D, et al. The Combined Approach to Query Answering in DL-Lite. KR, 2010.

[98] Kontchakov R, Lutz C, Toman D, et al. The combined approach to ontology-based data access. AAAI Press, 2011.

[99] Baader F, Ghilardi S, Lutz C. LTL over description logic axioms. ACM Transactions on Computational Logic (TOCL), 2012, 13(3), 21.

[100] Dupret G E, Piwowarski B. User Browsing Model to Predict Search Engine Click Data from Past Observations. Proceedings of the 31st Annual International ACM SIGIR Conference on Research and Development in Information Retrieval. ACM, 2008: 331~338.

[101] Machanavajjhala A, Korolova A, Sarma A D. Personalized Social Recommendations: Accurate or Private. Proc. VLDB Endow, 2011, 4(7): 440~450.

[102] Angeletou S, Sabou M, Specia L, et al. Bridging the gap between folksonomies and the semantic web: An experience report. 2007.

[103] d'Aquin M, Baldassarre C, Gridinoc L, et al. Characterizing knowledge on the semantic web with watson. 2007.

[104] Sabou M, d'Aquin M, Motta E. Exploring the semantic web as background knowledge for ontology matching. In Journal on data semantics XI (pp. 156~190). Heidelberg Springer: 2008.

[105] d'Aquin M, Motta E, Sabou M, et al. Toward a new generation of semantic web applications. Intelligent Systems, IEEE, 2008, 23(3): 20~28.

[106] d'Aquin M, Motta E, Dzbor M, et al. Collaborative semantic authoring. Intelligent Systems, IEEE, 2008, 23(3): 80~83.

[107] Euzenat J, Ferrara A, Hollink L, et al. Results of the ontology alignment evaluation initiative 2009. In Proc. 4th ISWC workshop on ontology matching (OM), 2009: 73~126.

[108] Sabou M. Smart objects: Challenges for semantic web research. Semantic Web, 2010, 1(1): 127~130.

[109] Sabou M, Scharl A, Michael F. Crowdsourced Knowledge Acquisition: Towards Hybrid-Genre Workflows. International Journal on Semantic Web and Information Systems, 2013, 9(3): 14~41.

[110] Zablith F, Antoniou G, d'Aquin M, et al. Ontology evolution: a process-centric survey. The Knowledge Engineering Review, 2015, 30(01): 45~75.

[111] Morency L P, de K I, Gratch J. Predicting Listener Backchannels: A Probabilistic Multimodal Approach. Heidelberg: Springer, 2008, 5208: 176~190.

[112] Motik B. On the Properties of Metamodeling in OWL. Journal of Logic and Computation, 2012, 17(4): 617~637.

[113] Glimm B, Horrocks I, Motik B, et al. HermiT: An OWL 2 Reasoner. Journal of Automated Reasoning, 2014, 53(3): 245~269.

[114] Allocca C, d'Aquin M, Motta E. Impact of using relationships between ontologies to enhance the ontology search results. In: Simperl E, Cimiano P, Polleres A, Corcho O, Presutti V, eds. The 9th Extended Semantic Web Conference (ESWC2012), LNCS 7295. Heidelberg: Springer, 2012: 453~468.

[115] Abbes S B, Scheuermann A, Meilenderl T, et al. Characterizing modular ontologies. The 7th International Conference on Formal Ontologies in Information Systems (FOIS2012), 2012: 13~25.

[116] Keßler C, d'Aquin M, Dietze S. Linked Data for science and education. Semantic Web, 2013, 4(1): 1~2.

[117] d'Aquin M, Thomas K. Semantic web technologies for social translucence and privacy mirrors on the web. The 12th International Semantic Web Conference (ISWC2013), 2013.

[118] Jay N, d'Aquin M. Linked data and online classifications to organise mined patterns in patient data. AMIA Annual Symposium Proceedings, 2013: 681~690.

[119] Heath T, Motta, E. Ease of interaction plus ease of integration: Combining Web2. 0 and the Semantic Web in a reviewing site. Web Semantics: Science, Services and Agents on the World Wide Web, 2008, 6(1): 76~83.

[120] Bizer C, Heath T, Berners-Lee T. Linked Data - the story so far. International Journal on Semantic Web and Information Systems, 2009, 5(3): 1~22.

[121] Prateek J, Brian K, Kristen G. Fast Image Search for Learned Metrics. In Proceedings of the IEEE Conference on Computer Vision and Pattern Recognition (CVPR-08), pp. 1~8, Anchorage, AK, Jun. 2008.

[122] Kristen G, Trevor D. The pyramid match kernel: Discriminative classification with sets of image features. In Proceedings of the 10th International Conference on Computer Vision (ICCV-05), pp. 1458~1465, Beijing, Oct. 2005.

[123] Adriana K, Kristen G. Attribute adaptation for personalized image search. In Proceedings of the International Conference on Computer Vision (ICCV-13), pp. 3432~3439, Sydney, Dec. 2013.

[124] Brian K, Kristen G. Kernelized locality-sensitive hashing for scalable image search. In Proceedings of the 12th Conference on Computer Vision (ICCV-09), pp. 2130~2137, Kyoto, Sep. 2009.

[125] Yong J L, Joydeep G, Kristen G. Discovering important people and objects for egocentric video summarization. In Proceedings of the IEEE Conference on Computer Vision and Pattern Recognition (CVPR-12), pp. 1346~1353, Providence, Jun. 2012.

[126] Boqing G, Yuan S, Fei S, et al. Geodesic flow kernel for unsupervised domain adaptation. In Proceedings of the IEEE Conference on Computer Vision and Pattern Recognition (CVPR-12), pp. 2066~2073, Providence, Jun. 2012.

[127] Adriana K, Devi P, Kristen G. Whittlesearch: Image search with relative attribute feedback. In Proceedings of the IEEE Conference on Computer Vision and Pattern Recognition (CVPR-12), pp. 2973~2980, Providence, Jun. 2012.

[128] Kun D, Devi P, David C, et al. Discovering Localized Attributes for Fine-grained Recognition. In Proceedings of the IEEE Conference on Computer Vision and Pattern Recognition (CVPR-12), pp. 3474~3481, Providence, Jun. 2012.

[129] Devi P, Kristen G. Interactively building a discriminative vocabulary of nameable attributes. In Proceedings of the IEEE Conference on Computer Vision and Pattern Recognition (CVPR-11), pp. 1681~1688, Providence, Jun. 2011.

[130] Adriana K, Kristen G. Learning a hierarchy of discriminative space-time neighborhood features for human action recognition. In Proceedings of the IEEE Conference on Computer Vision and Pattern Recognition (CVPR-10), pp. 2046~2053, San Francisco, Jun. 2010.

[131] Yong J L, Kristen G. Object-graphs for context-aware visual category discovery. IEEE Transactions on Pattern Analysis and Machine Intelligence (TPAMI), Volume 34, Number 2, 2012, pp. 346~358.

[132] Brian K, Kristen G. Kernelized locality-sensitive hashing. IEEE Transactions on Pattern Analysis and Machine Intelligence (TPAMI), Volume 34, Numbers 6, 2012, pp. 1092~1104.

[133] Sudheendra V, Kristen G. Large-scale live active learning: Training object detectors with crawled data and crowds. International Journal of Computer Vision, Volume 108, Numbers 1-2, 2014, pp. 97~114.

[134] Kristen G, Rob F. Learning binary hash codes for large-scale image search. Machine learning for computer vision, Heidelberg: Springer, 2013, pp. 49~87.

[135] Devi P, Kristen G. Implied feedback: Learning nuances of user behavior in image search. In Proceedings of the IEEE International Conference on Computer Vision (ICCV-13), pp. 745~752, Sydney, Dec. 2013.

[136] Jeff D, Kristen G. Annotator Rationales for Visual Recognition. In Proceedings of the International Conference on Computer Vision (ICCV-11), pp. 1395~1402, Barcelona, Nov. 2011.

[137] Efrat N, Glasner D, Apartsin A, et al. Accurate Blur Models vs. Image Priors in Single Image Super-resolution. Computer Vision (ICCV), 2013 IEEE International Conference on, 2832~2839.

[138] Levin A, Fergus R, Durand F, et al. Image and Depth from a Conventional Camera with a Coded Aperture. ACM Trans. Graph, 2007, 26(3): 1276377~1276464.

[139] Gkioulekas I, Levin A, Durand F, et al. Micron-scale Light Transport Decomposition Using Interferometry. ACM Transactions on Graphics (TOG), 2015.

[140] Sudderth E B, Torralba A, Freeman W T, et al. Describing Visual Scenes Using Transformed Objects and Parts. International Journal of Computer Vision, 2008, 77(1-3): 291~330.

[141] Freeman W T, Sudderth E B. Signal and Image Processing with Belief Propagation. Signal Processing Magazine, IEEE, 2008, 25(2): 114~141.

[142] Fox E B, Hughes M C, Sudderth E B, et al. Joint modeling of multiple time series via the beta process with application to motion capture segmentation. The Annals of Applied Statistics, 2014, 8(3): 1281~1313.

[143] Hughes M C, Kim D, Sudderth E B. Reliable and Scalable Variational Inference for the Hierarchical Dirichlet Process. Proceedings of the Eighteenth International Conference on Artificial Intelligence and Statistics, 2015: 370~378.

第 8 章　Turing 开创性工作对人工智能研究的启示

2012 年，是一个伟人的百年诞辰，即使我们把所有崇高的致意献给他都不为过，他就是——阿兰·麦席森·图灵（Alan Mathison Turing，下面简称为 Turing）。评价其一生，难免使用数学家、密码学家、计算机科学家等这样光环的字眼。毫不夸张地讲，若不是天妒英才而英年早逝，他的才华和贡献能让世界计算机科学的发展可能会进步数十载。全世界的业内人士纷纷在纪念缅怀这位"人工智能之父"的同时，也对其开创性的工作展开了深入的探讨。

8.1　Turing 与人工智能

从他出生的那一天——1912 年 6 月 23 日——Turing 注定要孤独，遭受误解和迫害。他作为有史以来最牛的科学家之一，拥有超强的科学头脑，用无数的成就和贡献来捍卫这些光辉的头衔，为国家和世界科学的发展发挥着光和热。然而天妒英才，他却没有因此得到长寿，反而英年早逝。每个业内人士在个人的研究领域都可看到不同的 Turing，在数学、密码学，以及计算机科学等领域，Turing 是推动振兴者。然而在其儿时唯一的玩伴 Morcom 去世时，他说，我想要建立一个大脑。这也许成为人工智能走进历史舞台的契机，Turing 也因此在接下来的探索中被称为"人工智能之父"[1]。

8.1.1　孕育人工智能的自然科学

Turing machines and cells have much in common.

——Sydney Brenner

早在 20 世纪中叶，生物学的发展面临着严重的危机，然而 Turing 的工作却给予我们一定的指导，技术作为工具给予人类的启发是在更大的规模上分析有机体，然而更多的业内人士却淹没在数据和理论框架的渴求中，而没有从中跳脱出来，用另外的视角来寻求突破口。

Turing 早期发表了几篇与生物学或智能计算有关的文章。1950 年发表了一篇与生物学相关的文章 *Computing machinery and intelligence* 提出了 Turing 测试，来模拟游戏中的人机交互，却并未证明人类研发的机器是否具有智能，也没有模拟大脑。为此，应该需要一个理论说明大脑是如何工作的。

1952 年发表的 *The chemical basis of morphogenesis* 一文探讨了在植物和动物的化学物质（也称为形态发生素）之间发生的化学反应，并提出了组织扩散假设。使用微分方程，Turing 陈述了均匀介质之间是如何产生不稳定的波浪变化模式，例如，将隔离组织输入到生长中的胚胎。

Turing24 岁时，发表了一篇名为 *On computable numbers with an application to the Entscheidungs problem* 的论文，它介绍了后来被称为 Turing Machine 的机器。简单来说它是一种抽象计算模型，将人们使用纸笔进行数学运算的过程进行抽象。Turing 的想法后来由 Von Neuman（冯·诺伊曼）进一步研究，他设想了一个"构造"机器能够根据另一种描述组装，另外，一台通用构造器可以根据它自身的描述来构造一个与自己同样的机器。为了完成任务，通用构造需要复制其描述，将复制插入到子代机中。Von Neuman 指出，如果在复制时发生错误，这些"突变"可能导致子代在继承中的变化。

上述提到的机器模型的最好的例子可以在生物学中找到。无论是否有这样复杂的系统，其中每一个有机体都包含自身内部的详细描述。基因生物体的符号表示的概念是生活世界的基本特征，形成了生物学理论的内核。

Turing 去世一年后，Waston 和 Crick 发现了 DNA 双螺旋结构，在生物学随后的探索中，Turing 和 Von Neumann 给后人留下的不仅仅是 Turing Model，更重要的是一种崭新的思维方式。

生物学家在看待一个有生命的有机体时，需考虑三个问题：它是如何工作的？它是如何构造的？它是如何起源的？这三个问题是生理学、胚胎学和演化领域的经典问题，这些问题都可以成为构建一个特殊的磁带型 Turing Machine 的核心[2]。

We are only beginning to see the impact of Turing's influential work on morphogenesis.

——John Reinitz

在 1952 年，Turing 发表了一篇关于生物模型起源的文章，该文章解决了智力问题，这使伟大的生物学家 Driesh 放弃了科学，转向了对生命哲学意义的研究[3]。

其实早在 19 世纪末，Driesh 和之后的 Spamann 就证明动物的身体由无结构的单细胞发展而来，但是在那个时代，这种思想并不被社会所接受。而且在计算机出现之前，应用数学只能处理线性差额等式，充其量只能解释这种单细胞模型，并不能产生该类模型。

在 *The chemical basis of morphogenesis* 一文中，Turing 探讨了化学物质在植物和动物中的生成模式，在谈及胚胎是由分子和物理模型状态逐渐地展开变化的时候，Turing 用到了一种现代方法，而且生物学现在也同样地在研究分子决定性和细胞怎样控制胚胎模型的过程。

但是 Turing 的焦点在化学模型上：他杜撰了基因形态这个术语，并把这个作为分子能够导致组织变异的概括，这个概念被任何一个分子生物学家所熟悉，例如，蛋白质的产物——HOX 基因群。对于动物社会，组织构造模型非常重要，这就是 Turing 所谓的基因形态。

Turing 认为模型形成的核心是对称性的打破，一个理想化的胚胎由一个统一的形态基因的聚集开始，这有着对称性，并且这种对称性随着具体的组织产生而丢失。他提出了一些一直没有得到解决的问题，例如，由物理定律可知，物体在同一时间有着镜面对称性，但是生物系统却没有。

众所周知，Turing 是一个伟大的数学家，他的观点始终涉及了数学的技巧：他通过在特定的时间里在线性系统中创造分散的不连续性，从而创造了非线性系统，如果没有分散，系统是一样的、不变的，但是有了分散，系统就变得不稳定，而且可以形成空间模型。这个技巧的聪明之处在于在某时刻非线性是限定在某一点，因而在其他时刻，只需要使用两点之间直线最短的理论即可。Turing 巧妙地安排让系统分散，从而产生对应的模型。

这篇 *The chemical basis of morphogenesis* 文章是分析数学时代到计算数学时代的转折点。他用 19 世纪分析数学的观点指出了 21 世纪计算科学的方向。他很清楚线性科学和生物学需要更多的计算方法。大部分的生物、大部分的时间是从一个模型发展到另一个模型，而不是从一个种类发展到一个模型，他认识到即使是受人拥戴的理论，也存在着这样的演化，而且个别的例子也能用电脑模拟。

The brain is a good model for machine intelligence.

——George Dyson

不得不说，对于计算机模拟人脑，Turing 踏出了第一步，他把人类的大脑看作智力的原型。但是他设计出的 Turing Machine 对智能反应的计算是有限的、不全面的，因为生物系统很明显是不同的，它们必须长时间对变化的刺激做出反应，这些反应反过来改变它们所处的环境和对应的刺激，例如，群居昆虫的单个行为受它们所建的巢和里面的后代影响[4]。

尽管这样，20 世纪 70 年代以来，部分科学家一直从事着称为计算机神经科学研究，他们认为大脑就是一台计算机，这个机器等同于 Turing 的有限状态机。

1943 年，美国神经生理学家 McCulloch 和数学家 Pitts 提到神经系统中的电化学反应的 all-or-none law，并且认为神经网络能够用逻辑定理模拟出来。他们把神经网络模拟成门电路，人工神经网络的研究由此拉开序幕。

经过了这么多年的研究可以总结神经科学对人工智能有两大重要的贡献：第一，我们在大脑中发现很多结构，如用于导航的网格细胞，用于视觉加工的等级细胞层，这些能形成更多的计算机算法和结构；第二，神经科学的研究成果能够证明现有的算法能够结合到一般的人工智能系统中。

但是为了促进人工智能的发展，我们需要进一步了解大脑在算法水平上是怎么运作的，大脑如何刻画世界，又是如何将这些存储在大脑里的信息表现出来的。例如，大脑如何知道怎么样的知识才是概念性的知识。

AI 研究者关注解决诸如"概念性的知识是怎么获得的"这样关键性的问题。从神经生物学这个层面考虑，科学家应该试着去将提取智力的过程结合到算法结构中，从而在算法水平上模拟该过程，也许这会成为了解人类神秘思想如意识、梦想的最好途径。

虽然机器在许多方面胜过人类，但是它们不同于神经细胞的网络。

IBM 大型计算机 Waston 可以说是对 Turing 测试这个想法的最新、最具说服力的印证，但 Watson 工作机制不是基于大脑的。Waston 本身可以看成一台强大的"超级电脑"，或者说其智慧的基础就来于此。其硬件由 10 个机柜总共 90 台 POWER 750 服务器组成，每台 POWER 750 服务器配备四路八核 32 线程 3.5GHz POWER7 处理器，运算速度为 80 teraflops，内存 16TB，数据库采用 DB2，操作系统为 SUSE Linux Enterprise Server，总共拥有 2880 个 POWER7 核心的集群系统[5]。

Watson 当初的目标是设计一台具有理解语义能力的计算机，用于回答问题，涉及区分与问题相关和不相关的内容的能力，解释模棱两可的语句和双关语的能力，问题分解能力，并最终能综合得出合理答案的能力。除此之外，Watson 所提供的答案都是通过统计数据得出的，具有很高的准确性。而且所有计算都在一秒左右完成，完全可以与这段时间内做出反应的人类思维媲美。

传统的计算技术可以通过用户指定的词或语义实体来查找相关文档，但与此不同的是，Watson 在此基础上前进了一大步，它可以真正理解用户提出的问题，并且准确地给出答案。由于采用了大规模并行处理，Watson 可以同步迅速地理解复杂问题。这些问题都需要系统考虑大量的各类语言文本，收集并深入分析文本，最终给出支持或反驳问题的证据。而后系统会判断答案的准确度。这种方法结合了先进的机器学习（Machine Learning）、统计技术和最前沿的自然语言处理技术，使得电脑给出答案的准确性、速度、广度和可靠性能达到人类思维水平。

许多神经生物学家把建造大脑看成是很滑稽的事情。他们质疑将用什么代替神经突触，难道仅仅只是用一行代码？

显然不是的，大脑是包含了许多种蛋白质的复杂结构，每一种化学物质在交流中有着不可取代的地位和作用，我们一直都不知道大脑某区域的具体电流，所以还不能复制它的结构，况且大脑非常特殊有着许多实质性的功能。这些是代码所不能取代的，更多的是，大脑是我们情感、动力、创造力、意识的来源。因此，还没有人知道怎么在机器上实现这些功能。

有人这样评价 Turing：他清晰的思维和创造的天赋感染了他的同事，他那富有远见而深邃的理念，就像通用 Turing Machine，为以后严谨的分析可计算性和可判定性提供了保障，他的巨大计算工程的实践性的实现，特别是像 bombe 系统和 ACE，阐明了目的计算的可行性，指明了 21 世纪所处的大量计算的道路[6]。而且现在流行的 iPad、Facebook、移动电话等一直是基于他的想法。现在的社会始终朝着便捷的方向高速发展，Turing 的思想一直是人工智能重大研究的基石，引领着人工智能的发展。

8.1.2 承载人工智能的计算机科学

在 Turing 探索人工智能的过程中，运用了很多先进的数学理论、计算科学等各种不同领域的知识，同时开辟了诸多学科的新领域。

发表于 1936 年的 *On computable numbers, with an application to the Entscheidungs problem* 一文，Turing 界定了什么是可计算性，无论是从量子力学还是到人工智能领域，可计算性的概念都是现代科学、工程的基础。在研究计算数值时，Turing 针对"什么是能被执行的程序"提出了新的计算模型，而该模型完全不同于此前逻辑学家提出的计算模型。其意义超过之后的任何计算机科学理论，而且更加有用[7]。在接下来的探索人类复杂奥秘和宇宙万物的本质方面，Turing Model 都起着重要的作用。在此，Turing Machine 实现了有限步骤的算法，它把计算机存储的数据编码成真正的数字，对于输入的数据它们是确定性、我们能够识别的，但是 Turing Machine 给出的结果却是不可预测的，甚至出现乱码。换句话说，不是任意的问题，Turing Machine 都能给出可预测的明确结果，这就是 Turing 停机问题[8]。

在非线性系统中，Turing Machine 停机问题是有因果联系的：一个现象导致另一个现象的产生，且科学家解释这个现象的方法，从量子水平到宏观水平，并用到了当时比较先进的技术。但是除了用概要（Broad-Brush）的方式外，模拟一个高阶现象还是很困难的，因为这个问题涉及复杂的模型。

宇宙就像是湍流——它的现象总体上被各种规模、各种联系所规范着，但正是因为存在这些过渡的状态，科学家很难去在量子水平上去解释机械结构，虽然生物学由量子世界而产生，但是并没有用量子去解释生物学。

自然界让我们想到了从宇宙到大脑的新的计算方法。Turing 一直致力于构造在逻辑上等效的系统，以便更好地了解真实世界中的计算，这包括直观的计算和不可预测的跳跃性的计算。Turing 的抽象模型为研究者通过智能计算机看到这种方法提供了可行性。但是这种高阶（Higher-Order）行为的控制在实施方面有很大的挑战[9]。

与此同时，Turing 在题为"可计算的数字及其在判断问题中的应用"的文章中，描绘了通用机器，他谈到了一个能够在磁带上读取记录的设备，并且提出磁带能够用来给机器编程。Turing 所提出来的可计算的数字就是在有限的方法内能够计算出来的数值。

1936 年，Turing 提出著名的 Turing Machine，简单来说是一种抽象计算模型，将人们使用纸笔进行数学运算的过程进行抽象。它有一条无限长的纸带，纸带分成了一个一个的小方格，每个方格有不同的颜色。有一个机器头在纸带上移来移去。机器头有一组内部状态，还有一些固定的程序。在每个时刻，机器头都要从当前纸带上读入一个方格信息，然后结合自己的内部状态查找程序表，根据程序输出信息到纸带方格上，并转换自己的内部状态，然后进行移动。

在计算机里，数值有两种二进制数值标识，而在 Turing Machine 里，两种二进制值的区别就在于在磁带上是否有个孔。这个孔所代表的位的信息存储有两种形式：一种是穿越时间传播的空间，即存储器；另一种是穿越空间传播的时间，即代码。

Turing 证明了一个能够计算任何可计算的序列的机器的存在性，这就是 Turing 通用机。通用机能够通过执行描述其他机器的代码来模拟任何机器，根据这个想法他提出了软件的概念，随着科学家的不懈努力，最终证实了这就是数字计算机的起源[10]，然而当今世界数字计算机内部处理的是一种称为符号信号或数字信号的电信号。它的主要特点是离散，即在相邻的两个符号之间不可能有第三种符号的存在。

很快，Turing 这一想法被 Von Neumann 实现，他研制了世界上第一台被认为是现代计算机原型的通用电子计算机（Electronic Discrete Variable Automatic Computer，EDVAC）。

可以说没有 Turing 就没有现在计算机科学的强势发展，更不用提软件、大数据及 Internet+的时代。

8.1.3 激励人工智能的交叉学科

众所周知，Turing 是著名的数学家和密码学家，从生物科学到数学，其中千丝万缕的联系，让 Turing 的思维和头脑更加广阔。

在世界第二次战争期间，Turing 凭借着扎实的数学基础，领导第 8 号实验室设计了一系列巨大的电子密码破解机器：Bombes，该实验室包括十几位数学家及四位语言学家，10 名从事机械操作的女工作人员，他们为提高密码的破译速度设计了一个"密码分析机"。但是，从密码反译到原码的可能性达 9×10^{20} 种，即使是现代计算机也远远不能在短时间内完成。Turing 用一种全新的方法改进了该破译机，极大地提高了 Bombes 的威力，使它成为世界上第一台高速密码分析机。

战争结束后，Turing 去了位于特丁顿的国家物理实验室（National Physical Laboratory in Teddington）。在这里他重新回顾了在 1936 年提出的想法，发明了第一个具有实践意义的程序存储计算机之一：Automatic Computing Engine（ACE）[7]。这一年，Turing 写出一份长达 50 页的关于 ACE 的设计说明书。这一说明书在保密了 27 年之后，于 1972 年正式发表。在 Turing 的设计思想指导下，人们在 1950 年制出了 ACE 样机，最终在 1958 年完成了大型 ACE 机，诠释了 Turing 程序存储器的概念。Turing 认为存储程序在计算机的存储器里，并且能够随时被计算机调用，这就意味着程序能够改变自身，由此开启了对新计算的设计，具有重大的意义[8]。

在 Turing1937 年发表的文章 *Computability and λ-definability* 里，他以十分细致的理论和实践性的方法研究可计算的机器，Turing 证明了 Turing Machine 可计算函数与 λ 可定义函数是等价的，从而拓广了丘奇论点，得出算法（能行）可计算函数等同于一般递归函数或 λ 可定义函数或 Turing Machine 可计算函数。这就是"丘奇-Turing 论点"，完美地解决了可计算函数的精确定义问题，对数理逻辑的发展具有巨大的推动作用。与此同时，他还对 Turing Machine 模型进行了细致分析，包括怎么执行、怎么完成可能表现的电脑的运行状态。他还指出 Turing Machine 需要与不协调的真实世界去交流，通过犯错误才能说明是智能的[11]。

1939 年，Turing 提出了带有外部信息源的 Turing Machine 概念，包含了一些非常重要、日后具有重大影响的想法，例如，具有交互计算的 Oracle 模型，这种非确定的 Oracle 机器更接近于人类智力的工作方式。

8.2 人工智能的发展

伴随着计算机学科的飞速发展，许多大学和大企业也纷纷建立人工智能实验室，探索新兴技术和领域。

在 1997 年的国际象棋比赛中，IBM"深蓝"（Deep Blue）计算机打败了国际象棋世界冠军"棋王"卡斯帕罗夫（Gary Kasparov）。如果说"深蓝"靠的是超级运算（每秒计算两亿步棋和瞬间检索包含几百万棋谱的数据库），那么后来"沃森"（Waston）的胜利可以说更具智能，包括了对人类语言的识别和判断、对模糊概念的分析以及对联想、幽默、双关语等的理解。

2011 年，大型计算机"沃森"（Waston）在电视节目《危险边缘》中打败了两个该领域的人类世界冠军，"沃森"是与人类回答问题能力匹敌的计算系统，要求计算机具有足够的速度、精确度和置信度，并且能使用人类语言回答问题。"沃森"的获胜标志着人工智能领域达到了新的里程碑，这是人类历史上的创举，也是"人类智能"的胜利。

"人机大战"给人们带来前所未有的震撼，"人工智能"正在悄悄地改变着世界。"机器人足球"以及从 1997 年开始的"机器人足球世界杯赛"（RoboCup）每年都吸引世界几百支队伍参加，成为目前最大的机器人和人工智能研究的盛会，其远大目标希望"到 2050 年，建立一支类人型机器人足球队，战胜人类的足球世界杯冠军队[12]"。

时至今日，人工智能在计算机视觉、信息检索、数据挖掘、语音识别等领域成就斐然。

如果没有 Turing 的最初的激进的想法，很难想象人工智能的发展还会不会如此迅速。Turing 在 1945 年论述了电子数字计算机的设计思想，1950 年他又提出著名的"Turing 测试"，由此，"人工智能"浓墨重彩地登场了，上演了一幕幕精彩篇章。

8.3　计算机界的诺贝尔奖——Turing 奖

Turing 奖，由美国计算机协会（ACM）于 1966 年设立，专门奖励那些对计算机事业作出重要贡献的个人，同时也为了纪念 Alan Mathison Turing，由于 Turing 奖对获奖条件要求极高，评奖程序又是极严，一般每年只奖励一名计算机科学家，只有极少数年度有两名合作者或在同一方向作出贡献的科学家共享此奖。因此它是计算机界最负盛名、最崇高的一个奖项。

Turing 对计算机科学和人工智能等领域的开创性研究为接下来获得 Turing 奖的学者提供了研究的理论基础，并且激发了更多学者探索计算机领域相关问题的热情。

最恰当的评价就像 VintCerf（Turing 奖获得者、Google 首席网际网路传播者）所说的那样，死亡率一直是限制我们探索星系的一个忧虑，Turing 的人工智能的观点使我们知道人类的遗产将会能够永久保存。

如果说宇宙间存在三种智慧，即人类智慧、模仿人类智慧的人工智能、军事智慧，Turing 可以说是唯一的一个对上述三者都作出过巨大贡献的人。

参 考 文 献

[1]　Watumull J. A Turing program for linguistic theory. Biolinguistics, 2012, 6(2): 222～245.

[2]　Leavitt D. The Man Who Knew Too Much: Alan Turing and the Invention of the Computer (Great Discoveries). WW Norton & Company, 2006.

[3]　Cooper B. Turing centenary: The incomputable reality. Nature, 2012, 482(7386): 465～465.

[4]　Dyson G. Turing centenary: The dawn of computing. Nature, 2012, 482(7386): 459～460.

[5]　Brenner S. Turing centenary: Life's code script. Nature, 2012, 482(7386): 461～461.

[6]　欧阳曙光, 贺福初. 生物信息学: 生物实验数据和计算技术结合的新领域. 科学通报, 1999, 44(14): 1457～1468.

[7]　Deutsch D. Quantum theory, the Church-Turing principle and the universal quantum computer, Proceedings of the Royal Society of London A: Mathematical, Physical and Engineering Sciences. The Royal Society, 1985, 400(1818): 97～117.

[8]　Vint Cerf, Alan Turing: why the tech world's hero should be a household name, http://www.bbc.co.uk/news/technology-17662585

[9]　Brooks R, Hassabis D, Bray D, et al. Is the brain a good model for machine intelligence. Is the brain a good model for machine intelligence NATURE, 2012: 462～463.

[10]　Reinitz J. Turing centenary: pattern formation. Nature, 2012, 482(7386): 464～464.

[11]　Beales D L. Beyond horses to zebras: sicca syndrome. Journal of Hospital Librarianship, 2011, 11(4): 311～324.

[12]　Cargill T F. Meltzer's History of the Federal Reserve: A Review Essay. International Finance, 2011, 14(1): 183～207.

第三部分 建模、模拟与应用

第9章 社会网络分析

社会网络分析是研究一组行动者关系的研究方法。行动者可以是人、社区、群体、组织、国家等，他们的关系模式反映出的现象或数据是网络分析的焦点。从社会网络的角度出发，人在社会环境中的相互作用可以表达为基于关系的一种模式，而基于这种关系的模式反映了社会结构，这种结构的量化分析是社会网络分析的出发点。因此，社会网络分析关注的焦点是关系和关系的模式。

本章从实际的应用出发，对社会网络进行信息挖掘分析、推荐和预测。在信息挖掘分析方面，主要介绍了基于微博的热点信息发现、中文微博情感分析以及实体连接；在推荐系统方面，主要介绍了基于社交标注网络、隐马尔可夫模型、信任传播和多属性概率矩阵分解的推荐模型；最后介绍了社会化网络的连接预测等内容。本章在各个方面的内容不仅给出了理论模型，同时也在真实数据集中实验验证了模型的有效性。

9.1 基于微博的热点信息发现

随着网络信息技术的发展，互联网数据及资源大幅增加，并呈现出海量特性。为了有效地管理和利用这些海量分布的信息，基于内容的信息检索和数据挖掘近年逐渐成为备受关注的领域。其中，基于语义的文本主题分析在近年来成为信息检索和文本挖掘的热点研究方向，其主要任务是根据文本中已知的"文档-单词"分布生成"文档-主题"和"主题-单词"两个分布，从而提取出文档中隐含的主题信息。

Web 2.0 的兴起使得社会网络，如 Facebook、Twitter、新浪微博等，非常流行，逐渐成为人与人联系的重要方式。社交网络中 80%以上的数据为自然语言文本，为了使用户能更快捷、更方便地了解热门话题并参与到当前话题的讨论之中，挖掘微博热点话题显得非常重要。但是社会网络中的文本有几个显著特点：高维性、稀疏性、不规范性、主题分布不均。传统的主题分析方法对微博中的文本进行热点话题挖掘有诸多不足。一方面，识别不出热点话题相关的信息，导致准确率较低；另一方面，文本太多，使得主题分析效率很低。鉴于微博中文本存在的特点及针对该文本进行热点话题挖掘所存在的问题，本节首先利用外部数据集进行了深入地探讨；然后探讨了如何利用微博中自身属性（发布时间、标签、转发数和评论数等）提高热点话题的预测准确率。

9.1.1　研究内容

鉴于社会网络中产生的文本存在的特点及其所带来的问题，越来越多的研究者开始提出新的算法以适应微博文本的特性。微博文本字数少、数量多，造成了样本特征稀疏、特征维数较高、主题分布不均等问题，致使模型不能很好地抽取出热点话题相关的特征词。传统的方法采用词频或者关键词作为文本的特征，一方面，将会在一定程度上丢失文本语义信息，即不会考虑到同义词及一词多义，导致话题检测内容不全面；另一方面，对微博中所有的消息进行话题建模，会导致模型效率低下。针对以上两个问题，本节主要提出了两个不同的解决方法。

（1）LDA 模型[1]，通过外部知识库对微博中稀疏且短的文本进行语义层面的扩展，提高文本的信息含量，以及文本之间的关联度。为了提高结果的准确率，可以在相似性算法中调整实体单词的权重并对用户的微博进行合并，然后进行热点主题抽取和效果评估。最后，本节利用新闻数据验证了方法的有效性。

（2）MA-LDA 模型。此模型充分利用了微博自身的属性，如时间、转发数、评论数、标签等信息来提高热点话题抽取的准确率和效率。此模型中时间参数是基于热点话题相关的单词在一段时间内出现频率较高的假设，而标签参数是基于标签词的更具有表达性的假设。本节在腾讯微博的数据上进行话题抽取实验，并将 LDA 和 MA-LDA 的结果进行了对比分析。

9.1.2　利用外部知识库挖掘热点话题[2]

外部知识库可以增加短文本的语义信息，通过对短文本进行语义扩展后，使用 LDA 对短文本进行分类，然后根据分类的准确率来验证这一方法是否有效。其主要框架如图 9-1 所示，主要分为以下四个步骤：

（1）选择合适的外部知识库。

（2）在外部知识库之上做主题分析。

（3）在微博上做基于实体的相似性判断。

（4）对微博进行主题分析。

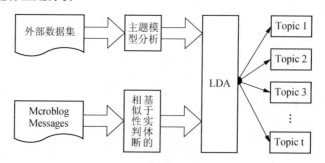

图 9-1　用外部知识库挖掘热点话题的框架

为了说明利用多个外部数据集能有效地增加短文本的语义信息，本节中将利用本章提出的方法对短文本进行主题分析，并将结果和文本相结合，最后利用最大熵分类算法对短文本分类，根据分类的准确率来判断多个外部数据集对短文本语义信息增加是否有用。

为了说明所提出的（图 9-1）框架结构能有效地挖掘微博热点话题，我们首先合并了微博数据中相似用户，然后利用外部数据集扩展短文本语义信息，最后评估热点话题挖掘的效果。为了衡量热点话题挖掘的效果，我们从相应的新闻网站上抓取了与微博数据相同时间的热点话题标题，然后从热点话题挖掘准确率、热点话题相关单词数量、有效主题数量三个方面进行了评估（见 9.1.4 节）。

9.1.3　基于 MA-LDA 挖掘热点话题[3]

充分利用微博自身属性也是一个挖掘热点话题的有效方法。基于此，我们充分利用微博中标签、时间等属性提出了一个全新的概率生成模型 MA-LDA，框架图如图 9-2 所示。

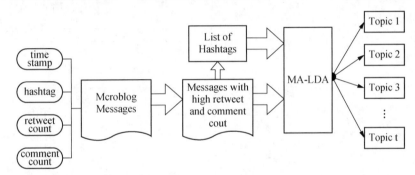

图 9-2　基于 MA-LDA 挖掘热点话题的框架

首先，我们根据一个预先设定的转发数和评论数，挑选其转发数和评论数大于预先设定数目的微博进行热点话题挖掘；然后，利用 MA-LDA 来对这些微博进行主题分析抽取热点话题；最后，将标签结合到 LDA 模型之中。

为了衡量 MA-LDA 模型挖掘热点话题的效果，我们根据待分析数据的发表时间从新闻网站上抓取新闻标题，并从中选出热点话题的标题。然后在 MA-LDA 结果中，从每个主题选取排名靠前的 20 个词语，并从以下三个方面来评估 MA-LDA 模型的效果。

（1）结果中得到的热点话题数量。在本书中，如果一个热点话题的标题中的关键词出现在结果中，那么就表示此热点话题被成功识别，关键词集合中的单词由人来确定。

（2）结果中关于热点话题的词语数量。如果结果中的一个词语是描述一个热点话题的，那么就表示关于热点话题的词语数量加 1。

（3）结果中有效的主题数量。有效的主题定义为，在结果中包含不同热点话题的主题数量。即如果两个主题都包含同一个话题，有效的主题数量仍然为 1。

9.1.4　基于 LDA 与 MA-LDA 挖掘热点话题比较

我们利用传统的 LDA 模型与 MA-LDA 模型在中文微博以及英文 Twitter 数据集上进行

实验，比较 LDA 与 MA-LDA 两个模型的效率与适用性，主要衡量标准有以下三方面。

（1）不同转发数和评论数对模型的影响，实验结果如图 9-3～图 9-5 所示。

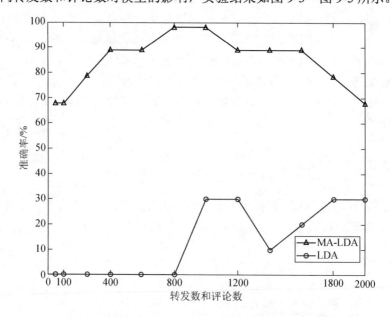

图 9-3　不同转发数和评论数对热点话题挖掘准确率的影响

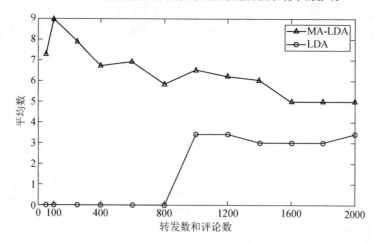

图 9-4　不同转发数和评论数对热点话题相关单词数量的影响

从实验结果可以看出，MA-LDA 模型在热点话题挖掘准确率、热点话题相关单词数量以及有效主题数量三个方面都较传统的 LDA 模型有很大的改善。而且无论转发数和评论数是多少，MA-LDA 模型都明显地比 LDA 模型表现得更好。在热点话题识别数量方面，无论转发数和评论数被设置为多少，MA-LDA 模型都能比 LDA 模型提高 33% 以上。当转发数和评论数设置为低于 1000 时，LDA 模型甚至识别不了任何热点话题。我们得出最理想的转发数和评论数应该设置为 1000。

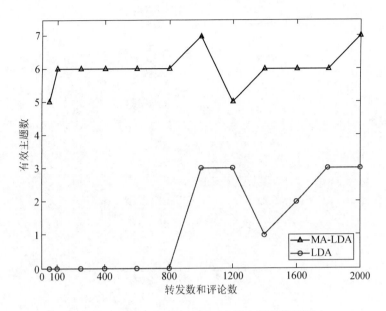

图 9-5　不同转发数和评论数对有效主题数量的影响

（2）不同主题数对模型的影响，实验结果如图 9-6～图 9-8 所示。

从图中可以看出，当主题数量从 10～30 时，MA-LDA 在三个方面都比 LDA 表现得要好。在基于 MA-LDA 模型的实验中，热点话题的数量、热点话题相关的单词的数量以及有效主题的数量变化都非常小。我们认为对于本书所提出的模型，20 个主题是最合适的。

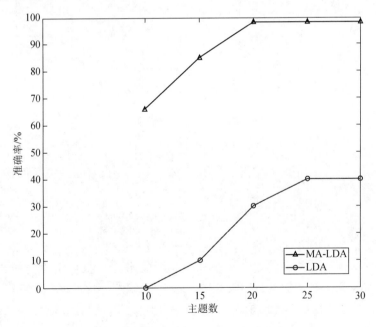

图 9-6　不同主题数对热点话题挖掘准确率的影响

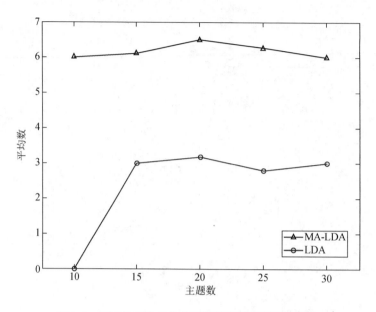

图 9-7　不同主题数对热点话题相关单词数量的影响

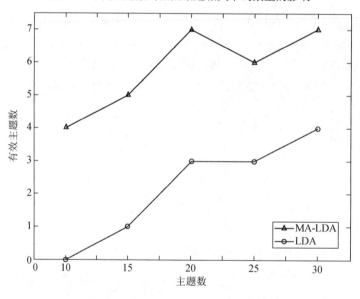

图 9-8　不同主题数对有效主题数量的影响

（3）不同迭代数对模型的影响，实验结果如图 9-9～图 9-11 所示。

为了评估 Gibbs 抽样迭代数对主题分析模型的影响，我们用不同的迭代数来分析 MA-LDA 和 LDA 两个模型的主题抽取效果。无论迭代数是多少，MA-LDA 模型都能识别出这 9 个热点话题，然后 LDA 模型最多只能识别出 3 个，我们认为在 MA-LDA 模型中，最佳的抽样迭代数为 800。

利用外部数据集和基于实体相似性算法相结合的方法有利于识别出基于事件的热点话题；而 MA-LDA 模型对于热点话题挖掘更具有通用性，且能以高效率进行主题分析。

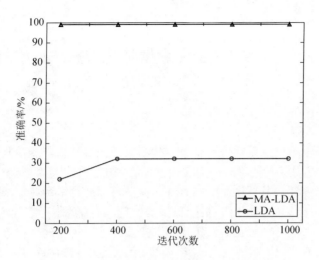

图 9-9　不同迭代数对热点话题挖掘准确率的影响

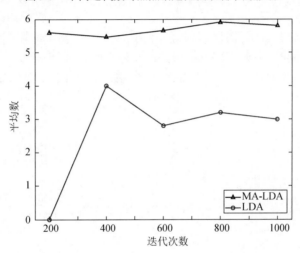

图 9-10　不同迭代数对热点话题相关单词数量的影响

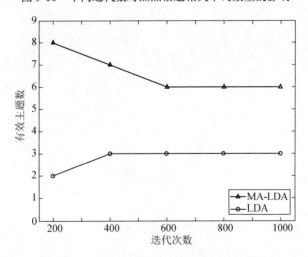

图 9-11　不同迭代数对有效主题数量的影响

9.2 中文微博情感分析

9.2.1 研究内容

微博，一个基于用户关系的信息分享、传播以及获取平台。微博具有以下特点：①内容简短，长度限制为 140 个字符；②数据量大，数据的来源丰富，包罗万象；③传播速度快，微博用户可以任意转发评论；④实时性，微博可以通过多种终端随时发布。用户可以频繁地使用微博对某产品及热点事件进行评论。产品的评价对于商家及买家都很有价值，而热点事件的评论对政府做出正确决策也至关重要，但在短时间内很难从巨大信息量中准确获取网络群体兴趣点[4]。微博的文本结构形式就决定了它的语言具有句子简短、负面倾向多、语句口语化程度强、表达情感强烈，而理性评价淡化、评价对象在句中不直接出现、语言不够规范等特点。

针对中文微博语句，通过对比多种特征选取方法后，本节提出了新的特征统计方法。该方法根据所构建的词语字典与词性字典，分析支持向量机（SVM）[5]、朴素贝叶斯（Naive Bayes）[6]、K 近邻（KNN）[7]等分类模型，并利用证据理论结合多分类器对中文微博观点句进行识别。

9.2.2 情感分析模型

本节主要工作流程如图 9-12 所示。

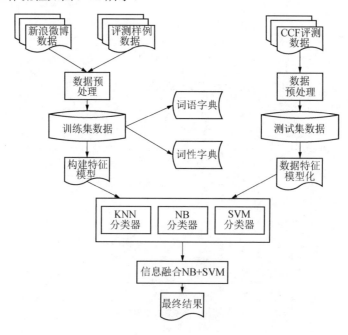

图 9-12　工作流程图

（1）数据预处理：本节涉及的数据来自新浪微博、CCF评测样例数据及评测公布的数据。

（2）构建词语字典和词性字典：使用部分数据，形成训练集，并构建相应的词典。

（3）特征提取：根据特征模型进行特征抽取，实现数据的向量化。

该模型在分析单个分类模型的基础上，融合分类效果好的模型，从而实现对中文微博观点句的识别任务。

9.2.3　文本预处理与词典构建

本节采用中国科学院汉语词法分析系统（ICTCLAS）以及斯坦福句法工具（Stanford Parser）对文本数据进行分词及词性标注。由于ICTCLAS对繁体字支持较弱，我们首先对待评测数据进行简繁体转化，然后对文本做如下预处理：

（1）将数据中Hashtag之间的话题变为topic。

（2）将包含网址url的部分去掉。

（3）将数据中具体表情都变为Expression。

（4）去掉数据中的停用词。

根据上面所述微博的语言特点，针对于微博语言构造词典。一方面，由于传统的情感词典中收录的词语过于正式，微博中甚少出现；另一方面，目前并没有中文微博网络词语的词典。所以，在实际中，我们需根据训练集中出现的所有词语以及词性，构建词语字典及二连词性字典（POS-2）来构建一个适用于微博语言的词典。本书中，词语字典共收录训练集出现的9315个词语，词性字典共收录990维两连词性。

9.2.4　特征值统计方法

常用的特征值统计方法有卡方分布值统计（CHI）、文档频率（DF）、词频-反文档频率（TF-IDF）等，本节在众多统计方法中改进了一种新的统计方法——词频分类文档频率（TF-Classify）[8]，如式（9-1）所示，并通过实验对比（图9-13）证明了其有效性。

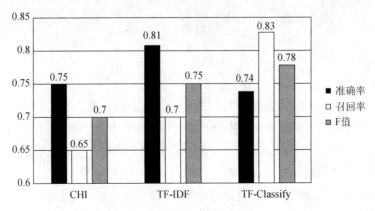

图9-13　多种统计方式结果比较图

$$\text{Classify}_i = \log\left(\frac{|Y - \text{Sentence}|}{j : t_i \in Y - \text{Sentence}}\right) - \log\left(\frac{|N - \text{Sentence}|}{j : t_i \in N - \text{Sentence}}\right) \quad (9\text{-}1)$$

式中，$|Y - \text{Sentence}|$ 是观点句的个数，$\{j : t_i \in Y - \text{Sentence}\}$ 是该词语出现在观点句中的次数，$|N - \text{Sentence}|$ 是非观点句的个数，$\{j : t_i \in N - \text{Sentence}\}$ 是该词出现在非观点句中的次数。

9.2.5 多模型分类结果比较

常用的机器学习分类器算法包括：朴素贝叶斯（NB）、支持向量机（SVM）、K-最邻近（KNN）等。本书选取如图 9-16 所示为结合多分类器的优势，本书引入证据理论，即根据不同分类器给出的概率结果进行融合。根据上面的实验，本节选用 NB 和 SVM 进行融合。根据证据理论[9]，我们有

$$m(A) = \frac{1}{1-K} \sum_{B \cap C = A} m_1(B)m_2(C) \quad (9\text{-}2)$$

$$K = \sum_{B \cap C \neq \varnothing} m_1(B)m_2(C) \quad (9\text{-}3)$$

其中，m_1 和 m_2 可以理解为利用 SVM 以及 NB 的分类结果，A、B、C 为基本事件，本节分类中只有观点句与非观点句两个基本事件，因此 $m(A)$ 可以理解为融合后事件 A 的最终概率。结合 D-S 理论，我们重新进行了实验，结果如图 9-14 所示。

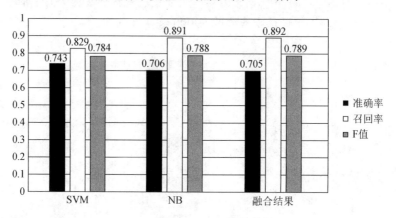

图 9-14　融合结果对比图

当下，微博作为新媒体强势崛起，有关于中文微博的研究引起了各方极大的兴趣。本节从训练集数据构建词语字典和词性字典，实验对比多种特征，改进现有的特征量化方法，到利用信息融合的思路，融合多分类器来提高对中文微博观点句进行识别效果。在基于新浪微博数据、CCF 评测样例数据及评测公布数据上，融合结果的准确率、召回率、F 值分别达到了 70.6%、89.2%和 78.9%，与评测公布的平均值相比，都显著提高。

9.3 中文微博实体链接

中文微博实体链接是 2013 年 CCF 自然语言处理与中文计算会议（NLP&CC 2013）所提出的评测任务，即对微博内容中出现的待测实体与提供的知识库中的条目进行匹配。在此基础上，2014 年的 CCF 自然语言处理与中文计算会议（NLP&CC 2014）对此任务进行扩展，主要体现在人名上。

9.3.1 研究内容

通过对微博内容特征以及知识库内容结构分析，我们发现其主要存在以下问题。

（1）输入噪声，用户输入的随意性及不规范性。如条目"致我们终将逝去的青春"，用户输入为"致青春"或者是"致我们终将失去的青春"。

（2）网络噪声，网络词汇及新词的衍生。如条目"勒布朗·詹姆斯"可用"詹猩猩"、"詹皇"或"小皇帝"指代。

（3）知识库噪声，提供的知识库分类错误，条目局限，即并未收录微博中所出现的实体。如条目"雍正王朝"应为电视剧类别，但错误分为人物类别，而微博中出现的条目"晓说"指代的是由高晓松主持的综艺节目，百科已经收录，但知识库并未收录。

（4）实体的简称，戏称及一词多义性。如条目"中国中央电视台"可用"CCTV"一词或者"CCAV"指代。

（5）人名的特殊性，即重名性、共指性、歧义性。例如，"王伟"一名的义项非常多。

通过分析以上的问题，本节主要使用标签消歧算法和聚类消歧算法来消除微博中出现的一词多义、输入噪声、重名性等问题，并在 NLP&CC 2013 主办方提供的测试数据上进行了实验，结果远高于评测的平均值。

9.3.2 链接整体框架

针对 2013 年 CCF 自然语言处理与中文计算会议（NLP&CC 2013）的中文微博实体链接任务，本节主要分析一个中文微博实体链接系统[10]的构建方法。其主要步骤为，首先根据中文微博词语与相关百科网页信息，编写爬虫构建百科实体词典；接着对数据进行预处理，去除噪声以及不规范性；然后将处理好的数据输入系统，利用多策略消歧算法策略对待测实体进行识别，从而输出识别结果并进行验证，整体流程结构见图 9-15，下面也将进行详细介绍。

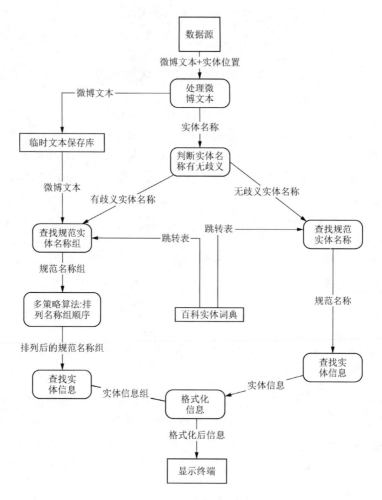

图 9-15　中文微博实体链接识别框架

9.3.3　构建实体词典

百科实体存在网络噪声，即实体名称存在同义词，多为缩略语和网络衍生词。本书根据各百科网站网页信息、跳转规则及网络词语词典，按照其在搜索引擎的检索返回量对同一词语的若干同义词进行排序，构成百科实体词典，具体如图 9-16 所示。

黄晓明	黄晓明（中国一线男明星）	黄晓明（原嘉善县人大常委会副主任）	黄晓明（东南大学交通学院副院长）
纳什	史蒂夫.纳什(NBA篮球运动员)	纳什(俄罗斯青年组织)	小约翰.福布斯.纳什(诺贝尔经济学奖获得者)
德普	约翰尼.德普(美国电影演员)	德普(河北德普电器)	德普(中国宋代僧人)
阿城	阿城（重庆市江津区作家）	阿城区（黑龙江哈尔滨市阿城区）	阿城（山东省聊城市阳谷县乡镇）
好莱坞	好莱坞(美国加利福尼亚州洛杉矶市地名)	好莱坞(1923年美国电影)	
首尔	首尔(韩国首都)	首尔(韩国2010年尹太勇执导电影)	
詹皇	勒布朗.詹姆斯(美国篮球运动员)		
撒切尔夫人	玛格丽特.希尔达.撒切尔(政治家)		
阿里爸爸	阿里巴巴(中国电子商务公司)		
高小松	高晓松(音乐人)		
国家食品药品监管总局	国家食品药品监督管理总局(政府部门)		

图 9-16　百科实体词典示例

9.3.4 模型设计

数据预处理后，分为训练语料与测试语料。训练语料主要用于聚类消歧算法。当测试实体输入系统后，首先规范实体名称，判断是否存在歧义，然后选择消歧策略，如使用标签消歧算法以及聚类消歧算法。对实体义项进行识别并排序，最后规范格式并输出结果。整体流程如图9-17所示，下面将具体介绍标签消歧算法以及聚类消歧算法。

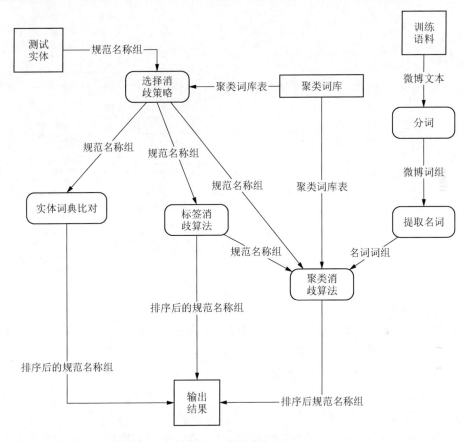

图 9-17 消歧算法策略

1）标签消歧算法

标签消歧算法[11]是根据待测实体所在微博的上下文信息，通过微博其他实体的标签信息，与待测实体多义项的标签作比对，从而匹配出正确实体义项。举例如图9-18～图9-20所示，待测微博是一条关于条目"热火"的微博短文本，而其中有实体"火箭"，该词在百科的义项有9个。根据微博上下文"山猫"、"快船"等词语的标签信息，从而找出该词此时指代"休斯敦火箭队"。

```
<weibo id = "rehuo271liansheng3">
    <content>【热火27连胜！】热火胜猛龙、胜山猫、胜火箭、胜快船、胜湖人...
    热火各种的脸，胜各种的队，胜着胜着就成了27连胜，并成为了NBA第二长连胜。
    错过了昨天《NBA最前线》的童鞋，没关系，这里为你再次奉上热火27连胜的完
    整回顾，很劲爆、很热力四射的MV哦:http://t.cn/zT7shmt</content>
```

图 9-18 待测微博示例

标签消歧算法步骤如下。

（1）统计待测实体 N 的 m 个义项（$N_1, N_2, \cdots, N_m$）的标签个数和标签信息。

（2）统计待测实体所在微博其他实体的义项（$A_1, A_2, \cdots, A_k, B_1, B_2, \cdots, B_j, \cdots$）的标签个数和标签信息。

（3）统计待测实体义项与其他实体义项标签一致的个数，记为（$S_1, S_2, \cdots, S_m$）。

（4）取 $S_1, S_2, \cdots, S_m$ 中最大值，除以对应实体义项总标签数，若大于阈值 β，则输出该结果。

图 9-19　实体"火箭"词义项　　　　　图 9-20　上下文标签信息

2）聚类消歧算法

聚类消歧算法是利用海量微博信息，通过聚类算法，将待测实体不同义项的词语形成词语簇，每一个语簇能够表示该实体的义项。具体步骤如下，如图 9-21 所示。

以待测实体作为关键词，爬取相关微博并做预处理，收集词语。每个实体的词语放入一个文件夹 $D_i, i \in [1, \max D]$。每一个文件夹 D_i 拥有 F_{ij} 个微博，如 $D_i = \{F_{i1}, \cdots, F_{ij}\}$，$j \in [1, \max FD_i]$，而 $\max FD_i$ 是文件夹 D_i 的总微博条数。

（1）为每个实体文件夹 D_i 建立词语矩阵 M_i，将上述步骤预处理过后所收集的词语建立词语矩阵 $M_i[ND_i][ND_i]$，其中 ND_i 是实体文件夹 D_i 的词语总数。

（2）计算矩阵 M_i 的词语出现频次。对于 D_i 中的每一个微博 F_{ij}，若同时出现的两个词语（如 W_x 和 W_y），那么 $M_i[x][x]++, M_i[x][y]++, M_i[y][y]++$。

（3）计算矩阵 M_i 的词语关联性。根据文章高等的方法来计算 M_i 中任意两个词语的关联性。对每个矩阵 M_i 定义一个关联矩阵 M_i^*，$M_i^*[x][y] = \left(\dfrac{M_i[x][y]}{M_i[x][x]}\right)^{\alpha} \left(\dfrac{M_i[x][y]}{M_i[y][y]}\right)^{\frac{1}{\alpha}}$。其中 α 为作用系数。如果 $M_i^*[x][y]$ 很小而 $M_i^*[y][x]$ 很大，则说明词语 y 对词语 x 的关联性一般，而词语 x 对词语 y 的关联性强烈。

（4）将关联矩阵中的词语 $M_i^*[x][y]$ 进行聚类形成词语簇。根据纽曼文章[12]所提出的方法，每一个模块 $Q = \sum_k \left(c_{kl} - a_k^2 \right)$。最初，关联矩阵的每一个词语都是一个簇，$c_{kl}$ 被定义为连接簇 c_k 中与簇 c_l 中其他词语的边缘部分，其中 $a_k = \sum_l c_{kl}$。通过贪心算法让小的词语簇分到大的词语簇中，$\Delta Q = 2\left(c_{kl} - a_k a_l \right)$，每一步都使 Q 得到最大。最后就会使每一个词语归并到簇 c_i 中，$i \in [1, K]$，K 为簇的总个数。

（5）对所分得簇进行分析并人工打上标签，即不同的簇对应不用的该实体的不同义项。

（6）通过待测实体的微博词语与该实体对应的不同簇中的词语做统计，找出相似度最大的簇，并输出对应实体义项。

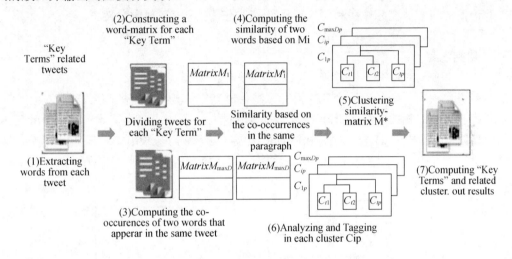

图 9-21　聚类消歧算法步骤

测试数据由 NLP&CC 2013 主办方提供，整个数据集包括 10 个话题，每个话题包含大约 1000 条微博，共约 10000 条微博。数据采用 XML 格式，句子已预先切分好，实际测试实体数为 826 个。

利用本书的方法，对数据集进行实体链接匹配。本书通过测试样例数据以及相关实体微博数据进行标签收集与词语聚类，建立实体词典，通过多层次、多策略方法，输出结果。

在工作中分析含有"猛龙"一词的微博，猛龙分别有球队和电影两个义项，利用纽曼聚类消歧，得到了正确关联词。

以评测方平均水平为基线，与评测方已知结果进行比对（表 9-1），准确率、召回率以及 F 值均有提高。最终的改进结果准确率为 89.34%，远高于评测的平均结果，部分指标甚至超过了评测的最好结果，从而证明了本节算法的有效性。

表 9-1　最终实验结果

提交结果	总体结果		in-KB 结果			NIL 结果		
	正确输出	准确率	准确率	召回率	F1	准确率	召回率	F1
比赛结果	702	0.8499	0.8523	0.7815	0.8154	0.8477	0.9210	0.8828
改进结果	738	0.8937	0.8608	0.8791	0.8699	0.9291	0.9183	0.9237
平均结果	699	0.8228	0.8125	0.7724	0.7935	0.8481	0.8948	0.8702
最好结果	751	0.9092	0.8983	0.8812	0.8897	0.9201	0.9383	0.9291

9.5 社交网络推荐系统

随着 Web 2.0 技术的发展，社会网络已成为人们交往和获取信息的重要渠道之一。这意味着社交网络中的用户信息数据和用户发布的数据快速的增长，同时，移动智能终端技术的发展使得用户可以随时随地发布文字、图片、声音等多媒体信息。面对数据的海量性问题，研究如何对用户进行个性化推荐，使用户得以轻松获取感兴趣的图片或商品等信息，和使有价值的信息被充分传播利用等都具有重要的理论价值和现实意义。

9.5.1 研究内容

本节主要致力于研究设计合理的推荐系统，提高推荐查准率，提高用户满意度，其中涉及了推荐系统的相关方法，如语义标注、信任传播、矩阵分解等；基本的数学统计工具，如贝叶斯统计模型[13]、LDA 模型、序列分析模型、隐马尔可夫模型[14]、矩阵分解模型等；语义分析工具，如著名的 WordNet 的组织结构。主要研究内容如图 9-22 所示，共分为 4 个部分。

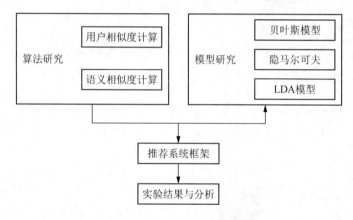

图 9-22　基于社交网络的推荐系统的研究

算法和模型的研究是两大主要部分，下面详细分析我们在研究中使用的算法和模型。

9.5.2 基于社交标注网络的推荐系统

基于社交网络标注的推荐系统的目标是能充分挖掘用户、标签以及联系人的推荐系统。研究中通过贝叶斯统计将用户的评论行为和用户喜好联系起来。首先我们假设如下。

（1）用户喜欢该条目因为他确实被条目内容所吸引。

（2）用户喜欢该条目因为受朋友（联系人）的影响。

基于这两个假设，本书通过分析用户关于某一朋友发布的某一话题类别的条目的喜欢程度，来为用户喜好建模。

1）偏好建模

令 likes(u_a,i) 表示主用户 u_a 喜欢的条目，posted(u_b) 表示 u_b 发布的条目。令 topic(i) 表示条目 i 属于的话题类别，并且 $topic(i) \in C$。条目 i 满足以下条件，①为用户 u_b 上传；②属于特定类别 c_x；（3）并且被 u_a 喜欢的概率表示为：$p(likes(u_a,i) \mid topic(i) \in c_x, i \in posted(u_b))$。

根据贝叶斯条件概率和 Gursel 等的工作，上面的概率能够用式（9-4）表示：

$$\frac{p(i \in posted(u_b) \mid topic(i) \in c_x, likes(u_a,i)) \times p(likes(u_a,i) \mid topic(i) \in c_x) \times p(topic(i) \in c_x))}{p(i \in posted(u_b) \mid topic(i) \in c_x) \times p(topic(i) \in c_x)}$$

$$(9\text{-}4)$$

式（9-4）中各个因子计算如下：

$p(i \in posted(u_b) \mid topic(i) \in c_x, likes(u_a,i)) =$（$u_b$ 上传的，且属于话题类别 c_x，并且被 u_a 喜欢的条目的数目）/（属于 c_x 并且被 u_a 喜欢的条目的数目）；$p(likes(u_a,i) \mid topic(i) \in c_x) =$（属于 c_x 并且被 u_a 喜欢的条目的数目）/（属于 c_x 的条目的数目）；$p(i \in posted(u_b) \mid topic(i) \in c_x)$ =（u_b 上传的，并且属于话题类别 c_x 的条目的数目）/（属于 c_x 的条目的数目）。

2）话题类别映射

大众分类法中，标签的关键优势在于它能以同样的形式表达异构数据内容。通常一个条目可以由几个标签标记，通过计算条目的标签属于类别 C 的程度，可以间接得到该条目属于类别 C 的程度。令 topic(i) 表示条目 i 所属的话题类别，t_k^i 表示其标签集中位于 k 位置的标签，并用 $w(t_k^i)$ 表示该标签的权重。因此，条目 i 属于类别 c_x 的概率由式（9-5）计算：

$$Pr(topic(i) \in c_x) = \frac{\sum_{k=1}^{l_i} w(t_k^i) \times \mathrm{Level}(c_x, t_k^i)}{\sum_{c_y=C} \sum_{k=1}^{l_i} w(t_k^i) \times \mathrm{Level}(c_y, t_k^i)} \qquad (9\text{-}5)$$

当条目 i 只有一个标签时，则该标签的权重为 1。否则标签的权重，即 $w(t_k^i)$，由式（9-6）获得，其中变量 v 表示条目 i 的标签数量。$\mathrm{Level}(c_x, t_k^i)$ 用来获得标签 t_k^i 属于类别 c_x 的程度，其计算方式如式（9-7）所示：

$$w(t_k^i) = \begin{cases} \dfrac{1}{2^k} + \dfrac{1}{2^v(v-1)}, & k < v \\[2mm] \dfrac{1}{2^k}, & k = j \end{cases} \qquad (9\text{-}6)$$

$$\mathrm{Level}(c_x, t_k^i) = (1-\theta) \times \mathrm{IsCategory}(c_x, t_i) + \theta \times \mathrm{similarity}(c_x, t_i) \qquad (9\text{-}7)$$

预处理时，通过标签和类别名称共现的方式将标签进行聚类，以此获得标签和话题类别对应关系。若 $t_j \in c_x$，$t_k \in T(u_i, i_s)$，并且 $t_j \in T(u_i, i_s)$，由此可推出 $t_k \in c_x$。初始启动时，用类别名称作为第一个属于相应的类别的标签名称。

获得的类别文件中的标签能保留原社交网络的非正式形式，正是由于大众标注的非正式性，需要引入语义相似度，将标签和话题类别之间对应起来。本节引入基于 WordNet 的相似度计算方法，在式（9-7）中，$0 < \theta < 1$，$\mathrm{IsCategory}(c_x, t_i)$ 确定该标签是否与存在 c_x 的标签库中，其返回值为 0 和 1。$\mathrm{similarity}(c_x, t_i)$ 返回标签 t_i 和 c_x 的语义相似度。

3）语义相似度计算

目前已有众多工作致力于计算语义词典 WordNet 中包含的语义关系，它们主要是基于最小公共祖先（Least Common Subsumer）、路径长度和关系结构等。两个概念之间的相似度[15]，例如，概念 1 和概念 2，能够通过它们之间的信息交集除以所有表示它们的信息总量所得到的比率来计算，如式（9-8）所示：

$$similarity(concept_1, concept_2) = \frac{2 \times \log p(lso(concept_1, concept_2))}{\log p(concept_1) + \log p(concept_2)} \tag{9-8}$$

由于 Lin 的计算相似度的优秀表现，在实验中，借鉴此方法来计算标签和类别名称的语义相似度。

9.5.3 基于隐马尔可夫模型的位置推荐系统

本书将在这一部分介绍如何通过基于隐马尔可夫模型来学习指定用户的签到行为模式，同时预测用户签到的时间段和下一时刻最可能的签到位置。

算法流程：

设计算法时，需要解决以下问题：①每个用户签到序列在数量和长短对模型的学习的限制；②是否需要考虑与时间相关的模型。本书采用以下方法解决上述问题：①首先将相同用户的签到序列用 k-means 聚类；②由于用户行为与时间相关，因此考虑用户签到时间间隔。

基于签到的隐马尔可夫模型用于学习用户行为，用户签到时间间隔变化受社会发展趋势、当时的心情、朋友等影响。但用户签到行为发生的原因仍是隐藏的，不为我们所知。据此，设计的算法流程如图 9-23 所示，其中各个符号变量的说明见表 9-2。

```
Input: the topic represented as c_{t_1}^{t_1} c_{t_2}^{t_2} ⋯ c_{t_n}^{t_n} in each dataset
Output: user class identification and topic recommendation
1  {user class 1}, {user class 2}, ..., {user class u} ← k−means({c_{t_1}^{t_1} c_{t_2}^{t_2} ⋯ c_{t_n}^{t_n}});
2  {train 1, test 1}, {train 2, test 2}, ..., {train u, test u} ← {user class 1},
3  {user class 2}, ..., {user class u};
4  q ← r, o ← k, A ← mk_stochastic(rand(q, q)),
5  B ← mk_stochastic(rand(q, o)), π ← normalise(rand(q, 1));
6  λ_1 ← learn_hmm(train 1, π, A, B);
7  λ_2 ← learn_hmm(train 2, π, A, B);
8  .........;
9  λ_u ← learn_hmm(train u, π, A, B);
10 for each λ λ ∈ {λ_1, λ_2, ..., λ_u} do
11     for each test test ∈ {test 1, test 2, ..., test u} do
12         for each test sequence ts ts ∈ test do
13             │ log likelihood ← log_hmm(ts, λ);
14         end
15     end
16 end
17 for each test_p test_p ∈ {test 1, test 2, ..., test u}, p ∈ {1, 2, ..., u} do
18     for each test sequence ts ts ∈ test_p do
19         for each time period c_i c_i ∈ C i ∈ (1, k) do
20             newts_i ← substitute(ts, c_i);
21             log likelihood ← log_hmm(newts_i, λ_p);
22         end
23     end
24 end
```

图 9-23　算法主要流程

表 9-2　符号表示

符号变量	描述解释
U	用户聚类的类别数
R	隐藏状态数目
K	一天被分为的时间段数目
π	观察状态的初始概率向量
A	观察状态间的概率转移矩阵
B	观察状态和隐藏状态之间的概率转移矩阵
q	Q 中的有限状态
o	O 中的观察状态
mk_stochastic	获得随机的转移概率矩阵，并且保证每行的和为 1
normalise	归一化，保证矩阵参数加起来为 1
learn_hmm	用 Baum-Welch 算法训练 HMM
log_hmm	用 Viterbi 算法计算以"log"形式表示的概率
log likelihood	保存"log_hmm"计算获得的概率结果
substitute	执行"替代"过程的函数

表 9-2 中，符号 U、R、K 分别表示用户聚类的类别数，隐含状态数和将 24 小时分为的时间段数目。"mk_stochastic"函数用来随机获取概率矩阵，并且保证每行的概率和为 1。"normalise"函数使矩阵参数和为 1。"learn_hmm"用 Baum-Welch 函数学习 HMM 参数。"log_hmm"函数用 Viterbi 算法计算以"log"形式的表示的概率结果。"log likelihood"用于保存"log_hmm"函数计算的结果值。"substitute"函数表示"替代"操作。该操作描述如下，例如，测试序列"ts"为 $\{c_{t_1}^{t_1} c_{t_2}^{t_2} ... c_{t_{n-1}}^{t_{n-1}} c_{t_n}^{t_n}\}$，分别用 c_1、c_2、$\cdots$、c_k 替换最后一次观察到的 $c_{t_n}^{t_n}$，并且将新得到的序列保存到"newts"中，因此新得到的"newts"集合为
$\{\{c_{t_1}^{t_1} c_{t_2}^{t_2} \cdots c_{t_{n-1}}^{t_{n-1}} c_1^{t_n}\}, \{c_{t_1}^{t_1} c_{t_2}^{t_2} \cdots c_{t_{n-1}}^{t_{n-1}} c_2^{t_n}\}, \cdots, \{c_{t_1}^{t_1} c_{t_2}^{t_2} \cdots c_{t_{n-1}}^{t_{n-1}} c_k^{t_n}\}\}$。

图 9.26 表示的流程是整个设计框架的主要流程。它描述了用户聚类、每个类别的用户学习模型和计算 log likelihood 值。第 1 行表示用 k-means 对具有相同签到模式的用户聚类。聚类之前，输入的序列被剪裁成为同样的长度。第 6～第 9 行，引入 Baum-Welch 算法通过重复特定的步骤估计模型参数。在训练步骤之前，参数的值，例如，π、A、B 是随机设定的。从第 10～第 16 行，在模型学习好之后，每类用户模型能够用来计算新加入用户的签到序列在该模型条件下的 log likelihood 值。假设一个新用户的观察序列为：$o = o_1 o_2 \cdots o_t$，因此概率 $p(o | \lambda)$ 表示在已学习模型 λ 的条件下，计算该观察序列出现的可能性大小。该值通过 Viterbi 算法中的前向-后向（Forward-Backward）过程计算。已知在时间序列 $t_0 t_1 \cdots t_{n-1}$ 中获取的用户签到时间间隔序列，同样能够用 Viterbi 算法获得用户下一次最可能的签到时间间隔。从第 17～第 24 行，在替代掉每条测试数据后，可以重复使用 Viterbi 算法获取 log likelihood 值。

9.5.4　信任传播推荐系统

信任扩散模型是受扩散理论的启发，扩散理论试着解释一种新的观点是以怎样的方式和速度在社会网络中进行传播扩散，信任更适合理解为一种扩散的概念。另外，一个用户

对其他用户的信任不是静态的，而是随着环境的变化而变化的。因此，我们可以很自然地建立一个基于扩散理论的信任模型。

本节借鉴了 Strang 和 Tuma 等的面向个体层面的异质扩散理论模型强调空间和时间信息的异质性特征的特点[16]，考虑了所有历史交互事件的时间异质性，即时间越接近的交互事件对信任评价的影响就越大。信任扩散模型如图 9-24 所示。

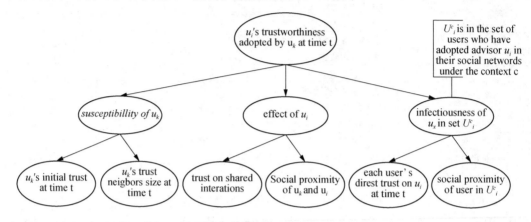

图 9-24　信任扩散模型

1）基于信任扩散机制的推荐算法

在真实的推荐系统中，用户的数量是相当庞大的，而用户之间很少有机会进行直接交流，因此他们之间的直接信任评分信息很少，在推荐过程中用户之间的信任关系能够起到的作用也很小。

基于以上考虑，我们提出了基于信任扩散机制的推荐算法（DiffTrust+RSTE）。其基本思想是：首先执行信任扩散模型（DiffTrust），在用户之间的直接信任关系的基础上，通过一定的转化规则计算得到用户之间的间接信任关系；然后利用概率因子分解模型把信任扩散模型和推荐系统很好地集成起来，基于信任扩散机制的推荐模型框架如图 9-25 所示。

推荐模型分为三大部分：数据预处理、信任扩散模型与推荐系统的集成（DiffTrust+RSTE）和推荐服务。

（1）数据预处理：该部分主要是为了得到用户-项目评分数据和用户之间的信任评分数据。对于非评分数据需要进行量化，对评分数据进行适当修改（如删除一些攻击性用户（Attacker）的数据等），最后分别得到项目评分矩阵 R 和信任评分矩阵 T。

（2）信任扩散模型与推荐系统的集成：该部分是推荐算法的核心部分。传统的基于信任推荐算法，由于用户之间的信任网络的稀疏性，以致在推荐过程中用户之间的信任关系能够起到的作用很小。基于这种情况，我们先利用用户之间的直接信任关系，通过信任扩散后推导出陌生用户之间的间接信任关系，从而为当前用户匹配到更多的信任用户，挖掘出更多新的用户之间的信任关系；然后通过信任矩阵分解模型把信任信息融合到推荐的过程中。

（3）推荐服务：该部分的主要功能是提取预测评分数据集，为目标用户产生推荐列表，并对推荐算法的性能进行评估。

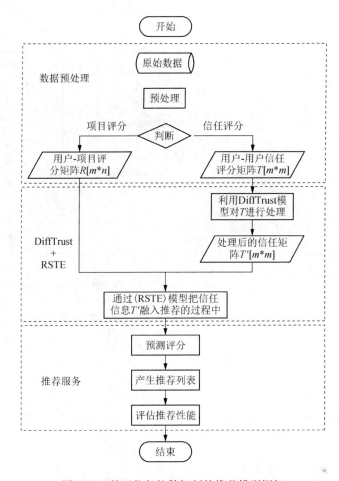

图 9-25　基于信任扩散机制的推荐模型框架

2）基于信任扩散机制推荐的概率图模型（DiffTrust+RSTE）

图 9-26 显示了基于信任扩散机制推荐的概率图模型，首先根据信任的传递性对原本稀疏的信任矩阵 T 执行信任扩散算法得到关系紧密的信任矩阵 T'（包括直接信任和间接信任）（图左边部分）；然后通过 RSTE 模型，将所有的信任关系集成到推荐算法中（图右边部分）；最后利用梯度下降方法对目标函数进行最优化。$T(i)$ 是信任网络中被用户 u_i 所信任的用户的集合（包括直接信任和间接信任）；$|T(i)|$ 是集合的大小，即被用户 u_i 所信任的用户总数。

推荐系统的目的是预测用户 u_i 对项目 v_j 的未知评分 $\hat{R}_{ij}$，本书从概率的角度来预测评分，假设用户和商品的特征向量矩阵都服从高斯分布，则用户对商品的喜好程度就是一系列概率的组合问题。加入 T'_{ik}，得到对应的条件概率分布，如式（9-9）所示：

$$p\left(U,V \mid R,T',\sigma_R^2,\sigma_U^2,\sigma_V^2\right)$$

$$= \prod_{i=1}^{m}\prod_{j=1}^{n}\left[N\left(R_{ij} \mid g\left(\alpha U_i^{\mathrm{T}}V_j + (1-\alpha)\sum_{k\in T(i)}T'_{ik}U_k^{\mathrm{T}}V_j\right),\sigma_R^2\right)\right]^{I_{ij}^R}$$

$$\times \prod_{i=1}^{m}N\left(U_i \mid 0,\sigma_U^2 I\right)\times \prod_{j=1}^{n}N\left(V_j \mid 0,\sigma_V^2 I\right) \tag{9-9}$$

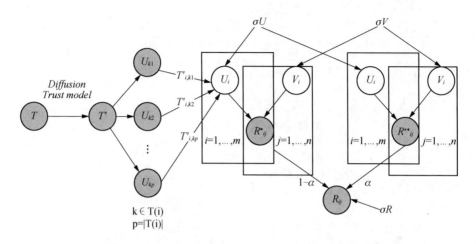

图 9-26 基于信任扩散机制推荐的概率图模型（DiffTrust+RSTE）

$$T'_{ik} = \exp\left(\omega_1 T_k^0\right) + \sum_{s \in \varphi(t)} \exp\left[\omega_2 DT\left(u_k, u_i, t, c\right) + \omega_3 CI\left(u_k, U_i^c, t\right) + \lambda^{(t-t_s)}\right] \quad (9\text{-}10)$$

在式（9-9）中，$N(x \mid \mu, \sigma^2)$ 是均值为 μ、方差为 σ^2 的高斯分布的密度函数。逻辑函数 $g(x) = 1/(1 + \exp(-x))$，主要用来使 $\alpha U_i^T V_j + (1-\alpha) \sum\limits_{k \in T(i)} T'_{ik} U_k^T V_j$ 的值映射在 $[0,1]$ 之间。I_{ij}^R 是指标函数，如果用户 u_i 对项目 v_j 进行了评分，$I_{ij}^R = 1$；否则，$I_{ij}^R = 0$。参数 α 和 $1-\alpha$ 分别用来权衡用户自身对商品的喜欢程度和用户 d 所信任朋友的推荐支持度。T'_{ik} 表示用户 u_i 对 u_k 的信任度（直接信任或间接信任）可以通过信任扩散模型得到（第 3 章有详细介绍）。

对式（9-9）取对数，可以得

$$
\begin{aligned}
\ln p\left(U, V \mid R, T', \sigma_R^2, \sigma_U^2, \sigma_V^2\right) = {} & -\frac{1}{2\sigma_R^2} \sum_{i=1}^{m} \sum_{j=1}^{n} I_{ij}^R \left(R_{ij} - g\left(\alpha U_i^T V_j + (1-\alpha) \sum_{k \in T(i)} T'_{ik} U_k^T V_j\right)\right)^2 \\
& -\frac{1}{2\sigma_U^2} \sum_{i=1}^{m} U_i^T U_i - \frac{1}{2\sigma_V^2} \sum_{j=1}^{n} V_j^T V_j \\
& -\frac{1}{2}\left(\sum_{i=1}^{m} \sum_{j=1}^{n} I_{ij}^R\right) \ln \sigma^2 - \frac{1}{2}\left(m \times d \times \ln \sigma_U^2 + n \times d \times \ln \sigma_V^2\right) + C
\end{aligned}
$$

$$(9\text{-}11)$$

式中，d 是对应的潜在特征矩阵的维度，C 是一个常量，不依赖于任何参数。

优化式（9-11）等同于直接优化式（9-12）：

$$
L\left(R, T', U, V\right) = \frac{1}{2} \sum_{i=1}^{m} \sum_{j=1}^{n} I_{ij}^R \left(R_{ij} - g\left(\alpha U_i^T V_j + (1-\alpha) \sum_{k \in T(i)} T'_{ik} U_k^T V_j\right)\right)^2
$$
$$
+ \frac{\lambda_U}{2} \|U\|_F^2 + \frac{\lambda_V}{2} \|V\|_F^2 \quad (9\text{-}12)
$$

式中，$T(i)$ 表示信任网络中被用户 u_i 所信任的用户的集合（包括直接信任和间接信任）；$\lambda_U = \sigma_R^2 / \sigma_U^2$，$\lambda_V = \sigma_R^2 / \sigma_V^2$。为了减小算法的复杂度，在本章节涉及的所有实验中我们设

置 $\lambda_U = \lambda_V$。$\left\| \cdot \right\|_F^2$ 为对应矩阵的 F-范数,表示矩阵中所有元素的平方和。

然后对 U_i、V_j 执行梯度下降法来达到最小化目的,求得局部最小值,如式(9-13)和式(9-14)所示:

$$\frac{\partial L}{\partial U_i} = \alpha \sum_{j=1}^{n} I_{ij}^R g'\left(\alpha U_i^T V_j + (1-\alpha) \sum_{k \in T(i)} T_{ik}' U_k^T V_j \right) V_j$$

$$\times \left(g\left(\alpha U_i^T V_j + (1-\alpha) \sum_{k \in T(i)} T_{ik}' U_k^T V_j \right) - R_{ij} \right)$$

$$(1-\alpha) \sum_{q \in B(i)} \sum_{j=1}^{n} I_{qj}^R g'\left(\alpha U_q^T V_j + (1-\alpha) \sum_{k \in T(i)} T_{ik}' U_k^T V_j \right)$$

$$\times \left(g\left(\alpha U_q^T V_j + (1-\alpha) \sum_{k \in T(i)} T_{ik}' U_k^T V_j \right) - R_{qj} \right) T_{qj}' V_j + \lambda_U U_i \quad (9\text{-}13)$$

$$\frac{\partial L}{\partial V_j} = \sum_{i=1}^{m} I_{ij}^R g'\left(\alpha U_i^T V_j + (1-\alpha) \sum_{k \in T(i)} T_{ik}' U_k^T V_j \right)$$

$$\times \left(g\left(\alpha U_i^T V_j + (1-\alpha) \sum_{k \in T(i)} T_{ik}' U_k^T V_j \right) - R_{ij} \right)$$

$$\times \left(\alpha U_i + (1-\alpha) \sum_{k \in T(i)} T_{ik}' U_k^T \right) + \lambda_V V_j \quad (9\text{-}14)$$

$g'(x) = \exp(x) / (1 + \exp(x))^2$,是逻辑函数 $g(x)$ 的倒数。$T(i)$ 是信任网络中被 u_i 信任的所有用户的集合(包括直接信任和间接信任),$B(i)$ 是信任 u_i 的所有用户的集合(包括直接信任和间接信任)。

求出变量的偏导数后,就可以对矩阵 U 和 V 进行迭代更新,如式(9-15)和式(9-16)所示:

$$U_i^{t+1} = U_i^t - \tau \Delta U \quad (9\text{-}15)$$

$$V_j^{t+1} = V_j^t - \tau \Delta V_j^t \quad (9\text{-}16)$$

U_i^{t+1} 和 V_j^{t+1} 表示下一代的计算数值,U_i^t 和 V_j^t 为当代的数值,τ 为迭代步长。

通过梯度下降法进行优化,$L(R, T', U, V)$ 将收敛到期望的局部极小值,从而预测出用户 u_i 对项目 v_j 的未知评分 $\hat{R}_{ij}$,如式(9-17)所示:

$$\hat{R}_{ij} = \alpha U_i^T V_j + (1-\alpha) \sum_{k \in T(i)} T_{ik}' U_k^T V_j \quad (9\text{-}17)$$

我们在三个真实的数据集(Epinions、Flixster、Douban)上进行了实验验证和对比分析,如图 9-27 所示。实验结果表明本书提出的 DiffTrust+RSTE 算法在各个评测标准(RMSE、Precision、Recall、FMeasure)中都明显优于其他几种推荐算法。

Datasets	Metrics	PMF	BPMF	RSTE	Our method
Epinions	RMSE	0.8812	0.8461	0.8219	**0.7146**
	Precision	0.7797	0.7885	0.7945	**0.8213**
	Recall	0.7196	0.7468	0.8725	**0.9603**
	*F*Measure	0.7484	0.7671	0.8317	**0.8854**
Flixster	RMSE	0.8919	0.8749	0.8362	**0.7313**
	Precision	0.7770	0.7813	0.7910	**0.8172**
	Recall	0.6817	0.7364	0.8449	**0.9415**
	F Measure	0.7262	0.7582	0.8170	**0.8749**
Douban	RMSE	0.8815	0.8625	0.8317	**0.7207**
	Precision	0.7796	0.7844	0.7921	**0.8200**
	Recall	0.7024	0.7409	0.8616	**0.9571**
	F Measure	0.7390	0.7620	0.8254	**0.8832**

图 9-27　在三个数据集（Epinions, Flixster ,Douban）上的算法比较结果

9.5.5　基于多属性的概率矩阵分解推荐系统

推荐系统根据用户过去的行为，分析用户的偏好，为用户推荐最相关的信息。许多研究者研究推荐系统，不断改进推荐系统的性能，然而却很少同时利用用户的社会关系和用户标签标记的商品的标签信息作为商品的内容进行推荐的。本节将介绍利用概率矩阵分解包含社会关系和内容信息（SC）进行个性化的推荐。这不仅利用了概率矩阵分解的可扩展性，也能克服数据稀疏性的问题。

1）方法定义

$G = (U,V,E_u,E_v)$ 表示基于兴趣的社会网络，其中 $U = (u_1,u_2,\cdots,u_{N^{\cdot}})$ 表示 $N^{\cdot}$ 个用户，$V = (v_1,v_2,\cdots,v_m)$ 为 M 个商品，E_u 为用户之间的关系，E_v 为用于对商品的评分。同时定义 $S = \{s_{ik}\}_{N^{\cdot}\bullet N}$ 为社会矩阵，$R = \{r_{ij}\}_{N^{\cdot}\bullet M}$ 为评分矩阵。书中利用潜在因子图模型，将每一个用户或者每一个商品看作潜在的特征向量。书中提到的内容信息，我们使用话题模型生成。$D_j = (w_{j1},w_{j2},\cdots,w_{jN^w})$ 为商品 j 的描述信息，其中提到标题、关键字、摘要和标签信息均用单词表示。

在推荐系统中，评分矩阵通常都比较容易获取，然而社会关系的网络不是真实存在的，很难获取。因此，我们根据用户对商品的行为形成了一个社会网络。我们同时也讨论了社会网络在推荐系统中对用户产生的影响。从用户的行为中，我们会发现，比起陌生人，用户更愿意与朋友分享一些信息、观点；而有相似兴趣的人更有可能成为朋友。我们在选择一件事物时，不仅会根据自己的兴趣，也会在乎朋友的一些看法。在推荐系统中也存在这样的现象：用户的行为是会受到周围朋友影响的，尤其是在基于兴趣的社会网络中。两个用户的行为越是相似，他们存在关系的可能性就越大的。所以我们假设在基于兴趣的社交网络中他们的相似性为他们由于相同兴趣产生关系的权重。Jaccard 相似性是相似性方法中最基本和最相似的方法，本书采用这一方法计算两个用户之间的相似性，如式（9-18）所示：

$$S(u_i, u_k) = \frac{1}{2}\left(\frac{CI(u_i, u_k)}{I(u_i) \cup I(u_k)} + \frac{CW(u_i, u_k)}{W(u_i) \cup W(u_k)}\right) \qquad (9\text{-}18)$$

式中，$I(u_i)$、$I(u_k)$、$CI(u_i, u_k)$ 分别表示 v_i、u_k 和他们共同喜欢的商品的数量；$W(u_i)$、$W(u_k)$ 和 $CW(u_i, u_k)$ 分别为 u_i 和 u_k 标记商品的单词和相同单词的数量。

每一个用户拥有自己的兴趣，同时也会受到他所在的社会网络的影响。为了同时考虑这两者的关系，我们利用线性函数式（9-19）将其联系起来：

$$u^* = \alpha u + (1-\alpha)\sum_{t \in T(i)} s_{it}u_t \qquad (9\text{-}19)$$

式中，α、$1-\alpha$ 分别表示用于自己的兴趣和他所受朋友的影响的权重，$T(i)$ 是的邻居集合。

2）模型设计

为了提高推荐的精度，书中充分利用主题模型 LDA 和概率矩阵分解模型（PMF）融合商品的信息、用户的行为和社会关系。图 9-28 是定义的模型 SC-PMF 的图解。这个模型在概率的基础上将各种因素都得以考虑，以适应各种场合的推荐。

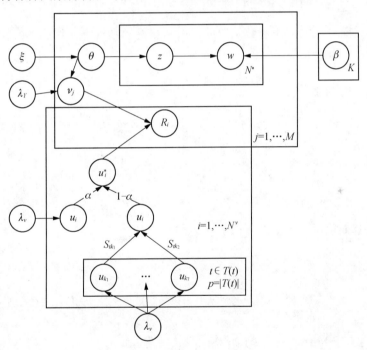

图 9-28　SC-PMF 模型

假设用户商品矩阵 R 的条件分布式（9-20）如下：

$$p(R \mid S, U^*, V, \sigma_R^2) = \prod_{i=1}^{N^r}\prod_{j=1}^{M}[N(r_{ij} \mid (u_i^{*\mathrm{T}}v_j), \sigma_R^2)]^{I_{ij}^R} \qquad (9\text{-}20)$$

其服从均值 u、方差为 σ^2 的高斯分布，其中 $I_{ij}^R = 1$ 为 u_i 标记过商品 j，否则 $I_{ij}^R = 0$。同时，假定用户和商品的潜在特征向量服从高斯分布，则有式（9-21）和式（9-22）：

$$p(U \mid \sigma_U^2) = \prod_{i=1}^{n}[N(U_i \mid 0, \sigma_U^2 I)]^{I_{ij}^t} \qquad (9\text{-}21)$$

$$p(V \mid \sigma_V^2) = \prod_{j=1}^{m} N(V_j \mid 0, \sigma_V^2 I) \tag{9-22}$$

根据贝叶斯推理，我们能得到在用户和商品的后验分布，如式（9-23）所示：

$$p(U, V \mid R, , S\sigma_R^2, \sigma_U^2, \sigma_V^2)$$

$$\propto p(R \mid S, U^*, V, \sigma_R^2) p(U^* \mid \sigma_U^2) p(V \mid \sigma_V^2)$$

$$= \prod_{i=1}^{N^r} \prod_{j=1}^{M} [N(r_{ij} \mid u_i^{*\mathrm{T}} v_j, \sigma_R^2)]^{I_{ij}^R} *$$

$$\prod_{i=1}^{N^r} \prod_{j=1}^{M} N(u_i^* \mid 0, \sigma_U^2 I) N(v_j \mid \theta_j, \sigma_V^2 I)$$

$$= \prod_{i=1}^{N^r} \prod_{j=1}^{M} [N(r_{ij} \mid (\alpha u_i + (1-\alpha) \sum_{t \in T(i)} s_{it} u_t)^{\mathrm{T}} v_j, \sigma_R^2)]^{I_{ij}^R} *$$

$$\prod_{i=1}^{N^r} \prod_{j=1}^{M} N(u_i^* \mid 0, \sigma_U^2 I) N(v_j \mid \theta_j, \sigma_V^2 I) \tag{9-23}$$

为了计算化简，我们利用对数函数的性质将目标函数进行转化求下式的最小值，如式（9-24）所示：

$$L = \frac{1}{2} \sum_{ij} I_{ij}^R (r_{ij} - (\alpha u_i + (1-\alpha) \sum_{t \in T(t)} s_{it} u_t)^{\mathrm{T}} v_j)^2$$

$$+ \frac{\lambda_U}{2} \sum_i (\alpha u_i + (1-\alpha) \sum_{t \in T(t)} s_{it} u_t)^{\mathrm{T}} (\alpha u_i + (1-\alpha) \sum_{t \in T(t)} s_{it} u_t)$$

$$+ \left(\frac{\lambda_V}{2} \sum_j v_j - \theta_j\right)^{\mathrm{T}} (v_j - \theta_j) - \sum_j \sum_i \log\left(\sum_k \theta_{jk} \beta_{k, w_{ji}}\right) \tag{9-24}$$

在参数估计中，很难一下得到 u_i、v_j、θ_j。利用了 EM 算法进行近似估计，在给定当前的参数 θ_j，我们使用梯度下降方法估计 u_i 和 v_j，如式（9-25）和式（9-26）所示：

$$u_i = \frac{1}{\alpha} (V C_i V^{\mathrm{T}} + \lambda_u I_K)^{-1} V I C_i R_i - \frac{(1-\alpha)}{\alpha} \sum_{t \in T(i)} s_{it} u_t \tag{9-25}$$

$$v_j = \sum_i (\alpha u_i + (1-\alpha) \sum_{t \in T(i)} s_{it} u_t) C_j (\alpha u_i + (1-\alpha) \sum_{t \in T(i)} s_{it} u_t)^{\mathrm{T}} + \lambda_v I_K)^{-1}$$

$$\left[\sum_i (\alpha u_i + (1-\alpha) \sum_{t \in T(i)} s_{it} u_t) C_j R_j + \lambda_v \theta_j\right] \tag{9-26}$$

在给出 U 和 V 的基础上估计 θ_j，如式（9-27）和式（9-28）所示：

$$L(\theta_j) \geqslant -\frac{\lambda_V}{2} \sum_j (v_j - \theta_j)^{\mathrm{T}} (v_j - \theta_j) + \sum_l \sum_{k'} \phi_{jlk'} (\log \theta_{jk'} \beta_{k', w_{jl}} - \log \phi_{jlk'}) \tag{9-27}$$

$$L(\theta_j, \phi_j) = -\frac{\lambda_V}{2} \sum_j (v_j - \theta_j)^{\mathrm{T}} (v_j - \theta_j) + \sum_l \sum_{k'} \phi_{jlk'} (\log \theta_{jk'} \beta_{k', w_{jl}} - \log \phi_{jlk'}) \tag{9-28}$$

在得到 u_i、v_j、θ_j 后在 M 步估计得到 β，如式（9-29）所示：

$$\beta_{k'w} \propto \sum_j \sum_i \phi_{jik} * 1[w_{ji} = w] \tag{9-29}$$

在估计得到所有参数后，我们可以进行预测，在预测的基础上我们便可选择一定范围内的进行推荐。

9.6　链　接　预　测

9.6.1　研究内容

随着 Web2.0 的发展，Twitter、FaceBook 等基于社区的社会网络服务被普及，网络用户的数量也取得了快速的增长。与此同时，网络的链接关系也渐趋复杂化，链接挖掘成为了一个研究热点，尤其是链接挖掘的一个重要分支——链接预测。现有的社会网络链接预测方法存在着很多问题，例如，对节点属性信息和网络拓扑信息难以综合考虑，预测结果的准确度也亟待提高。针对这些问题，我们将用户的属性信息和网络结构信息结合发现潜在的共同兴趣的关系[17]，并提出了一个机遇兴趣的因子图模型（I-FGM）融合这些因素。

9.6.2　社会化网络的链接预测[18]

设社会网络 $G = (V, E)$，两个用户的关系、关系之间的标记和不同的因子函数在 I-FGM 模型中分别表示变量节点、隐变量节点和因子节点。用户关系的相似性定义如下。

如果两个节点之间有相同的特征，它们就可以看作相似的，社会网络中，用户的行为可以在一定程度上表示用户的兴趣。本书通过他们共同关注的网站研究用户间潜在的关系。访问相同网站的相似函数可以定义为式（9-30）：

$$S_1(v_i, v_j) = \frac{2 * \text{CI}(v_i, v_j)}{I(v_i) + I(v_j)} \tag{9-30}$$

式中，$I(v_i)$、$I(v_j)$ 表示 v_i、v_j 访问的网站数量，$\text{CI}(v_i, v_j)$ 表示 v_i、v_j 共同访问的网站数。

类似地，我们定义了访问网站内容的相似性，如式（9-31）所示：

$$S_2(v_i, v_j) = \frac{2 * \text{CW}(v_i, v_j)}{W(v_i) + W(v_j)} \tag{9-31}$$

还定义了用户间度的相似性，如式（9-32）所示：

$$S_3(v_i, v_j) = \frac{C}{|N(v_i)||N(v_j)|} \sum_{m=1}^{|N(v_i)|} \sum_{n=1}^{|N(v_j)|} S_3(N_m(v_i), N_n(v_j)) \tag{9-32}$$

式中，$N(v_i)$、$N(v_j)$ 表示 v_i、v_j 邻居的集合；$N_m(v_i)$、$N_n(v_j)$ 表示属于 v_i、v_j 单个邻居。

每一对关系有一个属性向量，$T_i = (t_{i1}, \cdots, t_{ij}, \cdots, t_{in})$ 表示第 i 对关系，其中 t_{ij} 为 i 的第 j 对属性，我们的目标就是通过已知的信息和给定的网络发现潜在的共同兴趣关系。我们只要知道一个人在某个时段和某人相似的行为，我们就能发现他们在某个时段或者某个领域共同的兴趣。根据因子图理论，我们定义 $f(y_i, x_i)$ 为属性因子函数，实例化为 $\phi(y_i, x_i) = (S_1(x_i), S_2(x_i), S_3(x_i))$（$S_1(x_i)$、$S_2(x_i)$、$S_3(x_i)$ 为节点对的属性），边函数 $g(y_i, x_i)$ 考虑的是节点对之间的关系，实例化为 $s(y_i, y_j)$，其值为 1 或 0，因此根据因子图模型，我们定义的 I-FGM 模型如图 9-29 所示。

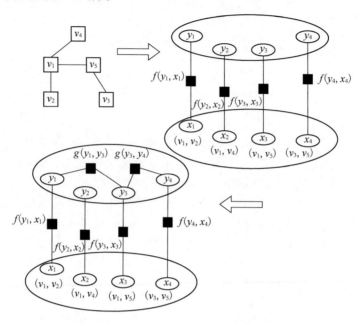

图 9-29　I-FGM 模型

属性函数，如式（9-33）所示：

$$f(y_i, x_i) = \frac{1}{Z_\alpha} \exp(\alpha^{\mathrm{T}} \varphi(y_i, x_i)) \tag{9-33}$$

边关系函数，如式（9-34）所示：

$$g(y_i, G(y_i)) = \frac{1}{Z_\beta} \exp(\beta^{\mathrm{T}} \sum_{y_k \in G(y)} s(y_i, y_k)) \tag{9-34}$$

关系预测的配置值 $Y = (y_1, y_2, \cdots)$，也就是目标函数，如式（9-35）所示：

$$\begin{cases} P(Y) = \prod_i f(y_i, x_i) g(y_i, G(y_i)) \\ P(Y) = \prod_i \frac{1}{Z_\alpha Z_\beta} \exp\left((\alpha^{\mathrm{T}} \phi(y_i, x_i) + \beta^{\mathrm{T}} \sum_{y_k \in G(y_i)} s(y_i, y_k) \right) \\ P(Y) = \frac{1}{Z} \exp(\theta^{\mathrm{T}} R) \end{cases} \tag{9-35}$$

取对数，如式（9-36）和式（9-37）所示：

$$O(\theta_1) = \log(P(Y^K)) = \log\left(\sum_{Y|Y^K} \frac{1}{Z_1} \exp(\theta_1^{\mathrm{T}} R_1) \right) \tag{9-36}$$

$$O(\theta_1) = \log \sum_{Y|Y^K} \exp(\theta_1^{\mathrm{T}} R_1) - \log Z = \log \sum_{Y|Y^K} \exp(\theta_1^{\mathrm{T}} R_1) - \log \sum_Y \exp(\theta_1^{\mathrm{T}} R_1) \tag{9-37}$$

应用梯度下降法，得到参数的更新值为 $\theta_{\text{new}} = \theta_{\text{old}} - \mu \frac{\partial O(\theta_1)}{\partial \theta_1}\big|_{\theta_1 = \theta_{\text{old}}}$。

然后最小化目标函数，得到是 $P(Y)$ 最大的 Y 的一个配置，得到我们需要的结果如 $Y=(y_1,y_2,\cdots)=(1,1,0,\cdots)$，$y_1=1,y_2=1,y_3=0$，$y_1$、$y_2$ 对应的节点对的关系是存在的，y_3 对应的节点对的关系不存在。

在 bookmarking 和 music 网络实验中，如图 9-30 和图 9-31 所示，得到的预测结果和其他三种方法相比能得到更好的结果。

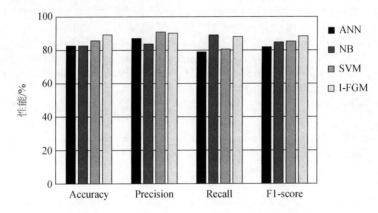

图 9-30　在 bookmarking 网络数据集中预测潜在关系

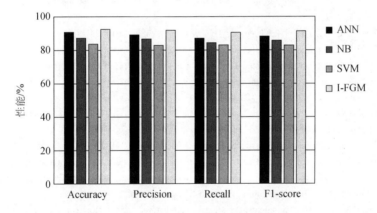

图 9-31　在 music 网络数据集中预测潜在关系

9.7　小　　结

本章从社会网络分析的角度，介绍了社会网络的信息挖掘分析，推荐系统和链接预测的相关概念和模型，并在真实数据集中实验验证了模型的有效性。随着互联网，特别是大数据和机器学习方向的发展，社会网络会变得更加庞大也更加复杂，如何对其更加高效，准确地分析并得到有价值的信息将会是一个很大的挑战。同时伴随着用户信息获取需求的提升，以及对信息质量要求的提高，社会网络的分析的需求将会更加迫切，这方面的研究也会更加热门。

参 考 文 献

[1] Blei D M, Ng A Y, Jordan M I. Latent dirichlet allocation. the Journal of machine Learning research, 2003, 3: 993~1022.

[2] Ying Zhu, Li Li, Le Luo, et al. Analysis of influence of topic models and different external corpus to text classification, Journal of Information and Computational Science, 2013, 10: 2855~2866.

[3] Ying Zhu, Li Li, Le Luo. Learning to classify short text with topic model and external knowledge. In proceeding of International Conference on Knowledge Science, Engineering and Management. KESM, 2013: 493~503.

[4] Hu M, Liu B. Mining and summarizing customer reviews. The 10th ACM SIGKDD International Conference on Knowledge discovery and data mining. ACM, 2004: 168~177.

[5] Hearst M A, Dumais S T, Osman E, et al. Support vector machines. Intelligent Systems and their Applications, IEEE, 1998, 13(4): 18~28.

[6] McCallum A, Nigam K. A comparison of event models for naive bayes text classification. AAAI-98 workshop on learning for text categorization. 1998, 752: 41~48.

[7] Dudani S A. The distance-weighted k-nearest-neighbor rule. Systems, Man and Cybernetics, IEEE Transactions on, 1976 (4): 325~327.

[8] Gao C, Liu J. Clustering-based media analysis for understanding human emotional reactions in an extreme event. Foundations of Intelligent Systems. Heidelberg: Springer, 2012: 125~135.

[9] Dempster A P. Upper and lower probabilities induced by a multivalued mapping. The annals of mathematical statistics, 1967: 325~339.

[10] 杨凯峰, 张毅坤, 李燕. 基于文档频率的特征选择方法. 计算机工程, 2010, 36(17): 33~35.

[11] Newman M E J. Fast algorithm for detecting community structure in networks. Physical review E, 2004, 69(6): 066133.

[12] Zhang, B.L., Pei, Y.H. Bayesian network model overview. Computer and Information Technology, 2008, 16(5).

[13] Visser I. Seven things to remember about hidden markov models: a tutorial on markovian models for time series. Journal of Mathematical Psychology, 2011, 55(6): 403~415.

[14] Wu Z, Palmer M. Verbs semantics and lexical selection. The 32nd annual meeting on Association for Computational Linguistics. Association for Computational Linguistics, 1994: 133~138.

[15] Lin D. An information-theoretic definition of similarity. ICML. 1998, 98: 296~304.

[16] Strang D, Tuma N B. Spatial and temporal heterogeneity in diffusion. American Journal of Sociology, 1993: 614~639.

[17] Li Li, Yun Long Guo, Yu Xiang, et al. Entity linking and disambiguation strategies in chinese micro-blogs, The 11th IEEE International Conference on Ubiquitous Intelligence and Computing (UIC 2014).

[18] Tan F, Li L, Zhang Z, et al. Latent co-interests' relationship prediction. Tsinghua Science and Technology, 2013, 18(4).

第 10 章 语义网技术及其应用

语义网技术是近几年研究最为广泛的信息技术之一。经过多年的发展，语义网技术无论是在语言的开发、工具的开发、标准的建立上，还是在技术应用上都取得了非常显著的进步。根据语义网数据互联和整合的特性，将资源应用在医学和教育等领域有很大的发展空间。同时语义关键技术在生物信息学中也得到了重要应用。而在服务计算研究中，语义网技术也在 Web 服务自动组合问题中作出了突出贡献。本章介绍语义网技术在农业农村信息化中的应用，将语义网技术应用于柑橘的施肥和病虫害防治，为实现精准农业的愿景提供可实施的具体案例。此外，语义网技术、语义整合也在复杂网络中应用广泛，如在线社会网络、搜索引擎、物联网等。

10.1 语义网技术及其在资源整合中的应用

随着计算机与网络技术的普及和发展，各种急剧增长的数字资源日渐成为信息资源的主流。数字资源具有复杂性、多样性、异构性和海量性等特点，这使得为用户提供更加智能的资源发现与获取服务变得至关重要。为此，将多源异构的信息整合在一起以方便用户浏览、检索及利用就成为了众多学者的研究热点。语义网技术的出现改变了 Web 以及基于 Web 的各种应用。由于语义网天生具有数据互联和集成的特性，因此将语义网技术应用于资源整合具有强大的潜力。

10.1.1 语义网的概念和体系结构

随着网络的发展，现有的互联网技术已经不能满足人们的需求，所以 Tim Berners-Lee 在 1998 年提出了语义网的概念和体系结构，人们便对下一代 Web——语义网的研究和发展产生了浓厚的兴趣。语义网的核心是通过给万维网上的文档添加能够被计算机所理解的语义（Meta Data），从而使整个互联网成为一个通用的信息交换媒介。其基本思想就是把已经很成熟的人工智能逻辑具体运用在 Web 领域中，再准确地说，就是用本体来进行 Web 上的知识表现。语义网的体系结构共有七层，自下而上其各层功能逐渐增强（图 10-1）。

语义网体系结构的最底层是字符集层，即 Unicode（统一字符标准）和 URI（Uniform Resource Identifier）。Unicode 是一个字符集，这个字符集中所有字符都用两个字节表示，它支持世界上所有主要语言的混合，并且可以同时进行检索。URI，即统一资源定位符，用于唯一标识网络上的一个概念或资源。在语义网体系结构中，字符集层是整个语义网的基础，其中 Unicode 负责处理资源的编码，URI 负责资源的标识。

第二层是根标记语言层，即 XML（可扩展标示语言）+NS（Name Space）+Schema（模式）。该层是语义网体系结构中的重要组成部分，负责在语法上表示数据的内容和结构，具体表现为使用标准语言将信息的表现形式、数据结构和内容进行分离。XML 是标准通用标记语言，综合了标准通用标记语言的丰富功能与 HTML（超文本标记语言）的易用性，允许用户在无须说明添加结构的情况下，在文档中加入任意的结构。NS（Name Space）即命名空间，由 URI 索引确定，目的是避免使用同样的字符描述不同的事物。XML Schema 是文档类型定义（DTD）的替代品，采用 XML 语法，可以提供更多的数据类型，所以在 XML 文档服务中能更高效地提供数据校验机制。

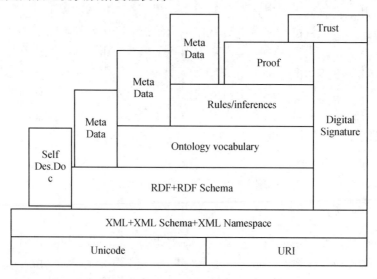

图 10-1　语义网的体系结构[1]

第三层是资源描述框架层，即 RDF+RDF schema。RDF（Resouce Description Framework）即资源描述框架，它是整个语义万维网的基础框架。利用 RDF，任何人都可以对任何事物进行描述，并最终整合这些描述形成一个统一模型，使得所描述的资源的元数据信息成为机器可理解的信息。自 1999 年以来，RDF 就是 W3C（World Wide Web Consortium）的推荐标准。RDF schema——RDF 概要语言，具有描述共同性和多样性的能力，这是对象描述语言和其他包含类、子类、属性等基本概念的语言的基础。从 2004 年开始，RDF schema 成为 W3C 的推荐标准。除了 RDF 和 RDF schema，还有两种描述语言——RDFS-Plus 和 OWL，它们的表达能力更强，语义逐层丰富。RDFS-Plus 是 OWL（Web Ontology Language）的子集，比 RDFS（Resource Description Framework Schema）有更强的表达力，却没有 OWL 复杂。目前仍没有 RDFS-Plus 的标准，但人们已经日益意识到介于 RDF schema 和 OWL 之间的语言对工业界来说有重要意义。RDFS-Plus 能描述某些 RDF schema 无法表示的功能，解释了某些特殊属性的使用，以及它们之间的关联。而 OWL 赋予了语义万维网逻辑表达的能力，构建者利用 OWL 能够表示类、实体、属性之间详细的限制条件。这些语言都是构建下一层的基础。

第四层是本体词汇层（Ontology Vocabulary）。该层是在第三层资源描述框架的基础上用于描述应用领域的知识以及各类资源及资源之间的关系，具体是通过定义概念及其关系的抽象描述来实现的。

第五层是逻辑层，提供公理和推理规则，使用更丰富的逻辑语言表达网络上的资源，最重要的是通过前面四层打下的基础上进行逻辑推理操作。通过第六层验证层的交换以及第七层信任层的数字签名，建立一定的信任关系，从而证明语义网输出的可靠性以及其是否符合用户的要求，保证数据的真实性。

第六层是验证层（Proof），推理结果应该是可以验证的。Proof 层使用 Logic 层定义的推理规则进行逻辑推理，得出某种结论。对于语义网的用户来讲，这个推理过程应该是建立在可靠的数据基础之上的，推理的过程应该是公开的，而且推理得到的结论也应该是可以验证的。

第七层是信任层（Trust），使用语义网的 RDF 模型，任何人都可以对任何资源进行描述，不同立场的人对相同的资源可能会做出完全相反的描述。Trust 层负责为应用程序提供一种机制，以决定是否信任给出的论证。Trust 层的建立，使智能代理在网络上实现个性化服务，以及彼此间自动交互合作，具备了可靠性和安全性。

10.1.2　本体简介

1. 本体的定义

本体的概念最初起源于哲学领域，被定义为"对世界上客观存在物的系统的描述，即存在论"，是客观存在的一个系统的解释或说明，关心的是客观现实的抽象本质。近年来，本体论的这些思想和方法被人们引入人工智能、知识工程和图书情报、语义网等相关领域，得到了广泛关注和深入研究，在这些领域中，本体用于解决知识概念表示、知识重用和共享、知识获取等各方面的有关问题。在计算机和人工智能领域中本体有多种定义。

1991 年，Neches 教授和他的同事在文献中给出："本体是由一些术语、术语间的关系和规则组成，其中，术语和术语之间的关系是用来描述问题域的知识，而规则是用来在术语和术语之间的关系上进行推理的[2]"。1997 年，Borst 提出"本体是共享概念模型的形式化规范说明[3]。2000 年，Fensel 提出"本体是特定领域中重要概念的共享的形式化的描述[4]"。2003 年，Uschold 提出"本体是关于共享的概念模型的协议[5]"。

本体的概念包括以下四个主要方面：

（1）概念化（Conceptualization）：客观世界现象的抽象模型，其表示的含义独立于具体的环境状态。

（2）明确（Explicit）：概念及它们之间的联系都被精确的定义。

（3）形式化（Formal）：精确的数学描述，计算机可读。

（4）共享（Share）：本体中反映的知识是其使用者共同认可的，是相关领域中公认的概念集。

2. 本体的组成

本体的定义有诸多表述，但作为知识组织的重要手段具有六个要素。

（1）概念（Concept）

概念原本是思维科学的一个术语，是"思维的基本形式之一，反映客观事物的一般的、本质的特征"。在本体中，概念扮演着非常重要的角色，是人与机器交互的桥梁：①概念是人类对现实世界理解的表意符号；②概念是机器操作的主要对象；③在人类和机器之间，需要建立一个数学模型使得人类能理解并控制机器的运作，而概念又是数学模型主要的构成元素。本体中，概念又称为类（Class），是相似术语所表达的概念的集合体。

（2）关系（Relation）

本体中的关系表示概念之间的一类关联，典型的二元关系如概念之间的 is-a 关系，它形成了概念之间的逻辑层次分类结构。

（3）属性（Property）

概念的属性是指概念的一些描述方面，具有限制类中的概念和实例的功能，属性是区分类的标准，属性具有继承性，一个属性必须具有相应的属性值，在概念层上没有属性值。例如，概念"疾病"有属性"病因"。

（4）公理（Axiom）

本体中公理是公认的事实（或推理规则），是用来知识推理的。

（5）函数（Function）

函数是关系的特定表达形式。函数中规定的映射关系，可以使得推理从一个概念指向另一个概念。

（6）概念的个体实例（Individual Instance of Concept）

实例是本体中的最小对象。它具有原子性，即不可再分性。如果某个实例还可以再进行划分，那么它就是一个类，而不是实例。实例可以代入函数中去进行运算，而函数的运算结果一定是另外一些实例或者是类。类包含实例，而每个实例都有不属于其他实例的属性，这是区分不同实例的唯一标识。

3. 语义本体的构建方法

常用的语义本体构建方法有：企业建模法（Tove）、骨架法（Skeletal Methodology）、METHONTOLOGY 法、七步法[6]等。本章的柑橘施肥语义本体较多地借鉴了七步法。构成七步法的七个步骤具体如下：

（1）确定语义本体的专业领域和范畴。首先要明确构建的语义本体将覆盖的专业领域、构建目的、作用以及维护和应用的对象，这些对于领域本体的建立过程中有着很大的关系，所以应当在开发语义本体前注意。对于特定的专业领域的一些特殊的表达法和特定的详细内容等的注释，应当明确。另外，能力问题（Competency Questions）是由一系列基于该语义本体的知识库系统应该能回答出的问题组成，它用来检验该语义本体是否合适，语义本体是否包含了足够的信息来回答这些问题，问题的答案是否需要特定的细化程度或需要一个特定领域的表示等。

（2）考虑复用现有语义本体的可能性。如果自己的系统需要和其他的应用平台进行互操作，而这个应用平台又与特定的语义本体或受控词表结合在一起，那么复用现有的语义本体就是最行之有效的方法。

（3）列出语义本体中的重要术语。首先，需要列出一份详尽的术语清单。接下来的两个重要步骤是完善等级体系和定义概念属性（Property），这两个步骤是密不可分、相辅相成的。这在语义本体的设计进程中最为重要。

（4）定义类（Class）和类的等级体系（Hierarchy）。建立一个类等级体系有以下 3 种方法：一是自顶向下法，从领域中最大的通用概念开始，而后再将这些概念细化；二是自底向上法，由等级体系树中底层最小类的定义开始，然后将这些细化的类合并为更为概括的较大概念；三是综合法，综合以上两种方法，首先定义大量显而易见的概念，然后对它们进行恰当的归纳和细化。三种方法各有优劣，具体采用哪种方法取决于开发者对该领域的理解程度。如果开发者对该领域有一套自上而下的系统认识，那么自顶向下的方法比较适合。如果开发者收集到更多的是实例，那么可选用自底向上的方法。对大多数开发者而言，综合法一般最为便捷。但是无论选择哪种方法，都要从类的定义开始，可以从上面已经创建的术语清单中，选择一些无二义性的术语作为类。

（5）定义类的属性。一旦定义好了类，就要开始描绘概念间的内在结构，即类的属性。任意一个类的所有下位类都会继承其上位类（父类）的属性。为了方便操作，属性的定义多是基于之前列出的术语清单中。

（6）定义属性的限制。属性限制有许多不同的类型，如描述赋值类型（Value Type）、允许的赋值（Allowed Value）以及赋值的基数（Cardinality）。除了上述几种限制外，还有值域（Range）和定义域（Domain）的定义。

（7）创建实例。在类和属性的结构确定后，再处理知识中实际的数据，即创建实例。

4．语义本体构建工具介绍

（1）TopBraid Composer（http://www.topquadrant.com/）

TopBraid Composer 是专为开发语义本体和语义应用的一种企业级的建模环境软件，通过它可以进行推理。TopBraid Composer 完全符合 W3C（World Wide Web Consortium）标准，并为开发、管理和测试知识模型及其实例的配置提供全面的支持。

TopBraid Composer 基于 Eclipse（基于 JAVA 的可扩展开发平台）开发而成，是领先的 RDF（Resource Description Framework）编辑器和 OWL（供处理 Web 信息的语言）本体编辑器，内置有推理引擎、SWRL（Semantic Web Rule Language）编辑器、可视化操作以及具备 XML（可扩展标记语言）和 UML（统一建模语言）导入功能等，同时也是市场上最好的 SPARQL（Simple Protocol And Rdf Query Language）查询工具之一。

（2）AllegroGraph（http://allegrograph.com/）

AllegroGraph 是美国 Franz 公司出品的，一个基于 W3C（World Wide Web Consortium）标准的为资源描述框架构建的图形数据库。它为处理链接数据和 Web 语义而设计，支持 SPARQL（Simple Protocol And Rdf Query Language）、RDFS++（Resource Description Framework Schema++）和 Prolog（Programming in Logic）。相对于其他的 RDF（Resource Description Framework）数据库存在的问题，如 RDF 及其相关的语义网技术存在速度较慢、效率较低等问题，AllegroGraph 提高了对大型 RDF 数据集的查询效率。使用它可以实现 10 亿数量级的三元组数据库的查询。同时作为一种 RDF 数据库，AllegroGraph 提供了完整的对 RDF 数据的事务管理（Atomicity-Consistency-Isolation-Durability，ACID）的支持，像关系数据库一样支持 RDF 数据事务的回滚、提交和存储过程。

AllegroGraph 对其管理的所有 RDF 三元组都提供了索引，同时对文本提供了全文索引支持。AllegroGragh 通过 REST（表述性状态传递）通信协议同时支持多种编程语言接口，包括 Common Lisp、JAVA、C++、Ruby、Pear、C#、Python、JavaScript 等主流编程语言。

所以针对具备海量特征的空间数据库进行语义查询，使用 AllegroGraph 是一种较好的解决方案。

（3）Gruff（http://franz.com/agraph/gruff/）

Gruff 是一款强大的可视化 RDF 浏览器，致力于改善数据检索的过程，使其更加简便、易于操作。Gruff 具备有多样化的工具，可以用于图形布局、显示属性表、管理查询。它基于 AllegroGraph 的交互式三元组，可以对本地以及网络的 RDF 数据进行可视化操作。它最大的特点是通过节点与连线的方式展现语义知识结构图，还可以利用构成的可视化图形和属性表进行诸如浏览、查询、管理和编辑等。

Gruff 同其他可视化操作软件不同的是，利用不同颜色对节点与连线进行区分，更加的方便直观，同时颜色搭配可图形化标志也更人性化，使人感觉更舒服。同时，Gruff 有独特的图形化查询方式（Graphical Query View），用户使用该方式编辑的图形将被转换为 SPAEQL（Simple Protocol and RDF Query Language）或 Prolog（Programming in Logic），并可以对图像查询或文本查询进行存储，甚至查询结果也可以被转换为图形。

10.1.3 基于语义网技术的资源整合方法

国内早期的信息资源整合只是简单的数据集中或数据聚合，后来有学者提出通过标准的 XML 文档建立异构数据源之间映射关系，再把信息整合到新的数据库或数据仓库。这些方法大多针对信息资源的结构和模式，虽然能够解决信息的语法、模式异构问题，却无法解决信息的语义异构问题。国外学者也做过许多这方面的研究，著名的信息整合项目包括 TSIMMIS（The Stanford-IBM Manager of Multiple Information Sources）、InfoBus（Information Bus）和 InfoSleuth 等。TSIMMIS 是基于中间件和包装器的，能够迅速整合分布、异构的数据源，但是忽略了语义异构问题。InfoBus 注重服务的整合，通过元数据标准解决信息异构冲突。Infosleuth 是基于多 Agent（代理商）的体系结构，它引入了本体技术，通过本体提供上下文环境，构建一个全局概念模型，实现信息共享和关联。国外的这些研究逐渐意识到语义异构的存在，并提出了一些解决方法。

基于本体技术的信息资源整合方法和基于关联数据的信息资源整合方法是目前基于语义网技术的资源整合方法中的主流方法，下面将对其进行详细介绍。

1. 基于本体的信息资源整合方法

本体构建和本体映射是基于本体的信息资源整合的基本原理。语义异构是已有信息资源整合系统中最突出的问题，它的本质是信息缺乏语义，语义网利用本体描述领域知识，使得领域内的信息具有明确的语义，因而可以通过本体赋予信息语义。本体映射是指在两个本体之间存在着语义关联，将这样的两个本体作为输入，然后为这两个本体中的各种元素（概念、关系、实例等）建立相应的语义联系的过程。本体映射包含信息到本体的映射和本体到本体的映射。在局部本体与局部本体之间、局部本体与全局本体之间可以建立映射关系，通过映射规则解决本体之间存在的概念、属性、关系、实例、同名异义和异名同义等各种冲突问题，从而解决领域本体的异构问题，实现语义层的信息整合。

目前基于本体的信息资源整合方法主要分三种：单本体方法（Single Ontology

Approaches）、多本体方法（Multiple Ontology Approaches）和混合本体方法（Hybrid Ontology Approaches）。

单本体方法的整合系统的各个部分联系密切，不能动态和开放地反映人们对世界的不同观点，多本体方法满足了动态和开放的要求，但各个本体之间的结合脆弱，不易整合。为克服单本体和多本体的缺陷，混合本体方法应运而生。一方面，混合本体的每个信息源的语义由自身的局部本体来描述，避免了局部结构改变对全局的影响；另一方面，在各个局部本体之上使用共享的词汇集合，有时共享词汇集也是一个本体，称为全局本体，它包含了领域中的原语（基本术语），它是构建局部本体的基础，通过将基本术语用某些操作综合起来，可以构建局部本体中的复杂术语。本体映射保证了全局本体与局部本体间语义的一致性。混合本体方法的优势在于它可以很容易地加入新的信息源，添加相应的局部本体，以及映射信息。共享词汇表的使用使得源本体兼容并且避免了多本体方法的弊端。该方法的不足在于，已有的本体不易重用，因为所有源本体必须与共享词汇表相关。混合本体方法是目前基于本体的信息整合研究的主要方法。

2. 基于关联数据的信息资源整合方法

关联数据是指在网络上发布、共享、连接各类数据、信息和知识的一种方式，它克服了本体的领域局限性，实现了数据之间开放的无缝互联。关联数据作为构建数据之网的关键技术，在资源整合和共享方面具有天然的优势。它通过发布和链接结构化数据使得分散异构的数据孤岛实现语义关联，从而使资源整合成为无缝关联、无限开放的整体，还可以通过与本体技术相结合增强资源之间的语义相关性[7]。目前将关联数据应用于信息资源整合的领域主要是企业信息资源[8]和金融数据[9]。关联数据必须遵循四个原则：①使用 URI（统一资源标志符）作为任何事物的标识名称；②使用 HTFPURI 使任何人都可以访问这些标识名称；③当有人访问某个标识名称时，提供有用的信息；④尽可能提供相关的 URI，以使人们可以发现更多的事物。

关联数据采用 RDF（资源描述框架）数据模型，利用 URI（统一资源标识符）命名数据实体，并在网络上发布，从而可以通过 HTTP 协议揭示并获取这些数据。关联数据同时强调数据的相互联系以及有助于人和计算机理解数据的语境信息。关联数据可以在不同来源的数据之间创建链接。这些数据源可能是两个处于不同地理位置的机构所维护的数据库，也可能是一个机构内的无法在数据层面上进行互操作的不同系统。关联数据可链接至其他外部数据集，同样也可被来自外部数据集的数据所链接，从而形成关联数据网络。

10.1.4　语义网技术在资源整合中的应用

1. 医学领域的资源整合

在医学领域中，信息的特点是信息量大、内容丰富，若要在计算机上实现对繁多的医学信息的智能处理和共享，就迫切需要统一、规范的医学知识信息体系。语义网技术在医学资源整合中的应用主要是基于本体技术的应用。领域本体支持生成专门领域的参考知识储存——领域知识库，以方便人和计算机应用程序之间传输和共享这些知识。基于本体的知识表示方法为基于本体的医学领域知识的整合应用打下了良好的基础。例如，著名的统一医学语言系统 UMLS 已经成为医学领域内的语言表示标准，可以应用于医学领域内各种基于本体的知识表述（Tian Wei, 2014）。面向语义网还有一个很好的例子是基因本体 Geneontology（GO），它为生物医学领域与基因相关知识的应用提供了相对统一的、共享的信息资源[10]。

在基于本体的医学资源整合应用中最主要的工作是医学领域本体的构建。医学领域本体的构建可以是手动、半自动或自动方式构建。医学领域本体不仅包括临床医学术语，还包括人文科学领域、大量生命科学的术语。目前比较成熟的医学领域本体主要包括统一医学语言系统（UMLS）、标准医学参考术语、人类发育解剖学本体、医学知识库、基因本体、中医药一体化语言系统等。它们针对医学领域的不同方面，以不同方式或结构来整合医学知识资源。

医学领域本体的构建中，基于电子病历的本体构建是近年来颇为流行的方法[11]。电子病历是医学诊疗方向的重要资源。电子病历包含的海量信息中不仅包含医学信息，也包含大量的日常用语信息，例如，现病史、病程记录中描述性的自然语言，远超出医学术语范畴。因此，可以使用电子病历原始资源来构建专门的电子病历本体知识库，这就将非结构化的电子病历信息整理成了结构化的数据资源，也可以在此基础上构建面向医学诊疗方面的医学领域本体。

（1）电子病历本体知识库的构建

电子病历本体知识库的构建首先需要收集大量的电子病历原始数据，目前，很多医院都实现了病人信息从入院到出院的全程信息化，电子病历的普及便于我们用程序自动学习，但电子病历的格式杂乱无章，因此，可以用规范词汇集来描述从电子病历中提取的重要属性，通过本体描述语言描述逻辑和推理引擎，得到统一、规范的知识表达，形成提取后的电子病历本体知识库。使用手工的方法从普通手写文档病例中提取相关知识，可将其转化为电子病历的格式。

本体描述的是共享知识，即在领域内都被接受的命题。在构建电子病历本体知识库的方法中，可以引用和补充建立关于疾病的症状、体征、检查、治疗和用药等和本方法相关的医学领域本体。对于已经作为标准公布的医学领域本体我们可以共享，实现统一的标准，例如，统一医学语言系统 UMLS。如果在应用中需要使用到还未作为标准公布的医学领域本体，则需要权威的医学领域专家和本体工程师共同创建。具体的创建步骤包括：创建与该应用相关的医学领域术语集、创建相关的医学领域本体并推理验证其一致性等。在医学领域的一个应用中常常需要多个领域本体协同工作。

（2）医学领域本体的构建

医学领域的本体自动生成是以电子病历作为输入，通过获取医学领域概念和领域概念之间关系，最终得到医学领域的本体。电子病历作为非结构化的数据源，结构复杂，语法不一，为了实现本体的自动构建，必须经过一系列处理，主要涉及自然语言处理、文本挖掘、数理统计等领域，具体方法技术有：中文分词及词性标注、医学领域知识辞典构造、词频统计、领域相关度和一致度计算、关联规则和领域概念层次聚类等。

面向医学领域的本体自动生成大致可分为概念抽取、概念关系的提取、形式化的表示（采用 OWL 的方式）三个阶段。具体的框架如图 10-2 所示。

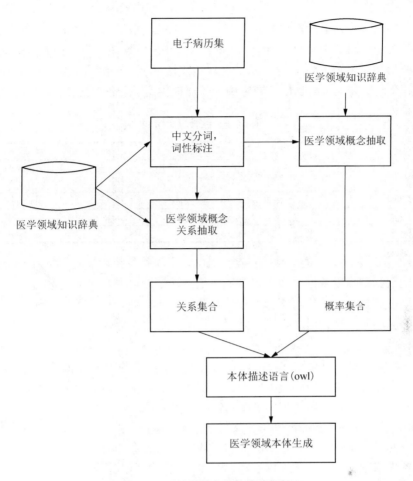

图 10-2 医学领域本体的构建框架

医学领域概念抽取：对电子病历进行文本挖掘（中文分词和词性标记），医学领域知识辞典的构造，医学领域相关度和一致度计算等处理，从中抽取出医学领域的领域概念。

医学领域概念间关系的提取：每一张电子病历代表的一个病人的情况，通过对概念的抽取后，通过领域概念层次聚类、关联规则等方法对概念进行处理，从中提取出概念之间的关系。

形式化表示：按照医学本体的结构设计，运用本体描述语言对医学领域的本体进行描述，根据医学的特点，可以采用 OWL 本体描述语言进行描述。

2. 图书馆领域的数字资源整合

图书馆作为社会重要的公共文化和教育基础设施，在公共文化服务体系中具有举足轻重的地位，如何对图书数字资源进行整合，为用户提供更深层次的、一体化的信息资源服务，成为近年来各国图书馆十分关注的课题。

学习资源共享与集成是一个涉及计算机技术、网络技术、知识管理技术和教育技术等多个领域的复杂的过程。要实现学习资源的共享和集成，首先，要对知识资源进行统一的描述，资源描述是学习资源共享的实现基础；其次，要建立系统的关联推理模型，展示学习资源间的相互关系；最后，要构建图文并茂的思维模型展示，提高使用者的学习效率。

在学习资源的集成中，可以使用一种基于语义和思维导图的学习资源共享集成方法[12]，该方法的框架如表 10-1 所示。该方法的层次结构从下至上分为语法层、语义层、服务层、应用层，每个层次完成自身功能并向它的上一层提供服务，分工协作，共同完成系统功能。

表 10-1　逻辑层次结构

层次	主要功能	可用技术
应用层	学习资源集成应用	思维导图 Silverlight
服务层	学习资源管理、查询服务	SPARQL
语义层	学习资源的语义	本体 OWL
语法层	学习资源描述结构	元数据

① 语法层：定义统一的元数据标准，对学习资源进行描述，便于学习资源的统一管理及共享。元数据是描述数据的数据，是描述信息资源或数据等对象的数据，实现信息资源的有效发现、查找、一体化组织和对使用资源的有效管理。该层可以对现有的知识资源和其他相关的应用服务进行语法描述，需要元数据技术的支持。

② 语义层：构建学习资源本体模型，记录某一领域内各个资源本体之间的关系，通过推理机制，获取领域内所有知识点的体系结构，使学习资源的管理和展示更加系统、全面，并可分析语义，通过语义查询学习资源。该层将采用与语义网兼容的技术，采用本体方法来实现不同知识的抽象描述，该层需要本体技术的支持。

③ 服务层：该层提供对元数据资源发布、查找和获取的支持服务。语义层描述了适应性知识系统的各类本体，此外在适应性知识环境中，还存在多种知识资源概念和对象，其中主要有各种格式的文档、学习对象、学习对象元数据以及各种应用服务，这些资源和本体一起构成了学习资源。这些资源在分布式环境中的管理和获取方法由服务层实现。该层需要本体模型和语义查询技术的支持。

④ 应用层：提供面向用户的应用服务支持，在该层中学习资源的发布者可以自己构建适合本学习资源的思维导图，指导学习者学习。学习者也可通过该层的接口指定与自己接受能力相匹配的学习计划，提高学习效率。该层使用思维导图实现学习资源的集成，运用 Jena 技术提供本体的应用程序接口，采用 Silverlight 技术实现页面支持等 Web 应用程序相关技术，该层需要网络技术、知识管理等全面的技术支持。

相较于基于本体的技术，关联数据的技术在图书馆信息资源整合中的应用更为广泛。也有学者提出将本体与关联数据相结合的资源层次化语义整合模式。本节中将分别讨论这两种方法。

（1）基于关联数据的图书馆数字资源整合方法

作为信息收集、组织与处理的专门机构，图书馆的 MARC（Machine Readable Catalogue）数据，规范记录。主题标目等资源都可以被发布为关联数据。关联数据为图书馆的资源发现服务提供了一种新的途径，通过将图书馆的资源和外部信息源连接起来，可以增强和扩展图书馆的资源发现平台。

如图 10-3 所示，传统的基于关联数据的图书馆资源整合模式分为三层结构，从下至上依次为数据层、聚合层和应用层。

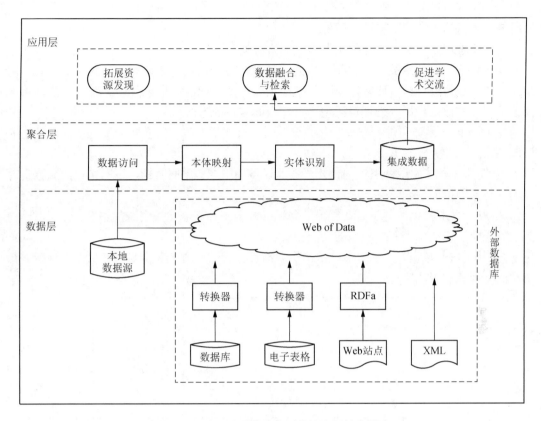

图 10-3　基于关联数据的图书馆资源整合模式

①　数据层：图书馆数字资源进行整合的第一步就是要对其元数据进行整合，并以关联数据的形式发布图书馆的资源。在数字图书馆中，针对不同类型（如普通图书、学位论文、期刊等）、不同时期（如遗留资源、新建资源）、不同来源（如数字化的实体资源、网络资源）的文献资源一般采用不同的元数据规范进行描述，这导致同一数字图书馆内部往往并存着多种元数据规范，不同数字图书馆之间使用的元数据规范更是千差万别。数据层的数据来源主要分为本地数据和外部数据源两大部分。其中本地数据源是指图书馆自身所拥有的书目、词表和数字资源等。外地数据源即链接到关联数据网络中的各种数据集，这些数据集原先可能以关系型数据库、电子表格、Web 网站等多种形式存放，因此必须采取不同的方法转换成关联数据。元数据的关联数据转化方法可以使用关系数据库（用现有工具将关系数据库发布为关联数据）、电子表格（可以使用工具将电子表格转换成 RDF）、XML 等方法，另外，开放的关联数据也为元数据的关联化提供了一定的帮助。

②　聚合层：在聚合层中，图书馆通过统一的规范访问关联数据网络，并将其和本馆资源进行词表或本体上的映射，自动或半自动地进行实体识别，最终形成集成数据以便下一步应用。该层的工作主要包括数据访问、本体映射和实体识别。

③　应用层：在信息聚合的基础上，图书馆可以对原有的应用进行拓展，或是开发新的应用。目前，许多图书馆通过实施资源发现服务扩展其目录检索界面，展示更多的馆藏信息，使用户可以浏览动态更新的结果，但由于它主要是通过主题标目和 MARC 记录里的数据来实现，具有一定的局限性。而关联数据可以为扩展书目信息提供结构化的集成数据，

为用户提供新的资源发现和访问服务。

（2）基于本体和关联数据的图书馆数字资源整合方法

本体对某个领域或某个知识集合内的资源进行整合比较有效，对于不同领域或者不同知识集合的资源进行整合比较困难，往往需要借助本体间的映射或关联关系。因此，将本体技术与关联数据相结合进行资源整合是一个非常好的方法。

图 10-4 所示是该方法的整体框架，该框架具有 3 层结构，旨在实现不同层次与范围的资源整合。

① 基于本体，实现图书馆内部不同类型、不同来源、不同时期、不同格式的文献资源异构书目元数据的整合。

② 基于关联数据，实现文献资源与知识组织资源等其他相关资源的整合，使图书馆内部的各种资源构成一个有机联系的统一整体。

③ 基于关联数据，实现图书馆馆藏资源与外部相关资源的无缝链接，从而促进图书馆资源的发现和利用。

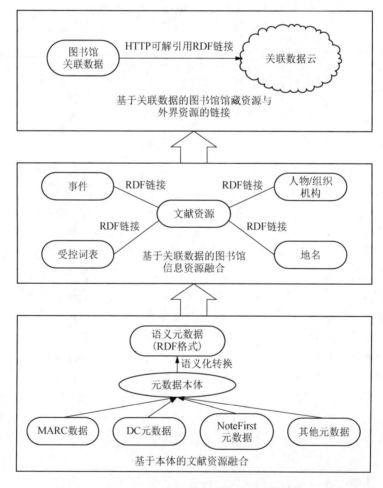

图 10-4　基于本体和关联数据的图书馆信息资源整合框架

10.2 语义网技术在农业农村信息化中的应用

本节主要介绍了什么是农业农村信息化，进而讲述了语义网技术在柑橘信息产业中的应用，包括柑橘种植领域的专家知识提取、本体构建、本体关系显示、本体存储，并介绍了基于语义网技术的柑橘施肥决策支持系统，主要包括施肥灌溉系统和病症查询系统。

10.2.1 农业农村信息化

农业农村信息化是通信技术和计算机技术在农村生产、生活和社会管理中实现普遍应用和推广的过程。农业农村信息化是社会信息化的一部分，它首先是一种社会经济形态，是农村经济发展到某一特定过程的概念描述。它不仅包括农业信息技术，还应包括微电子技术、通信技术、光电技术等在农村生产、生活、管理等方面普遍而系统应用的过程。农业农村信息化包括了传统农业发展到现代农业进而向信息农业演进的过程，又包含在原始社会发展到资本社会进而向信息社会发展的过程中。本节主要介绍语义网技术在柑橘信息产业中的应用。

10.2.2 语义网技术在柑橘种植中的应用

从图 10-5 中可以看出，对柑橘种植本体的研究主要侧重两个方面，一是知识抽取；二是构建本体。知识抽取就是处理柑橘专家知识，使非结构化和半结构化知识转换成结构化知识。构建本体则是在知识抽取的基础上按照本体构建七步法对柑橘领域知识进行建模。所以，知识抽取和本体构建两者相互依存，缺一不可。

1. 柑橘种植领域的专家知识提取

构建柑橘施肥本体的第一步是就是对专家知识的提取。这些专家知识分布在柑橘生产指导手册、专著、论文等各种文本载体上，它们的形式也各不相同，有文字、表格、图片等，所以标准化这些知识便是重要的一步。

2. 本体构建

本体构建使用的工具有 TopBraid Composer、AllegroGraph 和 Gruff。TopBraid Composer 是专为开发本体和语义应用的一种企业级的建模环境软件（http://www.topquadrant.com/tools/IDE-topbraid-composer-maestro-deition/），通过它可以对语义进行推理。美国 Franz 公司出品的 AllegroGraph 是一个基于 W3C 标准的为资源描述框架构建的图形数据库。它为处理链接数据和 Web 语义而设计，支持 SPARQL、RDFS++和 Prolog。Gruff 是一款强大的可视化 RDF 浏览器，致力于改善数据检索的过程，使其更加简便、易于操作，它具备多样化的工具，可以用于图形布局、显示属性表、管理查询。

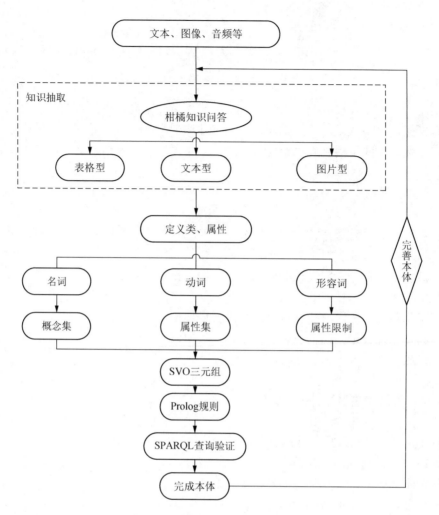

图 10-5　柑橘施肥语义本体构建流程图

在构建基于语义网技术的精准农业决策系统的大目标下，我们分别实现了柑橘树的病虫害防治和施肥建议的语义查询系统以及生猪繁殖障碍的预测预报系统。我们首先构建了语义知识库，然后综合利用精确查询和模糊查询，进行语义查询，针对农资、农药、肥料、农具、市场行情的变化为涉农用户提供及时的决策支撑。

类是本体中表示对象的概念集合，类结构的确定是构建本体的基础。它是知识架构的集合，同时也是相关知识的集合。图 10-6 是柑橘施肥本体定义的类，从中可以看出，我们总共定义了 192 个类，有的类是直接同柑橘生长相关的类，如柑橘品种（CitrusClass）、施肥类型（Fertilization）、植物营养（PlantNutrient）、土壤类型（SoilTypes）、病症（Symptom）等。

3. 本体关系显示

在构建三元组过程中，如何在众多类中找到"载体"，通过它添加各种属性，将信息链接起来形成网络，是非常关键的问题。从网络的角度上看，"载体"是整个网络的核心节点，只有找到核心节点，构成的网络才是正确的，如图 10-7 所示。

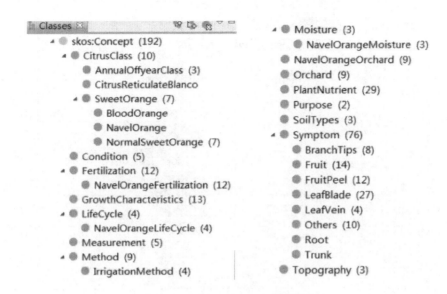

图 10-6　柑橘施肥语义本体定义的类

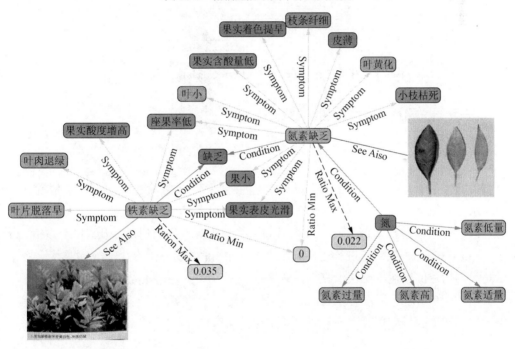

图 10-7　氮素缺乏和铁素缺乏的知识结构图

4. 本体存储

我们将柑橘专家知识中的 65 个问题构建成近 2000 条三元组，并将本体上传到 AllegroGraph 服务器中，图 10-8 所示为服务器中的截图。

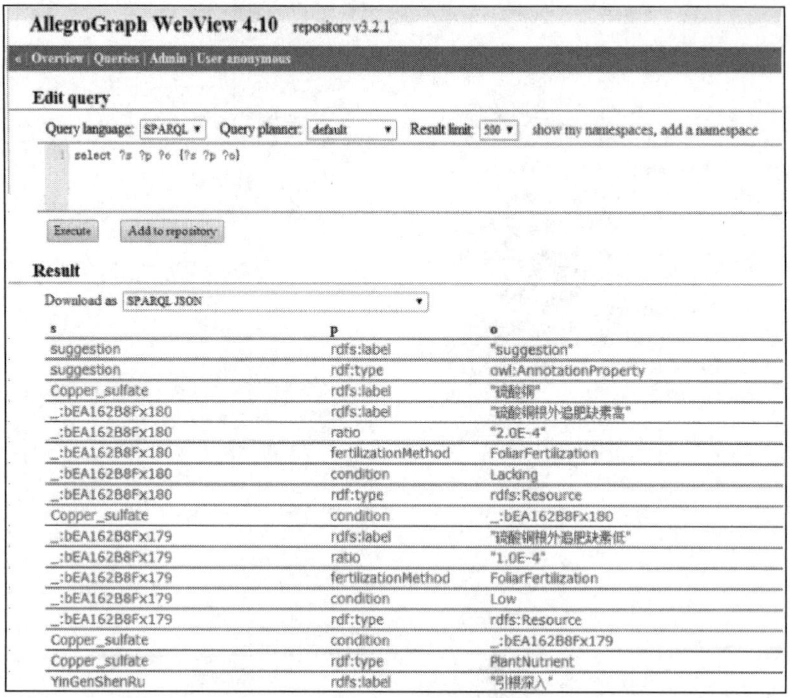

图 10-8　柑橘施肥语义本体在 AllegroGraph 服务器中的截图

10.2.3　基于语义网技术的柑橘施肥决策支持系统

1. 基本架构

柑橘施肥决策支持系统利用语义网技术,将由物联网终端采集到的柑橘园环境因子(包括土壤水分、温度、湿度、pH、空气温度、湿度、光照等,人工定期采集的柑橘生长因子信息)同已有柑橘种植知识、养分及肥料知识、土壤及地形知识,以及 GIS(Geographic Information System)数据等进行语义集成,形成柑橘种植知识本体和语义数据库。图 10-9所示是我们构建的柑橘施肥决策支持系统的框架图。

如图 10-10 所示,用户可以通过现有通信设施,如移动互联网、3G、无线网络等,以手机短信、智能手机应用等方式接收系统推送的实时信息。

2. 施肥灌溉系统

施肥灌溉系统中的柑橘施肥本体已经存储了若干个果园的信息,包括面积、种植年份、土壤类型、地形等。选择不同的果园名,在查询条件提交之后,系统根据查询条件,并结合柑橘施肥本体中存储的施肥系数,推理出该时期的施肥次数、每次的施肥量以及施肥日期等。在 PC 端查询的结果会同时根据系统预置的手机号以短信的方式发送到手机上,效果如图 10-11 和图 10-12 所示。

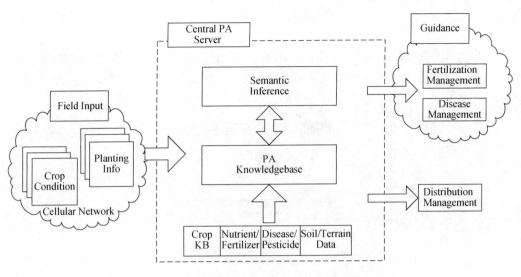

图 10-9　柑橘施肥决策支持系统框架图

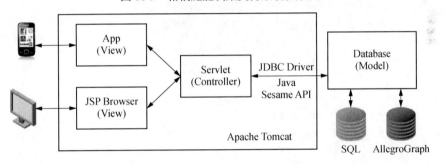

图 10-10　系统应用结构图

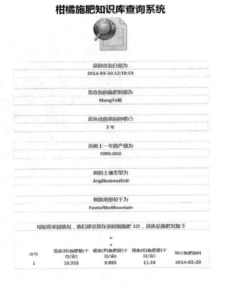

图 10-11　PC 端查询结果

图 10-12　手机端收到的查询信息

3. 病症查询系统

病症查询系统（图10-13）可根据柑橘树不同部位，选取该部位典型的症状，进行组合查询。系统利用语义网技术的推理功能得出结果。在本系统中，造成这些症状的都是营养缺失或过剩病。

柑橘病症知识库查询系统

根据您的选择，最可能的查询结果是：
锰素缺乏

| 病情描述 |
| 叶脉间出现参差不齐的淡绿色、淡黄色或白色小斑点或病斑；叶片症状在树阴面更为常见，果实变小变软 |

| 疾病图片展示 |

| 病症相关特征 |
| 叶脉间出现淡绿色淡黄色或白色小斑点或病斑　果实变软　叶片症状在树阴面　果小 |

| 相关处理办法 |
| 对于石灰性土壤缺锰，可增施有机肥料，同时每摔施75-100kg硫磺粉，以降低土壤PH值　在生长旺盛季节（5-6月），每隔7-10天喷叶面喷布0.05%-0.1%硫酸锰，连续 |

图 10-13　病症系统得出的结论

10.3　语义网技术/语义整合在复杂网络中的应用

本节主要介绍了语义网技术在社会网络以及物联网中的应用，语义网技术为社会网络提供资源，应用在在线社会化网络和搜索引擎中。另外，介绍了语义网技术在物联网中的研究现状以及进一步的发展。语义网技术在网络中的应用越来越广泛，值得深入研究。

10.3.1　语义网技术在社会网络中的应用

1. 语义网技术为社会网络提供资源

社会网络的分析可用于研究群体的演化，标记在线社区，甚至发现潜在社区。在社会网络中，节点就是各种社会实体，但是社会实体之间的关系却是多种多样的。有些关系在数据中显式声明，但更多关系则隐含在特定事件或活动之中，如合作的文章、共同的研究兴趣等。随着语义网的发展，出现了很多用 RDF 描述的社会网络数据源，从而为社会网络分析提供了素材。

2. 在线社会化网络中的语义网技术

在线社会化网络的研究来源于传统的社会化网络研究，在线社会化网络中数据由用户提供并由服务商管理，但是这些数据缺乏语义或者语义差别很大，很难被集中利用来完成复杂的功能。不同的领域通常采用不同的词汇集、不同的数据描述方法，只有将异构的数据联系和整合起来才能发挥更大的作用。语义网技术能在不同的词汇集之上建立一个统一的本体作为沟通的桥梁。

在工业界，也有不少对此方向的研究。例如，新版腾讯微博四大创新功能之一——微热点主要依托后台数据与语义分析技术，将用户的微博内容与当前热点事件做即时匹配，动态生成的热点事件全脉络发展页面。新的微热点功能以技术动态的呈现方式，可能成为全互联网热门资讯的第一呈现平台，也会比人工更加客观和全面，是人工运营海量微博话题的有益补充，也是首次突破了人工运营话题的微博现状。

3. 搜索引擎中的语义网技术

传统的搜索引擎主要是基于统计算法之上的，但却没有能力提高信息质量，信息质量决定人类的未来，但确保信息质量需要一种革命性的方法，一种超越统计的技术突破，而语义技术可解决这一问题。语义搜索引擎根据语义精确度处理自然语言，高质量的信息将不再需要在流行以后才能达到最终用户。Facebook 公布了一个大规模的新平台 Open Graph（开放图谱），Open Graph 想实现让发布者能够将个人网页整合到社交图中去，这意味着在所有社交网中，用户个人资料页、博客文章、搜索结果、Facebook 个人主页信息流等网页都可以被引用和相关联。网络上拥有用户的各种文档，可以借助语义网技术对文档内容进行计算机自动识别，分析用户的特性，然后根据用户的特性为用户定制服务。最主要的是社交网络上以内容推荐为代表的推荐系统，如 Tweet，它运用语义分析技术对用户信息的搜集和用户主动上传的信息数据等进行分析，自动进行内容的分类。具有语义分析能力的搜索引擎，主要特点是利用自然语言处理、模式识别等技术为用户提高搜索体验，根据提供的语境（知识架构），来提供精准的个性化的语义智能搜索。

10.3.2 语义网技术在物联网中的应用

物联网本身是开放的、分布式的，它的表示形式多样化，但物的信息的使用主体的理解能力不足制约着其智能化程度的进一步提高。语义标注和本体的引入将改善物的信息共享使用，主体读懂物的信息且进一步推理从而获取相关信息的能力可将物联网改进提升为语义物联网。图 10-14 为语义物联网的服务架构。高级应用程序和服务所需要的往往不是信息，而是具有明确语义的知识，因此物联网需要语义网技术的支撑。语义网技术的应用能够提高物联网资源、信息模型、数据提供者和消费者之间的协同能力，并有利于数据的获取和集成、资源的发现、语义推理和知识提取等[13]。物联网中的语义需求包括数据集成、数据的提取和访问、资源服务的搜索和发现以及语义的推理。

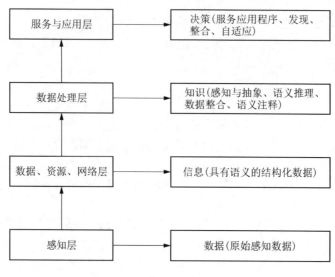

图 10-14　物联网语义信息服务架构

1. 语义网技术在物联网中的应用研究现状

（1）物联网前端感知设备描述和建模

物联网的前端感知设备具有多样性、高度异构性、离散性和移动性强的特点。面临前端感知设备数量快速增长的问题，实现前端感知设备的自动搜索、发现和异构接入是物联网能够很好应用的关键所在。目前，解决上述主要采取的方法是将物联网前端设备映射为资源，构建成服务，现有研究[14~16]中很少有考虑到物联网系统的动态性、易变性及资源受限等特征所导致的影响，没有提供对资源和数据的实时动态语义描述和连续语义处理。

（2）物联网感知数据描述和处理

物联网通过各种感知设备获取的数据具有海量、异构、高维、冗余、时空相关等特点，如何对数据进行统一的描述和管理，是物联网实现信息共享首先要解决的问题。目前，利用语义技术进行物联网感知数据处理[17~19]，主要是基于领域本体构建或通用本体设计，并采用 RDF、OWL 或其他语言描述数据。

（3）物联网感知数据语义标注

语义标注可以描述物联网的资源、服务及相关流程等。若要对物联网数据进行有效的推理，获取相关领域知识和其他相关实体和数据的语义描述是必不可少的。目前的研究趋势是从感知数据流中产生链接数据。链接数据方式主要包括：为每个物件分配一个唯一的 URI 去标注，通过 HTTP 的 URI 进行标注和访问，利用 RDF 信息进行标注和 URI 之间的相互链接等。目前主要做法是通过将基于传感器的数据转换成 RDF 数据并通过使用传感器相关 URI 使其可通过 HTTP 协议访问[20, 21]。较为成熟的链接传感器数据发布平台是 Sense2Web，它通过 SPARQL 终端来发布链接数据并使其他 Web 应用可访问该数据。

（4）物联网服务构建和提供

目前，大多致力于物联网服务的语义描述和提供方面的研究都是基于现有的 Web 服务语义描述框架进行语义扩展，以适应物联网服务的时空约束、作业区域约束等特征。相对于 Web 服务，物联网服务通常依赖于环境，且具有动态性，所以需要对物联网服务进行细化的描述，以反映出服务的上下文属性。同时，物联网服务往往也是在资源受限环境下进行操作，并要求服务描述简洁、轻量，这还需更进一步探索。

（5）物联网数据存储和查询

物联网数据往往是分散的，而且数据量庞大，其感知设备资源受限，自身的存储和处理能力偏弱。常见的数据存储方式是构建分布式数据库。MIT 计算机科学实验室提出了分布式查询协议 Chord，其为每一数据分配一个关键字，并将关键字映射到相应的节点[22]。目前常见的做法是开发专用的 RDF 数据库，如 Sesame、Jena、Kowari、3Store 和 RDFStore[23-24]。

（6）生物网络中语义技术的应用

语义技术在生物领域也被广泛运用。[25]对传统中医药的实例数据进行研究，将药物、症状、诊断看成节点，它们之间的关系作为边。对这个图使用基于介数中心的测度方法，寻找结构上重要的点，从而判断病原。[26]从传统中医药本体（TCMLS）中选取两个子本体，将这两个子本体分别表示成 RDF 图的形式，将 RDF 的节点看成图的节点。若两个节点是在同一三元组中出现的，则存在一条边，这样就生成一个无向无权图。分别对这两个图使用复杂网络分析技术来计算度的分布、平均最短路径长度和聚类系统，结果显示这两个图都符合小世界和无标度性质。中医药学语言系统（TCMLS）是参照美国医学语言系统（Unified Medical Language System，UMLS），运用本体论（Ontology）创建的，具有中国特色的情报检索语言模式。该知识库在对现存各种词表、类表、用户提问、数据库、专家系统以及各种工具书进行分析的基础上产生，能够满足用户三种最基本需求：允许用户在检索提问中使用自然语言；自动联接、转换和查询某种或某类情报资源；支持标引、查询、检索、浏览、组织信息全过程。该系统包括 126 种语义类型与 58 种语义关系，共同构成网状的语义网络。李健康和张春辉[27]应用语义分析法，参照 FMA（Foundational Model of Anatomy）本体，运用通用本体构建方法，对经脉本体相关概念、属性的构建原则和方法进行了初步构建，并对构建的经脉本体进行了语义查询的尝试和探讨。

2. 语义物联网的进一步发展

语义技术可应用于物联网各个层次，例如，给物联网的不同层次添加语义可以确保不同来源的数据能被不同用户访问；对观测数据进行语义描述可以促使自主集成领域知识和网络资源；对资源和组件进行语义标注可以实现更有效的发现和管理；对物联网高层的服务和接口进行语义描述能够发现并提供服务等。虽然语义技术对物联网已经作出了一定的贡献，我们仍将继续探索语义技术对物联网更多问题的解决。从研究现状来看，现有的大多数语义工具和技术主要是针对网络资源的创建，并没有考虑到物理环境的动态性和约束性。未来这方面的工作应该在动态性、可扩展性以及如何适应资源受限、资源分布的环境等方面开展。

10.4　小　结

本章介绍了语义网技术的基本概念，主要围绕其在资源整合、农业农村信息化、复杂网络中的应用进行了分析。语义网技术已经逐渐成为当前国内外的研究热点，随着语义网技术研究与开发工作的不断深入，基于语义网技术的知识管理、资源整合、语义网、信息检索等将会得到越来越广泛的应用，语义网技术、语义整合的未来应用价值值得进一步深入研究。

参 考 文 献

[1] Berners-Lee T, Hendler J, Lassila O. The semantic web. Scientific American, 2001, 284(5): 28~37.

[2] Neches R, Fikers R, Finin T, et al. Enabling technology for knowledge sharing. AI Magzine, 1991, 12(3): 36~56.

[3] Borst W N. Construction of engineering ontologies for knowledge sharing and reuse. Universiteit Twente, 1997. ISSN: 1381~3617.

[4] Fensel D, Fensel D. Ontologies: silver bullet for knowledge management and electronic commerce. Knowledge & Information Systems, 2000, 23(4): 277~286.

[5] Uschold M. Where are the semantics in the semantic web? AI Magzine, 2003, 24(3): 25.

[6] Noy N, McGuinness D. Ontology development 101: A guide to creating your first ontology. Stantford Medical Informatics Technical Report, 2001, SMI: 2001.

[7] Huang J, Abadi D, Ren K. Scalable SPARQL querying of large RDF graphs. Proceedings of the VLDB Endowment, 2011, 4(11): 1123~1134.

[8] Nandana Mihindukulasooriya, Raul Garcia-Castro, and Miguel Esteban-Gutierrez.Linked Data Platform as a novel approach for Enterprise Application Integrationn.in Proc, COLD, 2013.

[9] Sean ORiain, Amdreas Harth, and Edward Curry.Linked Data Driven Information Systems as an Enabler for Integrating Financial Data[M].

[10] Chepelev L L, Dumontier M. Semantic web integration of cheminformatics resources with the SADI framework. Journal of Cheminformatics, 2011, 3(1): 1~12.

[11] Tian W, Jeremy C. Successful integration of target firms in international acquisitions: a comparative study in the medical technology industry. Journal of International Management, 2014, 20(2): 237~255.

[12] 樊抒洁. 基于语义和思维导图的学习资源集成应用[D]. 东华大学，2013.

[13] Szewczyk R, Polastre J, Mainwaring A, et al. Lessons from a sensor network expedition. Wireless Sensor Networks. Springer Berlin Heidelberg, 2004: 307~322.

[14] Huang H, Wu J. A probabilistic clustering algorithm in wireless sensor networks[C]. Proeeedings of IEEE 62nd Semi annual Vehieular Teehnology Conferenee(VTC), Dallas, TX, USA, 2005(3):1796-1798

[15] CHATTERJEE M, DAS S K, TURGUT D. WCA:A weighted elustering algorithm for mobile Adhoc networks[J]. Journal of Cluster Computing, 2002, 5(2):193-204.

[16] WHITE T. SynthECA:A Soeiety of Synthetic Chemieal Agents[D]. Northfield, MN. Carleton University,2000.

[17] YANG J, XU M, XU J F, etal. A cluster-based multipath delivery seheme for wireless sensor networks[C]. Proeeedings of 2nd IEEE International Conference on Broadband Network and Multimedia Technology, IC-BNMTZO09, Beijing, China, 2009:286~291.

[18] Marsh D, Tynan R, O'Kane D, et al. Autonomic wireless sensor networks[J]. Engineering Applications of Artificial Intelligence, 2004, 17(7): 741~748.

[19] Vinyals M, Rodriguez-Aguilar J A, Cerquides J. A survey on sensor networks from a multiagent perspective[J]. The Computer Journal, 2011, 54(3): 455~470.

[20] 席峰. 基于复杂网络理论的无线传感器网络地理路由和信息融合[D]. 南京: 南京理工大学, 2010.

[21] 曾元. 复杂网络理论在 WSNs 中的应用研究[D]. 南京邮电大学, 2012.

[22] Dou D, LePendu P. Ontology-based integration for relational databases. Proceedings of the 2006 ACM symposium on Applied computing, 2006: 461~466.

[23] Ivica Letunic and Peer Bork.Interactive Tree Of Life v2: online annotation and display of phylogenetic trees made easy. Nucleic Acids Research, 2011, Vol. 39, Web Server issue,W475–W478.

[24] Khelif, K., Dieng-Kuntz, R., Barbry, P.: An ontology-based approach to support text mining and information retrieval in the biological domain. Universal Computer Science 13(12), 1881–1907 (2007), Special Issue on Ontologies and their Applications.

[25] Clement Jonquet, Mark A. Musen, and Nigam Shah. A System for Ontology-Based Annotation of Biomedical Data,

[26] Clement Jonquet, Paea LePendu, Sean M. Falconer, Adrien Coulet,Natalya F. Noy, Mark A. Musen, and Nigam H. Shah. NCBOResource Index: Ontology-Based Search andMining of Biomedical Resources.

[27] VACULIN R, SYCARA K . Efficient Discovery of Collision-Free Service Combinations Collision-Free Service Combinations: 2009 IEEE International Conference on Web Service, Los Angeles, 2009.

第 11 章 信 息 融 合

11.1 信息融合的发展历史与现状

近 20 年来，传感器技术获得了迅速发展，各种面向复杂应用背景的多传感器信息系统大量涌现。在一个系统中装配的传感器在数量上和种类上也越来越多，迫切需要有效的方法来处理各种各样的大规模传感器信息。在这些系统中，信息表现形式的多样性、信息容量以及信息的处理速度等要求已经大大超出人脑的信息综合处理能力。在对这些各种各样的传感器信息进行处理时，很可能会面临传感器数据组之间的矛盾和不协调的情况。在这样的情况下，多传感器信息融合技术（Multi-Sensor Information Fusion，MIF）应运而生。"融合"是指采集并集成各种信息源、多媒体和多格式信息，从而生成完整、准确、及时和有效的综合信息的过程。信息融合是针对一个系统中使用多种传感器（多个/或多类）这一特定问题而展开的一种信息处理的新研究方向。其实，信息融合是人类的一个基本功能，我们人类可以非常自如地把自己身体中的眼、耳、鼻、舌、皮肤等各个感官所感受到的信息综合起来，并使用先验知识去感知、识别和理解周围的事物和环境。

信息融合技术研究如何加工、协同利用信息，并使不同形式的信息相互补充，以获得对同一事物或目标的更客观、更本质的认识的信息综合处理技术。经过融合后的系统信息具有冗余性、互补性、实时性等特点。根据信息融合的定义，信息融合技术包括以下方面的核心内容。

（1）信息融合是在几个层次上完成对多源信息处理的过程，其中每一个层次都具有不同级别的信息抽象。

（2）信息融合包括探测、互联、相关、估计以及信息组合。

（3）信息融合的结果包括较低层次上的状态估计和身份估计，以及较高层次上的整个战术态势估计。

由此可见，多传感器是信息融合的硬件基础，多源信息是信息融合的加工对象，协调优化和综合处理是信息融合技术的核心。

信息融合的基本目标是通过信息组合，而不是任何输入信息中的个别元素，推导出更多的信息，这是最佳协同作用的结果。即利用多个传感器共同操作的优势，提高传感器系统的有效性。用于融合的信息既可以是未经处理的原始数据，也可以是经过处理的数据，处理后的数据既可以是描述某个过程的参数或状态估计，也可以是支持某个命题的证据或赞成某个假设的决策。在融合过程中，需要对这些性质不同、变化多样的信息进行复合推理，以改进分类器的决策能力。

信息融合（Information Fusion）起初称为数据融合（Data Fusion），起源于 1973 年美国国防部资助开发的声呐信号处理系统，其概念在 20 世纪 70 年代就出现在一些文献中。在 90 年代，随着信息技术的广泛发展，具有更广义化概念的"信息融合"被提出来。在美国研发成功声呐信号处理系统之后，信息融合技术在军事应用中受到了越来越广泛的青睐。80 年代，为了满足军事领域中作战的需要，多传感器数据融合 MSDF（Multi-Sensor Data Fusion）技术应运而生。1988 年，美国将 C3I（Command，Control，Communication and Intelligence）系统中的数据融合技术列为国防部重点开发的二十项关键技术之一。由于信息融合技术在海湾战争中表现出的巨大潜力，在战争结束后，美国国防部又在 C3I 系统中加入计算机（Computer），开发了以信息融合为中心的 C4I 系统。此外，英国陆军开发了炮兵智能信息融合系统（AIDD）和机动与控制系统（WAVELL）。欧洲五国还制订了联合开展多传感器信号与知识综合系统（SKIDS）的研究计划。法国也研发了多平台态势感知演示验证系统（TsMPF）。军事领域是信息融合的诞生地，也是信息融合技术应用最为成功的地方。特别是在伊拉克战争和阿富汗战争中，美国军方的信息融合系统都发挥了重要作用。当前，信息融合技术在军事中的应用研究已经从低层的目标检测、识别和跟踪转向了态势评估和威胁估计等高层应用。90 年代以来，传感器技术和计算机技术的迅速发展大大推动了信息融合技术的研究，信息融合技术的应用领域也从军事迅速扩展到了民用。目前，信息融合技术已在许多领域取得成效。这些领域主要包括:机器人和智能仪器系统、智能制造系统、战场任务与无人驾驶飞机、航天应用、目标检测与跟踪、图像分析与理解、惯性导航、模式识别等[1-6]。

我国对信息融合理论和技术的研究起步较晚，也是从军事领域和智能机器人的研究开始。20 世纪 90 年代以后，信息融合的研究在我国逐渐形成高潮。不仅召开了关于数据融合的会议，出版了关于信息融合的专著和译著，国家自然科学基金和国家 863 计划也将其列入重点支持项目。目前已有许多高校和研究机构正积极开展这方面的研究工作，也分别在军用和民用方面取得了一些成果[7-10]。但是在信息融合模型、结构、算法等理论方面的原创性成果较少，与世界先进水平还有一定的差距。

11.2 多传感器系统的特点与控制结构

传感器网络是将大量的具有通信和计算能力的微小传感器节点，通过人工布设、空投等方式设置在预定的监控区域，形成的智能自治测控网络系统，能够监测、感知和采集各种环境信息或监测对象的信息。传感器网络具有重要的科研价值和广泛的应用前景，它的出现引起了全世界的广泛关注，被公认为是 21 世纪产生巨大影响的技术之一。

微电子技术的迅速发展使得将多种传感器集成一体，制造小型化、低成本、多功能的传感器成为了可能。大量的微电子传感器节点只有通过低功耗的无线电通信技术连成网络才能够发挥整体的综合作用。

在通信方式上，无线电、红外、声音等多种无线通信技术的发展为微传感器通信提供了多种选择，尤其是以 IEEE802.15.4 为代表的短距离无线电通信标准。

由于传感器节点数量众多，布设一般采用随机投放的方式，传感器节点的位置不能预先确定；在任意时刻，节点间通过无线信道连接，自组织网络拓扑结构；传感器节点间具有很强的协同能力，通过局部的数据采集、预处理以及节点间的数据交互来完成全局任务。传感器网络是一种无中心节点的全分布系统。由于大量传感器节点是密集布设的，传感器节点间的距离很短，因此，多跳、对等通信方式比传统的单跳、主从通信方式更适合在传感器网络中使用，由于每跳的距离较短，收发器可以在较低的能量级别上工作。另外，多跳通信方式可以有效地避免在长距离信号传播过程中遇到的信号衰减和干扰等问题。此类传感器系统具有以下显著特点[11]：无中心和自组织性；动态变化的网络拓扑；受限的传输带宽；节点的能力有限；多跳路由；安全性差；网络的扩展性不强。其控制结构可归纳如下。

集中式结构是以中心处理单元为核心的结构模式，融合中心处理单元直接与各个传感器或它们的处理器连接，它有三种不同的结构类型：第一种，传感器层信息融合结构，各传感器都有自己独立的信号处理单元，分别完成特征提取、目标分类与跟踪，然后将目标信息提供给中心处理单元进行融合处理（包括联结、相关、跟踪、评估、分类和嵌入）。由于每个传感器都有各自独立的信号处理单元，从而减少了融合处理的负担，传感器可任意增减而不必改变原来的结构和融合算法。第二种，中心层融合结构，各传感器的原始数据经滤波、放大和整形等初步处理后直接送入中心处理单元进行信息融合。由于取消了各传感器的信号处理单元，使得结构更为简单，提高了系统的可靠性，降低了成本，同时可对不同传感器的数据进行优化处理，提高了信息的利用率和效率。但中央处理单元的负担过重，对于不同的目标、任务和传感器，融合算法也不同，从而降低了系统的适应能力。第三种，混合式融合结构，它兼有上述两种结构的功能和特点，传感器数据既可直接送入中心处理单元，也可以先经过各自的信号处理单元加工后再送到中央处理器进行融合。该结构的适应性比前二种更强，但显然结构也最复杂。分布式多传感器系统结构：前面三种结构中的融合（中心）处理单元都是直接与各个传感器或它们的处理器连接，属于集中式融合结构。该结构的优点是组合方便灵活，可根据需要将系统分成不同层次和不同方式的融合，每一层次具有自己独立的融合结果，同时又是全局融合的一个组成部分。但它显然保留了集中式融合结构的某些缺点，需要两种不同的融合算法，一个面对传感器数据，一个面对局部融合结果。无中心融合结构：前面四种结构的共同点是都有一个中心融合单元，不管它是集中式的还是分布式的。无中心的融合结构中，每一个节点与传感器或其他节点连接，输入传感器的测量值和其他节点的融合结果，并输出本节点的融合结果。由于取消了中心融合单元，系统输出不再只依赖于中心融合单元，而可从任何一个节点输出，任何一个传感器或节点出错或损坏对整个系统不会产生太大影响。但该结构的通信和融合算法比较复杂，这是它的不足。该结构中的节点可与其他所有节点连接，也可以只与部分节点连接。三级并行结构，该结构由 Thomopoluous 提出，分别由"信号级融合"、"证据级融合"和"动力学级融合"三级并行构成。NBS 分级感知与控制结构：由美国国家标准局（NBS）制造工程中心自动制造研究实验室提出，是一种多传感器交互作用的分级感知与控制的多传感器机器人系统结构，该结构源于"小脑模型计算机"，它由一个逐级上升的"传感处理"层和逐级下降的"任务分解"控制层，以及每一层的"世界模型"构成，应用在 NBS 装配机器人系统中。

11.3　信息融合的主要方法与当前的研究热点

利用多个传感器所获取的关于对象和环境的、完整信息，主要体现在融合算法上。因此，多传感器系统的核心问题是选择合适的融合算法。对于多传感器系统来说，信息具有多样性和复杂性，因此，对信息融合方法的基本要求是具有鲁棒性和并行处理能力。此外，还有方法的运算速度和精度；与前续预处理系统和后续信息识别系统的接口性能；与不同技术和方法的协调能力；对信息样本的要求等。一般情况下，基于非线性的数学方法，如果它具有容错性、自适应性、联想记忆和并行处理能力，则都可以用来作为融合方法。多传感器数据融合虽然未形成完整的理论体系和有效的融合算法，但在不少应用领域根据各自的具体应用背景，已经提出了许多成熟并且有效的融合方法。

11.3.1　信息融合主要模型

近20年来，人们提出了多种信息融合模型，其共同点或中心思想是在信息融合过程中进行多级处理。现有系统模型大致可以分为两大类：①功能型模型，主要根据节点顺序构建；②数据型模型，主要根据数据提取加以构建。在20世纪80年代，比较典型的功能型模型主要有UK情报环、Boyd控制回路（OODA环）；典型的数据型模型则有JDL模型。90年代又发展了瀑布模型和Dasarathy模型。1999年Bedworth综合几种模型，提出了一种新的混合模型。下面简单介绍上述典型模型。

1. 情报环[12]

情报处理包括信息处理和信息融合。目前已有许多情报原则，包括：中心控制避免情报被复制；实时性确保情报实时应用；系统地开发保证系统输出被适当应用；保证情报源和处理方式的客观性；信息可达性；情报需求改变时，能够做出响应；保护信息源不受破坏；对处理过程和情报收集策略不断回顾，随时加以修正。这些也是该模型的优点，而缺点是应用范围有限。UK情报环把信息处理作为一个环状结构来描述。它包括以下4个阶段：

（1）采集，包括传感器和人工信息源等的初始情报数据。

（2）整理，关联并集合相关的情报报告，在此阶段会进行一些数据合并和压缩处理，并将得到的结果进行简单的打包，以便在融合的下一阶段使用。

（3）评估，在该阶段融合并分析情报数据，同时分析者还直接给情报采集分派任务。

（4）分发，在此阶段把融合情报发送给用户通常是军事指挥官，以便决策行动，包括下一步的采集工作。

2. JDL 模型[13]

1984年，美国国防部成立了数据融合联合指挥实验室，该实验室提出了他们的JDL模型，经过逐步改进和推广使用，该模型已成为美国国防信息融合系统的一种实际标准。JDL

模型把数据融合分为 3 级：第 1 级为目标优化、定位和识别目标；第 2 级处理为态势评估，根据第 1 级处理提供的信息构建态势图；第 3 级处理为威胁评估，根据可能采取的行动来解释第 2 级处理结果，并分析采取各种行动的优缺点。过程优化实际是一个反复过程，可以称为第 4 级，它在整个融合过程中监控系统性能，识别增加潜在的信息源，以及传感器的最优部署。其他的辅助支持系统包括数据管理系统存储、检索预处理数据和人机界面等。

3. Boyd 控制环[14]

Boyd 控制环（OODA 环），即观测、定向、决策、执行环，它首先应用于军事指挥处理，现在已经大量应用于信息融合。可以看出，Boyd 控制回路使得问题的反馈迭代特性显得十分明显。它包括以下 4 个处理阶段。

（1）观测，获取目标信息，相当于 JDL 的第 1 级和情报环的采集阶段。

（2）定向，确定大方向，认清态势，相当于 JDL 的第 2 级和第 3 级，以及情报环的采集和整理阶段。

（3）决策，制订反应计划，相当于 JDL 的第 4 级过程优化和情报环的分发行为，还有诸如后勤管理和计划编制等。

（4）行动，执行计划，和上述模型都不相同的是，只有该环节在实用中考虑了决策效能问题。

OODA 环的优点是它使各个阶段构成了一个闭环，表明了数据融合的循环性。可以看出，随着融合阶段不断递进，传递到下一级融合阶段的数据量不断减少。但是 OODA 模型的不足之处在于，决策和执行阶段对 OODA 环的其他阶段的影响能力欠缺，并且各个阶段也是顺序执行的。

4. 扩展 OODA 模型[15]

扩展 OODA 模型是加拿大的洛克西德马丁公司开发的一种信息融合系统结构。该种结构已经在加拿大哈利法克斯导弹护卫舰上使用。该模型综合了上述各种模型的优点，同时又给并发和可能相互影响的信息融合过程提供了一种机理。用于决策的数据融合系统被分解为一组有意义的高层功能集合，这些功能按照构成 OODA 模型的观测、形势分析、决策和执行 4 个阶段进行检测评估。每个功能还可以依照 OODA 的各个阶段进一步分解和评估。该模型具有较好的特性，即环境只在观测阶段给各个功能提供信息输入，而各个功能都依照执行阶段的功能行事。此外，观测、定向和决策阶段的功能仅直接按顺序影响其下各自一阶段的功能，而执行阶段不仅影响环境，而且直接影响 OODA 模型中其他各个阶段的瀑布模型。

5. Dasarathy 模型[12, 16]

Dasarathy 模型包括 5 个融合级别，如表 11-1 所示。综上可以看到，瀑布模型对底层功能作了明确区分，JDL 模型对中层功能划分清楚，而 Boyd 回路则详细解释了高层处理。情报环涵盖了所有处理级别，但是并没有详细描述。而 Dasarathy 模型是根据融合任务或功能加以构建，因此可以有效地描述各级融合行为。

表 11-1　Dasarathy 模型的 5 个融合级别

输入	输出	描述
数据	数据	数据级融合
数据	特征	特征选择和特征提取
特征	特征	特征级融合
特征	决策	模式识别和模式处理
决策	决策	决策级融合

6. 混合模型[12]

混合模型综合了情报环的循环特性和 Boyd 控制回路的反馈迭代特性，同时应用了瀑布模型中的定义，每个定义又都与 JDL 和 Dasarathy 模型的每个级别相联系。在混合模型中可以很清楚地看到反馈。该模型保留了 Boyd 控制回路结构，从而明确了信息融合处理中的循环特性，模型中 4 个主要处理任务的描述取得了较好的重现精度。另外，在模型中也较为容易地查找融合行为的发生位置。

11.3.2　信息融合的主要算法

多传感器数据融合的常用方法基本上可概括为随机和人工智能两大类，随机类算法有加权平均法、卡尔曼滤波法、多贝叶斯估计法、证据推理、产生式规则等；而人工智能类则有模糊逻辑理论、神经网络、粗集理论、专家系统等。可以预见，神经网络和人工智能等新概念、新技术在多传感器数据融合中将起到越来越重要的作用。几类主要的方法如下。

1. 加权平均法[17]

信号级融合方法最简单、最直观方法是加权平均法，该方法将一组传感器提供的冗余信息进行加权平均，结果作为融合值，该方法是一种直接对数据源进行操作的方法。

2. 卡尔曼滤波法[18, 19]

卡尔曼滤波主要用于融合低层次实时动态多传感器冗余数据。该方法用测量模型的统计特性递推，决定统计意义下的最优融合和数据估计。如果系统具有线性动力学模型，且系统与传感器的误差符合高斯白噪声模型，则卡尔曼滤波将为融合数据提供唯一统计意义下的最优估计。卡尔曼滤波的递推特性使系统处理不需要大量的数据存储和计算。但是，采用单一的卡尔曼滤波器对多传感器组合系统进行数据统计时，存在很多严重的问题，例如，①在组合信息大量冗余的情况下，计算量将以滤波器维数的三次方剧增，实时性不能满足；②传感器子系统的增加使故障随之增加，在某一系统出现故障而没有来得及被检测出时，故障会污染整个系统，使可靠性降低。

3. 多贝叶斯估计法

贝叶斯估计为数据融合提供了一种新的手段，是融合静态环境中多传感器高层信息的常用方法。它使传感器信息依据概率原则进行组合，测量不确定性通过条件概率表示，当传感器组的观测坐标一致时，可以直接对传感器的数据进行融合，但大多数情况下，传感器测量数据要以间接方式采用贝叶斯估计进行数据融合。多贝叶斯估计将每一个传感器作为一个贝叶斯估计，将各个单独物体的关联概率分布合成一个联合的后验的概率分布函数，通过使用联合分布函数的似然函数为最小，提供多传感器信息的最终融合值，融合信息与环境的一个先验模型提供整个环境的一个特征描述。

4. 证据推理方法

证据推理（D-S）是贝叶斯推理的扩充，其 3 个基本要点是：基本概率赋值函数、信任函数和似然函数。D-S 方法的推理结构是自上而下的，分为三级。第 1 级为目标合成，其作用是把来自独立传感器的观测结果合成为一个总的输出结果（D）；第 2 级为推断，其作用是获得传感器的观测结果并进行推断，将传感器观测结果扩展成目标报告。这种推理的基础是：一定的传感器报告以某种可信度在逻辑上会产生可信的某些目标报告；第 3 级为更新，各种传感器一般都存在随机误差，所以，在时间上充分独立的来自同一传感器的一组连续报告比任何单一报告可靠。因此，在推理和多传感器合成之前，要先组合（更新）传感器的观测数据。产生式规则采用符号表示目标特征和相应传感器信息之间的联系，与每一个规则相联系的置信因子表示它的不确定性程度。当在同一个逻辑推理过程中，2 个或多个规则形成一个联合规则时，可以产生融合。应用产生式规则进行融合的主要问题是每个规则的置信因子的定义与系统中其他规则的置信因子相关，如果系统中引入新的传感器，需要加入相应的附加规则。

模糊逻辑是多值逻辑，通过指定一个 0 到 1 之间的实数表示真实度，相当于隐含算子的前提，允许将多个传感器信息融合过程中的不确定性直接表示在推理过程中。如果采用某种系统化的方法对融合过程中的不确定性进行推理建模，则可以产生一致性模糊推理。与概率统计方法相比，逻辑推理存在许多优点，它在一定程度上克服了概率论所面临的问题，它对信息的表示和处理更加接近人类的思维方式，它一般比较适合于在高层次上的应用（如决策），但是，逻辑推理本身还不够成熟和系统化。此外，由于逻辑推理对信息的描述存在很大的主观因素，所以，信息的表示和处理缺乏客观性。模糊集合理论对于数据融合的实际价值在于它外延到模糊逻辑，模糊逻辑是一种多值逻辑，隶属度可视为一个数据真值的不精确表示。在 MSF 过程中，存在的不确定性可以直接用模糊逻辑表示，然后，使用多值逻辑推理，根据模糊集合理论的各种演算对各种命题进行合并，进而实现数据融合。

神经网络具有很强的容错性以及自学习、自组织及自适应能力，能够模拟复杂的非线性映射。神经网络的这些特性和强大的非线性处理能力，恰好满足了多传感器数据融合技术处理的要求。在多传感器系统中，各信息源所提供的环境信息都具有一定程度的不确定性，对这些不确定信息的融合过程实际上是一个不确定性推理过程。神经网络根据当前系统所接受的样本相似性确定分类标准，这种确定方法主要表现在网络的权值分布上，同时，可以采用神经网络特定的学习算法来获取知识，得到不确定性推理机制。利用神经网络的信号处理能力和自动推理功能，即实现了多传感器数据融合。常用的数据融合方法及特性如表 11-2 所示。通常使用的方法依具体的应用而定，并且，由于各种方法之间的互补性，实际上，常将 2 种或 2 种以上的方法组合进行多传感器数据融合。

表 11-2 常用的数据融合方法比较

融合方法	运行环境	信息类型	信息表示	不确定性	融合技术	适用范围
加权平均	动态	冗余	原始读数值		加权平均	低层数据融合
卡尔曼滤波	动态	冗余	概率分布	高斯噪声	系统模型滤波	低层数据融合
贝叶斯估计	静态	冗余	概率分布	高斯噪声	贝叶斯估计	高层数据融合
统计决策理论	静态	冗余	概率分布	高斯噪声	极值决策	高层数据融合
证据推理	静态	冗余互补	命题	逻辑推理	高层数据融合	
模糊推理	静态	冗余互补	命题	隶属度	逻辑推理	高层数据融合
神经元网络	动/静态	冗余互补	神经元输入	学习误差	神经元网络	低/高层
产生式规则	动/静态	冗余互补	命题	置信因子	逻辑推理	高层数据融合

11.3.3 当前的研究热点

尽管信息融合在军事领域的地位始终突出，但是随着信息融合技术的发展，其应用领域得以迅速扩展。信息融合已成为现代信息处理的一种通用工具和思维模式。目前以模糊理论、神经网络、证据推理等为代表的所谓智能方法占有相当大的比例，这或许是因为这些方法兼有对问题描述的非建模优势和语言化描述与综合优势的原因。从整体上分析，近年来，随着人工智能技术的发展，信息融合技术有朝着智能化、集成化的趋势发展。最新的研究动向包括[20]以下方面。

（1）研究并完善实用的算法分类和层次划分方法。

（2）研究并发展实用的融合系统测试和评估方法。

（3）建立系统设计和算法选择的工程指导方针。

（4）编撰信息融合辞典，规范领域术语和定义。

（5）发展并完善 JDL 模型，以解决现有 JDL 所不能处理的多图像融合以及合成传感器（Complex Meta Sensors）等问题。

（6）分布式信息融合方法也受到越来越多学者的关注。

11.4 Dempster-Shafer 证据理论

多传感器数据融合的常用方法基本上可概括为随机和人工智能两大类，随机类算法有加权平均法、卡尔曼滤波法、多贝叶斯估计法、证据推理、产生式规则等；而人工智能类则有模糊逻辑理论、神经网络、粗集理论、专家系统等。可以预见，神经网络和人工智能等新概念、新技术在多传感器数据融合中将起到越来越重要的作用。

证据理论是由 Dempster 于 1967 年首先提出的，后来 Dempster 的学生 Shafer 对证据理论做了进一步的发展[21, 22]，引入信任函数概念，形成了一套基于"证据"和"组合"来处理不确定性推理问题的数学方法，并于 1976 年出版了《证据的数学理论》，这标志着证据理论正式成为一种处理不确定性问题的完整理论。

D-S 证据理论是对贝叶斯推理方法的推广，贝叶斯推理方法是利用概率论中的贝叶斯条件概率公式来进行处理的方法，但是它需要知道先验概率。D-S 证据理论不需要知道先验概率，能够很好地表示"不确定"和"不知道"，并且具有推理形式简单等优点。D-S 证据理论可处理由不知道所引起的不确定性，它采用信任函数而不是概率作为度量，通过对一些事件的概率加以约束以建立信任函数而不必说明精确的难以获得的概率，当约束限制为严格的概率时，它就成为概率论。作为一种不确定推理方法，D-S 证据理论的主要特点是：满足比贝叶斯概率论更弱的条件；具有表达"不确定"和"不知道"的能力。由于在 D-S 证据理论中需要的先验数据比概率推理理论中的更为直观、更容易获得，再加上 Dempster 合成公式可以综合不同专家或数据源的知识或数据，这使得 D-S 证据理论在目标识别、聚类组合、决策分析、故障诊断等方面都有广泛的应用。

D-S 证据理论具有以下几个优点：

（1）证据理论采用信任函数而不是概率作为度量，通过对一些概率加以约束来建立信任函数，而不必说明精确的难以获得的概率。

（2）证据理论具有比较系统的理论知识，既能处理随机性所导致的不确定性，又能处理模糊性所导致的不确定性。

（3）证据理论可以依靠证据的累积，不断地缩小假设集。

（4）证据理论能将"不知道"或"不确定"区分开来。

（5）与概率论相比，证据理论可以不需要先验概率和条件概率密度。

贝叶斯估计是信息处理中的常用方法，但当未知前提的数目大于已知前提的数目时，已知前提的概率分布变得不稳定，贝叶斯估计的结果将难以达到要求。证据理论建立了命题和集合之间的一一对应关系，通过引入信任函数，区分不确定和不知道的差异，满足比概率论更弱的情况，用 D-S 组合规则代替贝叶斯公式来更新信任函数。当概率已知时，证据理论就变成了概率论。因此，概率论是证据理论的一个特例。

11.4.1　辨识框架

在证据理论中，一般用集合来表示命题，假定用 Ω 表示一个互斥又可穷举元素的集合，即 $\Omega = \{\theta_1, \theta_2, \cdots, \theta_N\}$。

定义 11.1　假设现有某一需要判决的问题，对于该问题所能认识到的所有可能答案的完备集合用 Ω 来表示，且 Ω 中的所有元素都是两两互斥；在任一时刻，问题的答案只能取 Ω 中的某一元素，且答案可以是数值变量，也可以是非数值变量，则称此互不相容时间的完备集合 Ω 为辨识框架，可以表示为

$$\Omega = \{\theta_1, \theta_2, \cdots, \theta_j, \cdots, \theta_N\} \tag{11-1}$$

式中，θ_j 称为辨识框架 Ω 的一个事件或元素，N 是元素个数，$j = 1, 2, \cdots, N$。

由辨识框架 Ω 的所有子集组成的一个集合称为 Ω 的幂集，记为 2^Ω，且表示为

$$2^\Omega = \{\varnothing, \{\theta_1\}, \{\theta_2\}, \cdots, \{\theta_N\}, \{\theta_1 \bigcup \theta_2\}, \{\theta_1 \bigcup \theta_3\}, \cdots, \Omega\} \tag{11-2}$$

当 Ω 有 N 个元素时，幂集 2^Ω 中就有 $2N$ 个元素。

11.4.2　基本信任分配函数

对于证据建立的信任程度的初始分配用基本信任函数来表示，其定义如下。

定义 11.2 设 Ω 为辨识框架，基本信任分配函数 m 是一个从集合 2^{Ω} 到[0,1]的映射，A 表示辨识框架 Ω 的任一子集，记为 $A \subseteq \Omega$，且满足

$$m(\varnothing) = 0 \qquad\qquad (11\text{-}3)$$

$$\sum_{A \subseteq \Omega} m(A) = 1 \qquad\qquad (11\text{-}4)$$

则称函数 m（A）为时间 A 上的基本信任分配函数，它表示证据对 A 的信任程度。m（A）的意义如下。

（1）若 $A \subset \Omega$ 且 $A \neq \Omega$，则 $m(A)$ 表示对 A 的精确信任程度。

（2）若 $A = \Omega$，则 $m(A)$ 表示这个数不知如何分配。

基本信任分配函数反映了对 A 本身的信度大小。m（$\varnothing$）=0 反映了对于空集（空命题）不产生任何信度；$\sum_{A \in \Omega} m(A) = 1$ 反映了虽然可以给一个命题赋予任意大小的信度值，但要求给所有命题赋予的信度值之和等于 1。

例 11.1 Ω={红，黄，蓝}，且基本信任分配函数为：m（$\varnothing$）=0，m（{红}）=0.3，m（{黄}）=0，m（{蓝}）= 0.1，m（{红，黄}）= 0.2，m（{红，蓝}）= 0.2，m（{黄，蓝}）= 0.1，m（{红，黄，蓝}）= 0.1，则

当 A = {红}时，由于 m（A）= 0.3，它表示对命题"答案是红色"的精确信任度为 0.3。

当 A = {红，黄}时，由于 m（A）= 0.2，它表示对命题"答案是红色或黄色"的精确信任度为 0.2，但却不知道该把这 0.2 分给{红}还是分给{黄}。

当 A = {红，黄，蓝}时，由于 m（A）= 0.1，它表示不知道该把这 0.1 如何分配；但如果它不属于{红}，就一定属于{黄}或{蓝}，只是基于现有的知识，还不知道该如何分配。

11.4.3 信任函数

定义 11.3 信任函数 Bel 是一个从集合 2^{Ω} 到[0,1]的映射，集合 A 表示辨识框架 Ω 的任一子集，且满足

$$\text{Bel}(A) = \sum_{B \subseteq A} m(B) , \qquad \forall A \subseteq \Omega \qquad\qquad (11\text{-}5)$$

则 Bel（A）称为 A 的信任函数，它表示证据对 A 为真的信任程度。

例 11.2 设辨识框架和基本信任分配函数与例 1 相同，求 Bel{红}、Bel{红，黄}的值。

$$\text{Bel}\{红\} = m（\{红\}）= 0.3$$
$$\text{Bel}\{红，黄\} = m（\{红\}）+ m（\{黄\}）+ m（\{红，黄\}）= 0.5$$

11.4.4 似然函数

关于一个命题 A 的信任仅仅用信任函数来描述是不够的，因为 Bel（A）不能反映出怀疑 A 的程度，即相信 A 的不为真的程度。因此，为了比较全面地描述对 A 的信任，需要引入似然函数，用它来表怀疑命题 A 的程度的量。

定义 11.4 似然函数 Pl 是一个从集合 2^{Ω} 到[0,1]的映射，A 表示辨识框架 Ω 的任一子集，且满足

$$Pl(A) = 1 - Bel(\overline{A}) \qquad\qquad (11\text{-}6)$$

函数 Pl（A）称为似然函数，它表示对 A 为非假的信任程度，即表示不怀疑 A 的程度。而 $Bel(\overline{A})$ 是对 A 为假的信任程度，即对 A 的怀疑程度。

实际上，[Bel（A），Pl（A）]表示命题 A 的不确定区间；[0, Bel（A）]表示命题 A 的完全可信区间；[0, Pl（A）]则表示对命题"A 为真的"的怀疑区间。图 11-1 可直观地表示出证据理论中信息的不确定性。

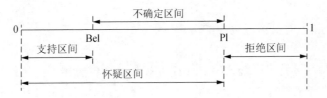

图 11-1　信息的不确定性表示

11.4.5　证据理论的组合规则

在有的情况下，对同样的证据，由于数据的来源不同，会得到两个甚至多个不同的基本信任分配函数。这时为了计算信任函数和似然函数，必须将这两个或多个基本信任分配函数合并成一个概率分配函数。因此，Dempster 提出了一种证据理论的合成方法，即对两个或多个基本信任分配函数进行正交和运算。

定义 11.5　假定在辨识框架 $\varOmega$ 下，存在两个命题：B 和 C。则命题 B 和命题 C 的组合规则为

$$m(A) = \begin{cases} 0 & , \quad A = \varnothing \\ \dfrac{1}{1-K} \sum\limits_{B \cap C = A} m_1(B)m_2(C) & , \quad A \neq \varnothing \end{cases} \qquad (11\text{-}7)$$

其中，K 称作命题 B 和命题 C 的冲突系数，它反映了证据的冲突程度：

$$K = \sum_{B \cap C = \varnothing} m_1(B)m_2(C) \qquad\qquad (11\text{-}8)$$

由 m 给定的信任函数称为 m_1 和 m_2 的正交和，记为 $m_1 \oplus m_2$。如果 $K = \sum\limits_{B \cap C = \varnothing} m_1(B)m_2(C) < 1$ 不成立，那么就说明 m_1 和 m_2 的正交和 $m_1 \oplus m_2$ 不存在。

例 11.3　假定辨识框架 $\varOmega$ 下的两组证据 E_1 和 E_2，焦元有 A 和 B，其相应的基本信任分配函数 m_1 和 m_2 分别为 m_1（A）= 0.7，m_1（B）= 0.3；m_2（A）= 0.6，m_2（B）= 0.4。则合成后的结果为

$$K = 0.46, \quad m（A）= 0.78, \quad m（B）= 0.22$$

例 11.4　既定辨识框架 $\varOmega$ 下的两组证据 E_1 和 E_2，焦元分别为 A、B 和 C，其相应的基本信任分配函数 m_1 和 m_2 分别为 m_1（A）= 0.9，m_1（B）= 0.1，m_1（C）= 0；m_2（A）= 0.4，m_2（B）= 0.2，m_1（C）= 0.4。则合成后的结果为

$$K = 0.62, \quad m（A）= 0.95, \quad m（B）= 0.05, \quad m（C）= 0$$

11.5 信息融合应用举例

信息融合技术在军事、机器人、航空航天领域、图像处理、生物医学工程、智能交通系统等有着广泛的应用。下面介绍几个比较典型的应用。

11.5.1 信息融合在工业机器人当中的应用

在工业机器人中除采用传统的位置、速度和加速度传感器外，装配焊接机器人还应用了视觉、力觉和超声波等传感器。表 11-3 给出了多传感器信息融合技术在工业机器人领域应用的典型实例[23]。

表 11-3 多传感器信息融合技术在工业机器人领域应用的典型实例

研究者	使用传感器的类型	所实现的功能
Hitachi 公司	三维视觉传感器、力觉传感器	抓取放置半导体器件
Groen 等	视觉传感器、超声波传感器力/力矩传感器、触觉传感器	机械产品装配
Smith,Nitan 等	视觉传感器、力觉传感器	粘贴包装标签
Kremers 等	视觉传感器、激光测距扫描仪	完成无缝焊接
Georgia 理工学院	视觉传感器、触觉传感器	检验工件的一致性
王敏、黄心汉	视觉传感器、超声波传感器	自动识别并抓取工件

11.5.2 信息融合的在线手写签名中的应用

文献[24]为了进一步提高认证效果，在演化计算、神经网络和离散 F 距手写签名认证算法的基础上，提出了基于信息融合的在线手写签名认证算法。该算法将测试签名和参考签名分别通过三种算法进行认证，得出测试签名为真实签名的置信度，然后对三种认证算法的结果进行加权融合，根据最终的融合结果进行签名真假的判定。实验结果表明，信息融合算法的误拒率和误纳率都有显著的减少。

11.5.3 信息融合在飞行器中的应用

飞行器的姿态和位置对飞行器起着至关重要的作用。因此，飞行机器人通常配有 GPS/INS 导航器件。高精度的 GPS 信息可以用来修正 INS，控制其误差随时间的积累；当 GPS 信号受到高强度干扰，或当卫星系统接收机出现故障时，INS 系统可以独立地进行导航定位。卡尔曼滤波和扩展的卡尔曼滤波是常用的信息融合算法。由 Kong 等研制的四转轴飞行机器人配有加速度传感器、方位传感器和陀螺仪，用于测量机器人的位姿和倾角采用互补滤波器对各传感器输出的数据进行融合，有效地减少了噪声对传感器的干扰。

11.6 小　　结

本章从信息融合的发展历史与现状出发，基于多传感器系统的特点与控制结构，主要介绍了信息融合的模型与当前的研究热点，并重点阐述了 Dempster-Shafer 证据理论的基本内容和概念，最终通过列举信息融合在工业机器人、在线手写签名和飞行器重的实际应用，说明了信息融合的重要价值，希望能够对研究的有一定的参考借鉴和启发式的意义。

参 考 文 献

[1] Waltz E, Lilnas J. Multi-sensor data fusion. Boston: Artech House, 2000: 9～17.

[2] Noureldin A, El-Shafie A, Taha M R. Optimizing neuron-fuzzy modules for data fusion of vehicular navigation systems using temporal cross-validation. Engineering Applications ofArtificial Intelligence, 2007, 20(1): 49～61.

[3] Lin P C, Komsuoglu H, Koditschek D E. Sensor fusion for body state estimation in a hexapod robot with dynamical gaits. IEEE Transactions on Robotics, 2006, 22(5): 932943.

[4] Zhang Y, Ji Q. Efficient Sensor Selection for Active Information Fusion. Systems, Man, and Cybernetics, Part B: Cybernetics, IEEE Transactions on, 2010, 40: 719～728.

[5] Agaskar A, He T, Tong T. Distributed Detection of Multi-Hop Information Flows With Fusion Capacity Constraints. Signal Processing, IEEE Transactions on, 2010, 58: 3373～3383.

[6] Karantzalos K, Paragios N. Large-Scale Building Reconstruction Through Information Fusion and 3-D Priors. Geoscience and Remote Sensing, IEEE Transactions on, 2010, 48: 2283～2296.

[7] 陈森，徐克虎. C4ISR 信息融合系统中的态势评估. 火力与指挥控制, 2006, 31（4）: 5～8.

[8] 高方君. C3I 多传感器信息融合系统.火力与指挥控制, 2008, 33（4）: 117～119.

[9] 高健. DSmT 信息融合技术及其在机器人地图创建中的应用. 武汉: 华中科技大学图书馆, 2007.

[10] 李新德. 多源不完善信息融合方法及其应用研究. 武汉: 华中科技大学图书馆, 2007.

[11] 童利标，漆德宁，等. 无线传感器网络与信息融合. 合肥: 安徽人民出版社, 2008.

[12] Mark B, Jane O' Brien J. The omnibus model: A new model of data fusion. In: Proceedings of 1999 International Conference on Information Fusion. California: Sunnyvale, 1999: 337～345.

[13] Hannah P, Starr A. Decisions in condition monitoring—An example for data fusion architecture. In: Proceedings of 2000 International Conference on Information Fusion. Paris, 2000: 291～298.

[14] Carl B Frankel, Mark D Bedworth. Control estimation and abstraction in fusion architectures: Lessions from human information processing. In Proceedings of International Conference on Information Fusion. Paris, 2000: 130～137.

[15] Shahbazian E, Blodgett D E, Labbé P. The extended OODA model for data fusion systems. In Proceedings of 2001 International Conference on Information Fusion. Quebec: 2001: 106～112.

[16] Luo L C, Kay M G. Multisensor integration and fusion for intelligent machines and systems. Norwood NJ Abbex Publishing Corporation , 1995: 321～456.

[17] Jafarizadeh S. Fastest Distributed Consensus Problem on Fusion of Two Star Networks. Submitted. 2010.

[18] Yu W, Chen G, Wang Z, Yang W. Distributed Consensus Filtering in Sensor Networks. Systems, Man, and Cybernetics, Part B: Cybernetics, IEEE Transactions on, 2009, 39(6): 1568～1577.

[19] Khan U A, Moura J. Distributing the Kalman filter for large-scale systems. IEEE TRANSACTIONS ON SIGNAL PROCESSING, 2008, 56(10): 4919～4935.

[20] 潘泉，于昕，程咏梅，等. 信息融合理论的基本方法与进展. 自动化学报, 2003, 29（04）: 599～615.

[21] Dempster A P. Upper and lower probabilities induced by a multi-valued mapping, The Annals of Mathematical Statistics, 1967, 38: 325～339.

[22] Shafer G. A. Mathematical Theory of Evidence, Princeton University Press, Princeton University Press, Princeton, 1976.

[23] 赵小川，罗庆生，韩宝玲. 机器人多传感器信息融合研究综述. 传感器与微系统, 2008, 27（08）: 1～4.

[24] 张伟龙，郑建彬，詹恩奇. 基于信息融合的在线手写签名算法研究. 计算机应用研究, 2010, 27（05）: 1889～1891.

第 12 章　人工智能技术在生物信息学中的应用

在前面章节中，我们已经就人工智能技术在仿生模型构建、语义网、社会网络分析等领域的研究和应用进行了大量的阐述和分析。人工智能技术的发展，受到了生物科学领域研究的大量启发，与此同时，计算技术的发展也被广泛应用于生物科学领域的相关研究中，由此产生了如生物信息学、计算生物学、生物统计等多门学科。本章我们将围绕人工智能技术在生物信息学中的若干关键应用进行深入探讨和分析。

12.1　生物信息学概述

生物学与信息科学是当今世界上发展最迅速、影响最大的两门科学。而这两门科学的交叉融合形成的广义生物信息学，正以崭新的理念吸引着科学家的注意。

12.1.1　什么是生物信息学？

生物信息学（Bioinformatics）是 20 世纪 80 年代末随着人类基因组计划的启动而兴起的一门新的交叉学科，最初常被称为基因组信息学。广义地说，生物信息学是用数理和信息科学的观点、理论和方法去研究生命现象，对呈现指数增长的生物学数据进行获取、管理、分析和散播的一门学科。

生物信息学是当今生命科学和自然科学的重大前沿领域之一，同时也将是 21 世纪自然科学的核心领域之一。其研究重点主要体现在基因组学（Genomics）、蛋白组学（Proteomics）、中间关联层（如 RNA、pathway 等）以及药物设计。具体说，是从遗传物质的载体 DNA、RNA 及其编码的大分子蛋白质序列出发，以计算机为其主要工具，发展各种软件，对逐日增长的遗传序列和结构进行收集、整理、储存、发布、提取、加工、分析和研究，目的在于通过这样的分析逐步认识生命的起源、进化、遗传和发育的本质，破译隐藏在遗传序列中的遗传语言，揭示人体生理和病理过程的分子基础，为人类疾病的预测、诊断、预防和治疗提供最合理和有效的方法或途径。

生物信息学是一门多学科领域研究，包括应用数学、信息学/置信学、统计学、计算科学、人工智能、分子生物学，生物化学、生物物理学等，多学科的交叉使得生物信息学及其相关学科研究具有多元化的面孔。生物信息学更多地具备研究领域的特征，而非一套完整的科学概念和原理，因而也具有独特的开放性和应用途径的多样性等特征。

如果以计算科学在其中的应用为主要线路，纵观生物信息学的发展，可将它分为 3 个主要阶段[1]：①萌芽期（20 世纪 60～70 年代）：以 Dayhoff 的替换矩阵和 Neelleman-Wunsch 算法为代表，它们实际组成了生物信息学的一个最基本的内容和思路：序列比对。它们的出现，代表了生物信息学的诞生（虽然"生物信息学"一词直到 80 年代才出现），以后的发展基本是在这 2 项内容上不断改善的；②形成期（20 世纪 80 年代）：以分子数据库和 BLAST 等相似性搜索程序为代表。1982 年三大分子数据库的国际合作使数据共享成为可能，同时为了有效管理与日俱增的数据，以 BLAST、FASTA 等为代表工具软件和相应的新算法被大量提出和推广，极大地改善了人类管理和利用分子数据的能力。在这一阶段，生物信息学（Bioinformatics）这一名词第一次被提出，生物信息学作为一个新兴学科已经形成，并确立了自身学科的特征和地位；③高速发展期（20 世纪 90 年代～至今）：分为基因组时代和后基因组时代，以大规模基因组、蛋白质测序与分析为代表，在后期更推动了比较基因组学、计算系统生物学的发展。基因组计划，特别是人类基因组计划的实施，产生了上亿的分子数据，基因组水平上的分析使生物信息学的优势得以充分表现，基因组信息学成为生物信息学中发展最快的学科前沿。可以说生物信息学兴盛于人类基因组计划，因为人类基因组计划以及之后的高通量测序技术的发展，为计算科学在生物信息学中的应用创造了施展身手的巨大空间，大量的人工智能算法被应用到海量基因组数据的处理中。

当然，生物信息学并不局限于人类基因组工程，它已经深入到生命科学的方方面面。生物信息学已经成为生动医学、农学、遗传学、细胞生物学等学科发展的强大推动力量，也是药物设计、环境监测的重要组成部分。生物信息学的发展为生命科学的进一步突破及药物研制过程革命性的变革提供了契机。

12.1.2　生物信息学研究对象

生物信息学的研究对象是生物数据，其中最典型的对象是分子生物学数据，是基因组技术的产物：DNA 序列、RNA 序列以及大分子分析的结果：蛋白质序列。后基因组时代将从系统角度研究生命过程的各个层次，探索生命过程的每个环节：微观（深入到研究单个分子的结构和运动规律）和宏观（结合宏观生态学，从大的角度来研究生命过程）。其研究对象着重于"序列、结构、功能、应用"中的"功能和应用"部分。如果单就其研究对象所处学科而言，涉及并参与各生命科学领域的研究[2]。下面将就生物信息学所涉及的几个生命科学相关领域进行简要介绍。

（1）分子与细胞生物学

以 DNA、RNA、蛋白质为对象，分析编码区和非编码区中信息结构和编码特征以及相应的信息调节与表达规律等。

（2）生物物理学

生物物理学其实是物理学的一个分支，就像生物信息学是信息学的一个分支一样，研究的是生物的物理形态，涉及生物能学、细胞结构生物物理学、电生理学等。但这方面的生物数据获取和分析也越来越依赖于计算机的应用，如模型的建立，光谱、成像数据的分析等。

（3）脑和神经科学

脑是自然界中最复杂的物质，其功能是自然界中最复杂的运动形式并随着人类的进化而不断发展和完善。长期以来，通过神经解剖、神经生理、神经病理和临床医学研究，获得了大量有关脑结构和脑功能的数据。近年来，神经生物学研究也取得了大量的科研成果，但是这些研究大多是在组织、细胞和分子水平进行的，不能很好地在系统和整体水平上反映人脑活动的规律。随着核磁共振成像和正电子发射断层成像的发展，应用计算机技术使我们有可能在系统和整体水平上无创伤地研究人脑的功能定位、功能区之间的联系以及神经递质和神经受体等。由此产生的生物信息学研究将对我们了解脑、治疗脑和开发脑产生重大作用。

（4）医药学

人类基因组计划的目的之一，就是找到人类基因组中的所有基因。如何筛选分离各疾病的致病基因，获得疾病的表型相关的基因信息的工作还刚开始。如何在现有的基因测序的工作平台上，强化生物信息学平台的建设，提高对突发性疫情的监控效率，实现对公共卫生状况的有效监控，以及对制病源进行快速有效的分析和解决都是目前关注的热点问题。而结合生物芯片数据分析，确定药物作用靶，再利用计算机技术进行合理的药物设计，将是新药开发的主要途径。

（5）农牧渔林学

基因组计划也加快了农业生物功能基因组的研究，加快了转基因动植物育种所需生物信息学研究的步伐。通过比较基因组学、表达分析和功能基因组分析识别重要基因，为培育转基因动植物、改良动植物的质量和数量性状奠定基础。通过分析病虫害，寄生生物的信号受体和转录途径组分，进行农业化合物设计，结合化学信息学方法，鉴定可用于杀虫剂和除草剂的潜在化学成分，可以进行动植物遗传资源研究，保护生物多样性。同样也可以对工业发酵菌进行代谢工程的研究，有目的地控制产品的生产和丰收。

（6）分子和生态进化

另一个重要的研究对象就是分子和生态进化。通过比较不同生物基因组中各种结构成分的异同，可以大大加深我们对生物进化的认识。从各种基因结构与成分的进化，密码子使用的进化，到系统发育树的构建，各种理论上和实验上的课题都等待生物信息学家的研究。

12.1.3　生物信息学研究内容

生物信息学以多学科多领域的领域信息为研究对象，围绕生物信息学的四个重要组成部分——基因组学、蛋白质组学、关联层研究、药物设计[7]，其与人工智能领域相关的主要研究内容可以分为以下几方面。

（1）遗传序列分析

十几年来，人工智能方法在遗传序列的分析计算领域内的应用一直是生物信息学刊物和会议论文集中不可或缺的一部分，如序列比对算法，是生物信息学的传统研究领域。经典的算法如 Needleman-Wunsch 算法[3]、Smith-Waterman 算法[4]和 Hidden Markov Model、Neural Network 等。目前随着大规模序列（全基因组的序列）的不断更新，有关 DNA、RNA、蛋白质等传统遗传序列及面向系统发育推断的序列分析需求的不断深入，序列分析这一传统领域也不断产生新型的人工智能方法。

（2）遗传数据库建设、整合和数据挖掘

随着当前互联网提供的大量重要的生物学数据库及相关服务器的增加，遗传数据相关数据库的发展受到了研究者的广泛关注：如何选择数据库的存储形式和复杂程度，如何确定数据标准化准则，如何建立遗传信息的评估与检测系统均是遗传信息数据库建设需要考虑的问题。

生物数据库覆盖面广，分布分散且是异质的。需要生物信息学家根据一定的要求要将多个数据库整合在一起，提供数据库的一体化和集成环境综合服务，并在此基础上提供生物数据分析和挖掘工具，帮助生物科学家进行信息提取和关联分析。

（3）基因组编码区与非编码区信息结构分析

新基因的确定能够为更好地了解与其相关的生理功能或疾病本质提供依据，从而为新药的开发、设计奠定基础。通过计算分析从基因组 DNA 序列中确定新基因编码区，一直是生物信息学研究的热点，已经形成了大量的人工智能算法，如基于高位分布的统计方法、基于神经网络的方法、基于分型方法等。

随着生命科学的研究深入，占人类基因组 95%的非编码区的生物学意义越来越重要，尤其是在对基因表达等复杂功能调控上。因此寻找非编码区的编码特征、信息调节及表达规律已经是生物信息学的热点课题之一。在对非编码区进行信息结构分析的策略主要分为两种：一种是基于已有的被实验验证的所有功能已知的 DNA 元件的序列特征，通过学习算法预测非编码区中可能包含的 DNA 元件，预测其可能的生物学功能，并通过实验进行验证；另一种则是通过数理理论直接探索非编码区的新的未知的序列特征，并从理论上预测其可能的信息含义，再通过实验验证。

（4）大规模功能表达谱分析

目前，基因组的研究已经从结构基因组组件过渡到功能基因组，生物芯片因为其具有高集成度，高并行处理能力，可自动化分析，可对不同组织来源，不同细胞类型，不同生理状态的基因表达、蛋白质反应进行监测，获得功能表达谱。因此将存在于人类基因组上的原始状态的基因图谱，向时间、空间维度上展开，对大规模表达谱进行获取、分析是新阶段基于人工智能方法的生物信息学研究的核心。

（5）蛋白质分子空间结构预测、模拟和分子设计

蛋白质结构分析的研究重点在于研究蛋白质的空间结构。利用基于计算方法的分子模拟技术结合计算机图形技术可以更形象、更直观地研究蛋白质等生物大分子的结构。对于蛋白质的空间结构更清晰地表述和研究，对揭示蛋白质的结构和功能的关系、总结蛋白质结构的规律、预测蛋白质肽链折叠和蛋白质结构等都是有力的帮助和促进。同时，也可以对已经被测定的生物大分子的三维结构进行显示和编辑操作。蛋白质分子模型的建立为下一步进行的分子模拟以及了解结构与功能的关系打下了基础。

蛋白质结构预测是利用已知的一级、二级序列来构建蛋白质的立体结构模型，对蛋白质进行结构预测需要具体问题具体分析，在不同的已知条件下对于不同的蛋白质采取不同的策略。

（6）生物进化研究

虽然目前生命科学研究已经在分子演化方面取得了很多重要的成就，但大部分的成就仍然局限于某些基因或分子演化现象的描述，不能很好地阐明物种整体的演化历史。由于基因组是物种所有遗传信息的储藏库，从根本上决定着物种个体的发育和生理，因此，生物信息学利用人工智能算法从基因组整体结构组织和整体功能调节网络方面，结合相应的生理表征现象，进行基因组整体的演化研究，将成为解释物种真实演化历史的最佳途径。

（7）代谢网络建模分析

药物设计是生命科学和生物信息学研究的最终目的之一。代谢网络涉及生化反应途径、基因调控、信号转导过程（蛋白质间的作用）等。代谢网络的建模分析是药物设计过程中不可或缺的一部分。关于代谢网络的建模分析主要分为以下几个组成部分。

① 预测调控网络

目前已有多个代谢网络途径数据库，这些数据库本身除了手工和自动检索文献以补充数据外，仍然需要开发预测工具支持。此外还需要大量的工作去完成从基因组来预测代谢网络，或有针对性地去整合某些数据，研究其规律，开发算法模型等。

② 网络普遍性分析

在预测建立代谢网络关系后，就简单物种而言，已有大量研究者针对网络的"图论"方面的属性做了分析，如基于最短距离和连接度等的研究方法，也有大量针对最小单元的代谢途径的生物信息学研究出现。越来越多的计算科学家和生物信息学家开始开发专门软件工具来自动分析大规模网络系统的物理属性，提供路径导航、模式搜索、图形简化等分析手段。

③ 建立模型分析

建立代谢模型，并对其运行机制进行模拟分析是目前生物信息学研究中的一个重要课题，目前已有若干个比较优秀的代谢网络建模工具，如 Gepasi[5]、E-cell[6]等，它们大都基于代谢控制分析原理，使用常微分方程来求解反应速率。基于标准化数据输出输入考虑，现有多个建模工具已经组成了合作组，共同支持 SMBL 数据交换。现阶段，如何在已有方法的基础上，自动建立大规模的代谢网络，逐渐成为研究的热点。

12.1.4　生物信息学新进展

作为计算机科学和分子生物学等形成的交叉科学，生物信息学已经成为基因组研究中必不可少的有力研究手段。对生命科学研究来说，得到遗传序列仅仅是第一步，后一步的工作是所谓后基因组时代（Post-Genome Era）的任务，即收集、整理、检索和分析遗传序列，从中提取表达的蛋白质结构与功能的信息，找出规律，并在更高层的代谢网络和进化过程中进行生命过程分析。生物信息学将在其中扮演至关重要的角色。

目前生物信息学的研究出现了几个重心的转移：一是面向将已知基因的序列与功能关联的功能基因组学的信息方法研究；二是从作图为基础的基因分离转向以序列分析为基础的基因提取和分析方法研究；三是从研究疾病的起因转向探索发病机理，为研究过程提供相关预测和模拟方法；四是从疾病诊断转向疾病易感性研究，引入了基因组关联性分析的研究新方向。生物芯片（Biochip）的应用更为上述研究提供最基本和必要的信息及依据，极大地推动了面向大规模数据分析的人工智能技术在生物信息学中应用，使其逐渐成为生物信息学研究的主要技术支撑。

在下面的章节中我们围绕基因组功能预测，基因表达和调控信息分析，蛋白质结构和功能预测，分析进化与比较基因组学这几个人工智能技术广泛应用的生物信息热点方向进行探讨和分析。

12.2　基因组序列分析与功能预测

人类基因组和其他一些生物基因组的大规模测序将成为科学史上的一个里程碑。基因组的测序带动了一大批相关学科和技术的发展，一批新兴学科脱颖而出，生物信息学、基因组学、蛋白质组学等便是一批最前沿的新兴学科。可以说，基因组测序及其序列分析使整个生命科学界真正认识了生物信息学，生物信息学也真正成为了一门受到广泛重视的独立学科。

基因组测序及其分析实际是人类的又一场"淘金"和"探险"运动。面对基因组的天文数据，分析方法举足轻重，大量新的分析方法被提出和改进，大量重要基因被发现；大量来自基因组水平上的分析比较结果被公布，这些结果正在改变人类已有的一些观念。

12.2.1　基因组序列分析

对于基因组 DNA 序列分析，除了进行序列比较之外，我们最关心的就是从序列之中找到基因及其表达调控信息。寻找基因涉及两个方面的工作：一是识别与基因相关的特殊序列信号，如启动子、起始密码子，通过信号识别大致确定基因所在的区域；二是预测基因的编码区域，或预测外显子所在的区域。在此基础上，结合两个方面的结果确定基因的位置和结构。绝大部分基因表达调控信息隐藏在基因序列的上游区域，在组成上具有一定的特征，可以通过序列分析识别这些特征。

在 DNA 序列中，除了基因之外，还包含许多其他信息，这些信息大部分与核酸的结构特征相关联，通常决定了 DNA 与蛋白质或者 DNA 与 RNA 的相互作用。存放这些信息的 DNA 片段称为功能位点，如基因的启动子（Promoter）、基因终止序列（Terminator Sequence）、剪切位点（Splice Site）等，这些功能位点与基因的表达调控密切相关。因此，对基因和功能位点进行分析或预测是 DNA 序列分析的重点。

在实际应用中，对于 DNA 序列需要根据不同的要求进行不同的处理，不存在一个通用的序列分析方法。但是，由于分析的对象都是 DNA 序列，并且在绝大部分的情况下，待解决的问题可以归纳为序列特征识别或者序列模式识别问题，目标是寻找基因及其表达调控信息，从而可以给出一个基本的 DNA 序列分析方案，其主要研究问题包括以下几个方面。

（1）发现重复元素

这是重要的一步，因为重复元素会给 DNA 序列分析带来许多问题。例如，由于重复元素的存在，在搜索数据库时可能得到许多同样的结果，这些结果的得分很高，使解释数据库搜索结果变得复杂、困难。所以，一般先寻找并屏蔽重复的和低复杂性的序列，然后寻找基因以及与其相关的调控区域。

（2）数据库搜索

通过数据库搜索，发现相似序列或者同源序列，根据相似序列具有相似结构及相似功能的原理，通过类比，得到关于待分析序列的初步信息，指导进一步的详细序列分析。例如，如果通过搜索发现待分析的序列与 EST 或已知的蛋白质编码序列相似，则可以推测待分析的序列是基因序列。

（3）分析功能位点

其主要目的是识别 DNA 序列上存在的序列信号，具体地说，就是特殊的片段。这些片段与基因及调控信息有关，如转录剪切位点、启动子、起始密码子等。对于基因识别问题来说，信号识别有助于确定基因所在的区域。

（4）序列组成统计分析

蛋白质编码区域与非编码区域在 DNA 序列组成上具有明显不同的统计特征，编码序列具有三联周期性，编码区域多联核苷酸出现频率与非编码区域不同。因而，可以通过统计分析预测基因的编码区域，预测一段 DNA 序列成为编码区域的可能性，寻找可能的基因外显子。

（5）综合分析

综合数据库搜索、功能位点分析、序列组成分析等的阶段性结果，检查这些结果的相容性，经过整理，最终得到一致性的分析结果。

无论是 DNA 序列上功能位点识别，还是基因结构预测，都涉及"功能序列"分析和识别，如信号序列的识别和蛋白质编码区域的识别，需要对识别结果的准确性进行评价。这关系到识别（预测）算法是否可行、识别程序是否可用、识别结果是否可信，只有通过科学地评价才能对同类程序进行比较。

功能序列分析的准确性来自于对"功能序列"和"非功能序列"的辨别能力。在实际应用中，解决具体识别问题的过程是一个多阶段的过程，需要应用各种人工智能方法。首先，收集已知的功能序列和非功能序列实例，并且要求这些序列之间是非相关的。将这些序列混合在一起，形成两个集合。一个集合是训练集（Training Set），用于建立完成识别任务的数学模型。另一个集合是测试集（Test Set）或控制集（Control Set），用于检验所建模型的正确性。用训练集中的实例对预测模型进行训练，使之通过学习后具有正确处理和辨别能力。然后，用模型对测试集中的实例进行"功能"与"非功能"的判断，根据判断结果计算模型识别的准确性。具体过程如图 12-1 所示。

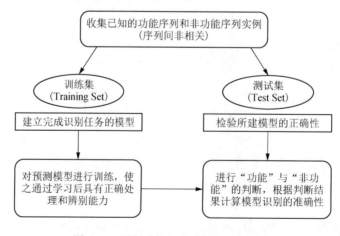

图 12-1　区别功能与非功能序列的过程

一般采用敏感性（Sensitivity, Sn）和特异性（Specificity, Sp）来评估模型的性能。设 T_p 是程序正确识别的功能序列数，T_n 为正确识别的非功能序列数，F_n 是被错误识别为非功能序列的功能序列数，F_p 是被错误识别为功能序列的非功能序列数。则

$$S_n = \frac{T_p}{T_p + F_n} \tag{12-1}$$

$$S_p = \frac{T_n}{T_n + F_p} \tag{12-2}$$

对于一个实用程序，既要求有较高的敏感性，也要求有较高的特异性。如果敏感性很高，但特异性比较低，则在实际应用中会产生高比率的假阳性；相反，如果特异性很高，而敏感性比较低，则会产生高比率的假阴性。需要对敏感性和特异性进行权衡，给出综合评价指标。对于一个识别程序准确性，可按下面的式子进行综合评价：

$$AC = \frac{S_n + S_p}{2} \tag{12-3}$$

另一个综合评价指标为相关系数，其计算公式为

$$CC = \frac{T_p \times T_n - F_n \times F_p}{\sqrt{(T_p + F_n) \times (T_n + F_p) \times (T_p + F_p) \times (T_n + F_n)}} \tag{12-4}$$

在检测算法的可行性时，需要从已知的数据中按照不同的方式选择训练集和测试集，反复进行训练-测试，经过多次实验，得到关于该方法可行性的统计结果。在评判一个识别程序或比较各个识别程序时，测试集的构成非常关键，在不同的测试集上进行测试可能会得到不同的准确性结果，甚至准确性相差很大。因此，为了公正客观地评价功能序列识别，必须建立标准的功能序列测试集合。目前已有一些这样的标准集合，如基因转录剪切位点的测试集合、编码区域的测试集合等。

12.2.2 基因及基因区域预测

在完成序列的拼接后，我们得到的是很长的 DNA 序列，甚至可能是整个基因组的序列。这些序列中包含有许多未知的基因，将基因从这些序列中找出来是生物信息学的一个研究热点。

所谓基因区域预测，一般是指预测 DNA 序列中编码蛋白质的部分，即外显子部分。不过目前基因区域的预测已从单纯外显子预测发展到整个基因结构的预测。这些预测综合各种外显子预测的算法和人们对基因结构信号（如 TATA 盒等）的认识，预测出可能的完整基因[8]。

基因区域的预测是一个活跃的研究领域，先后有一大批预测算法和相应程序被提出和应用，其中有的方法对编码序列的预测准确率高达 90%以上，而且在敏感性和特异性之间取得了很好的平衡。预测方法中，最早是通过序列核苷酸频率、密码子等特性进行预测（如最长 ORF 法等），随着各类数据库的建立和完善，通过相似性列线比对也可以预测可能的基因。同时，一批新方法也被提了出来，如隐马尔可夫模型（Hidden Markov Model, HMM）、动态规划法（Dynamic Programming）、法则系统（Ruled-Based System）、语言学（Linguistic）

方法、线性判别分析（Linear Discriminant Analysis, LDA）、决策树（Decision Tree）、拼接列线（Spliced Alingment）、傅里叶分析（Fourier Analysis）等。

现存的方法，根据其本质我们可以将它们分为三类。

第一类是以统计预测为基础的运算方法，它的主要特征是不需要实验资料作辅助，利用基因以及 exon-intron 结构在 DNA 序列上已知的一些特征（如起始密码子、终止密码子、基因组 DNA 中的外显子、内含子和剪接位点的保守性），在 DNA 序列上直接预测基因的位置。这类方法的缺点是：对过长或过短的外显子、内含子的预测准确性不高，且容易高估基因的数目，同时高估的程度又与所要预测的 DNA 的区域和物种息息相关。它的优点是当我们所要探讨的物种的实验资料非常缺乏时，可以采用这类方法，而且一般来说这类方法由于不需要大规模的库比对，因此速度比较快。这类方法根据其依据的理论不同又可粗分为 5 小类：①以隐马尔可夫链型为基础的算法，包括 GeneMark.hmm[9]、GENSCAN[10]、HMMgene[11]等；②以神经网络为基础的算法，这类方法包括：Grail II 以及 GrailEXP_Perceval[12]等；③以决策树为基础的算法，这类方法主要包括：MZEF[13]以及 MZEF-SPC 等；④以结合多种预测方法而成的算法，这类方法主要有：FGENSH 等；⑤其他还有一些方法，比较著名的就是 GeneID[14]、GeneView[15]等算法。

第二类方法需要实验上的资料辅助，用 DNA 序列与各类实验得到的数据库，如 EST（表现的序列片断（Express Sequence Tags））、cDNA（互补 DNA）、蛋白质资料库等进行比对，得到可能的基因所在。虽然这种方法的正确性比较高，但是由于它进行的是序列比对，因此，耗费的计算时间和存储空间比较大，且易受到已知序列库品质的影响。该方法依据所使用比对方法的不同又可以分为区域性比对和基于模式的比对方法。

第三类方法是结合上述两类方法的优势，对未知基因进行预测。它有前提条件，即用来比对的资料库中已存在所要比对的蛋白质序列。这类方法的准确性比较高。其步骤是首先到蛋白质资料库中，利用 BLAST 比对找到适当的候选蛋白质序列，然后以统计预测为基础的第一类方法预测基因结构。缺点是用这类方法找到未知基因的可能性偏低，且操作起来不是很方便。

12.3 基因表达与调控信息分析

人类基因组序列草图的完成，标志着功能基因组研究将在生命科学领域中占据越来越重要的地位。在特定的条件下，特定基因表达的启动或停止，增强或抑制，是细胞完成基本生命活动以及对外界刺激作出应答的分子基础。模式生物基因数目的差异与其生物学复杂性的不对称，提示基因组中的调控序列在基因选择性表达中的重要生物学意义。阐明基因选择性表达所依赖的调控信息及其相互作用的分子机制，是揭示生命现象本质的核心问题，是结构基因组之后功能基因组研究的重要内容。

随着基因组学的广泛开展，基因的表达调控研究已经逐渐从单个基因点、线式的调控拓展到立体层面上多基因、基因簇以至整个基因组的调控网络。如何有效利用已有的基因组学数据，充分整合多学科的新思路，利用人工智能新技术，开发新型生物信息学方法，建立新的技术体系，阐明真核基因组表达的调控网络，已经成为功能基因组学和生物信息学领域内国际竞争的焦点。

12.3.1 什么是基因表达调控

在一个生物体中，任何细胞都带有同样的遗传信息，带有同样的基因，但是，一个基因在不同组织、不同细胞中的表现并不一样，这是由基因调控机制所决定的。遗传信息从DNA 传递到蛋白质的过程称为基因表达，对这个过程的调节即基因表达调控。一个细胞在特定的时刻仅产生很少一部分蛋白质，也就是说，基因组中只有很少一部分基因得以表达。

基因调控机制根据各个细胞的功能要求，精确地控制每种蛋白质的生产数量。生物体完整的生命过程是基因组中的各个基因按照一定的时空次序开关的结果。原核生物和真核单细胞生物直接暴露在生存环境之中，根据环境条件的改变，合成各种不同的蛋白质，使代谢过程适应环境的变化。高等真核生物是多细胞有机体，在个体发育过程中出现细胞分化，形成各种不同的组织和器官，而不同类型的细胞所合成的蛋白质在质和量上都是不同的。因而，无论是原核细胞还是真核细胞，都有一套精确的基因表达和蛋白质合成的调控机制。

细胞要维持其功能，有些蛋白质在任何时候都是必需的，这些蛋白质所对应的基因称为管家基因（Housekeeping Gene），它们随时都要表达。编码细胞特化蛋白的基因称为诱导基因，这些基因在需要对应蛋白质的时间和地点才表达。虽然生物体内的每一个细胞都有完整的基因组，但各种基因在不同细胞中表达的规律是不一样的。要了解生物的生长发育的规律、形态结构特征和生物学功能，就必须要研究基因表达调控的时间和空间规律，掌握基因表达调控的秘密。

近些年来，基因序列测序的完成、大规模测定基因表达水平的基因芯片（Microarray）技术的出现和高性能计算机的使用，使得用模拟计算的方法大规模的研究基因表达调控成为可能，一些研究者已经开始绘制控制整个活细胞基因表达的调控网络，利用人工智能方法构建计算模型的方法预测网络结构是目前研究的热点。

12.3.2 基因表达调控网络的计算特性

要进行基因表达及其调控网络的计算方法研究，就必须对其计算特性和数学描述方法有所了解。Wyrick 和 Young 给出了一个基因表达调控网络的定义：一组调控因子如何调控一套基因表达的过程称为基因表达调控网络[16]。基因表达调控网络是基因调控网络的一个重要部分。参与基因表达调控网络的元素主要包括 cDNA、mRNA、蛋白、小分子等。从元素间相互联系的角度来看，基因表达调控网络是一个由节点（调控元素）、边（调控作用）组成的一个有向图结构。

如图 12-2 所示，图中每一个圆圈代表一个节点，也就是调控网络的元素，如基因。有向箭头表示表达增强作用，末端断线表示表达抑制作用。在基因网络中，存在基因对自身表达的自调控的现象。

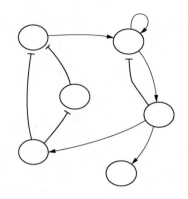

图 12-2　简单基因网络结构示意图

总体来说，基因表达调控网络有如下计算特点。

（1）网络结构复杂

网络中节点和边的数目庞大。在人体中总共有 3 万～4 万的基因，而且真核生物中大多数的基因会同时被两个和两个以上的基因调控，这就使网络形成了一个非常高维的结构。

（2）网络结构变化

生物学的实验表明，相同的基因在人和动物的细胞周期中可以参加不同的生理过程，实现不同的生理功能。还有一些基因只在某些时刻和特定的外界条件下是有相互作用的，在其他条件下不会发生作用。简单地说就是两个基因间的那条边是否存在、其作用的方向是否相同，这些信息在不同时期是可能不一样的。

（3）相互作用类型多变

在生物体中，基因间相互作用可以有很多类型，包括了很多作用的特征：两个基因间谁影响谁、影响的方式、增强的作用还是抑制的作用、影响产生的条件、影响的强弱量级、被调控基因的表达量和调控基因的表达量直接的关系等。目前的研究表明，基因间的相互作用可能是一种非线形的作用关系。在多因子调控模式中还要考虑不同的调控因子对同一个目标调控基因产生作用时的某种逻辑关系，这种逻辑关系是由调控模式中各调控因子的相互关系决定的。

（4）节点类型多样

网络节点的元素可以是 DNA、mRNA、蛋白、分子、大分子、外界环境等。

（5）节点状态变化

在细胞周期过程中，每一个基因的表达量不是固定的，会随着条件的变化而变化、蛋白质在不断地合成，同时也在不断地被降解。在不同的调控模式下，蛋白合成和降解的比率会发生变化，从而会使蛋白处在不同的水平上。基因的表达量的变化会影响到相互作用的变化，会引起网络结构的变化。

（6）有向循环结构

在生物体中各种生理上的周期现象，我们很容易理解生物体中的相互作用存在周期性（至少在网络的局部上是循环的）。在已经研究的比较多的低等生物 E.coli 的表达调控网络中已经发现了循环的结构[17]。

近几年，结合数学、统计学、神经网络、人工智能理论方法在计算机上分析模拟表达调控机理，是生物信息学方面一个飞速发展的方向。由于分析模型的不同和采用的数据类型的差异，我们将在下面章节中主要讨论两个方面研究：基于基因芯片的表达数据分析方法和基于遗传序列信息的非编码区域分析和调控元件识别方法。

12.3.3 基于基因芯片的表达数据分析方法

基因芯片的数据形式为

$$X = \begin{pmatrix} x_{11} & x_{12} & \cdots & x_{1n} \\ x_{21} & x_{22} & \cdots & x_{2n} \\ \vdots & \vdots & & \vdots \\ x_{m1} & x_{m2} & \cdots & x_{mn} \end{pmatrix} \tag{12-5}$$

矩阵 X 中每一行代表一个基因，每一列代表一张芯片（样本）上基因的数据。x_{ij} 为基因 i 在实验（条件）j 中的表达值。由基因芯片的实验原理，x_{ij} 取为相对的荧光强度的比值：

$$x_{ij} = \log_2 \frac{I_R}{I_G} \tag{12-6}$$

式中，I_R 为芯片上样本组基因（红色荧光剂）的强度，I_G 为芯片上对照组基因（绿色荧光剂）的强度。在芯片数据的后期处理过程中可以对每张芯片内的全部基因的表达值做归一化处理，去除芯片的背景噪声。

目前利用基因芯片数据做分析推断的模型不少，主要包括有向图模型、贝叶斯网络、布尔网络、微分动力模型、随机微分方程、神经网络的方法等。我们将重点介绍基于人工智能技术的聚类分析方法和贝叶斯网络模型。

（1）表达数据聚类分析方法

聚类是探索性数据分析和模式发现的一种基本手段，其目的是提取数据中隐含的类别结构。但是，聚类是一个模糊的概念，没有一个准确的定义。在人工智能领域已知有几十种聚类算法和大量的专门聚类程序被用于 DNA 微阵列数据的分析，其类型涵盖了分级聚类、K 均值聚类等，它们没有一个显而易见的共同点。由于聚类问题的多样性和"开放性"，不大可能给出聚类的一个系统化的完备处理框架，聚类算法之间的一个重要差别在于他们是有监督的还是无监督的。在有监督聚类中，聚类基于一个给定的参考向量集或类别集。在无监督聚类中，没有一个事先给定的向量集和类别集。目前，由于基因转录的调控模式并不清楚，像 K 均值和自组织映射（SOM），这样的无监督聚类方法是转录关系研究中最常用的。

在聚类算法中，距离的定义非常关键，可以在很大程度上影响聚类算法的结果。根据适用情况的不同，每种距离都有自己的优缺点。Pearson 相关系数能够反映表达模式形状的相似性但不强调两组测量的数值关系，对偏差比较敏感。而欧式距离可以反映两者在数量关系上的差异，不强调形状的相似性。

聚类类别数 K 的选择是非常棘手的问题，它取决于我们在什么尺度上观察数据，对于聚类问题的严格讨论，需要预先给出一种原则性的方法来比较同一数据集不同聚类结果。需要一个易于计算的全局代价/误差函数。聚类的目标就是最小化这一函数。然而，没有普遍适用的函数，代价函数必须根据具体的问题来决定，不同的代价函数会导致不同的结果。

分级聚类通过计算两两距离从数据中自动建立一棵树而非一组类别。如何从树中定义类别的方法并不明显。因为类别是通过在树的某些节点剪枝得到的，然而并没有一种好的方法给出剪枝的标准。K 均值聚类法是在固定类别数 K 的前提下，通过迭代计算类的成员和类的中心（代表点），直到系统收敛或涨落很小。当代价函数与一个隐含的概率混合模型相对应时，K 均值聚类法是经典 EM 算法的一种线性近似，而且一般会收敛到一个解。

每种聚类方法都有各自适用的环境和优缺点。在几千的数量级上分级聚类得到的树状结构非常复杂，很难看清楚类别的边界。而 K 均值聚类的主要问题是聚类结果缺乏稳健性。类别数 K 的选取会对结果产生很大的影响。其次是对于噪声的敏感程度，由于是以类别中所有元素的平均值作为代表点，不可避免地会受到噪声（飞值）的很大的影响，聚类结果容易出现波动。

（2）贝叶斯网络方法

Friedman 等提出了用贝叶斯网络模型分析基因表达数据的方法[18]。在假定整个网络结构的无环和基因表达量之间的条件独立性的前提下，以每个节点为变量，描述网络在这样一组变量上的概率分布。

考虑一个有限的随机变量集合 $X = \{X_1, \cdots, X_n\}$，每个随机变量 X_i 可以从一个集合（Val (X_i)）中取值 x_i。一个贝叶斯网络图描述了一个联合概率分布：$B = <G, \Theta>$，其中 $G = (V, E)$ 是一个有向无环图，包含所有节点 V 和有向边的连接 E。Θ 代表了量化网络的参数集合。

假定各个变量 X_i 的父节点和它的非后代节点是独立的。对于每一个变量 X_i 的一个可能值 x_i 以及它在 G 中的父节点集合 $Pa(X_i)$ 的一个可能（向量）值 $pa(x_i)$，Θ 里面包含了一组参数：

$$\theta_{x_i|pa(x_i)} = P(X_i \mid Pa(X_i)) \tag{12-7}$$

一个贝叶斯网络可以确定在 X 上唯一的联合概率分布，如下给出：

$$P(X_1, \cdots, X_i) = \prod_{i=1}^{n} P(X_i \mid Pa(X_i)) \tag{12-8}$$

通过给定 X 的一个样本 $D = \{X_1, \cdots, X_N\}$，可以找出一个和 D 最为相配的网络结构。一般是通过一个打分函数，利用打分函数在条件独立性的条件下可分解性：

$$\mathrm{Score}(G : D) = \sum_i \mathrm{Score}(X_i \mid Pa(X_i) : N_{X_i, Pa(X_i)}) \tag{12-9}$$

采用局部搜索的方法寻找使得得分增加的路径。使得最后得到的网络结构的得分是全局最大的。在基因网络结构的研究中，贝叶斯网络方法有其局限性：有向无环结构的假设与生物体的生命周期现象并不符合。生物体中出现的周期现象如蛋白的合成到分解是周而复始循环出现的，这就说明生物体中的基因网络结构应该是一个有向、有环的网络结构。其次，在贝叶斯网络的学习过程中，网络的结构会非常的复杂。假设有 N 个节点，网络里面可能会有 C_N^2 条边，最少是没有边。对于有向边的网络结构，可能的结构数目超过 $2^{C_N^2}$ 之多。要在如此多的网络结构中寻找最大的得分结构，计算量是非常大的。最后，从数据的角度看，表达数据间并不包含因果关系，只有相关关系，只有在贝叶斯网络的特定结构下，才能给出基因间因果关系的推断。

12.3.4　非编码区域分析和调控元件识别

对于基因表达与调控信息分析的一个主要研究方向是基因非编码区对调控元件的研究。因为在转录和后转录水平，基因的表达在很大程度上受到一些顺式作用元件（即转录调控元件，在生物信息学中也称为模式或 motif）的控制，它们本质上是一些比较短的 DNA 序列，这些序列一般都处在受调控基因的上游区域，特异性 DNA 结合蛋白（即转录因子）识别这些调控元件，并与之结合，调节 DNA 的代谢和转录；或者由 RNA 结合蛋白识别，并与之结合，影响 RNA 的修饰、定位、翻译和降解。因此，分析和识别转录调控元件及了解它们的功能是理解和解释整个基因组行为的重要步骤。

调控序列的分析主要涉及三类问题：①在给定基因组序列中寻找已知的调控元件；②在一系列共表达或者共调控基因的上游区域中发现未知的调控元件；③寻找由一个已知转录因子调控的未知基因。而我们更关注的是第二类问题，即在一系列共表达基因的启动子区域中发现新的调控元件，通过分析和提取 DNA 序列特征识别调控元件，这一类算法统称为序列驱动的调控元件识别方法。

在实际情况中，绝大部分转录因子作用的调控元件是未知的，包括其碱基组成及其在序列中的出现位置。因此，从序列中识别并发现调控元件的序列模式特征是调控元件识别要解决的主要问题。传统的做法是通过实验方法来研究调控元件，然而这种基于生物实验的方法费时费力，无法大量投入使用。通过生物信息学的方法来研究调控元件，设计基于人工智能的计算方法来识别调控元件，可以为节约成本、生物实验提供指导。序列驱动的转录调控元件识别的主要任务是：在一组序列中，发现满足共同特征的序列片段。

1. 序列驱动的调控元件识别方法

生物信息学研究人员希望能够借助数学工具和计算机通过序列分析来识别调控元件。原核生物的调控元件的特征比较明显，容易识别。而真核生物的调控元件相对复杂，调控元件长度和空间分布变化较大，其出现没有固定的位置，相同蛋白质因子作用的结合位点也存在差异，给识别调控元件带来了很大的困难。因此，要设计一个能识别所有调控元件的普适性方法几乎是不可能的。针对不同的生物和不同特点的调控元件，出现了很多算法和模型。

调控元件作为功能序列的一种，在进化过程中比非功能序列更加保守。几乎所有的算法都假设调控元件具有一定的序列模式，这种序列模式是长期进化的结果，它们的实际出现频率比期望的要高。

根据算法搜索策略的不同，研究调控元件的计算方法主要分为两大类：一类是穷尽式搜索算法，该类算法对问题所有的解进行考察，最后给出满足某种条件的解，因此能找到问题的最优解。这类方法虽然看起来非常简单，但却具有最复杂的计算复杂度，只适合搜索短的调控元件。穷尽式搜索算法中最典型的就是枚举方法。另一类属于启发式算法，启发式算法是一种近似算法，这类算法首先对调控元件的信息进行某种近似描述，然后通过不断迭代的过程对调控元件信息进行调整优化，直至满足迭代终止条件。启发式算法具有较低的计算复杂度，适合在大空间中搜索解，它的缺点是不能保证得到问题的最优解，但很多实际应用都证明了启发式算法得到的近似解基本上能满足解决问题的需要。大部分人工智能方法都属于启发式算法，这类方法主要是通过机器学习来识别调控元件，如隐马尔可夫模型、神经网络、EM 法、Gibbs 采样算法等。

接下来将选择两种常用的基于人工智能技术的序列驱动调控元件识别方法进行详细介绍。

2. WORDUP 算法

WORDUP 算法是一种选择显著子序列的算法。已知调控元件是由一些非随机的短寡核苷酸序列组成的。基因语言的字词是可以有不同的长度，例如，在编码区域的长度为 3，限制位点的长度为 4 或者 6，而转录信号和蛋白质结合位点的长度是可变的。WORDUP 方法试图在 DNA 序列中找出具有显著统计特性的单词。

WORDUP 是基于一级马尔可夫链的分析方法，它允许我们对一组已知在功能上有联系的（如启动子区域、内含子等）、没有进行过比对的序列进行分析，选出共同的具有特定生物学功能的单词或者子序列。

假设有一条长度为 n 序列 S，$S = s_1 s_2 \cdots s_n$（$s_i = A,C,G,T$；$i = 1,2,\cdots,n$），它含有 $n - w + 1$ 个长度为 w 的寡聚核苷酸单词，表示为：$t_j = s_j s_{j+1} \cdots s_{j+w-1}$；$j = 1,2,\cdots,n-w+1$。

寡聚核苷酸实际上是短的 DNA 片段，长度为 w 的寡聚核苷酸单词的个数为 4^W 个。现在，考虑有 N 条核酸序列，$S_1, S_2, \cdots, S_N$，令 L_i 表示各序列的长度。假设寡聚核苷酸的分布符合泊松分布，用 $\pi_i(t_k)$ 表示长度为 w 的第 k 种寡聚核苷酸单词在序列 S_i 中至少出现一次的概率（$k = 1,\ldots,4^W$），则

$$\pi_i(t_k) = 1 - e^{-u_{ik}} \tag{12-10}$$

$$u_{ik} = q_i(t_k) \times (L_i - w + 1) \tag{12-11}$$

μ_{ik} 为在第 i 条序列中长度为 w 的第 k 种单词期望出现的平均次数；此外，有

$$q_i(t_k) = f(u_{12})f(u_{23})\cdots f(u_{w-1,w}) / \left[f(u_2)\cdots f(u_{w-1}) \right] \tag{12-12}$$

$q_i(t_k)$ 是寡聚核苷酸单词 t_k 在序列 i 中的出现概率，$f(u_{x,y})$ 和 $f(u_z)$ 分别表示 t_k 中两个相邻位 x、y 二核苷酸和单核苷酸 z 在每一条序列中的出现概率。该方法在计算寡聚核苷酸单词出现频率时考虑了核苷酸间的相互影响，因为在 DNA 中有一个相当普遍的现象，就是在核苷酸使用上具有相当强的二核苷酸偏性。这是一个典型的一阶马尔可夫链模型，所以

$$q_i(t_k) = f(u_1)f(u_2 | u_1)f(u_3 | u_2)\cdots f(u_w | u_{w-1}) \tag{12-13}$$

又

$$f(u_j | u_{j-1}) = f(u_{j-1,j}) / f(u_{j-1}) \tag{12-14}$$

将式（12-12）代入式（12-13）得式（12-15）。

假设一个序列集合中有 N 条 DNA 序列，长度为 w 的第 k 种单词在不同序列中实际出现的次数由式（12-15）给出：

$$P(t_k) = \sum_i p_i(t_k) \tag{12-15}$$

其中，如果序列 S_i 中存在 t_k，则 $P_i(t_k)$ 等于 1，否则 $P_i(t_k)$ 等于 0。而 t_k 在不同序列中期望出

现的次数为

$$\prod t_k = \sum_i \pi_i(t_k) \qquad (12\text{-}16)$$

于是，根据基本的 x^2 统计可以计算出现第 k 种单词的统计学显著性：

$$x^2 k = \left(P(t_k) - \prod(t_k)\right)^2 / \prod t_k \qquad (12\text{-}17)$$

但是可能出现这样的情况，即有一些寡聚核苷酸单词的 x^2 值比期望的要高出许多，但这并不是因为它们真正地具有显著的统计学意义，而是因为它们的出现位置与具有显著统计意义的单词重叠。例如，假设具有真正显著统计意义的单词 X 为 ACGTACGT，那么所有的长度为 8，有 7/8 与 X 重叠的单词 NACGTACG、CGTACGTN 都将被错误地认为具有显著的统计意义。为了解决这个问题，需要用下面的迭代过程对每一条序列进行处理。在第一次迭代中，根据 x^2 值，对所有长度为 w 的寡聚核苷酸单词从大到小进行排序，并且只有 x^2 大于一定值的那些单词才被考虑。假设共有 M 个这样的单词，将后面的 $M-1$ 个单词与第一个进行比较，即与具有最大 x^2 值的单词进行比较，那些与第一个单词在位置上有重叠的单词将被去掉。如果一个单词至少有连续的 $w/2$（w 为偶数）或者 $(w+1)/2$（w 为奇数）的字符与其他具有更大 x^2 值的单词相同，则认为它与其他单词重叠。后面的 $M-1$ 个单词的 x^2 值将被重新计算，并且根据新的 x^2 值排序。同样的过程重复 $M-1$ 次，直到所有 M 个具有显著统计意义的单词不再相互重叠。

对于给定的 x^2 值及已知的分布函数 $P(x^2)$，我们可以计算出超过这个值的长度为 w 的单词个数：

$$N(x^2) = \left[1 - P(x^2)\right] \times 4^W \qquad (12\text{-}18)$$

可以进一步对找出的单词进行分类，将所有的显著统计意义单词通过聚类的方法分成不同的模式组。对每一个组中的序列进行多序列比对，得到每一个类的比对。然后分析每个类的多重序列比对结果，提取特征，作为一个调控元件所应具备的特征。

3. Gibbs 采样算法

Gibbs 采样算法是一种特殊的马尔可夫链蒙特卡罗方法（Markov Chain Monte Carlo，MCMC），该算法最早是由 Lawrence 等引入蛋白质序列中的序列模式识别[19]。后来 Liu 等将 Gibbs 采样整合进贝叶斯模型并应用于多重序列比较，获得了较好的结果[20]。目前，Gibbs 采样算法以及一些改进算法被广泛应用调控元件的识别，并出现了一些较为成熟的软件以供用户在线和下载使用，如 MotifSampler、AlignACE、BioProspector 和 Gibbs Motif Sampler 等。Gibbs 采样算法识别调控元件的基本原理是通过随机采样不断更新调控元件模型和在各条序列中的出现位置以优化目标函数，当满足一定的迭代终止条件时就得到了最终的候选调控元件。下面将具体介绍最基本的 Gibbs 采样算法。

为了描述方便，我们假设所要解决的问题具有每类调控元件在每条序列中出现且仅出现一次的特征。基本的 Gibbs 采样算法可归纳为下面三步，流程图见图 12-3。

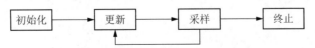

图 12-3　简化的 Gibbs 采样算法流程图

问题可简化描述成：输入 n 条序列和模式的长度 L，输出得分最大的候选调控元件。具体的算法过程如下。

（1）初始化：包括调控元件模型和背景模型的建立。

① 采用位置频率矩阵（PSFM）来表示调控元件模型（Regulatory Element Model, REM）。首先合理地随机生成调控元件在各条序列中的起始位点，记为 $SS=\{ss_i\}$，$i=1,\cdots,n$。根据起始位点和用户定义的元件长度 L 得到候选元件，并根据这些候选元件建立位置频率矩阵 PSFM。

② 背景模型（Background Model, BM）：通常采用独立性模型，记为 $BM=\{q_A,\ q_G,q_C,\ q_T\}$，表示各碱基在背景序列中的出现频率。

（2）更新：从输入序列集中顺序选取一条序列 S_i，$i=1,\cdots,n$，从 SS 中删除属于该序列的起始位点，根据变化后的重新计算 PSFM。然后分别根据调控元件模型和背景模型 S_i 中计算所有可能的候选调控元件 $S_i[j,j+L-1]$（$j=1,2,\cdots,l-L+1$）的得分 $\text{Score}_e(i,j)$ 和 Score_b (i,j)，即计算序列 S_i 中从第 j 位到第 $j+L-1$ 位的序列片段是调控元件的可能性即背景序列的可能性。这里，有

$$\text{Score}_e(i,j)=\text{Score}_e\left(S_i[j,j+L-1]|\text{REM}\right)$$
$$=\prod_{i=0}^{L-1}\text{PSFM}\left(t,S_i[t+j,t+j]\right) \tag{12-19}$$

$$\text{Score}_b(i,j)=\text{Score}_b\left(S_i[j,j+L-1]|\text{BM}\right)=\prod_{i=0}^{L-1}q_{S_i[t+j,t+j]} \tag{12-20}$$

式中，$\text{PSFM}(i,b)$ 是指调控元件位置 i 上碱基 b 的出现概率。

（3）采样：计算两种得分的比值 $r_{i,j}=\dfrac{\text{Score}_e(i,j)}{\text{Score}_b(i,j)}$，并按照轮盘赌原理选取新的候选调控元件，即以较大的概率选取比值较高的候选调控元件，将其起始位点加入到 SS。根据新的起始位点集 SS 和调控元件长度得到候选元件并按照式（12-21）计算得分 F，若大于前一次得分，则转到（2），继续迭代；否则重复（3），直至重复次数大于一个预设定值（如 10 次）。若所有序列都处理完，则转（4），否则转（2）。

$$F=\sum_{i=1}^{w}\sum_{j=1}^{|\Sigma|}p_{ij}\log(p_{ij}/q_{\Sigma_j}) \tag{12-21}$$

式中，$p_{ij}=\text{PSFM}(i,\Sigma_j)$，$\Sigma_j$ 指字符集 Σ 中第 j 个字符。

（4）终止：若得分连续多次没有改进（如 10 次）或达到最大迭代次数，则终止程序，否则转（2）。

目前，随着各种技术的发展和人们对分子生物学认识的深入，出现了越来越多的其他方法来识别调控元件，如采用比较基因组学来发现在进化过程中保守的结合位点，考虑调控元件之间的协同作用而设计的调控元件模块识别方法等。

12.4　分子进化：系统发育分析

系统发育学研究的是进化关系，系统发育分析就是要推断或者评估这些进化关系。通

过系统发育分析所推断出来的进化关系一般用分枝图表（系统发育树）来描述，这个系统发育树就描述了同一谱系的进化关系，包括了分子进化（基因树）、物种进化以及分子进化和物种进化的综合。在现代系统发育学研究中，研究的重点已经不再是生物的形态学特征或者其他特性，而是生物大分子尤其是其对应的序列。

12.4.1　系统发育树基本概念

分类学涉及的问题是将生物合理地分成一定的类群，使类群内的个体成员相同或非常相似。分类学可以进行物种的分类。对于进化研究，分类涉及系统发育的重构（Reconstruction of Phylogenies），构建系统发育过程有助于通过物种间隐含的种系关系揭示进化动力的实质。

表型的（Phenetic）和遗传的（Cladistic）数据有着明显差异。Sneath 和 Sokal（1973）将表型性关系定义为根据物体一组表型性状所获得的相似性，而遗传性关系含有祖先的信息，因而可用于研究进化的途径。这两种关系可用系统树（Phylogenetic Tree）或树状图（Dendrogram）来表示。

系统发育树是一种用来表示对象之间进化关系的树型结构。对象可以是任何的生命实体，如物种、群体、属、蛋白质、基因等。图 12-4 是关于系统发育树的一个例子。

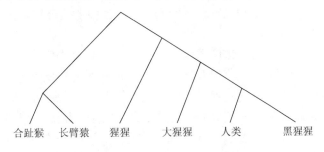

图 12-4　一些灵长类的系统发育树

为了方便描述，关于一组对象 S 的系统发育树 T 具有以下特征：叶子节点与 S 中的对象一一对应，内部节点代表了进化事件发生的位置或对象进化历程中的祖先。系统发育树中一端与叶子节点相关联的分支称为外部分支，不与叶子节点相关联的分支称为内部分支。一个节点的度为与该节点相关联的边的个数，则叶子节点的度为 1，内部节点的度至少为 3。度大于 3 的内部节点称为未分解节点，度为 1 的非叶子节点称为超级节点，用来表示某个子树。含有未分解节点的系统发育树称为是未分解的，其他的即所有内部节点的度都为 3 的系统发育树称为是完全分解的。一般无特别说明，系统发育树都是完全分解的。

系统发育树可以是有根的也可以是无根的。有根树有一个根节点，代表所有其他节点的共同祖先。有根树能反映进化顺序，而无根树只是说明了节点之间的远近关系，不包含进化方向。在很多问题中，往往没有足够的信息来确定进化方向而无法确定系统发育树的根节点。因此，系统发育树一般是无根的。

系统发育树包括拓扑结构和分支长度两个重要方面。拓扑结构即系统发育树的分支模式，表示各个节点之间是如何连通的。分支长度一般与节点之间的改变量成正比，是关于生物进化时间或进化距离的一种度量。在构建系统发育树时，拓扑结构比分支长度更重要，或者说拓扑结构比分支长度更难以确定。若无特别说明，本书中拓扑结构与系统发育树两个概念交替使用。

n 个对象可以构建的无根系统发育树的数目 B（n）为[21]：

$$B(n) = 1 \times 3 \times 5 \times \cdots \times (2n-5) = (2n-5)!! \qquad (12\text{-}22)$$

表 12-1 列举了几个序列个数 n 所对应的 B（n）。可见，随着 n 的增加，系统发育树的数目迅速增加。但实际上，真正的系统发育树只有 1 个。如下面所见到的，系统发育树数目的快速增长是系统发育树构建算法面临的一个难题。

表 12-1　n 个序列可以构建的系统发育树数目 B（n）

n	3	5	7	8	9	10	20	50
B（n）	1	12	945	10395	135135	2027025	$\sim 2.22 \times 10^{20}$	$\sim 2.84 \times 10^{74}$

12.4.2　DNA 进化及进化模型

当遗传信息从父代复制到子代时，往往会发生一些改变，这些改变称为突变。突变是 DNA 进化的源泉。常见的突变模式有 3 种：替代，即一个核苷酸被另一个核苷酸所替代；插入，即插入一个或多个核苷酸；删除，即删除一个或多个核苷酸。在分析进化时一般只考虑替代。

DNA 的进化通常用一个 4 态的马尔可夫模型来模拟，其中每个状态对应于一个碱基，如图 12-5 所示。进化模型在系统发育树研究中起着重要作用，如序列之间的进化距离是由进化模型估计得到的，许多系统发育树构建算法如最大似然法是基于进化模型的以及用来比较不同系统发育树构建算法的模拟数据也是由进化模型产生的，等等。为了便于计算，表示 DNA 进化的马尔可夫过程实际上做了很多假设。本节首先介绍 DNA 进化模型通常遵循的一些假设，然后描述几种常见的进化模型。

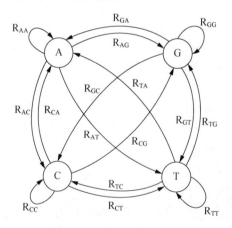

图 12-5　表示 DNA 进化的马尔可夫模型

1. 基本假设

目前常见的 DNA 进化模型都遵循以下假设[22,23]。

（1）各个位点独立进化，即在各个位点上发生的进化相互独立。

（2）各个位点同等分布，即每个位点的进化都遵循同样的马尔可夫过程，与其在序列中的位置无关。

（3）进化遵循马尔可夫过程，即某个序列的状态只与其父节点的状态相关，与其他祖先节点的状态无关。

（4）进化过程是同源的，即这些序列都是来源于同一个祖先，而不是由祖先序列通过复制等其他方法产生的。

（5）进化过程是时间可逆的，即对于任意的碱基 x、y 以及 $t \geq 0$，都有 $\pi_x P_{xy}(t) = \pi_y P_{yx}(t)$，其中 π_x 表示 x 的出现频率，$P_{xy}(t)$ 表示在时间 t 内 x 替代为 y 的概率。

（6）进化过程是静态的，即对于任意的碱基 x、y 以及时间 $t \geq 0$，都有 $\pi y = \sum x \pi x P x y(t)$。

（7）单位时间内最多有一个突变。单位时间内碱基 b 替代为碱基 c 的概率表示为 M_{bc}，则有 $M_{bA}+M_{bG}+M_{bT}+M_{bC}=1$。这样可以通过其中的 3 个 M_{bi} 来确定第 4 个 M_{bi}。因此 DNA 进化模型具有 12 个自由参数。为了强调各个碱基的频率，M_{bc} 通常表示为 $\pi_c R_{bc}$。各个碱基之间的替代速率通常以矩阵的形式表示。DNA 进化过程一般不直接用马尔可夫矩阵 M 表示，而是以瞬时速率矩阵 Q 表示，其中，$Q=M-I$，I 是大小为 4 的单位矩阵。DNA 进化模型的一般形式如式（12-23）所示，其中各行各列元素按照 A、G、T、C 的顺序排列，以后无特别说明都按照这样的顺序排列。式中各 λ 项使得每行元素之和为 0，则有 $\lambda_A = -(\pi_G R_{AG} + \pi_T R_{AT} + \pi_C R_{AC})$。同理，也可以求得其他 3 个 λ 项。

$$Q = \begin{bmatrix} \lambda_A & \pi_G R_{AG} & \pi_T R_{AT} & \pi_C R_{AC} \\ \pi_A R_{GA} & \lambda_G & \pi_T R_{GT} & \pi_C R_{GC} \\ \pi_A R_{TA} & \pi_G R_{TG} & \lambda_T & \pi_C R_{TC} \\ \pi_A R_{CA} & \pi_G R_{CG} & \pi_T R_{CT} & \lambda_C \end{bmatrix} \tag{12-23}$$

瞬时速率矩阵 Q 表示碱基的瞬时替代速率。每一列表示碱基 X 的变化速率，其中 λ_X 表示碱基 X 不发生替代的速率，列的其他项表示其他碱基替代为 X 的速率。因此，如果 4 个碱基在 t 时刻的出现频率已知，可以利用矩阵 Q 去计算它们在 $(t+\mathrm{d}t)$ 时刻的出现频率。用 $X(t)$ 和 $X(t+\mathrm{d}t)$ 分别表示碱基 X 在 t 和 $(t+\mathrm{d}t)$ 时刻的出现频率，则有

$$\begin{cases} A(t+\mathrm{d}t) = A(t) + \lambda_A A(t)\mathrm{d}t + \pi_A R_{GA} G(t)\mathrm{d}t + \pi_A R_{TA} T(t)\mathrm{d}t + \pi R_{CA} C(t)\mathrm{d}t \\ G(t+\mathrm{d}t) = G(t) + \pi_G R_{AG} A(t)\mathrm{d}t + \pi_G G(t)\mathrm{d}t + \pi_G R_{TG} T(t)\mathrm{d}t + \pi_G T_{CG} C(t)\mathrm{d}t \\ T(t+\mathrm{d}t) = T(t) + \pi_T R_{AT} A(t)\mathrm{d}t + \pi_T R_{GT} G(t)\mathrm{d}t + \lambda_T T(t)\mathrm{d}t + \pi_T R_{CT} C(t)\mathrm{d}t \\ C(t+\mathrm{d}t) = C(t) + \pi_C R_{AC} A(t)\mathrm{d}t + \pi_C R_{GC} G(t)\mathrm{d}t + \pi_C R_{TC} C(t)\mathrm{d}t + \lambda_C C(t)\mathrm{d}t \end{cases} \tag{12-24}$$

用向量 $P(t) = (A(t), G(t), T(t), C(t))$ 表示 A、G、T、C 在时刻 t 的出现频率，$P(t+\mathrm{d}t)$ 表示 4 个碱基在时刻 $(t+\mathrm{d}t)$ 的出现频率。由式（12-24），可以得

$$P(t+\mathrm{d}t) = P(t) + QP(t)\mathrm{d}t \tag{12-25}$$

由式（12-25）得

$$\frac{\mathrm{d}P(t)}{\mathrm{d}t} = QP(t) \tag{12-26}$$

求解式（12-26）得到 $P(t) = P(0) \times \mathrm{e}^{Qt}$。因为 $P(0)=1$，则有

$$P(t) = e^{Qt} \tag{12-27}$$

则 P 是关于矩阵 Q 的指数。下面介绍求解 P 的方法。

首先把式（12-27）利用泰勒展开式展开，得

$$P(t) = \sum_{k=0}^{\infty} \frac{(Qt)^k}{k!} = I + Qt + \frac{(Qt)^2}{2!} + \cdots \tag{12-28}$$

然后，将 Q 进行对角化，得到 $Q=VDU$，其中 D 为对角矩阵，其对角线元素 d_i（$i=0$、1、2、3）为 Q 的特征值，V 为由各个特征值所对应的特征向量构成的矩阵，U 为 V 的逆矩阵。因此，对于任意的整数 k，都有

$$Q^k = (VDU)(VDU)\cdots(VDU) = VD^kU \tag{12-29}$$

将式（12-29）代入式（12-28），得

$$P(t) = \sum_{k=0}^{\infty} \frac{(Qt)^k}{k!} = Ve^{Dt}U \tag{12-30}$$

对角矩阵 Dt 的指数 e^{Dt} 仍为对角矩阵，其对角线元素为 Dt 对角线元素的对数，即 $(e^{Dt})_{xx} = e^{(Dt)_{xx}}$。因此，$P_{ij}(t)$ 也可以写为

$$P_{ij}(t) = \sum_{k=0}^{3} V_{ik}U_{kj}\, e^{(td_k)} \tag{12-31}$$

2. 常见的进化模型

常见的进化模型都是通过对式（12-23）增加一些限制得到的。例如，假设对于任意两个不同的碱基 b 和 c，都有 $R_{bc}=R_{cb}$。

通过增加这个限制直接得到的模型称为 GTR（General Time Reversible，GTR）模型，其瞬时速率矩阵 Q 如式（12-32）所示。这个矩阵 Q 不是对称的，因此 GTR 模型不是马尔可夫可逆的。在单位时间内碱基 b 替代为碱基 c 的概率为 $\pi_c R_{bc}$，则在单位时间内观察到一个碱基 b 替代为碱基 c 的概率 P 为 $\pi_b * (\pi_c R_{bc})$。同样，在单位时间内观察到一个碱基 c 替代为碱基 b 的概率 P_{rev} 为 $\pi_c * (\pi_b R_{cb})$。因为 $R_{bc}=R_{cb}$，则 $P=P_{rev}$，即在单位时间内观察到碱基 b 替代为碱基 c 的概率与在这段时间内观察到碱基 c 替代为碱基 b 的概率是相等的。因此，GTR 模型是时间可逆的，这也是 GTR 这个名称的由来。

GTR 模型有 9 个自由参数：6 个 R_{xy} 型参数和 3 个 π_x 型参数。为了减少自由参数，实际应用中的模型往往对式（12-23）进一步增加限制。

$$Q = \begin{bmatrix} \lambda_A & \pi_G R_{AG} & \pi_T R_{AT} & \pi_C R_{AC} \\ \pi_A R_{AG} & \lambda_G & \pi_T R_{GT} & \pi_C R_{GC} \\ \pi_A R_{AT} & \pi_G R_{GT} & \lambda_T & \pi_C R_{TC} \\ \pi_A R_{AC} & \pi_G R_{GC} & \pi_T R_{TC} & \lambda_C \end{bmatrix} \tag{12-32}$$

JC（Jukes and Cantor，JC）模型是最简单的一种进化模型[24]，它假定所有碱基出现的概率相等，即 $\pi_A = \pi_G = \pi_T = \pi_C = 0.25$，对于任意两个不同的碱基 b 和 c，都有 $R_{bc}=4\alpha$。这样，JC 模型只有一个自由参数 α，其瞬时速率矩阵 Q 如式（12-33）所示。

$$Q = \begin{bmatrix} -3\alpha & \alpha & \alpha & \alpha \\ \alpha & -3\alpha & \alpha & \alpha \\ \alpha & \alpha & -3\alpha & \alpha \\ \alpha & \alpha & \alpha & -3\alpha \end{bmatrix} \tag{12-33}$$

将矩阵 Q 对角化为 $Q=VDU$，其中

$$V = \begin{bmatrix} 1 & -1 & -1 & -1 \\ 1 & 1 & 0 & 0 \\ 1 & 0 & 1 & 0 \\ 1 & 0 & 0 & 1 \end{bmatrix}, \quad D = \begin{bmatrix} 0 & 0 & 0 & 0 \\ 0 & -4\alpha & 0 & 0 \\ 0 & 0 & -4\alpha & 0 \\ 0 & 0 & 0 & -4\alpha \end{bmatrix}, \quad U = \begin{bmatrix} \dfrac{1}{4} & \dfrac{1}{4} & \dfrac{1}{4} & \dfrac{1}{4} \\ -\dfrac{1}{4} & \dfrac{3}{4} & -\dfrac{1}{4} & -\dfrac{1}{4} \\ -\dfrac{1}{4} & -\dfrac{1}{4} & \dfrac{3}{4} & -\dfrac{1}{4} \\ -\dfrac{1}{4} & -\dfrac{1}{4} & -\dfrac{1}{4} & \dfrac{3}{4} \end{bmatrix}$$

根据式（12-30）计算模型的转移概率 $P(t)$，得

$$P(t) = \begin{bmatrix} \dfrac{1}{4}+\dfrac{3}{4}e^{-4at} & \dfrac{1}{4}-\dfrac{1}{4}e^{-4at} & \dfrac{1}{4}-\dfrac{1}{4}e^{-4at} & \dfrac{1}{4}-\dfrac{1}{4}e^{-4at} \\ \dfrac{1}{4}-\dfrac{1}{4}e^{-4at} & 1+\dfrac{3}{4}e^{-4at} & \dfrac{1}{4}-\dfrac{1}{4}e^{-4at} & \dfrac{1}{4}-\dfrac{1}{4}e^{-4at} \\ \dfrac{1}{4}-\dfrac{1}{4}e^{-4at} & \dfrac{1}{4}-\dfrac{1}{4}e^{-4at} & 1+\dfrac{3}{4}e^{-4at} & \dfrac{1}{4}-\dfrac{1}{4}e^{-4at} \\ 1+\dfrac{3}{4}e^{-4at} & 1+\dfrac{3}{4}e^{-4at} & 1+\dfrac{3}{4}e^{-4at} & 1+\dfrac{3}{4}e^{-4at} \end{bmatrix}$$

即

$$P_{bc}(t) = \begin{cases} \dfrac{1}{4}-\dfrac{1}{4}e^{-4at} & (b \neq c) \\ \dfrac{1}{4}+\dfrac{3}{4}e^{-4at} & (b = c) \end{cases} \tag{12-34}$$

  JC 模型认为不同碱基之间以同样的概率发生替代，而事实并非如此。碱基包括嘌呤（A 和 G）和嘧啶（T 和 C）两大类。碱基之间的替代也分为转换（Transition）和颠换（Tranversion）两类。转换指的是一个嘌呤被另一个嘌呤所替代，或一个嘧啶被另一个嘧啶所替代。研究表明，在大多数 DNA 序列片段中转换出现的频率比颠换的出现频率高。考虑到这种情况，Kimura 提出了 K2P（Kimura Two Parameter）模型[25]。与 JC 模型相同，K2P 模型也假设所有碱基的出现概率相等；不同的是，K2P 考虑转换和颠换两种替代方式。其瞬时速率矩阵 Q 如式（12-35）所示，其中 α 为转换速率，β 为颠换速率。

$$Q = \begin{bmatrix} -(\alpha+2\beta) & \alpha & \beta & \beta \\ \alpha & -(\alpha+2\beta) & \beta & \beta \\ \beta & \beta & -(\alpha+2\beta) & \alpha \\ \beta & \beta & \alpha & -(\alpha+2\beta) \end{bmatrix} \tag{12-35}$$

将 Q 对角化为 $Q=VDU$，其中

$$V = \begin{bmatrix} 1 & 1 & 1 & 1 \\ 1 & -1 & -1 & 1 \\ 1 & -1 & 1 & -1 \\ 1 & 1 & -1 & -1 \end{bmatrix}, \quad D = \begin{bmatrix} 0 & 0 & 0 & 0 \\ 0 & -2(\alpha+\beta) & 0 & 0 \\ 0 & 0 & -2(\alpha+\beta) & 0 \\ 0 & 0 & 0 & -4\beta \end{bmatrix}, \quad U = \begin{bmatrix} \frac{1}{4} & \frac{1}{4} & \frac{1}{4} & \frac{1}{4} \\ \frac{1}{4} & -\frac{1}{4} & -\frac{1}{4} & \frac{1}{4} \\ \frac{1}{4} & -\frac{1}{4} & \frac{1}{4} & -\frac{1}{4} \\ \frac{1}{4} & \frac{1}{4} & -\frac{1}{4} & -\frac{1}{4} \end{bmatrix}$$

根据式（12-30）计算转移概率 $P(t)$，得

$$P(t) = \begin{bmatrix} 1-p-2q & p & q & q \\ p & 1-p-2q & q & q \\ q & q & 1-p-2q & p \\ q & q & p & 1-p-2q \end{bmatrix}$$

其中，$p = \dfrac{1}{4} - \dfrac{1}{2}\mathrm{e}^{-2(\alpha+\beta)t} + \dfrac{1}{4}\mathrm{e}^{-4\beta t}$，$q = \dfrac{1}{4} - \dfrac{1}{4}\mathrm{e}^{-4\beta t}$。

即

$$P_{bc}(t) = \begin{cases} \dfrac{1}{4} - \dfrac{1}{4}\mathrm{e}^{-4\beta t} & (b \neq c, \text{转换}) \\[2mm] \dfrac{1}{4} - \dfrac{1}{2}\mathrm{e}^{-2(\alpha+\beta)t} + \dfrac{1}{4}\mathrm{e}^{-4\beta t} & (b \neq c, \text{颠换}) \\[2mm] \dfrac{1}{4} + \dfrac{1}{2}\mathrm{e}^{-2(\alpha+\beta)t} + \dfrac{1}{4}\mathrm{e}^{-4\beta t} & (b = c) \end{cases} \tag{12-36}$$

进化模型 HKY85（Hasegawa-Kishino-Yano, 85）是对 K2P 的推广，在 K2P 的基础上考虑各个碱基出现概率不同的情况[26]。其瞬时速率矩阵 Q 如式（12-37）所示：

$$Q = \begin{pmatrix} \lambda_A & \alpha\pi_G & \beta\pi_T & \beta\pi_C \\ \alpha\pi_A & \lambda_G & \beta\pi_T & \beta\pi_C \\ \beta\pi_A & \beta\pi_G & \lambda_T & \alpha\pi_C \\ \beta\pi_A & \beta\pi_G & \alpha\pi_T & \lambda_C \end{pmatrix} \tag{12-37}$$

将 Q 对角化为 $Q = VDU$，其中

$$V = \begin{pmatrix} 1 & \pi_T + \pi_C & \dfrac{\pi_G}{\pi_A + \pi_G} & 0 \\[3mm] 1 & \pi_T + \pi_C & -\dfrac{\pi_A}{\pi_A + \pi_G} & 0 \\[3mm] 1 & -(\pi_A + \pi_G) & 0 & \dfrac{\pi_C}{\pi_T + \pi_C} \\[3mm] 1 & -(\pi_A + \pi_G) & 0 & -\dfrac{\pi_T}{\pi_T + \pi_C} \end{pmatrix}$$

$$U = \begin{pmatrix} \pi_A & \pi_G & \pi_T & \pi_C \\ \dfrac{\pi_A}{\pi_A + \pi_G} & \dfrac{\pi_G}{\pi_A + \pi_G} & -\dfrac{\pi_T}{\pi_T + \pi_C} & -\dfrac{\pi_C}{\pi_T + \pi_C} \\ 1 & -1 & 0 & 0 \\ 0 & 0 & 1 & -1 \end{pmatrix}$$

$$D = \begin{pmatrix} 0 & 0 & 0 & 0 \\ 0 & -\beta & 0 & 0 \\ 0 & 0 & -(\pi_A + \pi_G)\alpha - (\pi_T + \pi_C)\beta & 0 \\ 0 & 0 & 0 & -(\pi_A + \pi_G)\beta - (\pi_T + \pi_C)\alpha \end{pmatrix}$$

根据式（12-30）计算转移概率 $P(t)$，得

$$P(t) = \begin{pmatrix} v_1 & \pi_G p_1 & \pi_T q & \pi_c q \\ \pi_A p_1 & v_2 & \pi_T q & \pi_c q \\ \pi_A q & \pi_G q & v_3 & \pi_c p_2 \\ \pi_A q & \pi_G q & \pi_T p_2 & v_4 \end{pmatrix}$$

其中，$v_i = 1 - \sum_{j \neq i} P(t)[i,j]$，$p_1 = \dfrac{(\pi_A + \pi_G) + (\pi_A + \pi_G) - \mathrm{e}^{-\beta t} - \mathrm{e} - \left((\pi_A + \pi_G)^{\alpha} + (\pi_T + \pi_C)^{\beta}\right)^t}{\pi_A + \pi_G}$，

$q = 1 - \mathrm{e}^{-\beta t}$，$p_2 = \dfrac{(\pi_A + \pi_T) + (\pi_A + \pi_G) - \mathrm{e}^{-\beta t} - \mathrm{e} - \left((\pi_T + \pi_C)^{\alpha} + (\pi_A + \pi_G)^{\beta}\right)^t}{\pi_A + \pi_T}$。

除以上介绍的 4 种进化模型外，还有其他一些常见的进化模型，如 TrN、SYM、K3ST 等。图 12-6 描述了各种进化模型之间的关系，其中每个箭头表示从一个模型转化为该模型的一个特例时所施加的限制。对于每个模型，括号中的数字表示该模型所含有的自由参数的个数。

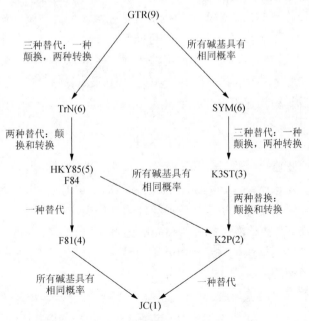

图 12-6　不同进化模型之间的关系

以上介绍的进化模型都假定所有位点均以同样的速率发生替代。然而这个假设通常并不成立，因为功能上较次要的位点比功能上较重要的位点常常有更高的替代率。这种位点具有不同的替代速率的现象称为位点异质性。虽然不同的位点具有不同的进化速率，但是它们都遵循同一个进化过程，只不过速率不同。因此可以通过对 Q 乘以不同的乘数因子 λ_s 来表示位点 s 的进化速率以达到位点间的速率异质。根据式（12-25），在（t+dt）时刻，不同碱基的出现概率为 $P_s(t+\mathrm{d}t)=P_s(t)+P_s(t)\cdot(\lambda_s\cdot Q)\mathrm{d}t$。

目前通常使用 Gamma 分布来近似各个位点替代速率的分布。Gamma 分布非常柔性，有多种由参数 α 决定的形状。当 $\alpha>1$ 时，分布是钟形的，表示大多数位点的替代速率均接近于平均值。特别是当 $\alpha\to\infty$ 时，所有位点均以同样的速率发生进化。当 $\alpha\leq1$ 时，分布是 L 型的，表明大多数的位点都以较低的速率发生进化，而有一些位点的进化速率却非常高。

12.4.3　系统发育树构建方法

目前常见的系统发育树构建算法主要分为两大类：基于最优原则的和非基于最优原则的。基于最优原则的方法首先定义一个评价系统发育树"好坏"的标准，然后从所有可能的系统发育树中找出最好的一个系统发育树作为最终结果。常见的基于最优原则的方法有最大简约法和最大似然法。非基于最优原则的方法则是通过一系列的步骤来产生一个系统发育树，最常见的有距离法，上述方法都是基于人工智能技术的。

从定义可以看出，基于最优原则的方法相对于非基于最优原则的方法的最大优点是它给每个系统发育树一个评价值，提供了评价系统发育树好坏的定量标准；但另一方面，从计算复杂度讲，基于最优原则的算法需要一一评价所有可能的系统发育树，如式（12-22）所示，n 个对象可以构建的系统发育树的数目非常庞大。因此，基于最优原则的方法的时间复杂度非常高。而由于不需要评价每一个可能的系统发育树，非基于最优原则的方法要比基于最优原则的方法快得多，如很多距离法可以在多项式时间内完成。

本节首先分别介绍距离法、最大简约法和最大似然法，然后将三种算法加以比较分析，强调开发新的系统发育树构建算法的必要性。

1. 距离法

距离法包括两个步骤[27]：第一，根据距离估计方法将 DNA 序列转换为距离矩阵；第二，利用某种聚类算法根据距离矩阵构建系统发育树。其中，进化距离一般是用进化模型估计得到的。下面介绍根据距离矩阵构建系统发育树的聚类算法。

常见的聚类算法有 UPGMA、Fitch-Margoliash 和邻接法 （Neighbor Joining），其中应用最广泛的是邻接法。邻接法根据距离矩阵构建系统发育树的过程是一个贪心过程，它在每一步尽量使得当前树的所有分支长度之和最小。从概念上讲，它首先将所有的叶子节点与一个假定的祖先节点 Y 相连形成一个星型树，然后通过选择、合并两个与 Y 相连的节点来不断地分解节点 Y 直到其度为 3。邻接法的整个计算过程如图 12-7 所示。

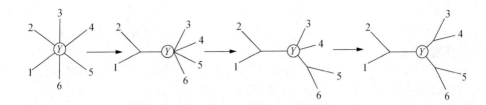

图 12-7　邻接法的计算过程图示

在合并节点时，首先按照式（12-38）构造矩阵 Q，然后选择 Q 值最小的两个节点 i 和 j。

$$Q_{ij} = (r-2)d_{ij} - \sum_{k=0}^{r-1} d_{ik} - \sum_{k=0}^{r-1} d_{jk} \qquad (12\text{-}38)$$

式中，d_{ij} 表示节点 i 和 j 之间的距离（假定对称的，即 $d_{ij}=d_{ji}$），r 表示与 Y 相邻的节点的个数。

选择了节点 i 和 j 之后，产生一个新的节点 C，代表这个新聚类的根节点。分支（C, i）和（C, j）的长度通过式（12-39）计算得到：

$$d_{Ci} = \frac{1}{2}\left(d_{ij} + \frac{R_i - R_j}{r-2}\right), \quad d_{Cj} = \frac{1}{2}\left(d_{ij} + \frac{R_j - R_i}{r-2}\right) \qquad (12\text{-}39)$$

最后，在距离矩阵中用 C 代替 i 和 j，节点 C 与其他节点 k 的距离根据式（12-40）得到：

$$d_{Ck} = \frac{1}{2}(d_{ik} - d_{iC}) + \frac{1}{2}(d_{jk} - d_{jC}) \qquad (12\text{-}40)$$

算法每一次迭代中需要 $O(r^2)$ 去搜索 $\min_{i,j} Q_{ij}$、合并 i 和 j，需要 $O(r)$ 去更新距离 d，直到 $r=2$。因此，邻接法的时间复杂度为 $O(n^3)$，空间复杂度为 $O(n^2)$。可见，邻接法的时间复杂度较低，可以用来处理中、大规模数据。并且，邻接法具有很好的理论特性，大量实验和理论研究都证明了邻接法具有统计一致性、健壮性和有效性。

2. 最大简约法

最大简约法的理论基础是奥卡姆哲学原理，即解释一个过程最好的理论是所需假设数目最少的那一个。20 世纪 70 年代，提出了用于核苷酸的最大简约法。该方法的基本思想是对于任一给定的拓扑结构，推断出每个位点的祖先状态、计算出该拓扑结构用来解释整个进化过程所需的最小替代数称为简约计分 $P(T)$。对所有可能的拓扑结构都进行这样的计算并挑选出所需替代数最小的拓扑结构作为最优系统发育树。

下面介绍如何计算简约计分 $P(T)$。对于系统发育树的每个节点 i，用 $X(i)$ 表示该节点的状态即所对应的核苷酸序列，$P(i)$ 表示以节点 i 为根节点的子树的简约计分。现在只知道系统发育树的叶子节点的 X 值和 P 值，即对于叶子节点 f，$P(f)$ 等于 0，$X(f)$ 为该叶子节点的观察序列。其他节点的 X 和 P 值是通过对树进行后序遍历的方式得到的，即在遍历完节点 i 的左叶子节点 g 和右叶子节点 d 之后才遍历节点 i。$X(i)$ 和 $P(i)$ 是根据 $X(g)$、$X(d)$、$P(g)$ 和 $P(d)$ 按照如下的法则计算得到的：

$$\begin{cases} X(i) = X(g) \bigcap X(d),\ P(i) = P(g) \bigcap P(d), & \text{如果} X(g) \cap X(d) \neq \Phi \\ X(i) = X(g) \bigcup X(d),\ P(i) = P(g) \bigcap P(d) + 1, & \text{否则} \end{cases}$$

树的根节点 r 是最后一个处理的，树 T 的简约计分 P（T）等于 P（r）。对于包含 n 个长为 m 的序列的系统发育树，计算所有这些节点的 X 和 P 值所需要的时间为 O（nm）。虽然可以快速地计算一个系统发育树的简约计分，但是由于可能的系统发育树的数目非常庞大（式（12-22）），因此从所有可能的系统发育树中选择最简约系统发育树的问题非常困难的，目前已经证明是 NP 难的（Day, et al, 1986）[28]。

3. 最大似然法

20 世纪 70 年代末 Felsenstein 提出了基于 DNA 序列的最大似然法（Felsenstein, 1973）[29]。最大似然法认为对于一组序列，最大似然值越高的系统发育树越接近于真实的系统发育树。因此，基于最大似然法的系统发育树构建算法的基本思想是首先求得每一个可能的系统发育树的最大似然值，然后从中选出似然值最高的系统发育树为最终结果。

对于 DNA 序列资料，似然法依据的模型规定了在特定时间内由于突变使一个序列变更为另一序列的概率。尽管 DNA 序列中的毗邻碱基不是独立的，但是模型的确假定了不同位点上进化的独立性，从而某系统树上一组序列的概率就是序列上每一位点概率的乘积。在任何单一位点，在经过时间 T 后，碱基 i 将变更为碱基 j 的概率为 P_{ij}（T）。

最简单的碱基替换突变模型假定突变率为常数。当碱基突变时，它以常数 π_i 的突变率变更为 i 型碱基。这包括了一个碱基突变为与之相同的类型，尽管这种类型的替代是观察不到的。当单位时间（世代）的碱基替换率为 u 时，则经过 T 世代后某一位点不发生突变的概率为 $(1-u)^T$，因此突变概率 p 为

$$p = 1 - (1-u)^T \approx 1 - e^{uT} \qquad (12\text{-}41)$$

经过 T 世代后由碱基 i 变更为碱基 j 的概率可写为

$$P_{ii}(T) = (1-p) + p\pi_i \qquad (12\text{-}42)$$

$$P_{ij}(T) = p\pi_j \qquad (12\text{-}43)$$

似然法假定了系统树的结构。现存的序列形成系统树的树端，而其他树节的序列均不知道。有关系统树资料的似然值必须考虑这些未知序列的所有可能性。

给定一个特定的系统发育树和观察到的全部的碱基频率，我们可以计算出似然值，具体方法是根据式（12-41）~式（12-43）计算一个位点遵循一个特定取代过程时所得到的变化模式的概率；似然值就是把在这个特定的取代过程中每一个可能的取代的再现的概率进行相加。所有位点的似然值相乘就得到了整个系统发育树的似然值（也就是说，数据集的概率给出了系统发育树和进化过程）。

读者可以想象一下，对于一个特定的系统发育树，数据集的似然值在某些位点偏低，而另外一些位点偏高。如果系统发育树比较好，那么大多数位点的似然值都会较高，因此整个似然值较高；如果系统发育树不太好，似然值就会比较低。如果数据集中没有系统发育的信号，所有随机的系统发育树的似然值上都会相差无几。替代模型应该得到优化，以适应观察到的数据的需要。例如，如果存在着转化的偏好（其明显表现为有大量的位点只包含嘌呤或者只包含嘧啶），那么，如果计算数据的似然值时所采用的模型没有考虑偏好，其效果显然不如采用考虑了偏好的模型。同样地，如果有一部分位点确实只包含一种碱基，而另外一部分位点以相同的概率包含各种碱基，那么，如果计算数据的似然值时所采用的

模型假定所有位点的进化都平等，其效果显然不如采用考虑了位点内部的速率差异的模型。对于一个特定的系统发育树，改变取代参数就意味着将改变与之相关联的数据集的似然值；因此，在某一个取代模型下，系统发育树可以取得很高的似然值，但是，在另一个取代模型下，系统发育树所取得的似然值就可能会很低。

4. 算法比较

从运算速度讲，距离法计算速度最快；最大简约法和最大似然法都是 NP 难的。

从准确性看，当序列间的分歧度不高且序列较多、够长时，邻接法、最大简约法和最大似然法得到的系统发育树往往具有相似的拓扑结构。但在实际应用中，各种算法表现出来的性能却大不相同。

当序列之间的分歧度比较高，将 DNA 序列转为距离矩阵时往往会丢失一些信息。而距离法的性能依赖于距离矩阵的质量，因此，距离法只能当序列满足某些条件时才会有较高的准确性。

简约法不依赖任何进化模型。但系统发育树的简约计分完全取决于重建祖先序列中的最小突变数，而突变是否按照事先约定的核苷酸最少替代的途径进行是不得而知的。再者，所有分支的突变数不可能相同，由于没有考虑核苷酸的突变过程，使得长分支末端的序列由于趋同进化而显示较好的相似性，导致对"长枝吸引"的敏感。因此，当序列分歧度较高时，最大简约法极可能得出错误的拓扑结构。

最大似然法是一种建立在进化模型上的统计方法，具有统计一致性、健壮性，能够在一个统计框架内比较不同的树以及充分利用原始数据等优点。并且，许多研究表明最大似然法比其他方法更准确。但是，最大似然法的计算复杂度非常高。常见的最大似然法要么是得到的系统发育树的质量较差，要么需要花费大量的计算时间。因此有必要研究新的系统发育树构建方法，使其能够在合理的时间内找到更好的系统发育树。

12.5 蛋白质结构和功能预测

随着人类基因组全序列测定的完成，预示着基因组研究从结构基因组（Structural Genomics）进入了功能基因组（Functional Genomics）研究时代。研究基因组功能当然首先要研究基因表达的模式。当前研究这一问题可以基于核酸技术，也可以基于蛋白质技术，即直接研究基因的表达产物。测定一个有机体的基因组所表达的全部蛋白质的设想是由 Williams 于 1994 年正式提出的，而"蛋白质组"（Proteome）一词是 Wilkins 于 1995 年首次提出。蛋白质组是指由一个细胞或组织的基因组所表达的全部相应的蛋白质。蛋白质组与基因组相对应，均是一个整体概念，但是两者又有根本的不同：一个有机体只有一个确定的基因组，组成该有机体的所有不同细胞都共享一个基因组；但是，基因组内各个基因表达的条件、时间和部位等不同，因而它们的表达产物（蛋白质）也随条件、时间和部位的不同而有所不同。因此，蛋白质组又是一个动态的概念。由于以上原因，再加上由于基因剪接，蛋白质翻译后修饰和蛋白质剪接，基因遗传信息的表达规律更趋复杂，不再是经典的一个基因一个蛋白的对应关系，而是一个基因可以表达的蛋白质数目大于 1。由此可见，蛋白质组研究是一项复杂而艰巨的任务。

人工智能技术应用于蛋白质结构与功能的研究已有相当长的历史，由于其复杂性，对其结构与功能的预测不论是方法论还是基础理论方面均较复杂。

12.5.1 蛋白质结构预测

生物细胞种有许多蛋白质（由 20 余种氨基酸所形成的长链），这些大分子对于完成生物功能是至关重要的。蛋白质的空间结构往往决定了其功能，因此，如何揭示蛋白质的结构是非常重要的工作。

生物学界常常将蛋白质的结构分为 4 个层次：一级结构，也就是组成蛋白质的氨基酸序列；二级结构，即骨架原子间的相互作用形成的局部结构，如 alpha 螺旋、beta 片层和 loop 区等；三级结构，即二级结构在更大范围内的堆积形成的空间结构；四级结构，主要描述不同亚基之间的相互作用，如图 12-8 所示。

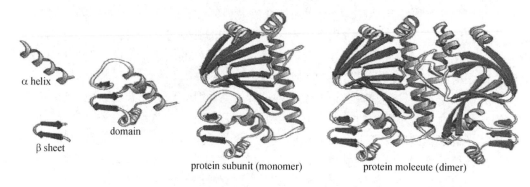

图 12-8　蛋白质二级-四级结构

蛋白质结构预测的问题从数学上讲，是寻找一种从蛋白质的氨基酸线性序列到蛋白质所有原子三维坐标的一种映射。典型的蛋白质含有几百个氨基酸、上千个原子，而大蛋白质（如载脂蛋白）的氨基酸个数超过 4500。所有可能的序列到结构的映射数随蛋白质氨基酸残基个数而呈指数增长，是天文数字。然而幸运的是，自然界实际存在的蛋白质是有限的，并且存在着大量的同源序列，可能的结构类型也不多，序列到结构的关系有一定的规律可循，因此蛋白质结构预测是可能的。

1. 蛋白质结构预测方法概述

蛋白质结构预测的方法可以分为以下三种。

（1）理论分析方法或从头算方法（Abinitio）

通过理论计算（如分子力学、分子动力学计算）进行结构预测，该类方法假设折叠后的蛋白质取能量最低的构象。从原则上来说，我们可以根据物理、化学原理，通过计算来进行结构预测。但是在实际中，这种方法往往不适合。主要有几个原因，一是自然的蛋白质结构和未折叠的蛋白质结构，两者之间的能量差非常小（1kcal/mol 数量级），二是蛋白质可能的构象空间庞大，针对蛋白质折叠的计算量非常大。另外，计算模型中力场参数的不准确性也是一个问题。

（2）统计方法

该类方法对已知结构的蛋白质进行统计分析，建立序列到结构的映射模型，进而对未知结构的蛋白质根据映射模型直接从氨基酸序列预测结构（同源性方法是该方法类中的经典方法）。映射模型可以是定性的，也可以是定量的。这是进行蛋白质结构预测较为成功的一类方法。这一类方法包括经验性方法、结构规律提取方法、同源模型化方法等。

所谓经验性方法就是根据一定序列形成一定结构的倾向进行结构预测，例如，根据不同氨基酸形成特定二级结构的倾向进行结构预测。通过对已知结构的蛋白质（如蛋白质结构数据库 PDB、蛋白质二级结构数据库 DSSP 中的蛋白质）进行统计分析，发现各种氨基酸形成不同二级结构的倾向，形成一系列关于二级结构预测的规则。

与经验性方法相似的另一种办法是结构规律提取方法，这是更一般的方法。该方法从蛋白质结构数据库中提取关于蛋白质结构形成的一般性规则，指导建立未知结构的蛋白质的模型。有许多提取结构规律的方法，如通过视觉观察的方法，基于统计分析和序列多重比对的方法，利用人工神经网络提取规律的方法。

同源模型化方法通过同源序列分析或者模式匹配预测蛋白质的空间结构或者结构单元（如锌指结构、螺旋-转角-螺旋结构、DNA 结合区域等）。其原理是基于下述事实：每一个自然蛋白质具有一个特定的结构，但许多不同的序列会采用同一个基本的折叠，也就是说，具有相似序列的蛋白质倾向于折叠成相似的空间结构。一对自然进化的蛋白质，如果它们的序列具有 25%～30%的等同部分或者更多，则可以假设这两个蛋白质折叠成相似的空间结构。这样，如果一个未知结构的蛋白质与一个已知结构的蛋白质具有足够的序列相似性，那么可以根据相似性原理给未知结构的蛋白质构造一个近似的三维模型。如果目标蛋白质序列的某一部分与已知结构的蛋白质的某一结构域区域相似，则可以认为目标蛋白质具有相同的结构域或者功能区域。在蛋白质结构预测方面，预测结果最可靠的方法是同源模型化方法。

（3）穿线法（Threading）方法

由于 Ab Initio 方法目前只有理论上的意义，Homology 方法受限于待求蛋白质必需和已知模板库中某个蛋白质有较高的序列相似性，对于其他大部分蛋白质来说，有必要寻求新的方法。Threading 就此应运而生。

蛋白质的同源性比较往往是借助于序列比对而进行的，通过序列比对可以发现蛋白质之间进化的关系。在蛋白质结构分析方面，通过序列比对可以发现序列保守模式或突变模式，这些序列模式中包含着非常有用的三维结构信息。利用同源模型化方法可以预测所有10%～30%蛋白质的结构。然而，有许多具有相似结构的蛋白质是远程同源的，它们的等同序列不到25%，也就是说，具有相似空间结构的蛋白质序列等同程度可能小于25%。这些蛋白质的同源性不能被通过传统的序列比对方法所识别。如果按照一个未知序列搜索一个蛋白质序列数据库，并且搜索条件为序列等同程度小于 25%，那么将会得到大量不相关的蛋白质。因此，搜索远程同源蛋白质就像在干草堆里寻找一根针。寻找远程同源蛋白质是一项困难的任务，处理这个困难任务的技术称为"穿线（THREADING）技术"。对于一个未知结构的蛋白质，仅当我们找不到等同序列大于 25%的已知结构的同源蛋白质时，才通过穿线技术寻找已知结构的远程同源蛋白质，进而预测其结构。找到一个远程同源蛋白质后，利用远程同源建模方法来建立蛋白质的结构模型。关于穿线法的典型算法将在后面进行详细描述。

以上三种方法中，AbInitio 方法不依赖于已知结构，其余两种则需要已知结构的协助。通常将蛋白质序列和其真实三级结构组织成模板库，待预测三级结构的蛋白质序列，则称为查询序列（Query Sequence）。

2. 蛋白质结构预测的 Threading 方法

Threading 方法的基本思路是：首先取出一条模板和查询序列作序列比对（Alignment），并将模版蛋白质与查询序列匹配上的残基的空间坐标赋给查询序列上相应的残基。比对的过程是在我们设计的一个能量函数指导下进行的。根据比对结果和得到的查询序列的空间坐标，通过我们设计的能量函数，得到一个能量值。将这个操作应用到所有的模版上，取能量值最低的那条模版产生的查询序列的空间坐标为我们的预测结果。

Threading 方法有三个代表性的工作：Eisenburg 基于环境串的工作[30]、Xu 的 Prospetor[31] 和 Xu 和 Peng 的 RAPTOR[32]。

Eisenburg 指出如果仅仅停留在简单地使用每个原子的空间坐标（x,y,z）来形式化表示蛋白质空间结构，则难以进一步深入研究。Eisenburg 创造性地使用环境串表示结构，从而将结构预测问题转化成序列串和环境串之间的比对问题；其后，Xu 作了进一步发展，将蛋白质序列表示成一系列核（Core）组成的序列，Core 和 Core 之间存在相互作用。因此结构就表示成 Core 的空间坐标，以及 Core 之间的相互作用。在这种表示方法的基础上，Xu 开发了一种求最优匹配的动态规划算法，得到了很好的结果。但是由于其较高的复杂度，在 Prospetor2 上不得不作了一些简化；Xu 和 Li 很漂亮地解决了这个问题，将求最优匹配的过程表示成一个整数规划问题，并且证明了一些常用的求解整数规划问题的技巧，都已经自然地包含在约束中。 受篇幅限制，本书中我们将主要就前两个代表性工作进行简要叙述。

（1）Eisenburg 基于环境串的方法

在 Eisenburg 基于环境串的预测方法中，对于模板库中每个已知结构的蛋白质，将其转化成由特殊字符组成的一个串。即对于每一个蛋白质结构，都使用一个环境串来进行形式化表示，即对于每个氨基酸，研究其所处的环境，包括疏水性、包埋面积等，并据此分为多个不同的类别，每一类都使用一个特殊字符表示。

Eisenburg 在已知数据的基础上对于多个度量形成的空间，如何划分成一些子空间均做了详细的定义。

算法将已知结构转化成特殊字符形成的环境串，则结构预测问题就转化成序列串和环境串的比对问题，即寻找序列串和环境串之间的最佳联配。

沿用概率和统计的路线，算法设置一种打分系统来衡量联配的优劣：统计了每种氨基酸在每种环境下出现频率，计算出一个分数，从而构成打分系统。

对于一些蛋白质，Eisenburg 的方法取得了很好的结果，例如，在对几个蛋白质家族 globin、cyclic AMP receptor-like protein 以及 actin 中的蛋白质进行相似性搜索时，就发现了一些从序列上无法看出相似性但却在结构上相似的蛋白质。

（2）Xu 的动态规划算法

在 Threading 基本方法的基础上，Xu 提出了 PROSPECT 动态规划算法用于进行蛋白质的结构预测，核（Core）的概念被引入。整条氨基酸序列分成一段段的 Core 和 Loop 区（Loop 是指 Core 之间的部分）。这种设计方法的生物依据是：肽链在细胞中很多局部先折叠成比较保守的二级结构（主要是 α 螺旋和 β 折叠），形成了一条由二级结构连成的链。在此基础上，二级结构链折叠成一个整体的三级结构。Core 是一种加了一些限制的二级结构，引入这个概念相当于在预测算法中一定程度上反映了蛋白质折叠的生化过程中经过二级结构这一事实，因此直观上讲应该能提高算法的效率。

PROSPECT 采用了能量函数的方法，来衡量序列和结构之间的相似性。主要包含 4 个部分：①变异项值；②单独残基适合项值；③残基对相互作用势能项值；④Gap 罚分。PROSPECTS 最初版本只考虑 Core 之间的残基对相互作用，并假设 Gap 仅限于 Loop 区域内。在只考虑近距离的残基对相互作用时 PROSPECT 可以有效地找出全局最优的 Threading 比对。PROSPECT 允许用户自行添加一些特殊的约束条件，例如，二硫键、活动位点、NOE 距离约束。系统将严格地在指定条件下寻找全局最优解。

PROSPECT 与其他的 Threading 方法相比关键的提高在于：①它严格地推广了以前只考虑 Core 内残基比对的 Threading 方法（在以前的方法内，也没有显式地提出 Core），使得可以考虑 Loop 上残基的比对；②显著提高计算效率；③允许已知的部分结构信息作为约束条件。

其具体的数学描述如下：

能量函数：

$$E_{\text{total}} = w_{\text{mutate}}E_{\text{mutate}} + w_s E_s + w_{\text{pair}}E_{\text{pair}} + w_{\text{gap}}E_{\text{gap}} \tag{12-44}$$

式中，w_{mutate}、w_s、w_{pair}、w_{gap} 为权重，通过对一些训练集进行训练获得。

E_{mutate}（a_1, a_2）：指比对结果中变异位置上氨基酸 a_1, a_2 对应的变异罚分值的和。PROSPECT 中使用 PAM250 作为变异罚分值矩阵。

E_s（a, s, t）：度量了对结果中氨基酸 a 排在模板上时，对二级结构的适应程度 s 和 a 的亲水性在这个位置的适合程度。

E_{pair}（a_1, a_2）：当比对结果中，（a_1, a_2）在空间上的距离比较近的时候，E_{pair}（a_1, a_2）给出了两者之间的相互作用势能，这是一个统计意义上的能量，而不是物理学定义的能量。

PROSPECT 就是在模板库里找到一个模板，它和待查序列使得 E_{total} 达到最小比对结果对应的 E_{total}；是模板库里所有模板和待查序列比对结果所能使 E_{total} 达到的最小值。

即：设 T 是模板库，其中的元素 $t=$（q, ss, acc, xyz），q 是序列信息，ss 是二级结构信息，acc 是亲水性信息，xyz 是三级结构坐标信息。记待查序列为 Q。记 Ali（Q, t）为 Q 和 t 的所有比对方式的集合，其中的元素 a 的能量打分为 E_{total}（a），则 PROSPECT 算法就是求解如下最优化问题：

$$\arg\min_{t \in T} E_{\text{total}} \left(\arg\min_{a \in Ali(Q,t)} E_{\text{total}}(a) \right) \tag{12-45}$$

12.5.2　蛋白质功能预测

蛋白质功能预测方法可以粗略分为基于序列相似性预测、基于蛋白质相互作用网络预测、基于结构相似度预测和其他不依赖于相似性的预测方法。

1. 基于序列相似性预测

基于序列相似性预测蛋白质功能是早期的预测方法，它是基于序列相似，功能相似的假说建立。根据序列预测蛋白质功能的一般性方法是通过数据库搜寻，比较该蛋白是否与已知功能的蛋白质相似。有 2 条主要途径可以进行上述的比较分析。

（1）比较未知蛋白序列与已知蛋白质序列的相似性。

（2）查找未知蛋白中是否包含与特定蛋白质家族或功能域有关的亚序列或保守区段。

需要明确的是，一个显著的匹配应至少有 25% 的相同序列和超过 80 个氨基酸的区段。对于不少种类的数据库搜索工具，快速搜索工具（如 BLASTP）速度快，也很容易发现匹配良好的序列，一般就没必要运行更花时间的工具（如 FASTA、BLITZ）；但当 BLASTP 不能发现显著的匹配时，就需要使用那些搜索速度较慢但很灵敏的工具了。所以，一般的策略就是先进行 BLASTP 检索，如果不能得到相应的结果，就可以运行 FASTA，如果 FASTA 也无法得到相应结果，最后就需要选用完全根据 Smith-Waterman 算法设计的搜索程序，如 BLITZ。

比对所选用的记分矩阵对最终预测结果影响也很重要，首先，选择的矩阵须与匹配水平一致。PAM250 应用于远距离匹配（<25%相同比率），PAM40 应用于不很相近的蛋白质序列，BLOSUM62 为一个通用矩阵。其次，使用不同矩阵，可以发现始终出现的匹配序列，这样可以减少误差。

此外，蛋白质不同区段的进化速率不同，蛋白质的一些部分必须保持一定的残基模式以保持蛋白质的功能，通过确定这些保守区域，有可能为蛋白质功能提供线索。主要有两种方法可用于序列模体的查找。一种方法是查找匹配的一致序列或序列模体。这种技术的优点是快捷，序列模体数据库庞大而且不断被扩充；缺点是有时不灵敏，因为只有与一致序列或序列模体完全匹配才被列出，而近乎匹配的都将被忽略，使在做复杂分析时受到严重限制。第二种方法是更加精细的序列分布型方法。原则上，分布型搜索的是保守序列（不只是一致序列），这样可以更灵敏地找出那些相关性较远的序列。但分布型和分布数据库需要大量的计算和人力，所以分布数据库的记录没有序列模体数据库多。在实际分析时，应同时对这两种类型的数据库都进行搜索。

随着研究的不断深入，基于序列相似度的方法被证明是不可靠的，因为序列同源性不等于功能一致性。基于序列同源性的模型的建立过于依赖蛋白质之间的相似程度，只能适用于与功能已知蛋白质有很高同源性的新蛋白质序列的功能预测，并且随着同源性降低，建立模型的误差增加，如图 12-9 所示。

2. 基于相互作用网络预测

基于 PPI（Protein-Protein Interaction）的预测方法主要用于从多个蛋白质序列中寻找有

相互作用和关联进化的蛋白质或从 PPI 数据库中提取信息，预测效果依赖于基因组数目和 PPI 数据库的准确程度。由 Bader 等开发的 Pathguide（http://www.pathguide.org）提供了大部分 PPI 相关的数据库列表和链接（Bader, et al, 2006）[33]。根据这些数据库中提取的蛋白质相互作用数据，人们可以构建相应的相互作用网络。在相互作用网络中，一般使用节点（Node）来表示蛋白质，而连接两个节点的边（Edge）表示蛋白质之间是否存在相互作用关系。目前，利用相互作用网络进行功能注释主要有两种方法：直接注释法（Direct Annotation Scheme）和基于模块的方法（Module-Assisted Schemes）。

（1）直接注释法

Vazque 等首先采用基于分割的方法将图论法引入蛋白质功能注释研究中[34]。其基本思路是：对一个未知功能蛋白质赋予某种功能，要使得注释为相同功能的蛋白质（未注释或已注释）的连接数目最多。Hu 综合考虑了 PPI 信息和序列的生物化学/物理化学特征，当未注释蛋白质与一直功能的蛋白质几乎没有序列相似性时，也可以获得相关的 PPI 信息[35]。

构建蛋白质互作网络时通常是从注释蛋白质到非注释蛋白质做一个单向的预测。而真正的生物学过程中蛋白质是有流动性的，它们之间有动态的相互作用，从而产生一个外环境稳定但是内部千变万化的框架。Chi 等将蛋白质之间动态相互作用加入到了预测过程中，先给未注释的蛋白质指派一个最初的功能，然后计算此蛋白质和与其相邻的蛋白质之间的最初相似性[36]。用基于 KNN 的预测算法为未注释的蛋白质预测一个新的功能，用这个新预测的功能代替最初的功能，再重新计算该蛋白质和与其相邻的蛋白质之间的相似性，以此迭代的进行计算，直到未注释的蛋白质和与其相邻的蛋白质之间的相似性达到一个稳态平衡时结束。

（2）基于模块的方法

Rives 等提出了一个假设：同一模块中的蛋白质成员更加可能拥有最短的路径距离谱（Path Distance Profiles）[37]。根据这一假设，所有短路径的蛋白质对聚成一类。这一方法实际实施比较复杂，很难在整个基因组水平上的网络上进行分析，但是在一些子网络中已经能够很好的应用。

在此基础上，Janusz 整合了发育和癌症研究项目的基因表达谱和蛋白质互作图谱提供了一个有系统和全局代表性的组合网络模块，开发了 Network-Guided Forests，该方法是以间接网络域相关的决策树来确定网络模块的生物或临床结果，由此产生的网络签名证明在不同样本队列之间的稳健性和捕捉发展与疾病的因果关系[38]。

3. 基于结构信息预测

最早基于结构进行蛋白功能注释的方法是找到一个结构相似的蛋白，将其功能转移给前一个蛋白（与基于序列相似度的方法类似）。但这种方法并不能单独被用来预测蛋白质功能，因为其准确率只有 20%～50%，因此从 3D 结构衍生了多种其他的可能预测蛋白质功能的方法，如图 12-9 所示。

现今比较成熟的结构预测方法有两种：一种是实验测量，包括用 X 射线衍射和核磁共振成像；一种是理论预测，利用计算机根据理论和抑制的氨基酸序列信息来预测，方法包括同源结构模拟、折叠辨识模拟和基于第一性原理的从头计算。

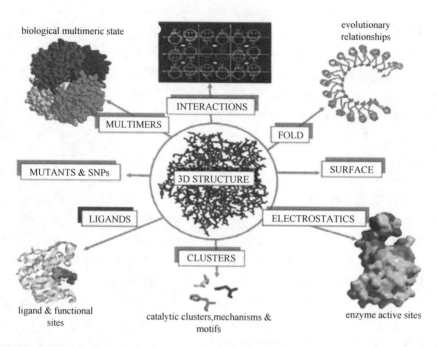

图 12-9　其他的可能预测蛋白质功能的方法

4. 其他预测方法

除上述需要利用已有蛋白质序列或结构信息的预测方法之外，还存在一些不依赖序列和结构相似性的蛋白质功能预测方法。

Liao 等选择了酵母中已知的实验测定的 1377 个蛋白质，将它们由短到长重新排列成一个连贯的数据集，设定一个连贯序列集 m（可随机取值），将氨基酸序列集转换为 profile 编码（每个氨基酸在 1377 个总数中出现的频率）数据集，然后采用最近邻聚类算法对序列集进行测试。这个方法能够使得很多与一直功能序列相似性很小的新蛋白质序列得到预测，同时也增加了从序列预测功能的普及性[39]。

Yang 等从序列的数字特征预测蛋白质功能，从序列中提取了疏水性、极性与电荷特性等数字特征，并提出序列功能可能性，然后综合特征向量和功能可能性，应用 KNN 进行蛋白质功能预测[40]。

12.6　小　结

本章从生物信息学的基本概念、研究对象、研究内容出发，以人工智能技术在生物信息学中的应用为主干线路，对基于人工智能算法的基因组序列分析与功能预测，基因表达与调控信息分析，分子进化，蛋白质结构和功能预测这几个生物信息学主要研究问题进行了详细的分析说明，希望能够有助于研究者对基于人工智能算法的生物信息学应用研究的深入理解。

参 考 文 献

[1] 樊龙江. 生物信息学札记（第 3 版）(网络教材). http://ibi.zju.edu.cn/bioinpla[2010].

[2] 陈铭. 后基因组时代的生物信息学.生物信息学. 2004, 2(2): 29~34.

[3] Needleman S B, Wunsch C D. A general method applicable to the search for similarities in the amino acid sequence of two proteins. Journal of Molecular Biology, 1970, 48(3): 443~453.

[4] Smith T F, Waterman M S. Identification of common molecular subsequences. Journal of Molecular Biology, 1981, 147(1): 195~197.

[5] Mendes P. GEPASI: a software package for modelling the dynamics, steady states and control of biochemical and other systems. Computer applications in the biosciences: CABIOS, 1993, 9(5): 563~571.

[6] Tomita M, Hashimoto K, Takahashi K, et al. E-CELL: software environment for whole-cell simulation. Bioinformatics, 1999, 15(1): 72~84.

[7] 郝柏林、张淑誉. 生物信息学手册(第二版). 上海：上海科技出版社，2002.

[8] 孙啸，陆祖宏，谢建明. 生物信息学基础. 北京：清华大学出版社，2005.

[9] Lukashin A V, Borodovsky M. GeneMark. hmm: new solutions for gene finding. Nucleic acids research, 1998, 26(4): 1107~1115.

[10] Burge C, Karlin S. Prediction of complete gene structures in human genomic DNA. Journal of molecular biology, 1997, 268(1): 78~94.

[11] Krogh A. Two methods for improving performance of an HMM and their application for gene finding. Center for Biological Sequence Analysis. Phone, 1997, 45: 4525.

[12] Xu Y, Uberbacher E C. Gene prediction by pattern recognition and homology search. Proceedings of the Fourth International Conference on Intelligent Systems for Molecular Biology, AAAI Press, 1996: 241~251.

[13] Zhang M Q. Identification of protein coding regions in the human genome by quadratic discriminant analysis. Proceedings of the National Academy of Sciences, 1997, 94(2): 565~568.

[14] Guigó R, Knudsen S, Drake N, et al. Prediction of gene structure. Journal of molecular biology, 1992, 226(1): 141~157.

[15] Thomas P, Starlinger J, Vowinkel A, et al. GeneView: a comprehensive semantic search engine for PubMed. Nucleic acids research, 2012, 40(W1): W585~W591.

[16] Wyrick J J, Young R A. Deciphering gene expression regulatory networks. Current opinion in genetics & development, 2002, 12(2): 130~136.

[17] Shen-Orr S S, Milo R, Mangan S, et al. Network motifs in the transcriptional regulation network of Escherichia coli. Nature genetics, 2002, 31(1): 64~68.

[18] Friedman N, Linial M, Nachman I, et al. Using Bayesian networks to analyze expression data[J]. Journal of computational biology, 2000, 7(3-4): 601~620.

[19] Lawrence C E, Altschul S F, Boguski M S, et al. Detecting subtle sequence signals: a Gibbs sampling strategy for multiple alignment. science, 1993, 262(5131): 208~214.

[20] Liu J S, Neuwald A F, Lawrence C E. Bayesian models for multiple local sequence alignment and Gibbs sampling strategies. Journal of the American Statistical Association, 1995, 90(432): 1126~1170.

[21] Felsenstein J. The number of evolutionary trees. Systematic Biology, 1978, 27(1):27~33.

[22] Yang Z. Computational molecular evolution. Oxford: Oxford University Press, 2006.

[23] Liò P, Goldman N. Models of molecular evolution and phylogeny. Genome research, 1998, 8(12): 1233~1244.

[24] Jukes T H, Cantor C R. Evolution of protein molecules: Mammalian Protein Metabolism. New York: Academic Press, 1969: 21~123.

[25] Kimura M. A simple method for estimating evolutionary rates of base substitutions through comparative studies of nucleotide sequences. Journal of molecular evolution, 1980, 16(2): 111~120.

[26] Hasegawa M, Kishino H, Yano T. Dating of the human-ape splitting by a molecular clock of mitochondrial DNA. Journal of molecular evolution, 1985, 22(2): 160~174.

[27] 根井正利, 库马著(吕宝忠，钟扬，高莉萍译，赵寿元，张建之校). 分子进化与系统发育. 北京：高等教育出版社, 2004: 76～100.

[28] Day W H E, Johnson D S, Sankoff D. The computational complexity of inferring rooted phylogenies by parsimony. Mathematical biosciences, 1986, 81(1): 33～42.

[29] Felsenstein J. Maximum likelihood and minimum-steps methods for estimating evolutionary trees from data on discrete characters. Systematic zoology, 1973: 240～249.

[30] Bowie J U, Luthy R, Eisenberg D. A method to identify protein sequences that fold into a known three-dimensional structure. Science, 1991, 253(5016): 164～170.

[31] Xu Y, Xu D. Protein threading using PROSPECT: design and evaluation. Proteins: Structure, Function, and Bioinformatics, 2000, 40(3): 343～354.

[32] Peng J, Xu J. RaptorX: exploiting structure information for protein alignment by statistical inference. Proteins: Structure, Function, and Bioinformatics, 2011, 79(S10): 161～171.

[33] Bader G D, Cary M P, Sander C. Pathguide: a pathway resource list. Nucleic acids research, 2006, 34(suppl 1): D504～D506.

[34] Chua H N, Sung W K, Wong L. Exploiting indirect neighbours and topological weight to predict protein function from protein–protein interactions. Bioinformatics, 2006, 22(13): 1623～1630.

[35] Hu L, Huang T, Shi X, et al. Predicting functions of proteins in mouse based on weighted protein-protein interaction network and protein hybrid properties. PloS one, 2011, 6(1): e14556.

[36] Chi X, Hou J. An iterative approach of protein function prediction. BMC bioinformatics, 2011, 12(1): 437.

[37] Rives A W, Galitski T. Modular organization of cellular networks. Proceedings of the National Academy of Sciences, 2003, 100(3): 1128～1133.

[38] Dutkowski J, Ideker T. Protein networks as logic functions in development and cancer. PLoS Comput Biol, 2011, 7(9): e1002180.

[39] Liao B, Liu Q, Zeng Q, et al. An approach for data selection of protein function prediction. MATCH Commun. Math. Comput. Chem, 2011, 65: 459～468.

[40] Yang A, Li R, Zhu W, et al. A novel method for protein function prediction based on sequence numerical features. Match-Communications in Mathematical and Computer Chemistry, 2012, 67(3): 833.